建水人生

刘振印先生成果集

U0262783

中国建筑工业出版社

图书在版编目（CIP）数据

建水人生——刘振印先生成果集. —北京：中国建筑工业
出版社，2018.10
ISBN 978-7-112-22456-2

Ⅰ.①建… Ⅱ.①建筑工程-给水工程-文集②建筑工程-排
水工程-文集 Ⅲ.①TU82-53

中国版本图书馆 CIP 数据核字（2018）第 160335 号

封面题字：崔　恺
责任编辑：刘爱灵
责任校对：芦欣甜

建水人生——刘振印先生成果集
*
中国建筑工业出版社出版、发行（北京海淀三里河路 9 号）
各地新华书店、建筑书店经销
北京科地亚盟排版公司制版
北京京华铭诚工贸有限公司印刷
*
开本：850×1168 毫米　1/16　印张：17　插页：18　字数：658 千字
2018 年 11 月第一版　　2018 年 11 月第一次印刷
定价：**78. 00** 元
ISBN 978-7-112-22456-2
（32296）

《建水人生——刘振印先生成果集》编委会

主 任 委 员：赵　锂

副主任委员：王耀堂　张燕平

委　　　员：（按姓氏笔画为序）

王　睿　王世豪　王则慧　李　伟

李宏宇　张　楚

序

刘振印先生是中国建筑设计研究院有限公司原副总工程师、顾问总工程师，担任过全国注册公用设备工程师（给水排水）专家组副组长、住房和城乡建设部建筑给水排水标准委员会秘书长等职务，长期从事建筑给水排水设计、科研及技术管理工作。

刘振印先生在中国建筑设计研究院工作50多年，参与了众多国家重点工程的技术设计工作，带领、指导、影响了众多的给水排水设计人员，是中国建筑设计研究院给水排水专业的技术带头人之一，在业界具有崇高的地位。刘振印先生做事为人实事求是、科学严谨，潜心研究建筑热水技术，其创新技术成果反映在历年来建筑给水排水专业的规范标准、技术措施及设计手册中，在工程设计中得到了广泛的应用，为我国建筑热水技术的发展与进步做出了突出的贡献。

一分耕耘、一分收获，刘振印先生几十年的辛勤劳动换来了丰硕的成果。承担的工程设计项目多次获得国家级奖项，是建设部"有突出贡献的中青年专家"，享受国务院政府津贴专家，科研及产品研发取得多项国家专利，并获多项部级科技进步奖，发表学术论文多篇并多次获得业界优秀论文奖。

本书将刘振印先生主持过的科研成果、设计图纸、编著的专业书刊、发表的文章等部分内容整理出版，对给水排水设计与科研人员有极大的学习参考价值。如国内设计师自主设计的第一个五星级酒店深圳南海酒店的设计图纸，到今天仍然是年轻工程师工程设计的范例图纸，其中即有我国最早的给水排水管道系统展开原理图，还有双线表达的手绘管井、机房大样图，配以精致的仿宋体工程字，体现了老一代工程师的敬业精神；立式容积式换热器的制造图纸，体现了刘振印先生如何将工程设计中遇到的问题通过潜心研究实现科技成果的转化，并研发出系列的高效立式容积及半容积换热器，直到今天还是工程中首选的换热器；《建筑给水排水设计规范》GB 50015中热水章节中关于热水技术的条款，无不体现了刘振印先生的深厚工程经验与研究水准。

本书的出版是刘振印先生勤于思考、敏于学习、富于探索精神和发现能力的最好体现，也是建筑给水排水行业发展的一次难得的梳理。高山仰止，景行行止，刘振印先生是我们年轻工程师的学习榜样，希望年青一代的建筑给水排水工程师将刘振印先生等老一代工程师建立的建筑给水排水事业发扬光大。

在此恭祝刘振印先生学术青春永驻，健康快乐！

中国建筑设计研究院有限公司副总经理、总工程师　赵锂

前　言

刘振印先生，1941年11月出生于湖南湘乡，青山，秀水，白鹭高飞，湖光山影，天风林语，优美迷人，人杰地灵，伟人故里。在深厚的湘乡文化的影响下，先生幼年立志求学且有着广泛的兴趣和爱好。1960年考入武汉城市建设学院（现华中科技大学），以湘潭圣贤为榜样，以"立德、立功、立言"为人生事业目标，与给水排水事业结缘，已愈半个世纪。1964年毕业后分配到原建工部设计局专业设计室从事设计工作，1971年以来一直在原建设部建筑设计院、现中国建筑设计研究院从事设计、科研及技术管理工作，历任技术员、助工、高工、教授级高工，主任工程师、院副总工程师、院顾问总工程师。同时长期从事相关学术社会工作：主要包括中国消防协会理事，中国土木工程学会给水排水学会理事，全国建筑给水排水学会副主任委员，热水分会主任委员；全国注册公用设备工程师（给水排水）专家组副组长、中国太阳能学会太阳能建筑专业委员会副组长，中国建筑学会建筑给水排水分会常委，住房和城乡建设部建筑给水排水标准委员会秘书长等职务。

先生信奉"知行合一"的哲学理念，坚持"行胜于言"的行动准则，处处时时身体力行。年轻时代投身国防工程建设，勤奋耕耘，勇于实践；改革开放之初的1983年，由当时的城乡建设环境保护部建筑设计院派遣，作为首批深圳华森建筑与工程设计顾问有限公司的设计者投身到深圳建设洪流中，垦荒艰辛，收获满满。华森公司作为中国第一批中外合资设计企业，成为深圳乃至全国的标杆性设计企业。华森公司初创时期，承接了南海酒店的设计任务，这是国内设计师自主设计的第一个五星级酒店，当时的香港业主对国内设计师是否有能力完成设计任务心存疑虑，在一个炎热的夏日，突袭探查设计工作，推开简陋的房屋，见到这样的工作情景：先生身穿短裤，手腕缠裹毛巾，或站或坐，通体汗水。当时趴图板、手绘图，裹毛巾以免挥汗如雨沾湿了图纸；业主领导低下头看到先生们的图纸，灵性的线条、俊秀的字体，深深感动，啧啧称赞，从此之后给予了充分的信任。先生的这份工程图纸现在仍然是同仁学习的范本，值得每一个年轻人学习临摹。

中华人民共和国成立以来，同大多数工程行业一样，建筑给水排水遵循了苏联的设计表达方式，采用轴测图的方法表达各个管道系统的原理图，制图工作量巨大，在一般小型工程中是容易实现的，但对大型工程而言，管道关系复杂、很难利用轴测图表达清楚；先生在进行深圳南海酒店工程设计时，积极引进吸收国际先进制图技术，率先绘制了我国建筑给水排水管道系统展开原理图，奠定了我国建筑给水排水设计制图新的原则、理念、方法与标准。先生手绘的管井、机房大样图，双线表达，细致而具有灵性，配以仿宋体的工程字，像绘画大师绘制的工笔画，倾注了他们那一代学者对工程设计的丰富感情和敬业精神；现在BIM的双线绘图表达只不过是采用机器传达工程信息，总觉得缺少灵性和感情。

随着经济快速发展，民用建筑凸显了速度快、规模大、标准高、功能多等工程特点，新技术、新材料、新设备层出不穷，需要总结、归纳、整理、制定标准，来解决日趋复杂的工程技术难题。先生敬业勤奋、技术精湛、治学严谨、善于协调管理，被业内推崇为国家规范编制专家。从1998年开始，先生受编制组的邀请，承担了历届《建筑给水排水设计规范》编修热水章节的主编工作，数十年潜心研究生活热水系统相关工程技术；共主编参编了5本国家规范标准，5本工程建设标准化协会标准，2本城镇建设行业产品标准，4种"全国民用建筑工程设计技术措施——给水排水"，4本"建筑给水排水设计手册"；2本给水排水国家标准图集等。

1986年初先生从华森公司回设计院后，脑子里时常强烈地琢磨、盘算着，要把在华森工作时所接触到的国外一些新技术好产品吸收消化应用于国内的工程设计中，并对一些落后产品进行改进，尤其想改进本专业中用于制备生活热水的主要设备容积式换热器。当时国内容积式换热器一直沿用从苏联引进的传统产品的构造型式，技术上陈旧落后。一是设备大都为卧式，罐体长，再加上换热管所需的空间，一台设备占地很大，例如一台容积为 $10m^3$ 的设备，就需占地 $27m^2$。二是传热效果差，容积利用率低。这种老设备就是一组换热管束与一个贮热水罐的简单组合。冷水入罐后在其上升被加热过程中无组织流动，传热效果很差。同时换热管束至罐底间有一段相当于整罐容积 $25\%\sim30\%$ 的冷水区，设备利用率很低。三是只经这种老设备一级换热难以达到使用要求，系统复杂。容积式换热器的热媒有蒸汽和热媒水两种，当热媒为蒸汽时，经其换热后蒸汽变成掺汽的凝结水排放，其温度仍然在 $100℃$ 以上，这样既耗能，又造成尾气污染。如不然，则要串加一级换热器二级换热，又造成增加设备及设备用房、系统复杂的后果。当热媒为热媒水时，尤其是像北京这种以城市热网为热媒的地方，无论是热媒与被加热水经这种老设备一级换热均达不到使用要求，必须两级串联使用，即两个设备当一个用。其后果是工程的造价、占地面积成倍增加，而且系统运行复杂，维护管理麻烦。工程师就要解决工程问题，占地面积大的问题与当时正开始大规模兴建旅馆等使用集中供应热水的公共建筑中要求尽量缩小设备机房面积的矛盾尤显突出。当时先生负责国际艺苑及梅地亚中心等多项设有集中热水供应的工程设计，如果按往常设计选用老设备，像上述的宾馆各需 $250\sim300m^2$ 的换热设备间，而业主单位要求给生活热水换热间的面积一个为 $80m^2$，一个只有 $60m^2$。这是一个现实的大难题，也是市场对技术进步的要求。如何解这道难题呢？办法只有一个，那就是必须改进老产品，研制出一种能较好解决老产品缺陷的新产品用于工程设计，因此，研制出一种新型生活热水换热器的课题就这样摆在先生的面前。但是，作为一个只从事建筑给水排水专业工程设计的人要搞这种属于压力容器的机械产品谈何容易。首先必须具备压力容器及机械制造的基本知识，进而攻读传热学及传热工程学，掌握提高传热效果的方法，然后再结合本专业的特点才有可能找到出路。恰好 1986 年下半年先生参加了院举办的压力容器学习班，学习并基本掌握了一二类压力容器设计的基本知识，取得了压力容器设计资格。在设计任务繁重的条件下，利用工作和相当多的业余时间夜以继日刻苦学习钻研，经约半年的努力，设计出了第一版"立式容积式换热器"的制造图。

1988 年初与山东一厂家合作，先生因工作出差，第一次新产品的试制与测试工作只好委托年轻同志和已退休老同志李总与厂方配合。第一次热工测试是在 1988 年 5 月底进行的，当时先生在美国一直期盼着它的测试结果。但是先生好不容易等到的结果却让先生大失所望，测试出来的参数远未达到预期的效果。问题究竟出在哪里？这几乎是先生在美工作的后一段时间天天考虑的问题。因为当时该工程扩初设计时，换热设备间的位置、大小基本上均是按"新产品"考虑的，而且建筑布置已无任何余地。因此，新产品第一次测试的失败对先生的压力之大是可想而知的。

1988 年 7 月中回国后，先生一方面准备"国际艺苑"工程的施工图设计及其他一些工程技术问题的处理，一方面翻阅有关换热器方面的技术资料和书刊，并与合作厂家共同分析第一次试制产品测试结果未达到预期目的的原因，探讨改进方案。经过近两个月的努力，终于找到了第一次测试产品的主要问题——即没有抓住提高换热器传热效果的主要因素，而仅在次要因素方面大做文章。在此分析研究的基础上，1988 年 10 月设计了第二版立式容积式换热器取名为"RV-02 立式换热器"的制造图，厂方依此加工成产品并筹备 11 月下旬进行第二次热工测试。

同年 11 月 24 日，先生组织研发人员配合济南市节能中心开始在济南对第二次改进研究设计的"RV-02"试制设备进行热工性能测试。测试按"汽—水换热"与"水—汽换热"两种工况分别进行。当 130 多度的饱和蒸汽流经罐体出来的凝结水温度在被加热水出水温度为 $60\sim70℃$ 条件下一直稳定在 $40\sim50℃$ 之间时，一颗压在先生心头一年多的大石头终于落地了，激动的心情难以言表。因为"老设备"的凝结水温度均高于 $100℃$，"新设备"的凝结水温度降到 $50℃$ 左右，说明其换热充分，换热能力明显提高，完全达到了预期的结果。在热媒为 $75℃$ 左右的低温水的条件下，按设计实际运行工况，被加热水出水温度稳定在 $58\sim63℃$ 之间，即一级换热完全满足使用要求。至此，三天的热工测试结果向先生宣告"新型立式容积式换热器"研制成功了。

　　事也凑巧，"新产品"测试成功的这一天，11 月 26 日刚好是先生 47 周岁生日，这一天成为先生一生中最值得纪念最难忘的一个生日。先生并不喜酒，这天心情大好，晚餐与研发团队的年轻人欢聚，欢言笑语频频举杯，先生一人竟然豪饮一瓶白酒，以庆贺艰苦努力研究出来的新型立式容积换热器热工测试取得预想的成果，庆贺国内第一代新型容积式换热器产品的即将诞生。

　　多年来，先生在完成自己的日常设计、管理工作的同时，倾注心血先后研制成功了一系列换热器产品。"RV-02 新型立式容积式换热器"1990 年初通过部级鉴定，获得了"处于国内领先，达到国际先进水平"的鉴定评语，1990～1992 年间，该成果分别荣获建设部优秀科技进步二等奖，中国优秀专利奖，其项目被科技部列为国家重点科技推广项目。随后陆续研制开发了"RV-03 系列新型卧式容积式换热器"、"RV-04 系列单管束立式容积式换热器"、"HRV-01、02 系列卧、立式半容积式换热器"、"DFHRV 系列立式浮动盘管半容积式换热器"、"WDFHRV 系列卧式导流浮动盘管半容积式换热器"、"DFQ-Y 导流式浮动盘管换热器（游泳池专用）"、"DFQ-R、DFQ-C 系列采暖、空调用导流式浮动盘管快速换热器"、"DBHRV-01、02 系列卧、立式大波节管半容积式换热器"及"BQR、BQC 系列采暖、空调用波节管快速换热器"等十个系列的新型换热器，每种换热器都具有不同特点，后者都在前者的基础上有所改进和完善。其成果转让给十余家生产厂家制造，产品在全国各地广为应用，"RV 系列"已在国内同行中享有很高声誉，形成了品牌产品。其中有四个系列产品列入了现行的国家标准图集。"RV-04 系列单管束立式容积式换热器"荣获 1994 年建设部科技进步三等奖，列为 1995 年建设部科技成果重点推广项目，并获得国家经贸委资源节能综合利用司、国家计委交通能源司、国家科委工业科技司联合推荐的优秀节能产品证书。其中 RV 系列产品从 RV-02 双盘管、RV-03、04 单盘管、HRV-01、02 半容积、DFHRV 浮动盘管半容积发展到 DB-HRV-01、02 系列大波节管半容积式水加热器代表了 20 年来从传统容积式水加热器到高效半容积式水加热器的发展过程，传热系数 K 值提高了近 3 倍，汽-水换热回收了占总热量 15%～20% 的凝结水湿热，彻底消除了冷温水区，且具缓垢脱垢功能。

　　时间飞逝，30 年来，先生潜心研究建筑热水技术，其创新技术成果反映在历年来建筑给水排水专业的相关"规范"、"规程"、"国家标准设计"、"技术措施"及"设计手册"中，更在工程设计中得到广泛的推广应用，以下扼要介绍其成果：

　　1. 合理确定热水用水量定额：通过调研分析，针对原有规范热水用水量定额偏高、部分建筑欠缺和分类太粗的弊病，对热水用水量定额进行了较大的调整和补充。

　　2. 水温控制：热水供水温度涉及节能、安全、防腐、防垢及健康等多方面，结合国内不同团队的实测结果分析，结合我国国情，确定了水加热设备的出水温度宜为 55～60℃。

　　3. 水质处理：确定了热水的水质处理主要包括除垢、阻垢、防腐处理和防病菌的理论和工程处理方法。确认了物理处理方法有磁、电子、电磁、离子式等不同的处理设备的使用机理和应用范围；确认了化学药剂难溶性聚磷酸盐法的使用方法和范围。制定了水加热设备和热水用管材的防腐改进方法。确定了热水防病菌处理的机理和方法，协助研制了 AOT 消毒器、银离子消毒器等新型热水专用消毒设备，并指导制定了用于工程实践的有关标准。

　　4. 设计小时耗热量 Q_h、贮热量等参数的合理确定：针对工程中反映换热设备偏大的问题，在广泛分析及吸取国外经验的基础上，确定了居住小区、单体建筑 Q_h 的不同计算方法；区分了单体建筑中不同使用部门，不同使用功能时 Q_h 的相应计算方法；明确了全日集中供应热水和定时供应热水 Q_h 的计算公式；明确容积式、半容积式、半即热式水加热器的设计小时供热量计算方法，提出了容积式（含导流型容积式）水加热器的设计小时供热量公式；按不同的热媒条件、不同类型的水加热器修编了水加热器的贮热量。

　　5. 系统压力平衡的保证措施：集中热水供应系统设计有两个要素，一是系统的冷热水供水压力平衡，二是保证循环效果。确定了在保证系统冷热水压力平衡方面的设计原则，冷热水系统分区相同，冷水、热水同一压力源；接至水加热设备的冷水管采用专管供水；选用带有压力平衡功能的混合阀；选用被加热水侧阻力损失很小的水加热设备；当采用减压阀分区时，尽量将减压阀设在冷水供水管上；水加热设备宜位于系统的适中位置，尽量避免热水管线过长，阻力损失增大而造成用水点处冷、热水压力不平衡的问题。

6. 确定了保证循环效果的设计原则：单体建筑的循环管道可优先采用同程布置；为平衡管路阻力，供、回水干管管径不宜多变；当不同分区共用水加热设备时，为保证干、立管循环效果，宜采用低区支管设减压阀的方式；小区总循环管道不强求采用同程布置，宜在各单体建筑设分循环小泵，即采取总循环泵加分循环泵联合工作保证循环效果的方式；单体建筑内立管相同布置的系统、小区内相同建筑的系统可采用导流三通保证循环效果的方式；其他建筑的系统可采用控温、控流量阀件保证循环效果。用自控电伴热技术解决支管不循环和难以设循环管道的地方的保温问题。

2014～2016 年，先生在 70 岁高龄，亲自带领科研团队，搭建试验平台，历时半年完成了热水循环的模拟系统测试，澄清了热水循环方面的一些概念，建立了温控调节平衡法与阻力平衡流量分配法的热水循环基础理论，掌握了热水循环阀件的工作原理和使用条件。

7. 太阳能热水新能源的应用：协助科研团队研发了一种理想的太阳能热水系统，取名为集贮热式无动力循环太阳能热水系统（下简称"集贮热系统"），其核心是突破传统集热理念，在无动力循环系统的基础上用热传导为主的集贮热方式代替对流换热为主的集贮热方式，较彻底地解决了现有太阳能集中热水系统存在的问题。

8. 热泵新能源的应用：专门在规范、手册、标准图编制热泵章节，对如何选择热泵热水系统及一些主要参数做了基本规定，补充了水源热泵的系统图式及设计计算实例。为本专业人员自行设计该系统或审查热泵热水系统提供了参考性依据。

9. 安全设施的完善：确定了膨胀管的正确设置方法；规定了闭式热水系统中膨胀罐的设置条件及有关设计参数。

10. 控温用阀件：确定了不同形式控制阀门的技术特点及使用条件，包括自力式（有的叫自含式）、电动式（又分电动阀、电磁阀）、汽动式、温度加流量或温度加压力双重控制的自控阀。

这是一个创新的时代，创新适得其时、创新适得其势。创新是社会发展的需要，创新是企业发展的动力。先生思维活跃、勇于创新，执着追求、苦心钻研，在生活热水制热设备、换热加热设备、热水系统循环等方面积极探索，鼓励、指导年轻人进行科研创新工作，协助年青一代开发研制了"集热循环无动力太阳能热水系统"、"集成热水机组"等新产品、新技术，系统化解决热水系统常见的工程难题，得到业界广泛的好评。

先生在中国建筑设计院 50 多年，参与了设计院众多国家重点工程的技术工作，带领、指导、影响了一代又一代的设计人员，我院建筑给水排水在业界具有崇高的技术地位，先生可谓居功至伟。先生做事既有理性、又有条理，做事为人实事求是、科学严谨，每件事必先筹划妥当，计划在先。先生给别人审图，仔细记录发现的问题，每每记录数页，看图后找当事人当面交流沟通，和颜悦色告诉设计人问题是什么，如何修改，为什么这样改，每次审图后的沟通都是向先生学习的好机会。几十年来，先生将看图、审图发现的问题归纳总结成册，在张燕平高工的协助下，于 2016 年出版了《建筑给水排水设计常见问题解析》一书，是建筑给水排水设计人员学习的好教材。先生每年进行不同场所的规范修编、热水设计、相关工程技术的宣讲，前后累积数十场，先生无私地把自己的研究成果、工程经验、创新技术传授给业界同仁，对提高业界工程设计水平、技术研发颇多帮助。

先生工程经验丰富，并非一味死抠规范条文，在处理工程复杂问题时，尺度把握灵活又不失严谨，如某酒店项目，设计人员在计算担负双卫生间供水立管的管径时，只计算了一个卫生间流量，管径偏小。由于工程工期格外紧张，工程快要竣工时才发现这一问题，设计人员恐慌不已，提出要甲方更换立管、加大管径；先生知道后核算流速后认为不要更换，维持原设计。否则工程因此延误开业的损失太大，设计院无法承担这一责任。先生根据客观分析，酒店入住率一般 70% 左右，设计秒流量在实际运行中出现概率极小，即使发生也是极短暂的时间，不会影响使用效果；十几年过去了，酒店运行正常，并未出现不良现象。

1988 年的《室内给水排水和热水供应设计规范》正式更名为《建筑给水排水设计规范》，标志着建筑给水排水进入全面发展阶段。先生积极参与、组织、领导业界人士组建行业学术组织，是建筑给水排水行业发展的重要组织者、领导者。2005～2007 年，由我院赵锂副院长牵头、先生协助，组织业界人士积极申请组建了"中国建筑学会建筑给水排水研究分会"，得到先生的大力支持。

2003 年开始，我国开始设立公用设备注册工程师考试制度，由于历史的原因，在我国某些大型设计院一直执行建筑给水排水、暖通空调合并设计的做法，当时"注册工程师管委会"有一种观点，暖通空调专业试题中增加约 10% 左右的建筑给排水的试题，暖通空调专业人员考试通过后可以拿到两个专业的注册证。先生得知此事后，与赵锂、陈怀德、张淼、丁再励四位专家一道，在建设部注册工程师办公室的主持下，与暖通专业专家进行了争辩，认为这种做法是对建筑给水排水的严重歧视，直接影响约 10 万人的利益，严重制约了建筑给水排水的发展。尔后，先生亲手抄笔以建筑给水排水两委会名义起草申诉报告递交建设部，重申建筑给水排水为独立专业，建筑给水排水、暖通空调应彻底分开为独立注册取证；不同意"暖通空调增加部分给水排水试题、专业人员考试通过后可以拿到两个专业的注册证"的做法。建设部负责注册工作的领导经研究采纳了两委会代表给水排水专业的申诉意见。

多年来，先生积极关注、参加行业的国际交流，1995 年应邀参加了日本相关学会组织的中日国际交流活动，作了"艺苑假日皇冠饭店的给排水设备概要"的专题报告。参与我院及学会组织的活动，参观学习欧洲、日本、美国等重点生产企业和著名工程，吸收引进国外先进技术，提升我国建筑给水排水的综合实力。

一分耕耘、一分收获，先生几十年的辛勤劳动换来了丰硕的成果。主持的工程设计多次获得国家金、银奖，部级二、三等奖；先生 1992 年获建设部"突出贡献的中青年专家"称号，并获我院第一批国务院颁发的"突出贡献"专家证书，享受政府津贴；科研及产品研发取得六项国家专利，并获部级科技进步奖二、三等奖各一次；学术论文以独著或第一作者撰写论文 22 篇，获得《给水排水》杂志主办的"沃德杯"优秀论文特等奖 1 次、二等奖 2 次；

凡事"预则立、不预则废"，身体力行、率先垂范就是先生最好的育人方法，先生敢为人先、富有创新精神，孜孜不倦学习研究解决技术难题，这种创新精神更是影响了业界同仁。先生向来严以律己、低调为人，他从不以权威自居、从不以名望压人，始终谦虚谨慎、戒骄戒躁，为人师表、率先垂范，堪称育人的典范。

先生勤于思考、敏于学习，富于探索精神和发现能力，为推动发展我国建筑热水的节能、节水、环保、卫生、经济等方面工作作出了重要贡献。天道忌巧、去伪存拙，先生谦和内敛，聪慧博学；不事张扬，没有狂傲之气，时时刻刻、事事处处不忘适可而止。在先生等老一辈的身体力行之下，我院建筑给水排水人员形成了一种坦诚相待、相互信任、相互支持的组织文化。这种坦诚相待的"合作精神"，形成了专业的凝聚力和战斗力，在我国树立了建筑给水排水的崇高地位，也为我国乃至世界建筑给水排水行业做出了卓越的贡献。

中国建筑设计研究院有限公司

总工程师　王耀堂

目　录

1 设 计 篇

1.1 主要设计项目

1) 1964 年至 1980 年期间作为设计人、工种负责人承担的主要设计项目：

(1) 6402 一级人防工程　　　　　　　　　　　　设计人

(2) 128 国防工程　　　　　　　　　　　　　　　设计人

(3) 4114、4458、4459、4461 国防工程　　　　　　工种负责人

(4) 7513 人防工程　　　　　　　　　　　　　　工种负责人

(5) 27♯高级首长住宅工程　　　　　　　　　　工种负责人

2) 1981 年至 1991 年期间作为主要设计人、工种负责人分别承担了北京图书馆、南海酒店、蛇口招商局培训中心、深圳联合大厦、北京国际艺苑皇冠假日饭店等工程的给水排水设计。

(1) 北京图书馆（主楼设计人）

A　工程简介：北京图书馆现名为国家图书馆，建于 20 世纪 80 年代初，总建筑面积约 14 万 m²，其建筑方案汇集了国内建筑界泰斗元老的智慧，是 20 世纪 80 年代首都十大建筑之首。

主楼（基本书库）给水排水设计含高层建筑给水、排水、消火栓消防、自动喷水消防等系统。

B　部分设计图

(2) 南海酒店（工种负责人、设计人）

A　工程简介：南海酒店位于深圳蛇口，是首批从建筑方案到施工图设计全程由国内设计人员自行设计的五星级酒店，投资方为香港汇丰银行、美丽华酒店集团及内地招商局、中国银行。该酒店面海依山，客房错层布置，独具建筑风格，建筑面积 3.56 万 m²，客房 500 间。

给水排水设计含给水、热水、蒸汽、排水、消火栓消防、自动喷水消防、空调冷却补水等系统，还含室内喷水池、室外游泳池、大型室外瀑布池、室外污水泵房及室外给排水总平面等部分。

先生完成了从方案顾问设计、施工图设计、配合工程施工、调试、验收等全过程设计。

B　部分设计图

(3) 联合大厦（工种负责人）

A　工程简介：深圳联合大厦位于深圳罗湖区，是一 17 层的高层办公楼建筑，建筑面积约 3 万 m²，高度 59.71m。

给排水设计含高层公建的给水、排水、空调冷却补水、消火栓消防、自动喷水及室外给排水总平面设计。

B　部分设计图

(4) 国际艺苑皇冠饭店（工种负责人）

A　工程简介：国际艺苑皇冠饭店坐落在北京王府井大街，是由中日合资，中美合作设计的五星级酒店。总建筑面积 3.5 万 m²，地上 9 层地下 2 层。客房 397 间，环绕带浓厚艺术气氛的中庭布置，配有艺苑展厅，走廊画室，别具建筑风格。

给水排水设计含给水、热水、中水、排水、空调冷却补水、消火栓消防，自动喷洒、水幕消防，气体消防等系统，还含给水软化机房，中水处理机房，洗衣房、室内游泳池、水景喷水、锅炉房及室外给排水总平面设计。

B　部分设计图

1

1.2 主要审定、审核项目

1990 年至 2017 年期间，作为主任工程师，院、集团副总工程师，顾问总工程师审核审定了给排水初步设计、施工图设计项目约 200 项。其中主要审定审核的项目如下：

1）宾馆类工程

北京梅地亚中心

山东泰山神憩宾馆

北京日坛宾馆

北京王府井饭店改造工程

孔府西苑二期酒店项目

孔府西苑二期七区

2）医院类工程

北京 301 医院主楼

上海昆山医院

中国西部急救创伤中心

中国康复研究中心综合楼

方正医药研究院

甘肃六盘山凉山人民医院

3）体育场馆类工程

国家体育场

鞍山体育中心

阿尔及利亚体育场

鄂尔多斯水上运动中心

吕梁新城体育中心

北京大兴新城体育中心

中国残联体育综合训练基地

济南泉城全民健身中心

4）纪念性建筑 展视中心一类工程

首都博物馆

北京大学 100 周年纪念堂

福建广电中心

奥运工程观景塔

厦门国际交流中心

大同市美术馆

保定正誉国际贸易中心

太原华润中心

明清册二期

5）办公楼 综合楼类工程

林业部办公科技综合楼

航空医学科技开发综合楼

北京西直门交通枢纽中心

北京大万广场综合楼

中海油办公楼

中国人寿大厦

北京高检

鲁商国奥城

中国卫星通信大厦

阳光保险集团 A 座办公楼

晋商联合大厦

中网中心

阳光保险金融中心

北京海淀看守所

6）广场类工程

中国天津新华世纪广场

临沂文化广场

鲁商泉城中心城市广场

望海国际广场

北京凤凰广场

百集龙商业广场

7）住宅　商业类工程

外国专家公寓

北京紫金长安家园

"天天家园"

北京回龙观 DOI 项目

重庆两江国际汽车城

葫芦岛沃尔玛飞天超市

德辰和韵府小区

建设部院 3 号楼

8）超高层建筑

北京阳光金融中心

银川绿地中心

1.3　部分设计项目建筑立面

301 解放军总医院（主楼）

奥林匹克公园瞭望塔

国际艺苑皇冠饭店

国家图书馆（北京图书馆）

福建广电中心

国家体育场

北京梅地亚中心

南海酒店

蛇口招商局培训中心

深圳联合大厦

首都博物馆

北京西直门交通枢纽工程

1.4 汇集编著"设计质量问题"讲义、书籍

先生任院、集团给水排水总工程师及顾问总工程师期间，除审定审核上述约 200 个项目的设计图外，还抽查了约 180 个项目给水排水初步设计与施工图设计，并在每 2～3 年将审核审定、抽查及评优设计图中的质量问题汇编成册在院内外进行宣讲。

1）设计质量问题汇总与培训讲座

（1）2002 年度审图问题汇总

（2）给水排水设计常见问题汇总（2003 年）

（3）查图中存在的问题汇总（2005 年）

（4）给水排水设计质量问题培训讲座（2012 年、2013 年）

2）2016 年在张燕平高工协助下编著了《建筑给水排水设计常见问题解析》一书，由中国建筑工业出版社出版。

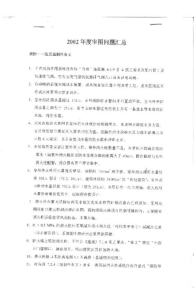

2002 年度审图问题汇总

给水排水设计常见问题汇总 2003.11

查图中存在的问题汇总 2005 年

给排水专业设计质量问题培训讲座 2012.9.1

给排水专业
设计质量问题培训讲座

中国建筑设计研究院顾问总工程师　刘振印

给排水专业设计质量问题培训讲座

给排水专业设计质量问题讲座（Ⅱ）

中国建筑设计研究院顾问总工程师
刘振印　教授级高工

北京土建学会建筑给水排水委员会
北京市医院污水污物处理技术协会
二〇一三年五月二十三日

建筑给水排水设计
常见问题解析

刘振印　张燕平　主编

中国建筑工业出版社

给排水专业设计质量问题培训讲座（Ⅱ）2013.5.23　　　建筑给水排水设计常见问题解析

1.5 主审、主编建筑给水排水工程设计实例、设计文件、书籍

1）建筑给水排水工程设计实例（1）（主审）
2）建筑给水排水工程设计实例（3）（主审）
3）建筑给水排水实用设计资料常用资料集（第二主编）
4）建筑工程设计编制深度实例范本给水排水（主审）

建筑给水排水工程设计实例（1）　　　　　　建筑给水排水工程设计实例（3）

建筑给水排水实用设计资料　常用资料集　　建筑工程设计编辑深度实例范本　给水排水

2 科研及产品研发篇

2.1 研发 RV 系列水加热器产品

1986 年参加了院组织的压力容器学习班,取得了压力容器的设计资质,1987 年结合国际艺苑、梅地亚两个五星级宾馆等工程的需要,在调研分析原有国标两行程容积式水加热器存在问题的基础上,借鉴国外同类产品的先进技术着手研发新一代水加热器,历时两年,在北京市热力公司的支持和济南压力容器厂的协作配合下经两次设计,两次现场热工性能测试,于 1988 年底,研制成功 RV-02 双管束立式容器式换热器,1989 年该产品通过建设部组织的鉴定会鉴定,得到与会专家高度评价,并于 1990 年获建设部科技进步二等奖,其产品在亚运会重点工程及北京市热力管网供热工程中广为应用,运行实践体现了该产品换热充分,节能,经济等优异性能。

1990 年,利用研发 RV-02 的原理,着手研发 RV-03 卧式导流型容器式换热器,在北京石景山压力容器厂的协作配合下,于 1991 年初,和当时我院三所水组全员对样罐进行热工测试,此后又请测试单位复测,新产品一次试制成功。

1991 年底,为进一步完善改进 RV-02 产品,在北京万泉压力容器厂的积极配合下,经研发,试制测试又于 1992 年中成功研制 RV-04 单管束立式容积式换热器。同年年底该产品通过了部级鉴定,并获得建筑部科技进步三等奖。

1995 年,借鉴英国"半"容积式换热器的先进技术着手研发新型半容积式换热器,这种产品的难点是需配置内循环泵,经研究分析,决定采用机械循环热水系统的循环泵替代设备自带的内循环泵,解决了难题,于 1996 年初在北京万泉压力容器厂的配合下,成功研发了 HRV-01,02 卧立式半容器式换热器,填补了国内此类产品的空白。该产品亦通过了建设部科技促进中心组织的鉴定。

1998 年至 1999 年,针对当时不少企业仿制美国产品制造浮动盘管换热器存在的理念及应用问题,又在北京万泉容器厂的支持配合下,研制成功 DFRV 系列导流型浮动盘管换热器,解决了当时同类产品存在换热不充分,不能检修等重大问题。

2000 年初应河北深州热力设备容器有限公司之邀请,利用该厂购买东北大学朗逵教授的国际专利——波节换热管改进 RV 系列产品,经改进的 RV-04、HRV-01、02 产品经该厂及北京万泉压力容器厂的四次热工性能测试,取得很理想的效果,该系列产品定名为 DBRV-03、04,大波节管导流型容积式换热器和 DBHRV-01、02 大波节管半容积式换热器,该系列产品研制成功至今已成为国内应用该类设备的主流产品。

2.2 RV 系列水加热器产品研发一览表

RV 系列水加热器产品研发一览表 表 1

产品名称	研发时间	协作企业	构造性能特点	获奖推广应用
RV-02 双盘管立式容积式水加热器	1987~1988	济南压力容器厂	1. 双换热盘管,多行程 2. 罐内设导流装置 3. 换热充分,低温热媒水换热时,一次换热到位。一台设备相当于两台传统设备的换热能力	1. 获建筑部科技进步二等奖 2. 获国家优秀专利证书 3. 列为国家科委重点推广项目 4. 在北京亚运会工程及北京热网工程广为推广应用

续表

产品名称	研发时间	协作企业	构造性能特点	获奖推广应用
RV-03 卧式导流型容积式水加热器	1989~1990	北京石景山压力容器厂	1. 卧式单管束，多行程 2. 罐内设导流装置 3. 同上 3	1. 获院科技进步一等奖 2. 国内多城市中推广应用
RV-04 单管束立式容积式水加热器	1991~1992	北京万泉压力容器厂	1. 立式单管束多行程 2. 罐内设导流装置 3. 传热数较 RV-02、RV-03 提高，热工性能好 4. 选用灵活，省地省材，实用性强	1. 获建设部科技进步三等奖 2. 列为国家经贸委计委主管局推荐的优秀节能产品 3. 列为建设部重点推广应用项目 4. 国内众多工程应用
HRV-01，02 半容积式水加热器	1995~1996	北京万泉压力容器厂 浙江杭特容器有限公司	1. 立、卧式 2. 换热、贮热分隔 3. 利用系统循环泵循环消除冷温水区 4. 热工性能好 5. 水质保障好	1. 通过建设部鉴定 2. 获院科技进步一等奖 3. 获国家标准设计银奖 4. 国内同类设备主流推广产品 5. 获香港新闻出版社《中华优秀专利技术精选》荣誉证书
DFRV 导流型浮动盘管容积式水加热器	1998~1999	北京万泉压力容器厂	1. 立式 2. 单、双螺旋管组合，单双程组合 3. 罐内设导流装量 4. 可从侧向抽出管束维修，解决了国内同类产品换热不充分，不能维修的问题 5. 热工性能好	1. 与 RV-03.04. HRV-01.02 一起编入国家行标和国家标准图 2. 国内工程中推广应用
DBRV-03.04 导流型容积式水加热器 DBHRV-01.02 半容积式水加热器	2000~2002	河北深州热力设备容器有限公司 北京万泉压力容器厂 浙江杭特容器有限公司	1. 应用东北大学"大波节管"国际发明专利，改进 RV 系列产品 2. 经 4 次热工性能测试和产品改进 3. 热工性能明显优于同类产品 4. 无冷温水滞水区且热工性能优异	1. 列入国家行标，国家标准图 2. 列为 2017 年版"建水规"推荐的最佳水加热器产品 3. 国内众多工程广泛推广应用

2.3 RV 系列水加热器产品鉴定报告、获奖证书、推广证书

RV-02 立式容积式换热器获奖证书

RV-04 立式容积式换热器获奖证书

科学技术成果鉴定证书

编号(90)建科鉴字001号

成果名称: RV—02系列立式容积式换热器

成果完成单位: 建设部建筑设计院
　　　　　　　济南市压力容器厂

鉴定形势: 专家评议
组织鉴定单位: 建设部科技发展司
鉴定日期: 　1990年1月10日

科学技术成果鉴定证书 RV-02　1990

科学技术成果鉴定证书

编号(92建科)　鉴字　135　号

成果名称: RV—04系列单管束立式容积式
　　　　　换热器

成果完成单位: 科研、设计: 建设部建筑设计院
　　　　　　　试制、生产: 北京万泉压力容器厂

鉴定形式: 　会议鉴定
组织鉴定单位: 建设部科技发展司
鉴定日期: 　1992年12月29日

科学技术成果鉴定证书 RV-04　1992

新技术新产品评议证书

编号: (94)建市办鉴第1号

项目名称　HRV-01系列半容积式换热器

完成单位　建设部建筑设计院
　　　　　北京万泉压力容器厂

主要完成人: 刘振印
组织评议部门: 建设部建筑市场管理促进办公室
评议日期: 一九九四年四月八日

新技术新产品评议证书 HRV-01-02　1994

国家科委司发文

(91)国科成字059号

关于召开《国家科技成果重点推广计划》
(1992年增补项目)技术依托单位座谈会的通知

各有关单位: 建设部建筑设计院

经国家科委组织专家论证,你单位的 RV-02 系列立式容积式换热器 项目已被批准列入《国家科技成果重点推广计划》(1992年增补项目)项目编号工1-2-2-5 ,你单位作为该项目的技术依托单位。

为确保《国家科技成果重点推广计划》的顺利执行,明确各技术依托单位的职责、任务和今后的工作方向,促进推广工作尽快展开,决定召开技术依托单位座谈会。请你单位派该项目负责人壹名参加会议,并根据下列提纲准备好此项目的汇报材料(限2000字内)一式两份。

(1)项目的现状及已开展的推广工作(包括服务方式、已联系的实施单位,市点情况,已产生的经济和社会效益等)。

国家科委司发文 059 号　RV-02

建设部科技成果重点推广项目证书

建设部建筑设计院：

经评定，RV-04型容积式换热器列为建设部一九九五年科技成果重点推广项目，你单位为该项目技术依托单位。

项目编号：95052
证书编号：J95066

（此证有效期三年）

中华人民共和国建设部

建设部科技成果重点推广项目证书　RV-04

优秀节能产品推荐证书 JNCP№

根据《"1994年全国节能宣传周"活动安排意见的通知》要求，我们委托中国节能协会开展的"1994年优秀节能产品和优秀节能科技成果"推荐工作已告结束。按照自愿参与的原则由单位申报、经主管部门推荐，组织专家进行评审，现确定推荐建设部建筑设计院申报的RV-04型容积式换热器　　　，为优秀节能产品。

特发此证

国家经济贸易委员会　国家计划委员会　国家科学技术委员会
资源节约综合利用司　交　通　能　源　司　工　业　科　技　司

一九九四年十月三日

优秀节能产品推荐证书　RV-04　1994.10.3

RV-02立式容积式换热器

产 品 样 本

专利号：87215956.6

建设部建筑设计院设计
济南压力容器厂制造

厂　　址　济南市段店南路
电　　话　553358　663154
电报挂号　2704

济南压力容器厂

（注：此封面为先生书写的第一本RV产品样本封面）

2.4 RV系列水加热器产品部分设计制造图

（1）RV-02立式容积式换热器总图

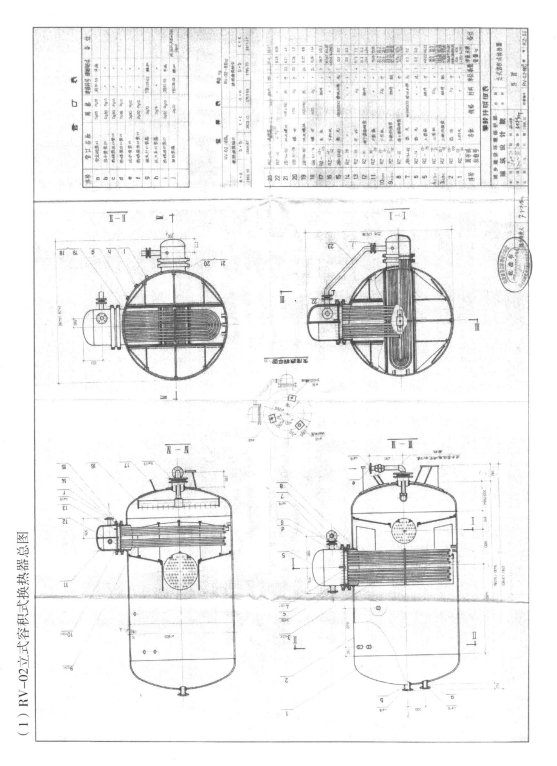

（2）RV-038S卧式容积式换热器总图

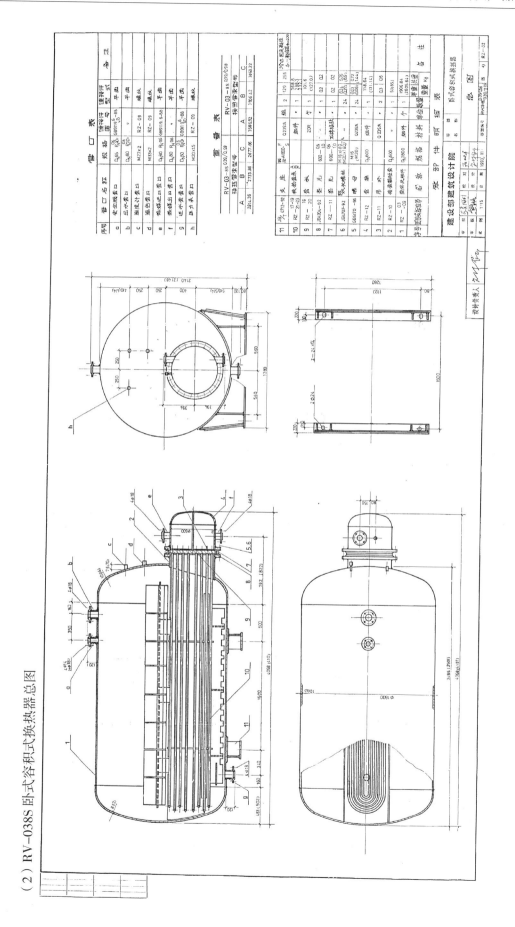

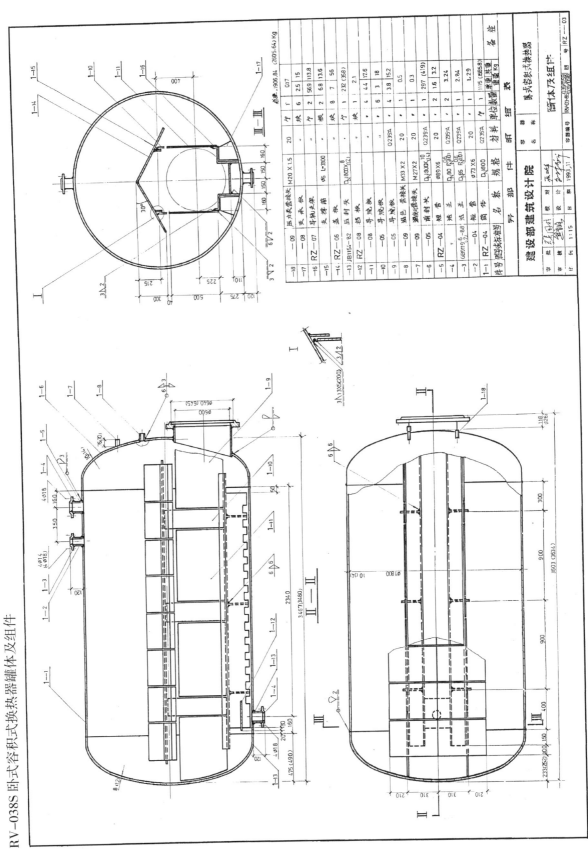

RV-038S 卧式容积式换热器罐体及组件

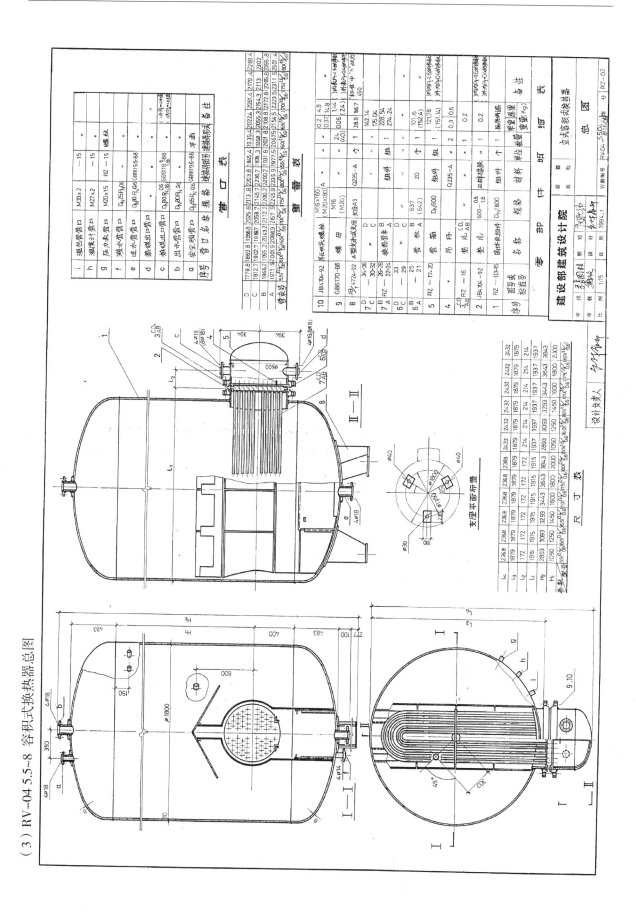

（3）RV-04 5.5~8 容积式换热器总图

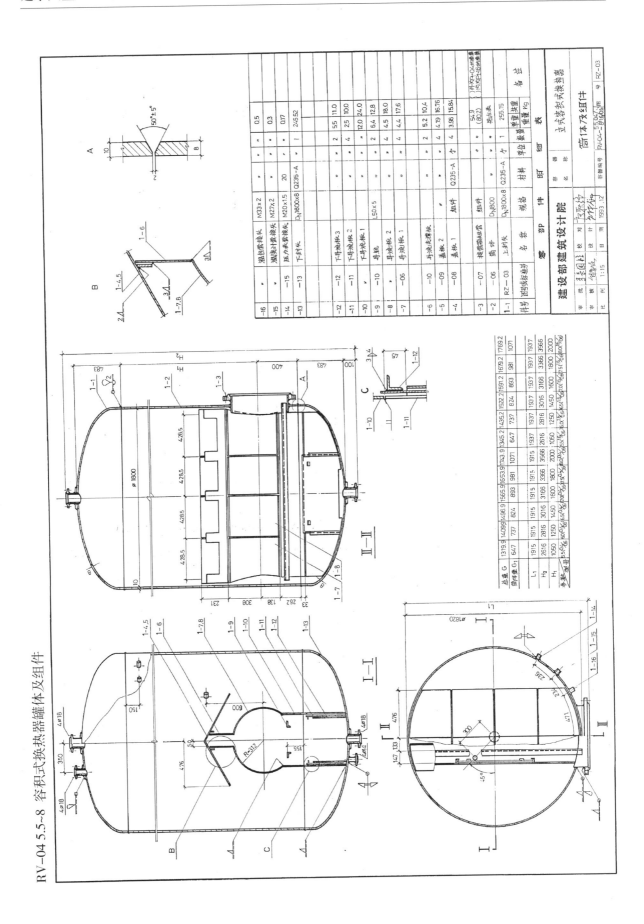

RV-04 5.5~8 容积式换热器罐体及组件

（4）HRV-01 1~1.2 卧式半容积式换热器总图（第1版）

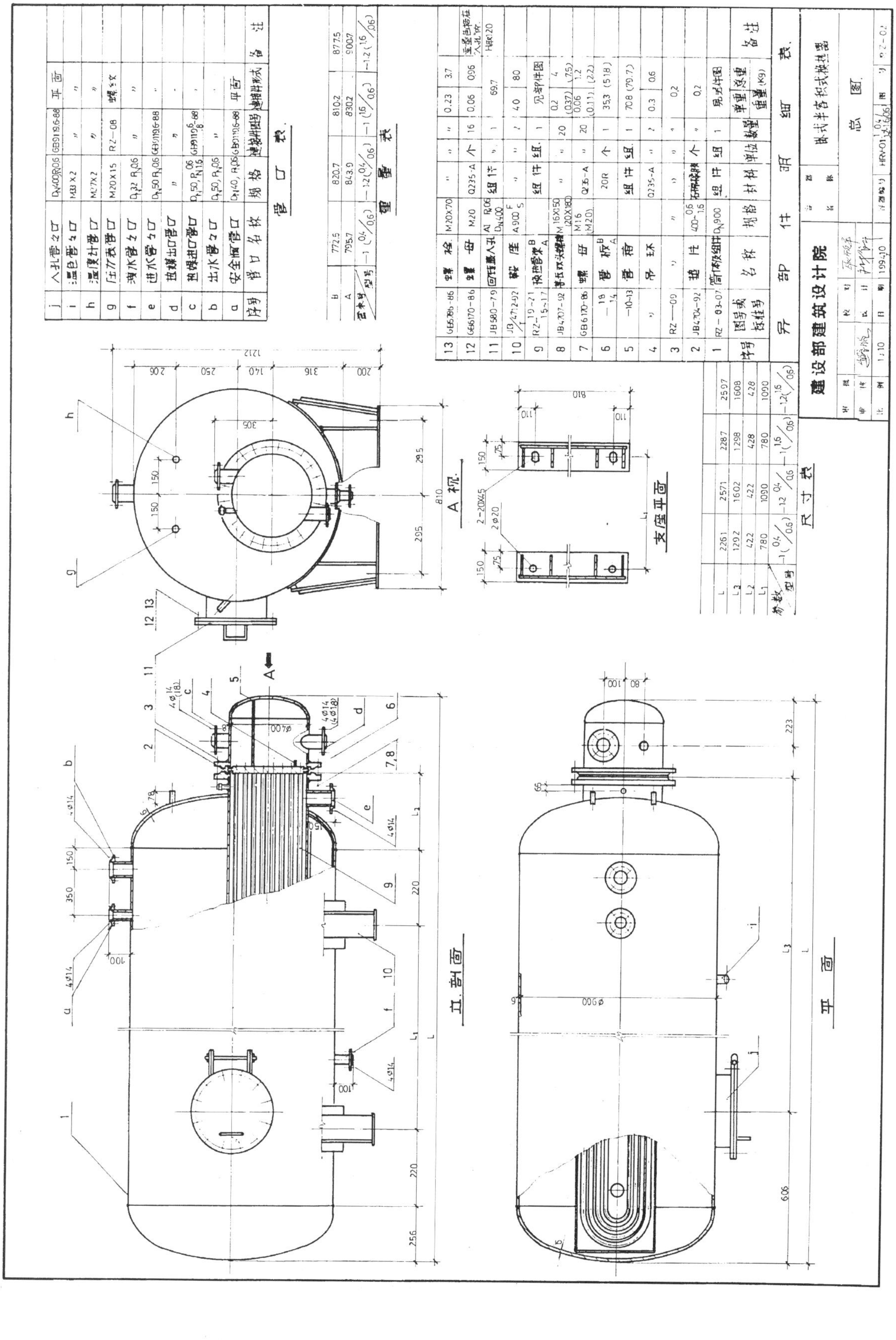

立 剖 面

平 面

A 板

支座平面

尺 寸 表

公称型号	L_1	L_2	L_3
	2261	2571	2287	2507
	1292	1602	1298	1608
	422	422	428	428
	780	1090	780	1090

管 口 表

符号	管口名称	规格	标准型式
j	人孔管 2 口	D_N400 δ0.6	GB9119.6-88 平面
i	温包套管口	M33×2	螺纹
h	温度计套口	M27×2	
g	压力表套口	M20×15	RZ-08
f	凝水管 2 口	D_N32 $P_N0.6$	
e	进水管 2 口	D_N50 $P_N0.6$	GB91119.6-88
d	出循水口管口	D_N50 $P_N0.6$	
c	回水出口管口	D_N50 $P_N0.6$	GB9119.6-88 平面
b	出水管 2 口	D_N15 $P_N0.6$	GB9119.6-88 平面
a	安全阀管口	D_N40 $P_N0.6$	焊接

建设部建筑设计院

卧式半容积式换热器 总图

比例 1:10

建设设计部 1199-10

19

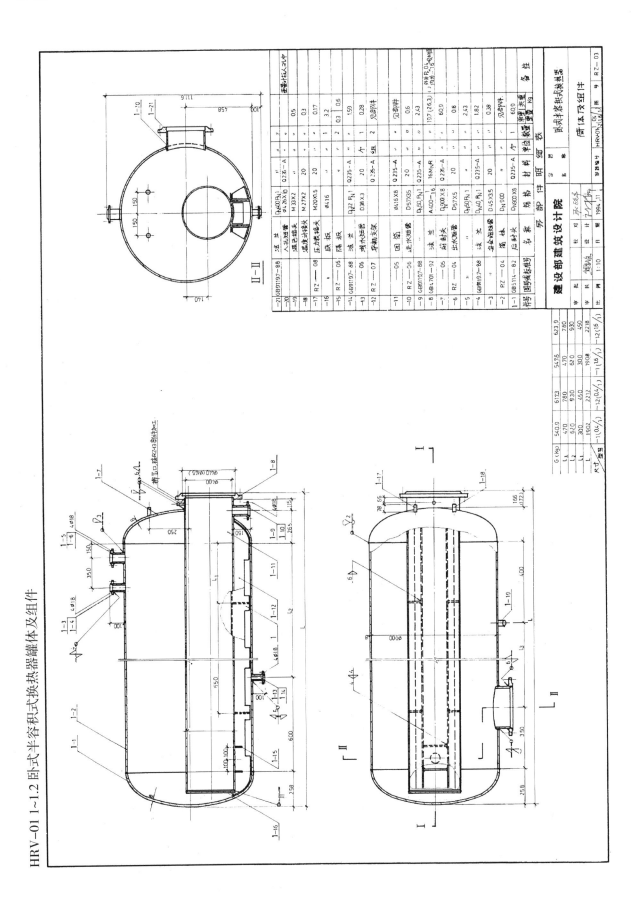

HRV-01 1~1.2 卧式半容积式换热器罐体及组件

（5）HRV-02 4.5~5.0 立式半容积式换热器总图（第1版）

管口表

符号	管口名称	规格	连接件标准	用途
j	人孔管 2口	Dₙ400 Rₚ0.6	GB9196-88	平面
h	温度计管口 2口	M33×2		
g	压力计管口 2口	M27×2		螺纹
f	凝水管口 2口	M20×1.5	RZ-08	
e	进水管口 2口	Dₙ32 Rₚ0.6		
d	蒸汽出口管口	Dₙ100 Rₚ0.6	GB9116-88	
c	凝结水出口管口	Dₙ100 Rₚ0.6(1.6)	GB9116-88	
b	出水管口 2口	Dₙ100 Rₚ0.6	GB9116-88	平面
a	安全阀管口	Dₙ65 Rₚ0.6	GB9119.6-88	平面

明细表

序号	标准号	名称	规格	材料	数量	单重	总重(kg)	备注
13	JB580-79	法兰盖人孔						远传器型接头
12	GB5786-86	螺母	M20×70					
11	GB6170-86	螺母	M20					
10	JB/427ₐ-92	支座	A型	Q235-A				
9	RZ-19~21 15×7	接连器水管 A						
8	JB4707-92	长头双头螺栓 M16×150						
7	GB6170-86	螺母	M16(M20)					
6	-18	管板	φ637					
5	-14	管箱	Dₙ500	Q235-A				
4	-10	导孔		20R				
3	RZ-09	垫片		不锈钢丝网				
2	JB/470ₐ-92	过滤器						
1	RZ-04	螺旋体装置						

序号	标准号	名称	规格					
图号		部件	材料	数量	单重	重量(kg)		备注

尺寸表

型号	H	H₁	L₁	
	2412	2612	2412	2612
	650	850	650	850
	2130	2647	2583	2647
	2108	2130	2106	2130

支座平面布置

建设部建筑设计院

名称		立式半容积式换热器	总图
容器编号	HRV02-45(04)	图号	RZ-02
比例	1:20		

立式半容积式换热器罐体及组件 HRV-02 4.5~5.0

总重量 G(Kg)	1274.6	1363.8	1298.2	1385.4
筒体重 G(Kg)	468.5	557.7	468.5	557.5
H	2216	2216	2216	2416
H₁	1050	1250	1050	1250
L	1198	1198	1220	1220
参数 型号	-4.5(∪0.6)	-5(∪0.6)	-4.5(∪0.6)	-5(∪0.6)

序号 图号或样柱号	名称	规格	材料	单位	数量	单重量	重量(Kg)	备注
-5 RZ-13	排气口	M20×15	组件	个	1	0.4		
-16 GB/19.6-88	法兰	DN20 R0.6			1	2.85		
-15 RZ-03	进水短管	D108×4 L=150	20		1	1.5		
-14 GB/19.6-88	法兰	D420 R0.06	Q235-A		1			
-13 GB580-79	人孔短管	φ426×10	20		1	0.5		
-12	温度计管束	M33×2			1	0.3		
-11	温度计管接头	M27×2			1	0.17		
-10	压力表管接头	M20×1.5	20		1			
-9	底板	φ516			1	7.1		
-8)	支撑角钢	φ7 (∪1660)			2	0.6 1.2		
-8	支撑角钢	L50×5 L=1770			2	6.4 12.8		
-7 -06	出水短管	φ100			1	2.9		
-6	下封头	DN800×8	Q235-A		1	232.9		
-5	固 法兰	φ616×8	20R		2	53		
-4 JB4701-92	法兰	A 600 0.6	16MZR		1	204		
-3 RZ-06	罐 体	DN1800	Q235-A		1	29.1 (52.7)		
-2	上封头	DN800×8	组件		1	257.8		
-1 RZ-04	上封头		组件	台	1			见上表

建设部建筑设计院

审批			立式半容积式换热器
审核			罐体及组件
校对			图号 RZ-03
设计		刘振印	
制图			图号编号 HRV-02 5.0⌀1.8
比例	1:20	日期 1994.5	

（6）DFRV浮动盘管换热器总图

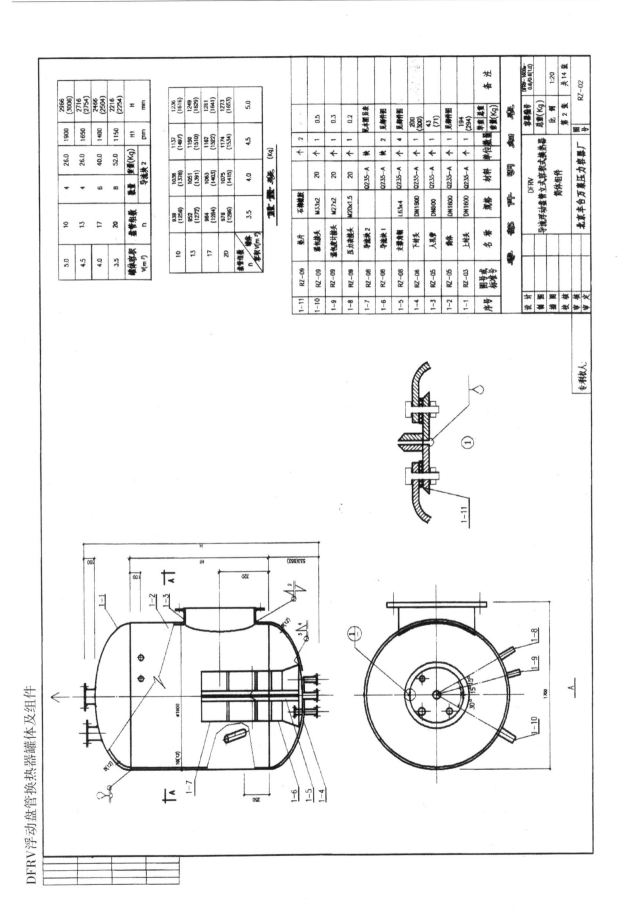

DFRV浮动盘管换热器罐体及组件

（7）DBHRV-02 6.5~8 大波节管半容积式换热器总图

管口表

符号	管口名称	型号	公称尺寸
j	入孔管々口	Dn400 PN	
i	温包计管口	M33×2	
h	温度计管口	M27×2	
g	压力表管口	M20×1.5	螺纹
f	凝水管々口	PL32-10	RZ-08
e	进水管々口	PL55-1.0 GB20592-97	
d	放铁出口管口		
c	热媒进口管口	PL100-1.0 GB20592-97	
b	出水管々口	PL100-1.5	
a	安全阀管口	PL55-1.0 GB20592-97	装配

序号	标准号	零件名称	材料	数量	单件重量(kg)	总重量(kg)	备注
13	HG21517-95	回转盖人孔	400×600	1	0.33	5.3	夹布橡胶板δ=3 δ值约1.6
12	GB5786-86	螺栓	M24×80	16	0.11	1.8	
11	GB6170-86	螺母	M24				
10	JB/T472c-92	支座 B	拖型3,A	3	26.6	79.8	支座高h=500
9	RZ-19~21 15~17	换热管束 A		1	288.3	288.3	支座高h=500
8	JB4707-2000	半匹头大接头	M20×220	11	0.58(1.83)	2.64(6.1)	
7	GB6170-86	螺母	M20	24 (4.0)	0.11		
6		管板	20R	2	127 (152.4)		
5		管箱	Q235-A	1	137.8 (153.0)		
4	RZ-05	筒身	Dn1500	1			
3	RZ-04	封头及组件	Q235-B	2	0.3	0.6	
2	JB4700-2000	垫片	Dn1800				
1		铭牌及组件		1	0.2		奥氏体钢

立式半容积式换热器
容器型号DBHRV-02 6.5~8 / 图总数15/1张

建设部建筑设计院

总图　RZ-02

支座Ⅱ平面布置

尺寸表

参数型号	H	H1	L1
3×52	1450	2617	2124
3×82	2×50	2617	2124
5×52	1450	2655	2138
5×82	2655	2138	
3×52		2655	

B	2884	3382	2934	3432
A	2977	3475	3027	3525

DBHRV-02 6.5~8 大波节管半容积式换热器罐体及组件

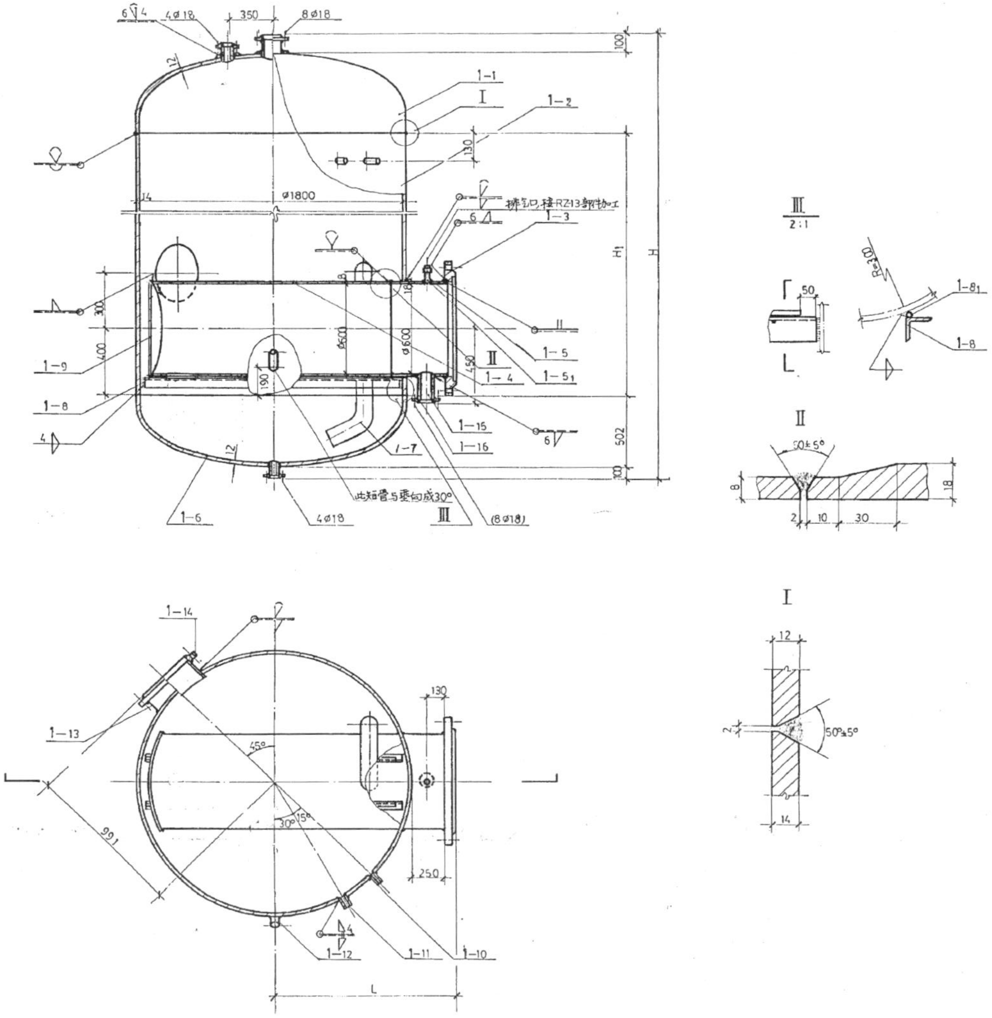

参数 \ 型号	-6.5(0.4/1)	-8(0.4/1)	-6.5(1.6/1)	-8(1.6/1)
总重量 G(Kg)	2147	2644	2159	2656
筒体重 G(Kg)	1149	1526	1029	1526
H	3054	3654	3054	3654
H_1	1850	2450	1850	2450
L	1210	1210	1224	1224

序号	图号或标准号	名称	规格	材料	单位	数量	单重 重量(Kg)	总重 重量(Kg)	备注
-51	RZ—13	排气口	M20X1.5	组件	〃	〃	0.4		
-16	HG20592-97	法兰	PL100—1.0	Q235-B	〃	1	4.5		突面
-15	RZ—03	进水短管	D108X4 L=150	20	〃	1	1.5		
-14	HG20592-97	法兰	PL400—1.0	Q235-B	〃	1			突面
-13	GB580—79	人孔短管	ø426X16	20R	〃	1			重量计在"回转盖人孔"中.
-12	〃	温包管接头	M33X2	〃	〃	〃	0.5		
-11	〃	温度计管接头	M27X2	〃	〃	〃	0.3		
-10	—08	压力表管接头	M20X1.5	20	〃	〃	0.17		
-9	—06	底板	ø624	〃	〃	1	7.1		
-81	—03	支撑钢筋	ø7 L=1660	〃	〃	2	0.6	1.2	
-8	—03	支撑角钢	L50X5 L=1770	〃	〃	2	6.4	12.8	
-7	—06	内出水短管	ø108X4	20	〃	1			
-6	—07	下封头	D_N1800X12	组件	〃	〃	359.5		
-5	—06	短管	ø636X18	20R	〃	〃	96		
-4	RZ—06	圆筒	ø616X8	Q235-B	〃	〃	203.8		
-3	JB4701—2000	法兰	A600—1.0/1.6	16MZR	〃	〃	40.8 (52.7)		
-2	—05	罐体	D_N1800	〃	〃	〃	见上表		
1-1	RZ—04	上封头	D_N1800X12	组件	个	1	387.3		

零部件明细表

建设部建筑设计院				容器名称	立式半容积式换热器.
审批		校对	邢炳平		罐体及组件
审核	刘振印	设计	刘振印		
比例	1:20	日期	1999.5	容器编号 DBHRV-02-6.5/0.4/1 ~8/1.6/1	图号 RZ-03

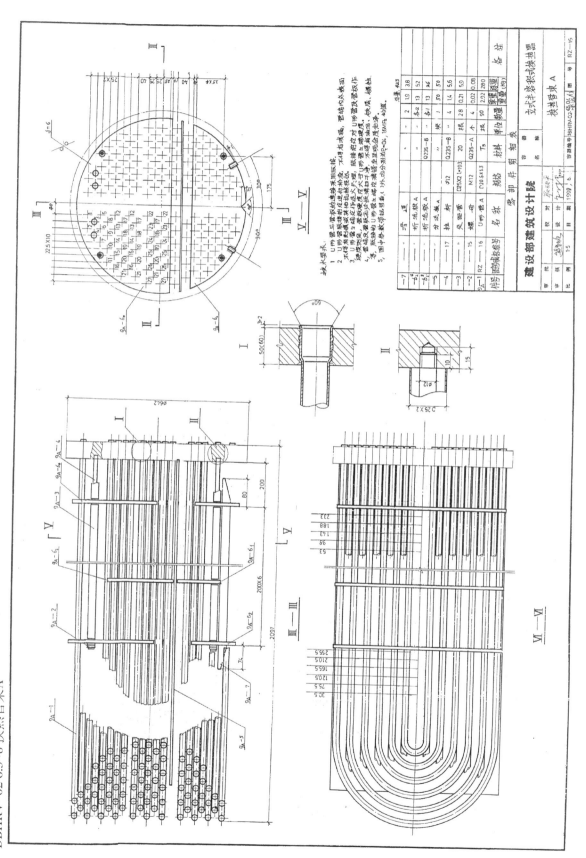

DBHRV-02 6.5~8 换热管束A

2.5 集中热水供应系统循环效果保证措施实测与研究

1）概述

集中热水供应系统的循环系统运行好坏涉及用水水质、水温安全及节能、节水等大问题，也是建筑给水排水工程设计的重点和难点之一。针对目前热水循环系统设计存在理念不清，措施不当，使用效果不佳等弊病，带领热水研究课题组在企业的大力协助下搭建了模拟热水循环系统模型，测试不同管道布置方式采用循环专用阀件，管件在各种工况下的循环效果，经多次运行实测，掌握了第一手数据。在对数据整理分析研究的基础上首次提出了温控调节平衡法与阻力平衡流量分配法的新循环理念，为合理保证不同管道布置方式的循环效果，提供了理论依据并提供了相应的有效合理措施。

2）模拟测试系统图示

模拟测试系统分上行下给等长立管布置，上行下给不等长立管布置和下行上给等长立管布置三种型式，详见图1、图2、图3。

3）成果及应用

通过这次模拟热水循环系统循环效果的测试与分析研究取得了下列成果：

（1）澄清了一些热水循环理念的错误概念。

在以往的一些规范、手册中对于热水循环系统运行的描述目的除弥补管道热损失外，还有系统最大用水时辅助供水或双向供水的要求，照此容易混淆热水循环系统的循环理念，给设计热水循环系统、保证循环效果造成困难，为此，在集中热水供应系统循环效果的保证措施论文中，明确了循环系统的唯一功能就是弥补管道热损失，保证使用者及时取得所需温度的热水，澄清了一些错误理念，为正确合理设计热水循环系统提供了依据。

（2）将现有保证循环效果的方法，归纳为温控调节平衡法与阻力平衡流量分配法

这两种方法的概念为：温控平衡法是指通过设在热水干、立管的温度循环阀，或小循环泵等由温度控制其开、关或启停以实现各回水干、立管内热水顺序有效循环的方法。

阻力平衡流量分配法是指通过合理布管和设置循环管件、阀件来调节系统阻力，借以重新平衡分配循环量保证循环效果的方法。这两种循环方法的提出，使设计者对如何保证系统循环效果有了明确的概念，对正确合理设计热水循环系统有很大帮助。

（3）基本掌握了循环管件、阀件的工作原理和适用条件。

组织这次模拟系统测试的目的之一，是弄清楚导流三通、温控循环阀，流量平衡阀的工作原理，从而为其正确配合采用这些循环专用管件、阀件提供依据，通过这次模拟系统各种循环工况的实测和研究分析基本达到了预期目的，提出了如下保证循环效果的具体措施：

A 应尽量采用上行下给布管的循环系统，优点是水力条件好，节省管材，节约能耗，有利热水循环。

B 住宅等调试、维护管理较困难的建筑，其循环系统宜首先同程布管，设导流三通、大阻力短管等措施保证循环效果。旅馆、医院等公共建筑的循环系统宜根据整个系统布管情况确定措施，当布管较复杂时，宜首先采用温控循环阀，流量平衡阀等方便调节且节能效果好的保证循环效果的措施。

C 带有多个子系统或供给多栋建筑的共用系统，可采用上述多种循环措施综合使用的方法，如子系统可分别采用同程布管或设循环管件、阀件、子系统与母系统连接处可采用温控循环阀，流量平衡阀，小循环泵等综合方式来保证整个大系统的循环效果。

D 根据系统采用的循环措施确定循环泵的循环流量。

以往规范中热水循环泵的循环流量是固定的。

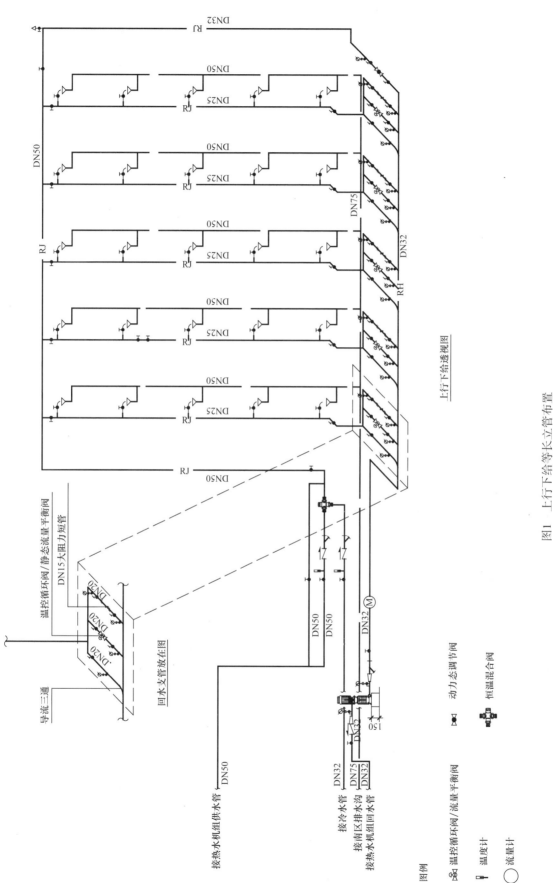

图1 上行下给等长立管布置

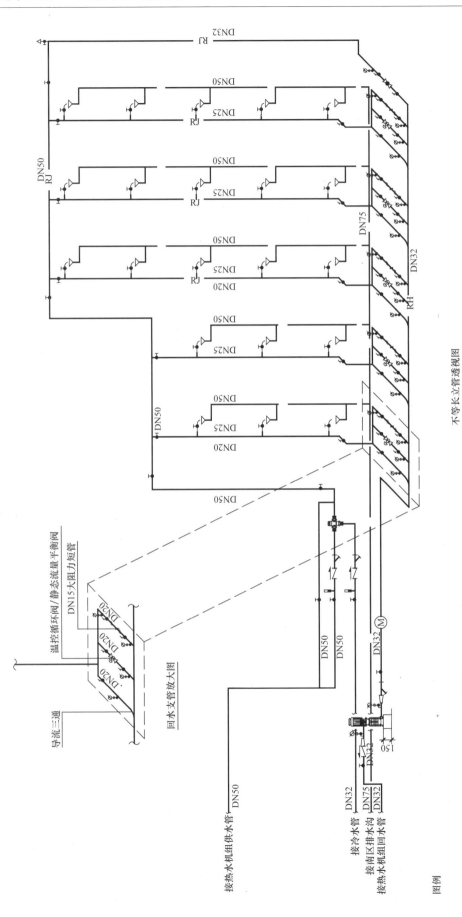

图2　上行下给不等长立管布置

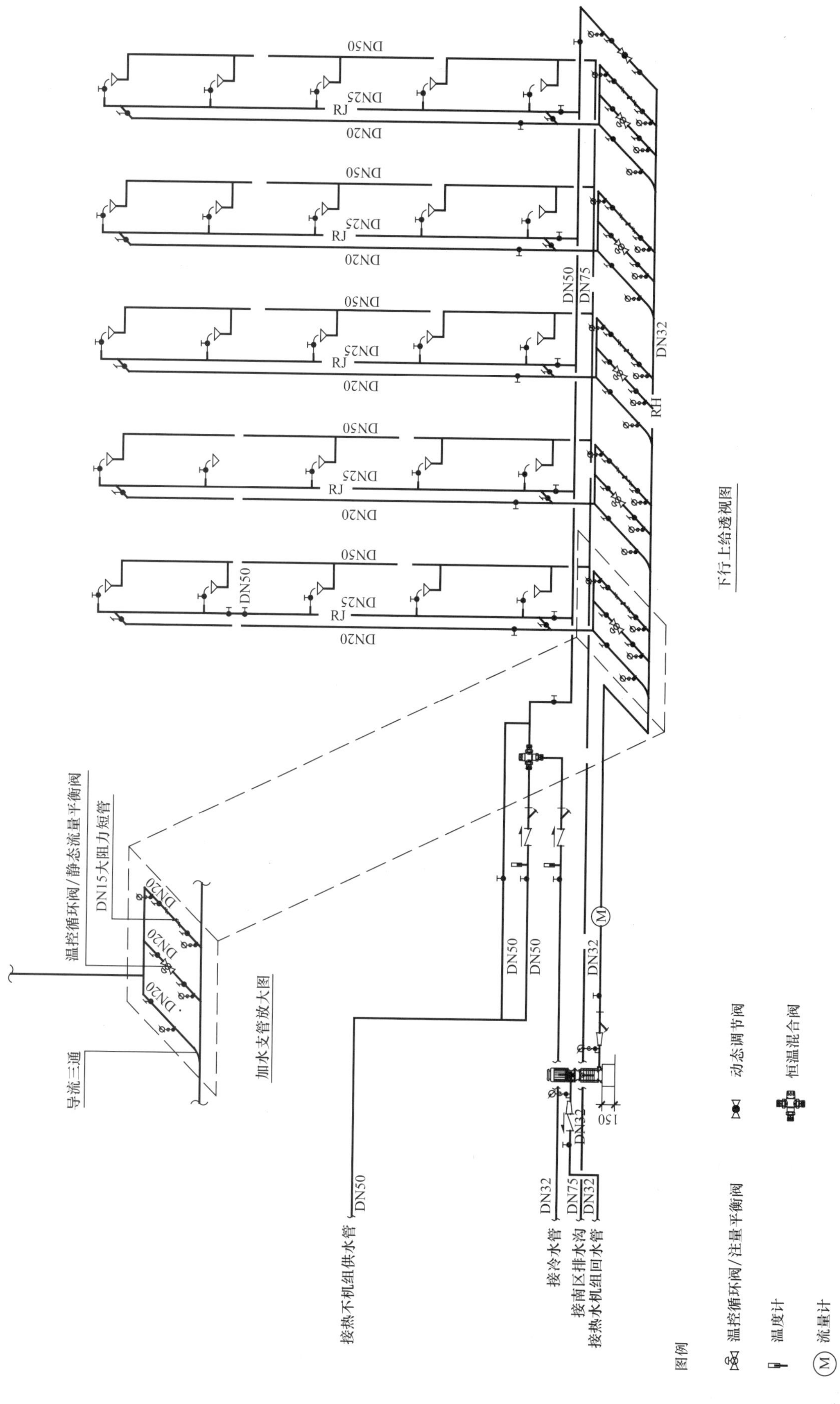

图3 下行上给等长立管布置

通过此次模拟系统测试分析，确定循环泵流量可按不同循环措施分别确定，这样选择合理、节能。

(A) 采用温控平衡阀时 $Q_S = 0.15Q_{rh}$（Q_S—循环流量，Q_{rh}—设计小时热水量）

(B) 采用同程布管，导流三通、流量平衡阀时

$$Q_S = 0.15Q_{rh} \sim 0.2Q_{rh}$$

(C) 采用大阻力短管时 $Q_S = 0.25Q_{rh} \sim 0.30Q_{rh}$

(D) 无措施的异程布管改造工程：$Q_S = 0.35Q_{rh} \sim 0.40Q_{rh}$

(4) 提出循环系统采用不同措施的参考图式。

3 规范、标准、注册工程师工作篇

3.1 概述

在任院、集团副总工及顾问总工期间，除完成院给水排水专业院总工应负责的技术工作外，还承担了本专业大量的社会工作，其主要工作有负责公用设备注册工程师中建筑给水排水注册工程师的部分注册组织工作，负责本专业母规范《建筑给水排水设计规范》2003 版、2009 版、2017 版中热水部分的主编工作，参与主编国家规范《民用建筑节水设计标准》GB 50555—2010，《建筑机电工程抗震设计规范》GB 50981—2014 工作，参编全文强制性标准《城镇给水排水技术规范》GB 50788—2012，参与在编全文强制性规范《建筑给水排水与节水规范》工作；主编国家行业标准《导流型容积式水加热器和半容积式水加热器》，主编《建筑给水排水设计手册》第一版、第二版、第三版（在编）及相关手册中"热水部分"，主编院给排水设计技术措施，主编国家标准《统一技术措施》建筑给排水部分中的热水章节，主编国家标准图集《水加热器的选型与安装》2002 年版与2016 年版等。

3.2 主编《建筑给水排水设计规范》GB 50015 中热水章节

1999 年应建筑给水排水规范组邀请，参加《建筑给水排水设计规范》的修编工作。主编热水章节。从 2000 年至 2017 年共计完成了该规范 2003 年版、2009 年版 2017 年版（报批稿）中热水章节的局部修编或全面修编工作。

主要成果：

1）针对原规范热水用水定额偏高及与给水定额不匹配等问题根据调研成果通过研究分析全面修编了热水定额，使其趋于合理；

2）增加了平均日用热水定额，为合理设计太阳能热水系统与节水设计提供了合理依据；

3）针对热水中存在军团菌等问题，参与了院热水水质研究课题组研究工作，并将经过试验验证的灭菌设施引入 2017 年版的规范中，使我国对生活热水水质的保证措施跨入了国际领先行列。

4）针对国内大多数集中热水供应系统存在水加热器偏大的问题对设计小时耗热量等的计算做了如下修正：

（1）引入了设计小时耗热量计算按实际用水工况计算不应全部叠加设计小时耗热量的概念。

（2）对影响设计小时耗热量计算最大的小时不均匀系数 K_h 在调研工程实用数据的基础上，经分析研究作了较大的修正，并与相应给水部分的 K_h 吻合。

（3）引入了水加热设备设计小时供热量的概念，借鉴美国相关公式，提出了容器较大的水加热器的设计小时供热量计算公式，并对贮热热容积较小或很小的半容积式水加热器，半即热式水加热器的设计小时供热量计算另作了规定，同时调整了不同水加热器的贮热时间，使热媒和水加热器的负荷、贮热量设计趋于合理。

（4）针对传统容积式水加热器技术落后，热工性能差的问题，引入了国内多年来成功研发的以RV 系列水加热器为代表的导流型容积式水加热器，半容积式水加热器及半即热式水加热器并在

2017年版规范中淘汰了传统的两行程 U 型管容积式水加热器。

（5）增补了太阳能热水系统和热泵热水系统的内容，针对近年来国内太阳能热水系统设计，运行出现的不规范、多故障、实用效果差的问题，在总结北京奥运村、广州亚运城等大型集中太阳能热水系统设计经验教训的基础上，2017年版规范对太阳能热水系统的设计参数，系统搭配等作出了较合理规定，同时推荐了一种运行实效好的无动力循环太阳能热水系统。对空气源，水源热泵的设计计算，系统模式亦作了较准确的规定。

（6）热水循环系统是集中热循环水供应系统的难点，在2003年版规范中首先提出同程布置供回水管的概念，2017年版规范全面修订时，针对国内热水循环系统，设计使用循环阀件管件等适用条件不清楚，运行中循环效果差等问题，热水课题组在企业配合下搭建了模拟循环系统，取得了循环阀件，管件适用条件的基本数据，2017年版规范在研究分析成果的基础上提出了循环阀件、水泵、管件等适用于不同系统的条件，并对循环流量的计算作了相应的规定。

3.3　主编、参编规范、标准、技术措施和设计手册

1）主编、参编的规范、标准、技术措施和设计手册一览表

主编、参编规范、标准、技术措施和设计手册一览表

类别	名称	时间	角色	备注
国家规范	建筑给水排水设计规范 （GB 50015—2003、2009、2017）	1998～2017	第三、第四主编	主编热水章节
	民用建筑节水设计标准 （GB 50555—2010）	2009～2010	第二主编	
	城镇给水排水技术规范 （GB 50788—2012）	2010～2012	参编	编写部分建筑给水排水条款
	建筑设备抗震设计规范	2013～2014	第二主编	编写部分建筑给排水抗震条款
	建筑给水排水与节水规范（在编规范）	2017	参编	主编热水条款
国家工程建设标准	导流型容积式水加热器半容积式水加热器行业标准（CT/T 163-2002，2015）	2001～2002 2014～2015	第一主编	该标准有 2002 版和 2015 年版
	生活热水水质标准（CJ/T 521-2017）	2016～2017	参编	
工程建设推荐性规范	小区集中热水供应系统设计规范 （CECS 222：2007）	2006～2007	第一主编	
	燃油燃气热水机组生活热水设计规程 （CECS 134：2002）	2001～2002	第二主编	
	《集中生活热水水质安全技术规程》CECS	2015～2017	参编	报批稿
技术措施	全国民用建筑工程设计技术措施—给水排水	2003～2004 2009～2010	主编之一	2004 年版 2010 年版主编热水章节
	全国民用建筑工程设计技术措施—节能专篇给水排水	2009～2010	主编之一	主编"综合节能措施"章节

续表

类别	名称	时间	角色	备注
技术措施	建设部建筑设计院《民用建筑给水排水设计技术措施》	1996～1997	第一主编	
设计手册	建筑给水排水设计手册 1992 年版、2008 年版、2018 年版（在编）	1991～1992 2007～2008 2017～2018	参编 主编之一 主编之一	热水章节
	水工业工程设计手册—建筑和小区给水排水	1999～2000	主编之一	热水章节
	给水排水工程实用设计手册—建筑给排水设计工程	2014～2015	参编	热水章节
	建筑给水排水工程技术与设计手册	2012～2013	主审之一	主审部分章节
给水排水国家标准图集	水加热器选用与安装 16S122——2002.2016	2001～2002 2013～2016	主编	2002 年版为主编之一 2016 年版为主编
	生活热水系统附件选用与安装（在编）	2016～2018	主编	

2）封面

建筑给水排水设计规范
（GB 50015—2003）

建筑给水排水设计规范
（GB 50015—2009）

3UDC　　中华人民共和国国家标准　**GB**

P　　　　　GB 50015-2xxx

建筑给水排水设计规范

Code for design of building water supply and drainage

（报批稿）

20xx—xx—xx 发布　　　20xx—xx—xx 实施

中华人民共和国住房和城乡建设部
中华人民共和国国家质量监督检验检疫总局　联合发布

建筑给水排水设计规范
（GB 50015—2017 报批稿）

UDC　　中华人民共和国国家标准　**GB**

P　　　　　GB 50555-2010

民用建筑节水设计标准

Standard for water saving design in civil building

2010-05-31　发布　　　2010-12-01　实施

中华人民共和国住房和城乡建设部
中华人民共和国国家质量监督检验检疫总局　联合发布

民用建筑节水设计标准（GB 50555—2010）

UDC　　中华人民共和国国家标准　**GB**

P　　　　　GB 50788-2012

城镇给水排水技术规范

Technical code for water supply and sewerage of urban

2012-05-28　发布　　　2012-10-01　实施

中华人民共和国住房和城乡建设部
中华人民共和国国家质量监督检验检疫总局　联合发布

城填给水排水技术规范（GB 50788—2012）

UDC　　中华人民共和国国家标准　**GB**

P　　　　　GB 50981-2014

建筑机电工程抗震设计规范

Code for seismic design of mechanical and
electrical equipment

2014-10-09　发布　　　2015-08-01　实施

中华人民共和国住房和城乡建设部
中华人民共和国国家质量监督检验检疫总局　联合发布

建筑机电工程抗震设计规范（GB 50981—2014）

小区集中热水供应系统设计规范（CECS 222）

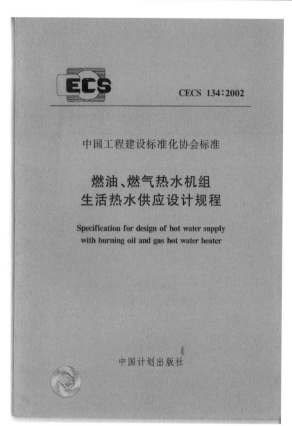

燃油、燃气热水机组生活热水供应设计规程（CECS 134）

导流型容积式水加热器和半容积式水加热器
（CT/T 163—2002）

导流型容积式水加热器和半容积式水加热器
（CT/T 163—2015）

全国民用建筑工程设计技术措施——给水排水
（2003）

全国民用建筑工程设计技术措施——给水排水
（2009）

全国民用建筑工程设计技术措施——节能专篇　给水排水

民用建筑给水排水技术措施

建筑给水排水设计手册（1992）

建筑给水排水设计手册（2008）

水工业工程设计手册——建筑和小区给水排水

给水排水工程实用设计手册——建筑给水排水设计工程

水加热器选用与安装（16S122—2002）　　　　水加热器选用与安装（16S122—2016）

3.4　注册工程师工作

2001 年至 2009 年作为公用设备注册工程师给水排水专家组副组长，建筑给水排水专家组组长做了下列工作

1）参与组建专家组及注册工程师准备工作
2）组织与参与建筑给水排水部分出题、校审题及评议工作，每年出题 25～40 道；
3）参与试卷评分工作；
4）编写考核、考试辅导材料，并多次宣讲；
5）2006，2010 年两次获优秀注册工程师专家证书；
6）2013 年，2014 年应《给水排水》编辑部之邀请，参加了两年的注册工程师考前辅导培训工作，编写了宣讲教材。

 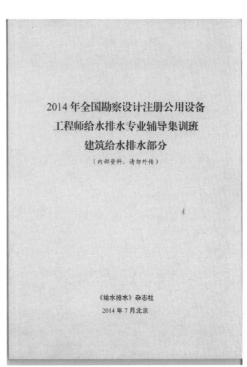

2013 年注册工程师考前培训教材　　　　　2014 年注册工程师考前培训教材

4 论 文 篇

4.1 概述

在几十年设计科研工作中，养成了较好的学习总结的习惯，并以独著或第一作者撰写发表了论文 22 篇，其中一篇获《给水排水》杂志年度特等奖，两篇获二等奖，以第二作者参与撰写的论文约有 8 篇，其中一篇获特等奖，一篇获二等奖。论文的主要内容，可分为介绍设计经验、理念、措施和介绍 RV 系列产品研发成果两大部分。论文的部分内容已作为《建筑给水排水设计规范》热水章节部分条款编写的依据性资料，其他大部分内容至今仍可供广大建筑给水排水专业人员参考应用。

4.2 论述设计经验、理念、措施

1)"南海酒店的给水排水设计"，"艺苑皇冠饭店给排水设计运行使用概况""旅馆建筑给水排水"等论文就旅馆、高级宾馆等设计的一些要点作了扼要介绍，并引进了国外的一些先进技术和设计方法。

(1)针对 20 世纪 90 年代前后国内一些高层建筑大都采用高位水箱供水的方式，介绍了美国、中国香港高层宾馆采用液力耦合变速泵组供水的方式；

(2)介绍了排水点多的地下室底层采用的小结合井排水方式，并在南海酒店设计中应用；

(3)介绍了排水出户管合并出户减少室外排查井及室外检查井盖与建筑装饰一体的做法；介绍了地下室污、废水泵井设置要点；

(4)热水系统，通过"国际艺苑"工程的用水量实测及调查，与设计计算参数作出对比，提出了旅馆建筑计算热水用水量，设计小时耗热量等较合理的参数，并以此作为 2003 年版修编《建筑给水排水设计规范》热水部分条款的依据之一；

(5)20 世纪 90 年代前国内工程普遍存在水加热器选用过多过大使用效率低的问题，通过对国际艺苑等工程设备使用情况的调研，并结合美、英等国设计工程选用水加热器贮热容积的情况，介绍了合理设计计算水加热器贮热容积的理念；

(6)介绍了高级宾馆内自设小型游泳池、水景池、厨房、洗衣房、桑拿房等公用健身、娱乐设施的给水、排水设计要点；

(7)介绍了宾馆等民用建筑的室外浇洒绿地的给排水设计要点。

2)"集中热水供应系统循环效果的保证措施—热水循环系统的测试与研究"一文获 2015 年度《给水排水》优秀论文特等奖。

(1)论述了热水循环系统涉及水质安全，节水，节能等重要环节；

(2)剖析了设计循环系统存在的各种问题；

(3)通过模拟系统的测试及研究分析，提出了保证循环效果的新理念；

(4)在测试，研究分析的基础上，应用新理念提出了保证循环效果的各项措施，并将其作为 2017 年版《建筑给水排水设计规范》全面修编热水部分条款的主要依据。

3)"太阳能集中热水供应系统的合理设计探讨"，"集预热式无动力循环太阳能热水系统——突破传统集热理念的全新系统"（后者为第二作者）均获《给水排水》优秀论文二等奖。

（1）论述了国内集中太阳能热水系统存在的问题及其根源；

（2）论述了太阳能这种低密度、不稳定、不可控的能源热水系统与常规热源热水系统之不同点，因此提出了适合于太阳能热水系统的较合理的设计参数，并以此作为2017年版《建筑给水排水设计规范》（报批稿）太阳能热水系统主要条款的设计依据；

（3）论述了"无动力循环太阳能热水系统"对比常用太阳能热水系统的诸多优点，并在2017年版《建筑给水排水设计规范》（报批稿）中作为适用的新技术，新产品予以推荐。

4）"建筑给排水节能节水技术探讨"一文综述了建筑给水排水节能、节水的要点：

（1）通过对变频调速泵组供水的工况分析及工程实用耗能对比，论述了变频泵供水比高位水箱供水耗能，并对变频泵供水，叠压供水，高位水箱供水，气压供水四种常用供水方式进行了节能，安全，经济等方面的比较；

（2）论述了控制供水压力对节水节能的重要性；

（3）论述了保证冷热水压力平衡，保证循环效果，采用换热性能优异的水加热设备等对节能节水的重要性。

5）"南海酒店的给水排水设计"首次介绍了以系统展开图这种欧美的制图方法代替国内惯用的透视图的传统方法应用于给排水设计的体会。为此后高层建筑、体型复杂建筑给排水系统设计图学习国外先进经验既简化，又表达清楚踏出了新路。

4.3 介绍RV系列产品研发成果

论文中有10篇是介绍自1988年至2003年研发的RV系列水加热器，或与水加热器相关的技术，主要论述了下列内容：

1）论述了20世纪90年代前国内集中热水供应系统基本应用原国标图中二行程容积式水加热器存在换热很不充分，传热系数低，容积利用率低、耗能、耗材，占地大等问题。

2）介绍了美、英等国同类产品的情况。

3）介绍了六代RV系列产品在企业配合下的研制测试，推广应用经历，论述了RV系列产品适合于生活热水系统的优异性能。

4）论述了评价生活热水与加热器应具备热工性能好、生活热水侧阻力小，贮热容积合理，方便清垢、维修。供水安全稳定，水质好等要点。

5）对20世纪末国内兴起的浮动盘管型水加热器进行了充分分析，指出不少仿制产品存在换热不充分，结构极不合理等问题。

4.4 论文目录

工程设计类
1. 南海酒店的给排水设计
2. 艺苑皇冠饭店给排水设计及运行使用概况
3. 生活热水系统改造设计

科研类
1. 介绍一种立式容积式换热器
2. 新型卧式容积式换热器的研究
3. RV-04单管束立式容积式换热器
4. 半容积式水加热器

5. 浅析浮动盘管型换热器
6. 波节管换热器——一种最佳换热设备
7. 集中热水供应系统循环效果的保证措施——热水循环系统的测试与研究

应用技术类

1. 旅馆建筑给水排水
2. 热水供应系统设计中值得注意的几个问题
3. 建筑给排水节能节水技术探讨
4. 建筑热水供应技术发展规划探讨
5. 生活热水设计技术问题探讨
6. 热交换器的设计因素及半容积式换热器的研制开发
7. 对"半即热式热水器"的分析与对"半容积式水加热器"的分析应用
8. 太阳能集中热水供应系统的合理设计探讨
9. 新型容积式换热器的选择与设计

其他类

1. 《民用建筑给水排水设计技术措施》一书简介
2. 建筑热水二十年
3. 从亚运会的 RV-02 到奥运会的 DBRV-01/02 看近二十年国内生活热水换热器的发展

主要参编论文

1. 广州亚运城太阳能热水集热系统关键设计参数分析与取值
2. 集贮热式无动力循环太阳能热水系统——突破传统集热理念的全新系统。
3. 介绍一台节煤消烟除尘的开水炉
4. 民用建筑生活热水小时变化系统 K_h 的推求

4.5　论文集萃

工程设计

南海酒店的给排水设计

刘振印

由香港汇丰银行、美丽华大酒店、中国银行深圳分行及蛇口招商局合资的南海酒店，是由国内设计人员首次承担全部设计任务的合资项目。该工程于 1983 年初开始设计，当年 7 月破土动工，1985 年年底全部建成投入营业使用。我院驻深圳的华森公司承担了整个工程的设计和地盘管理。

南海酒店坐落在深圳蛇口，背山面海，整个建筑顺着海岸成阶梯式弧形。与优美的环境融为一体。

酒店总建筑面积为 3.65 万 m^2。主体建筑共 12 层，地面以上 11 层，地下一层，其中客房部分 8 层，总计客房为 395 间，除标准客房外，顶层还设有总统间、法国式、意大利式、日本式、中国明代式等高级套房。酒店室内有大型中餐厅、西餐厅、咖啡厅、商店、大厅喷水池；室外有瀑布池、游泳池、网球场、高尔夫球场；附属建筑中有男、女桑拿间、美容室等公用及娱乐设施。

酒店给水排水部分主要设备材料均由国外进口、并分别由香港的几家公司承包施工、安装。在该工程给水排水设计中，结合国情吸取了香港的一些习惯做法。下面就给水、排水的设计、施工及试运转中的一些体会予以介绍：

一、给水系统：

（一）分两区供水：地下室及地面一层直接由市政供水管供水，地面二至十一层由设在屋顶的高位水箱供水。室外由不同侧市政供水干管上分别引入 $D_0=200mm$ 的进水管，绕酒店连成环状供水管网。

（二）用水量及水池、高位水箱：

1. 用水量标准：$2m^3/$（床·日），最大日用水量（不计消防用水）为 $1324m^3$。

2. 地下贮水池容积包括生活与消防两部分：生活部分调节容量按 2 小时的最高日平均时生活用水量加 10% 的最高日用水量计算，为 $243m^3$；消防部分按 3 小时室内消火栓用水，加 1 小时自动喷洒用水减去 3 小时内室外管网补水量计算为 $100m^3$。3 小时的室外消防用水由室外管网供给，亦可由室外一容积为 $570m^3$ 的游泳池供水。

3. 高位水箱容积按所辖供水范围的生活用水量的 10% 加 1 小时的空调用冷却塔补水量计算，共计 $61.4m^3$。

（三）给水泵房：

水泵房的设计吸取了香港地区一些机房的做法：

1. 布置紧凑，机房面积省；泵房平面尺寸为 7.6×6.5（m），其内布置有两台生活加压泵，六台消防泵。设计采取两台同型泵共用一个基础，连接管道尽量利用空间的做法，使整个布置紧凑，又能满足操作检修要求。泵房值班室设在进入泵房的通道上。

2. 防振隔声处理：①水泵采用软木隔振基础（如图 1 所示）。这种香港机房通用的隔振基础的做法简单，经运行证明：隔振效果良好。②水泵吸压水管上均装隔振软接头。软接头有两种：一种是橡胶的，一种是不锈钢波纹管。前者轴向伸长量为 30~35mm，轴向压缩量为 50~60mm，偏移角度为 30~40 度；后者的轴向伸缩量及偏移角度均比前者小，但防火性

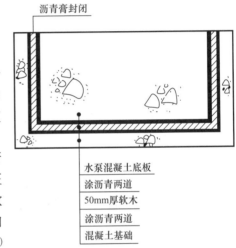

沥青膏封闭

水泵混凝土底板
涂沥青两道
50mm厚软木
涂沥青两道
混凝土基础

图 1 水泵隔振基础

能好。因此橡胶软接头一般用于水泵吸压水管上（据观察，高压水泵启动时，软接头的伸长量确实达 30mm 左右），而不锈钢波纹管软接头用作管道的伸缩，沉降接头。③泵房四周墙面均贴玻璃棉吸声材料。

3. 两泵交替启动。其优点是两泵使用次数相同，不致发生一台泵常用磨损大，另一泵不用出了故障还未发现的情况；并可降低泵的启动频率，增长了水泵的使用寿命。

4. 水泵压水管上采用 VALMATIC 型无声止回阀，它是一种带弹簧控制的止回阀，能防止水锤和水流的冲击，水头损失小且阀体尺寸比一般止回阀小得多（如 $D_g=150mm$ 者，法兰盘长度仅 145mm）。

5. 吸水管上加截污器，截除水中污物，保证水质、保护水泵。

（四）客房卫生间单设冲洗水给水管：

客房卫生间坐便器采用按扣自闭式冲洗阀，阀体安装在管井内，卫生间墙面上只露出一个金属按扣，使用轻便、省水，还节省了背水箱所占的空间。但这种阀门开启时瞬时流量大，支管中流速变化迅速，易产生水击、噪声，因此，设计中采取了如下三项措施：

1. 冲厕用水由高位水箱单独接管供水。（见图 2）这样既消除了使用冲洗阀时，对其他器具用水之影响，同时因立管至冲洗阀的支管很短，关闭阀门的时间比水锤波传播周期长，支管处不会产生直接水锤，因此在供水压力高的低层卫生间支管上不需设水锤消除器。

2. 适当放大立管管径，控制立管中流速 $v \leqslant 1.0m/s$。

3. 在干管转弯处加"ADA""shock-stop"型水锤消除器，这种消除器的构造如图 3 所示，外壳为不锈钢，能承受 31.64MPa 的极大压力，内壳为不锈钢制波纹管膜，内充装清洁干燥的氮气，能吸收管中的压力波，内膜封闭不与水接触，因此，其内的氮气不会损失掉，能长期使用。适用介

质温度为：－38～149℃，最大工作压力可达17.5MPa。这种水锤消除器的尺寸请见表1。

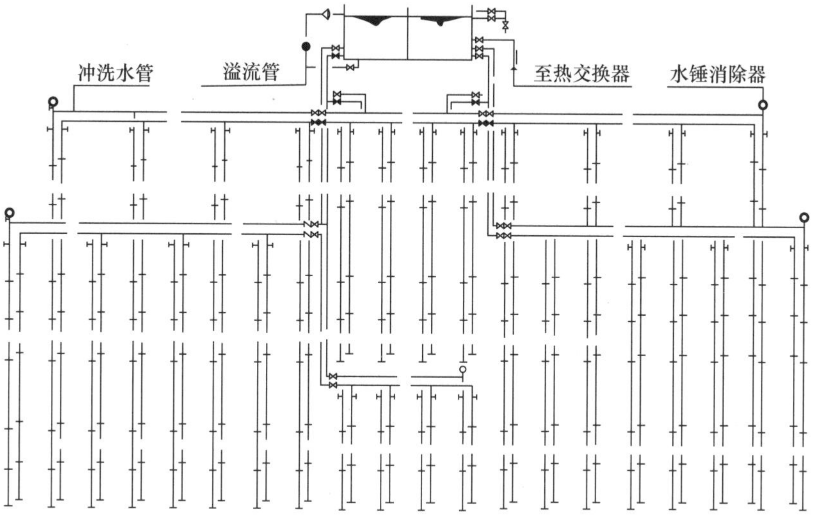

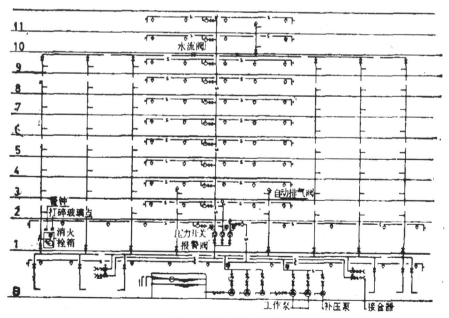

图2 客房部分供水系统示意图 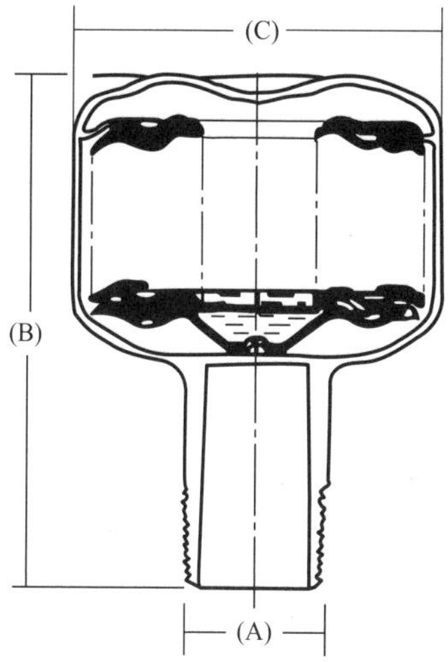　　　　　图3 水锤消除器

表1

型号	W-5	W-10	W-20	W-50	W-75	W-100
P.D.I 编号 *	A	B	C	D	E	F
设备当量	1～11	12～32	33～60	61～113	114～154	155～330
连接管尺寸（A）	20	25	25	25	25	25
高度（B）	89	114	133.4	165	190	215
直径（C）	87	87	87	87	87	87
净重（kg）	0.59	0.77	0.82	1.36	1.50	1.81

* P.D.I表示给水排水协会标准。

客房卫生间冲厕用水系统采用上述措施后使用效果良好。

二、消防给水系统：

南海酒店主体建筑内消防给水主要有消火栓灭火及自动喷洒灭火两个系统（见图4），现分述如下：

图4 消防系统示意图

（一）消火栓灭火系统：

1. 采用香港的软带龙头与国内消火栓相结合的做法，每一消火栓箱内设有一个 $DN65$ 的消火栓，一条 $DN65mm$，长 25m 的尼龙水带，$DN65 \times 19mm$ 水枪一支，及一个带开关水枪的 $DN25$，长 25m 胶带卷盘；箱体外设有打碎玻璃点和警钟。

2. 全楼为一供水系统，采用高压制供水，设置三台水泵，两台作加压用，一台作补压用。补压泵的作用是维持管网内所需的正常压力，选用一低流量、高扬程的立式多级泵、补庄泵的启闭由设在干管上的压力继电器控制。当管网压力降低约 7% 时补压泵开启，恢复压力时停泵。加压泵为消防灭火时，加压满足栓口处的流量和压力用。两台泵互为备用、其启动方式分自动和手动两种，自动启泵由设在干管上的压力继电器控制，当管网压力下降 12% 时（一般规定为 10%～15%）启泵、恢复压力时停泵。手动启动可在消防控制中心和泵房内执行，消火栓处的玻璃点被击碎后，本层及上下层之警钟动作报警（不让全楼警钟都响，以免造成旅客不必要的惊慌。）并发送信号至消防控制中心和酒店计算机，消防泵的工作状况亦在控制中心和计算机上显示。当自动启泵系统发生故障时，消防中心可直接启动水泵，也可用电话通知泵房值班人员启泵。

3. 消火栓箱的布置考虑到本身功能和建筑装修，设计中采取了两项措施：一是箱体暗装在明处，箱门镶嵌和所在位置墙面采用一致的材料，并标上"消火栓"三个字，这样消火栓既明显又与装修融为一体。二是客房部分的消火栓箱侧放。因消火栓加上软带龙头后箱体要比普通消火箱大得多，如按习惯做法，箱体平放，一般长廊形客房很难找到合适的地方，我们将它侧放在客房的壁柜内，箱门与走廊外墙面平，栓口与软带水枪朝外，既方便使用，又保持了整个装修的整体性。

（二）自动喷洒系统：

酒店大厅、餐厅、厨房、多功能厅、咖啡厅、商场等公共场所及客房走廊等处均设自动喷洒头，根据喷头的数量、分别由三个报警检查阀控制（详见图 4 示）。该系统亦采用高压制供水，共设三台泵，水泵的工作及控制均同消火栓系统。

（三）体会：

酒店主体楼消防系统于 10 月初全部安装调试完毕，10 月中由深圳市公安局消防大队验收。通过系统的调试、测定以及系统投入使用几个月来的观察，有三点体会：

1. 补压泵流量不宜过大。基于酒店二个消防系统均未与高位水箱连接，设计考虑补压泵的流量为 3L/s，可以担负起主泵开启之前将近有一股水柱的流量或 2～3 个喷洒头的喷洒水量。经调试及运行看来，这个流量偏大。缺点是：水泵的启闭间断时间很短，即泵刚一开启，管网就恢复到工作压力，水泵即停。这样即开即关，将缩短其使用寿命。另则，影响自动喷洒系统的测试，因为这个系统调试时，一般是开启一个或两个喷头，即开启流量为 1～2L/s，补压泵一开，工作泵根本启动不了。再有，实际灭火时，工作泵均能很快投入工作，据本工程及我们在深圳搞的另外两个工程的多次测试，工作泵均能在报警后 20s 钟内启动，就是国产水泵亦可在报警后 30s 钟内启动，两台工作泵的切换只需几秒钟。这样灭火时，补压泵基本上起不到灭火作用的效果。因此，在选择补压泵时，只需考虑其保持管网内的正常压力，其流量不宜过大。据美国"美国管道工程资料手册"介绍："所有压力系统中均要求采用补压泵，流量为主泵的 2%～5%，控制在主泵开启压力以上大约 $0.7kgf/cm^2$ 时开泵，达到要求压力时停泵。"按此计算，当自动喷洒设计秒流量为 30L/s 时，补压泵流量应为 $30 \times 2\% \sim 5\% = 0.6 \sim 1.5L/s$，这个流量与香港一般采用补压泵的流量为 1L/s 是一致的。

2. 自动喷洒系统压力开关的位置，自动喷洒系统的三台泵均由压力开关自动控制。压力开关设置的位置与管网的工作情况是很有关系的。管网处于正常状态时，降压主要是由于水泵压水管上的止回阀不严漏水引起的，本工程消防泵在水管上的止回阀采用英国特制的严密止回阀，从报警阀前的压力表处观察，一般平均每小时压力下降约 $0.5 \sim 1kgf/cm^2$，另一工程采用国产的一般止回阀，压力的下降要比这快得多。报警阀以后的管网则因该阀门很严密，而其后的管道只要安装质量好；又经过了严格的水压试验，漏水概率很少，据连续几天观察，报警阀以后压力表读数基本不变。管网处于喷水灭火状态时，报警阀后的管段随着喷头爆裂喷水压力迅速下降，压力变化幅度比阀前快。根据管网的上述工作特点，控制补压泵的压力开关应放在报警阀前，一般可就近放在泵房的压水干管上，以使其经常动作，维持管网工作压力。控制工作泵的压力开关则应放在每一报警阀后的管道或阀体上，以保证喷头动作后能迅速启动工作泵。

3. 关于报警阀上是否装迟缓器的问题。多家香港消防公司介绍：自动喷洒系统报警处的迟缓器现在都取消了，我在香港短期考察时，也发现一些高层建筑自动喷洒系统报警阀处没有装迟缓器。据分析，因为一般高层建筑内的自动喷水系统均不与城市给水管相连，所以管网内压力波动小，不会因此而引起报警阀处水力警钟的误动作。另者，依两个工程的测试，从自动喷洒头喷水到水力警钟发出响声要 10 秒钟以上，也就是说在报警阀处须有一定的压差，有一定的流量通过报警阀时，水力警钟才会动作。因此，我们取消了原设计中报警阀上的迟缓器。

三、热水供水系统：

（一）用水量、供热水量标准：客人 150L/（人·日）；工作人员 50L/（人·日）。设计最大小时用水量为 33m³。

（二）供水系统：

酒店冷、热水合一供水系统，由高位水箱供给冷水，经设在主楼外锅炉房中的热交换器换热后再返回主楼送至各用水点，热水回水采用机械循环。为了保证客房各立管中水流均能有效循环、不短路，管道设计时，尽量使各立管热水循环行程相等（见图 5 示）。系统投入使用后，我们曾多次多点作放水试验，均能很快放出热水。实践证明：对于这种大型热水系统，稍微多花费一点管道采用等程回水的布置是合适的。

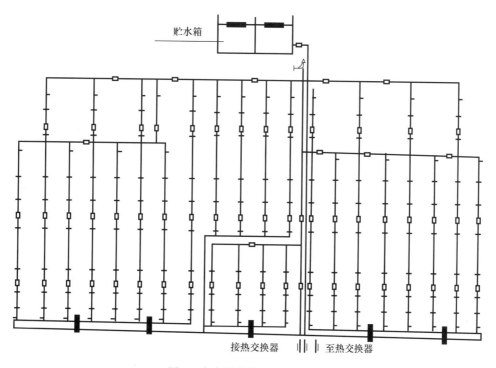

图 5　客房部分热水系统示意图

（三）热交换设备按贮存最大小时热水量考虑，选用 4 个不锈钢制立式容积式热交换器，每个罐的容积为 8m³。交换器外壁采用玻璃棉保温，外用镀锌铁皮作保护层。整个锅炉热交换间布局合理，管道排列整齐，加上热交换器外壁银光闪闪的镀锌铁皮的装饰，给人以舒适感。

（四）热水管全采用英国产的薄壁铜管。铜管的连接方法：管径 $D_0 < 50mm$ 者用锡焊，这种管道与管件联接处有一圈焊锡，管道连接时，将其熔化即成。$D_0 \geq 50mm$ 者直管部分用铜焊，管件全为铸铜件，索母接或法兰盘接。法兰盘与直管间用银焊焊接，铜管支架采用铜制品，支架和管道之间垫一层防胀软木。

（五）关于供水压力问题的探讨：

酒店高位水箱最低水位为 36.8m，最高层（九层）客房地面标高为 25.5m，两者高差 11.3m，经管路水力计算，客房的最高最远用水点剩余水头为 5.5m。试运转时，我们进行了二次测试，测试点是供水最不利点的浴缸水嘴。第一次试验：同时打开 160 个龙头，（放水量约为设计流量的 1.5 倍），试水点的同一立管上开启 4 个浴缸水嘴，此时，浴缸放水嘴的放水压力显得不足。第二次试验是靠试验点一侧同时打开 80 个浴缸放水龙头，放水量约等于设计流量，试水点下三层的浴缸水嘴亦同时开启，这时浴缸放水 6 分钟，水深约达 180mm，换算成秒流量近似为 0.25L/s。通过测试可以看出：如实际流量超过设计流量时，最不利点供水压力达不到要求。这里除测试流量过大的因素外，另一原因是管道上用的球阀的阻力要比闸阀大得多。据"美国管道工程资料手册"介绍：球阀全开启时的阻力要比闸阀全开启时的阻力大 20 多倍。据此，我认为在高级宾馆设计中，最高层客房的热水管宜单设，因为最高层客房往往是总统间或高级客房，如供水不足或供水不稳，影响较大。另则对于输送水质较软的热水管，最好用闸阀，不用球阀。香港一般热水管全采用闸阀。

四、排水系统

（一）错层排水之处理：

南海酒店是一错层建筑，上下层客房错开布置，这给客房卫生间污水管的布置带来很大困难，我们在设计及安装中采用了如下解决办法。

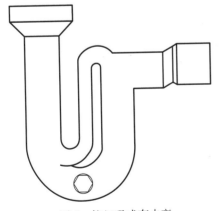

图6　抗虹吸式存水弯

1. 污水立管不逐层转弯，尽量取直走。

2. 适当加大下面几层污水立管的管径。

3. 设辅助透气立管，每一卫生器具设透气支管与透气立管相连，地漏的水封采用抗虹吸式存水弯（图6），这种存水弯的构造如图6示，其水封深度达 12cm，顶端存有气体，能破坏虹吸作用。

4. 充分利用管井布置管道，卫生间地面除地漏穿越底板走在下层吊顶内外，其余下水支管均走在板上与管井中立管连接。这样安装，一可减少管道穿板打洞留洞之工作量；二可减少管道漏水，凝结水对下层之危害；三是方便维修检查，且检修时不影响客房之使用；四是大便器下水管直通立管，减少了堵塞之可能性。

由于采取了上述措施，酒店运行几个月来，客房卫生间污水管道尚未发生堵塞及冒臭气等事故。

（二）地下室污水排水

一般酒店的地下室都是用水量较多的公用部分，如洗衣房、厨房、职工生活间、机房等集中的地方，如何处理好地下室的排水，是一个比较重要的问题。设计中，我们参考了香港的习惯做法：

1. 管道连接采用小结合井。这种小井类似于室外下水检查井，能接纳几个方向来的多条管道，平面尺寸一般为 500mm×500mm，井盖采用双压口铸铁密封盖板，其构造如图7所示，盖板顶上中空可以镶嵌与所在地面相同的材料。

2. 器具排水支管尽量单独排入结合井，彼此不串通，这样可减少堵塞，避免相互干扰，便于清通。

3. 适当放大管径，香港的做法是所有埋在混凝土垫层中的污水管的管径 Dg＝100mm。我在设计中，对一般洗涤盆，地漏等用的排水管，离接合井远者采用 Dg＝75、100mm 的管径，离接合井近者用 Dg＝50mm 的管径。

4. 厨房排水：

酒店地下室设有一面积为 500m² 的大型中餐厨房，整个厨房的工艺及内部管道设计由香港新荣公司承包。厨房内部排水管的设计有如下几个特点：

（1）设地面清扫排水、炒炉前排水明沟与单格洗涤盆排水，双格洗涤池排水三种互不相通的管道。各自独立接入隔油池。

（2）不设清扫地面明沟，而是每隔一定距离设一清扫口，中间用管道连接。如图 8 所示。

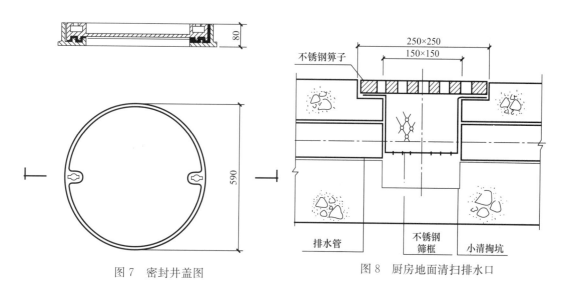

图 7 密封井盖图　　　　　图 8 厨房地面清扫排水口

（3）埋地排水管采用 Dg＝75～150mm 的铜管。

（4）含油量较大的洗涤池及锅灶排水先经放在地面上的不锈钢隔油箱再排入下水道，隔油箱尺寸为长×宽×高＝500×350×400（mm）。

（三）排水泵井的控制.

酒店共设有五个小污水泵井，一个总污水泵井，一个雨水泵井。小污水、雨水泵均采用日本产潜水污水雨水泵，大污水泵采用英国产立式污水泵，每一泵井内设两台泵，水泵启闭采用 ENH-10型液面控制器控制，见图 9 所示：

两台水泵交替使用。水泵的运转、泵井中的低水位、报警水位，在水泵控制盘及酒店管理计算机上显示。

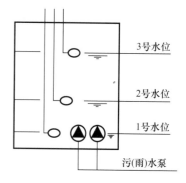

图 9 污水泵井之控制

1 号水位：水泵停。
2 号水位：第一台泵开启。
3 号水位：第二台泵开启并发出报警信号。

（四）几个值得改进的问题：

1. 地下室污水泵井宜放室内。酒店五个小污水泵井均放室外，当时的想法是怕污水泵井放室内不卫生，影响地下室使用。但泵井放室外，一是太深（一般一层地下室泵井深约 7m）土建造价高；二是安装检修困难。香港的习惯做法是地下室污水泵井均放在室内，采用潜水污水泵，双压口密封盖板，泵井及水泵一般 3～6 个月清掏维修一次。因此，地下室污水泵井只要盖板严密，做好泵井透气，采用合适的污水泵，放在室内是合适的。

2. 雨水立管的设计问题：南海酒店是一错层建筑，雨水立管的布置同污水立管一样很难处理。设计采用屋面雨水与客房阳台雨水合并排水的方式，每两个阳台之间的斜墙内埋设一 $DN100$ 的雨水倾斜立管，每一立管汇水面积约 $100m^2$。雨水管安装完毕做了通水与闭水试验，但酒店投入使用后，部分立管堵塞了。经查明主要是雨水管验收后，土建装修未完，施工中排下的碎渣杂物等伴着雨水流入立管中，因而堵塞了立管，进而引起部分阳台雍水。因此我认为内落水的雨水管设计中有三点值得注意：(1) 立管管径不宜小于 150mm，(2) 立管尽量不要埋在墙柱内；否则不好留清扫口，难以清通；(3) 阳台排水尽量不要与屋面排水相连，如要相连时，则应在每一阳台处留事故溢流管。

3. 地下室坡道底处雨水泵井前宜设沉砂井。为排出室外通往地下室坡道的雨水，地下室入口处设了一条宽 0.7m、长 7m 的集水沟，它将汇集的水流入雨水泵井排走。雨水泵井投入运行后水泵亦发生过堵塞事故，因为坡道在施工阶段是地下室车辆进出的必经之道，坡道上不可避免地淤积一些施工废料、杂物，雨水一冲匀被带入集水沟，进而流入雨水泵井，堵塞雨水泵。如在集水沟端头设一沉砂井，雨水经沉砂井后再入泵井，就可以大大减少水泵井的堵塞事故。

五、瀑布池、喷水池与游泳池

（一）瀑布池：

正对南海酒店主入口处有一瀑布池。瀑布池顺着山坡分成四级，最顶一级是龙头喷水，一股水柱吐到下面半圆形的堰体内和堰体内水管喷出的水一起形成水幕垂直流到第二级台阶上，二级至三级及三级至四级台阶表面是由不很规则的块状粗磨花岗岩砌成的，水流经此处撞击成水花，之后跌入第4级台阶即长为 27m 的瀑布池内，与池内布水花管喷出的水会合在一起，成条状水帘跌落到 3.2m 以下的集水池，水帘之后是一幅神话壁雕，喷水时加上彩色灯光的照射，显得宏伟、壮观，为酒店增添了色彩。

瀑布池采用循环供水（见图10示）。集水池内设有一集水坑，内放两台潜水循环泵，一台供给龙头及堰体内的布水管；一台供第四级瀑布池的布水管。各部分布水量均可由闸门控制，集水坑顶设不锈钢格网，以阻挡进入水池的树叶及杂物。

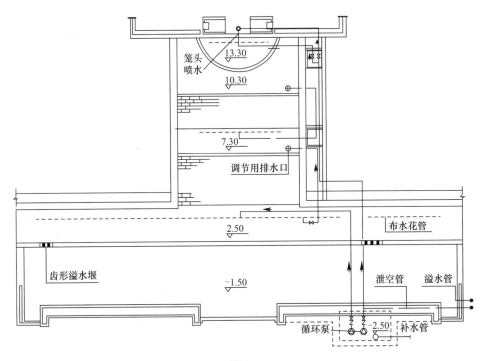

图 10

（二）喷水池：

喷水池设在大厅中央，由两部分组成：一部分是中间平台水幕，一部分是设在池内四周的喷头。集水泵井设在室外，井内设两台水泵，一工一备。喷头采用 PEM18-30 钟形喷嘴，水幕采用花管布水，喷水池供水系统如图 11 所示。

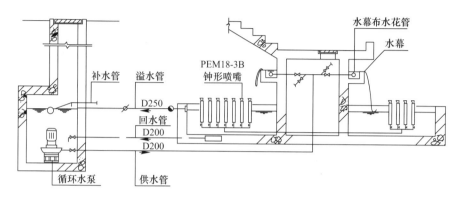

图 11

（三）游泳池：

酒店主楼正前方的海滩上设有一太极图形的游泳池，池体由成人池和儿童池两部分组成。其处理流程如图 12 所示，游泳池的设计及布置有三个特点：

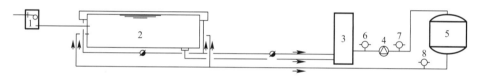

图 12　游泳池流程

1—补水箱；2—游泳池；3—平衡池；4—循环泵；5—过滤罐；6、7、8—比例泵

1. 溢水回收：做法如图 13 所示，这种做法的优点是能回收溢水，且给人以水面较大的视觉。

2. 循环水采用压力砂滤池过滤：滤速为 22m/h，这比一般国内游泳池采用的滤速高得多。其理由一是这种高级酒店的游泳池不同于公共场所或体育场的游泳池，使用人数较少，水体污染小。二是控制好混凝剂投加量，适当加大水的 pH 值，能提高混凝、过滤效果，滤速亦可相应提高。据"美国管道工程资料手册"及美国一些家用游泳池过滤罐的资料介绍：

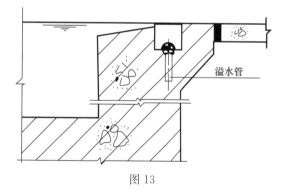

图 13

滤速 $v=50m/h$。香港一般游泳池用的压力滤罐采用滤速为 500 英加仑/（英尺^2·小时），合 26.2m/h。

3. 投药剂量均用化学比例泵控制，这种投药装置占地很少，整齐，干净，又方便操作。

（四）关于瀑布池、喷水池几个问题的探讨：

1. 酒店附设的瀑布池，水幕池规模不宜太大。这里主要有两个问题，一是循环水量大，二是噪声大。要保证水幕效果须有一定的水厚，根据专营喷水池业务的香港保安公司提供的数据，一定跌落高度下所需的水幕厚度如下：

跌落高度（m）≤1　≤2　≤3

水幕厚（mm）　12　25　40

水幕厚度即指在跌落高度范围内水幕不散所需水之厚度。

南海酒店瀑布池长 27m，跌落高度 3.2m，条状水幕厚约 15mm，总循环水量为 240m³/h。在这样大的水量下，水幕帘只能保证在 1.5～2m 跌落范围内不散。如将条状水帘改成全水幕，则总循环水量达 1170m³/h，这样大的水量循环，不光耗电耗水（补充水），而且将产生很大的噪声，这对于要求幽静的宾馆酒店来说，显然不合适。

2. 水幕池堰顶的做法：

（1）堰顶须尽量水平。水幕厚度一般只有 10 至 20mm，因此水幕效果的好坏主要取决于布水的均匀性，而布水均匀性又主要取决于堰顶施工是否水平，尤其当水幕宽，且又是多边布水时，这个问题更突出。当土建施工中难以用衬面砖，或水泥浆找平等方法做到堰顶水平时，可以采用堰边加压金属板条等措施来弥补。

（2）堰顶边角的做法：

图 14 中 A 的边角为 90°，它产生不附壁的水幕，效果较好。图 14 中 B 的边角为钝角，产生附壁水幕，效果要差些。图 14 中 C 表示循环水量少，跌落高度小的小型养鱼池或有点水流效果的建筑小品的堰顶做法。堰顶稍向外凸出，水流效果较明显。

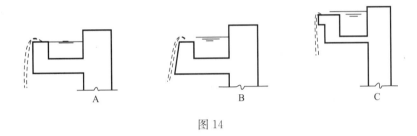

图 14

3. 池深：喷水池的水深一般考虑三个因素：一是保证水下灯顶部到水面有不少于 5cm 的保护高；二是满足水泵吸水的要求，有的喷水池，循环用的潜水泵就放在池中，这样水深不能太浅。三是兼作养鱼池时，应保证鱼类生活必需的深度。据香港一些公司介绍：喷水池水深以 45cm 左右为宜。

六、室外浇洒及庭院排水

酒店室外除一般的给水排水管道，热力管沟外，还专门设计了一个浇洒系统和一个庭院排水系统。

（一）浇洒系统：由两部分组成。

1. 普通洒水栓，按洒水栓服务半径每 40～50m 设一洒水栓井，浇洒时由人工连接胶管移动洒水。

2. 上升旋转喷嘴，设置在庭院的草地及绿化区内，选用美国产"TORO"上升旋转式喷嘴。这种喷嘴不用时隐蔽在草丛中，浇洒时由水压将其顶起，喷头上升高度及旋转角度可依需要选择，一般带有花丛的草地可选升高 300mm，当供水压为 3kg/cm² 时，洒水半径为 8～10m，洒水量为 0.35L/s 的喷头。喷头分组由闸门手动控制。

（二）庭院排水：

采用雨水箅子与盲管相结合的集、排水系统。

停车场，水泥沥青路面采用雨水箅子集排水。网球场、高尔夫球场、运动场、靠海边砂滩等采用盲管排水。盲管选用澳大利亚产品，材质为硬质塑料，有 Dg＝150mm，Dg＝200mm 两种规格。图 15-（1）为绿地盲管排水断面的做法，图 15-（2）为砂滩处盲管排水断面的做法。

盲管排水效果的好坏主要取决于施工质量，一是要严格按设计要求铺设滤水层，二是施工完毕不能让汽车等通过，以防车荷载压实表土，堵塞滤水层。

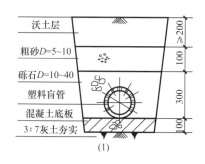 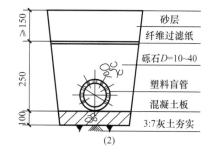

　　　　(1)　　　　　　　　　　　　　(2)

图15

艺苑皇冠饭店给水排水设计及运行使用概况

刘振印　　耿欣平　　张燕平

【提　要】　本文介绍了艺苑皇冠假日饭店的给水排水设计概况与1995年1～9月的实测用水量资料,并将设计用水量与实测用水量进行了对比分析。

【关键词】　建筑给水排水　设计　运行参数　设备选用

　　艺苑皇冠假日饭店坐落在北京最繁华的商业中心——王府井的北端,它是中国北京国际艺苑与日本微笑堂公司合资的旅馆,总建筑面积为35000m^2。地面以上九层,地下二层。客房397间,环绕带浓厚艺术气氛的中庭分布。公用部分设有艺苑展览厅、展览走廊、画室。还配套设置了大型宴会厅,各类中西式餐厅,商业服务中心,洗衣房及室内游泳池、健身房、小型喷水池等娱乐、水景设施。

一、设计及使用概况

　　工程由建设部建筑设计院与美国许和雄建筑事务所联合设计,1990年投入使用。艺苑给水排水部分包括:给水、排水、消防三大部分,其中给水分冷水、饮水、中水、热水;排水分污水、废水与雨水;消防分消火栓消防、自动喷水消防与气体消防。给排水部分设备材料均采用国内外当时的先进产品与优质材料。尤其是生活用热水的加热设备采用了当时国内刚刚研制成功的优秀科技成果——双管束立式容积式换热器,运行使用效果很好。

　　1. 给水系统

　　艺苑人员生活盥洗用水采用城市供水管输入的自来水,经部分软化与全部二次消毒处理后供给各用水点,详见图1(3至9层略)。

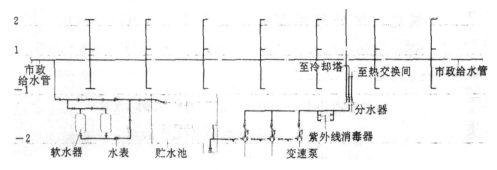

图1　给水系统示意图

　　艺苑设计总用水量见表1,表2是艺苑1995年1～9月份实测用水量统计整理数据,表3是艺苑设计用水量与实际用水量的对比情况。下面将对三项主要用水量指标作一对比。

艺苑设计用水量   表1

用水部门名称	用水量标准	使用单位数	时变化系数 K	使用时数 (h)	最大日用水量 (m³/d)	平均时用水量 (m³/d)	最大时用水量 (m³/d)	备 注
客房	400L/(d·床)	800	3	24	288	12	36	a. 不计冲厕水 b. 出租率0.9
职工	150L/人	520	2.5	24	78	3.25	8.13	
厨房 客用 职工	20L/客次 15L/客次	800×0.9×3 520×3	2 1.5	10 10	43.2 23.4	4.32 2.34	8.64 3.51	3餐/d
理发	25L/(人·次)	80人次	2.0	8	2.0	0.25	0.5	
洗车 大车 小车	600L/辆 400L/辆	4 78	1 1	8 8	1.92 25.0	0.24 3.12	0.24 3.12	按一天80%的车洗计
游泳池补水	60×0.03=1.8		1	10	1.8	0.2	0.2	按日补水为池容积的3%计
冷却水塔补水	800×2%		1	15	240	16.0	16.0	按循环水量的2%计
绿化用水	2L/m²	996m²	1	4	2.0	0.5	0.5	
洗衣房	50 L/kg干衣	800×0.9×3	1.5	16	108	6.75	10.2	按3kg干衣/人计

注：未预计水量按日用水量的10%计为80m³/d。

艺苑1996年1~9月实测用水量统计整理   表2

月 份		总表	水泵房		热交换间	洗衣房冷水	中餐厨房		西餐厨房		职工厨房	
			软水	硬水			冷水	热水	冷水	热水	冷水	热水
一	最大值	608	323	305	285	75	88	14	22	20	32	22
	平均值	497.7	226.7	224.7	180.7	45.5	52.5	6.6	12.0	10.2	18.0	11.9
	最小值	402	103	127	96	25	20	3	3	2	6	3
二	最大值	612	349	304	291	72	57	25	39	34	27	33
	平均值	486.5	227.5	206.1	196.6	53.1	41.9	9.4	14.6	10.3	14.7	13.5
	最小值	410	168	181	80	29	22	3	4	3	3	3
三	最大值	678	426	395	295	80	76	25	38	32	33	19
	平均值	537.3	226.5	220.5	223.3	61.7	46.9	11.5	114.9	12.1	18.3	12.7
	最小值	426	208	106	93	42	27	7	8	6	8	6
四	最大值	848	409	339	281	81	92	41	64	32	27	29
	平均值	598.5	300.8	231.9	234.6	68.0	59.0	14.6	33.8	16.3	16.5	15.7
	最小值	521	219	130	154	57	37	5	10	9	8	9
五	最大值	880	475	365	245	88	101	21	45	20	47	21
	平均值	681.1	323.2	253.2	232.3	67.9	72.2	10.8	20.3	12.0	17.7	14.4
	最小值	477	264	138	186	41	44	5	9	7	10	8
六	最大值	825	460	357	392	97	98	19	65	14	59	29
	平均值	626.7	302.4	234.2	220.5	64.7	64.7	8.5	26.9	9.6	22.8	12.5
	最小值	554	156	123	124	31	30	3	12	4	9	5
七	最大值	1206	749	400	261	70	92	35	30	20	40	41
	平均值	859.3	482.4	274.2	194.2	55.9	54.7	11.3	15.8	11.8	22.4	12.6
	最小值	485	239	102	108	32	21	3	6	6	7	6

月份		总表	水泵房		热交换间	洗衣房冷水	中餐厨房		西餐厨房		职工厨房	
			软水	硬水			冷水	热水	冷水	热水	冷水	热水
八	最大值	970	791	406	379	75	75	29	79	26	49	—
	平均值	803.9	477	248.4	215.9	50.8	55.6	14.9	20.7	15.8	22.2	
	最小值	475	269	116	103	23	42	10	10	10	10	
九	最大值	784	414	322	310	80	90	20	44	27	35	—
	平均值	579.1	307.7	213.0	216.5	55.0	51.1	7.5	22.8	15.1	22.5	
	最小值	471	218	105	127	40	31	4	11	4	11	

艺苑设计用水量与实际用水量对比 表3

项 目	设计值 $Q_设$（m³/d）	实用平均值 $Q_实$（m³/d）	$\dfrac{Q_实}{Q_设}$	超过 $Q_设$ 的天数（d）	备 注
日总用水量	893	831.6	93.1%	23	取7、8月平均值
热水用水量	229	230.1(168.2)	73.4%	3	① 设计热水供应温度为65℃，实际应用为52℃。$Q_实$（168.2）为52℃折算为65℃时的热水量。 ② 统计月份为4、5、6月
冷却塔补水量	240	330.8	137.8%	56	取7、8月平均值
客用餐厅用冷水	43.2	82.8	192%	全部	取5、6、7、8月平均值
客用餐厅用热水	21.6	24.7(18.8)	87%	21	取5、6、7、8月平均值
职工餐厅用冷水	23.4	22.5	96%	35	取5、6、7月平均值
职工餐厅用热水	7.8	13.8(10.5)	135%	83	取5、6、7月平均值
洗衣房用冷水	65	65.5	101%	60	取3、4、5、6月平均值

注：1. $Q_设$——设计最大日用水量，m³/d；

2. $Q_实$——实测最大日平均用水量，m³/d；

3. 表中冷却塔补水量系由实测日总用水量减去除冷却塔补水外的其他各项实测用水量而得。

（1）日总水量

艺苑的人员生活用水量最大值是在每年的5、6、9、10月，即北京的旅游季节月，此时旅馆的出租率达到或超过100%。但真正的日总水量高峰值是在7、8月份，其原因是北京的空调冷却水系统一般是每年五一节前后开启，9月中左右关闭，7、8月份是使用空调冷却水的高峰。且因天气炎热，人员冲洗用水量增加，因此尽管7、8月份旅馆出租率未达到100%，如1995年为75%，但其总用水量比其他月份都高。从表2可看出：7、8月的日平均用水量分别为859.3m³/d、803.9m³/d，为设计最大日总水量 Q_d^{max} 的95%和89.3%，其中此两个月内超过 Q_d^{max} 者有23天。

（2）空调冷却塔补水

表3中冷却塔实际补水量一项，是空调基本上达到全负荷运行的7、8两个月日补水量的平均值（330.6m³/d），比设计最大日补水量 Q_{dc} 240m³/d多了37.8%。这两个月内每天的冷却塔补水均超过 Q_{dc}，其原因一是冷却塔运行不很正常。艺苑设有350m³/h冷却塔2个，100m³/h冷却塔1个。小塔安装时托盘标高低于大塔，三塔联合运行时造成从小塔溢水的现象，循环水量损失需由补水解决；二是设计空调冷却系统一天按15h运行，而实际工作中7、8月基本上全天24h运行，即实际冷却补水时间比设计多了9h。当然一天不会三个塔全部投入工作，如果按一天的实际日补水量折算成满负荷运行的时间，则以一天补水按20～21h计算比较合适。

（3）餐厅用水

从表3中、西餐厅日用水量的设计值与实用平均值相差大，实用量为设计值的192%，差不多大了一倍，而热水用量二者相近。职工餐厅用水则与上述情况相反，冷水用量基本上和设计吻合，而热水用量却比设计值大 35%。

从使用情况分析：客人餐厅日用水冷水量比设计值大那么多，主要原因是设计计算时餐厅面积没有定好，设计只好按旅馆本身的客人来计算，没有考虑到外来就餐的顾客，而实际营业时外来顾客不少，相应的用水量也就增加了。另外，用水指标按 20L/(人·次) 可能偏低。职工餐厅热水用量大于设计值，可能是职工洗碗用热水量大，而定额 5L/(人·餐) 偏低。

（4）洗衣房用水

洗衣房的冷水用量总起来看比较平稳，3～6 月的平均值与设计值基本上相等，并且从 1～9 月份 9 个月的统计数字看，除 1 月份低些外其他月的日平均用水量接近。这当中一是艺苑出租率始终保持在 70% 以上比较均匀，洗衣量自然变化不会很大；二是选用的用水指标按每客每天 3kg 干衣，50L/kg 干衣是比较合适的。

2. 中水系统

客人盥洗废水汇集后，经中水处理站处理变成符合杂用水水质标准的中水，用于冲厕及洗车，系统见图 2（3 至 9 层略）。

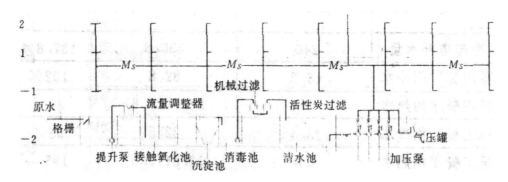

图 2　中水供水系统示意图

艺苑的中水源水为客房的盥洗用水，总量约 180m³/d。中水供给客房卫生间及公共卫生间冲厕用水，其水量约 100m³/d。中水总用水量按冲厕用水的 1.3 倍计量，其中包括中水处理站自用水量与其他未预见水量，$Q_{总}$ 为 130m³/d，设计处理能力为 150m³/d。中水处理站设在地下室。

从实际运行情况看，上述水量平衡基本符合实际工况，据北京市节水办公室测定艺苑中水实际处理量为 150m³/d。但中水调节池施工时，未按设计保证调节池储存 8h 源水的要求，溢水管太低，造成调节池实际只能储存 4h 左右的源水。即有相当部分源水溢流走了，因此每天需 12～20m³ 的自来水补水。

3. 热水供水系统

冷水通过容积式水加热器加热后供给客房、职工浴室、厨房及洗衣房等处使用。为保证随时取到热水，设机械循环，系统见图 3（3 至 9 层略）。

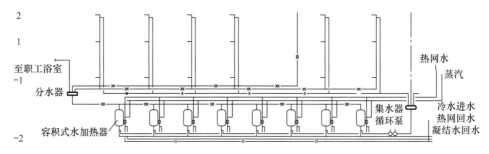

图 3　热水系统示意图

平均日用热水量看，波动不是很大，最大日用热水量出现在4～6月，这与当月的客房租率高、气温相对高、耗热水量大的情况是吻合的（表4）。4～6月最高日用热水量平均值为230.1m³/d，相当于设计最大日用热水量 Q_{dh}^{max} 229³m/d 的100.4%。但 Q_{dh}^{max} 是按热水供水温度为65℃计算的，而艺苑生活热水的实际供水温度为50～55℃（平均为52℃），这样上述实际的最高日用热水量折算成65℃的热水为168.2m³/d，为 Q_{dh}^{max} 的76.6%，三个月内超过 Q_{dh}^{max} 者只有三天。如前所述5、6月份客房出租率为100%，即在100%出租率下，最大日用热水量低于按90%出租计算的 Q_{dh}^{max} 的23%，说明设计采用热水定额主要是客人用180L/(人·d) 65℃热水的标准偏高。

设计最大日用热水量 表4

用水部位	使用人数	使用时间 (h)	用水标准	K	用水量		
					最大日 (m³/d)	平均时 (m³/h)	最大时 (m³/h)
客用	800×0.9=720	24	180L/(人·d)	4	129.6	5.4	21.6
职工	520	10	50L/(人·d)	2.5	26.0	2.6	0.5
客用厨房	800×0.9=720	10	30L/(人·d)	2.0	21.6	2.16	4.32
职工厨房	520	10	15L/(人·d)	2.0	7.8	0.78	1.56
游泳池浴用	50	5	15L/(人·次)	1	0.75	0.15	0.15
洗衣房	800×0.9=720	16	20L/kg干衣（干洗）	1.5	43.2	2.70	4.05
总计					229.0		

除上述系统之外，艺苑还设有污水、废水、雨水排水系统，消防供水系统及游泳池、旋流浴、洗衣房、空调冷却水、小型喷水池等需配置水处理、循环给水设施的特殊给排水部分本文从略。

二、主要给排水设备概况

1. 冷水给水系统

（1）全自动离子交换软水处理设备

北京是以地下水为主要水源的城市，自来水的硬度高，一般为20德国度左右。它对热水输水管、水加热设备及用热水器具均有结垢的危害，对织物洗涤也很不利。因此，艺苑给水系统上采用了部分软化处理的措施，其配套设备是采用进口美国的全自动离子交换器。它是根据设定的时间继电器动作，达到定时自动进行树脂反洗、正洗、再生与正常交换运行。由于生活用水合适的硬度在5～9德国度之间，因而我们将进水硬度为20～22度的自来水分成两路，一路经软化，另一路不经软化，之后两者混合进入贮水池。使水池中贮水总硬度为10德国度左右，达到了既经济又满足供水水质要求的目的。

（2）变速泵供水系统

国内的多层或高层建筑，大多采用高位水箱供水。艺苑工程所处位置限制建筑高度，不能设置高位水箱，因此我们采用了三台美国"PerLess"恒压变速泵供给三层以上用水。"PerLess"泵是一种靠液力耦合改变水泵转速，不变供水压力，改变供水流量的设备。它是由设在管网上的压力继电器动作及调节变速装置的加油量，而达到恒压变流量的目的。投入使用四年多来，变速泵运行基本正常，供水水压平稳。

2. 中水处理及供水设施

艺苑中水处理采用的流程如下：

洗浴废水→自动隔栅→调节池→控制出流用三角堰→三段接触氧化池→沉淀池→加氯消毒池→压力过滤器→活性炭过滤→清水池

调节池按8h平均小时污水量计算，内加鼓风预曝气。

接触氧化池是废水进行生物处理的关键部位，为使污水中有机物充分氧化，接触池分成三段，增加了污水流程以增加污水中有机物与氧接触的概率。接触池采用压缩空气泵通过穿孔管曝气。

消毒是通过比例投药泵定量投加次氯酸钠溶液来实现的。

机械与活性炭过滤均采用压力过滤器。

中水给水采用气压供水的方式，设备由两台小泵加两台大泵配备一个 $1.5m^3$ 的气压给水罐组成。由设在罐上的压力开关顺序控制小泵大泵的开启，达到平稳供水之目的。

3. 热水加热设备选用

北京市内的供暖与生活热水主要由市政热网水供热。它的特点是供暖期（11月中～3月中）热网供水温度高，可达100℃以上；而非供暖期（3月中～11月中）热网供水温度只有70～80℃，有时甚至低于70℃。再则，每年一个月的热力管网检修期间由自备蒸汽锅炉供给 $4kg/cm^2$ 蒸汽为热源。因此，生活热水加热设备就必须适应这三种不同热媒的供给工况。

以往的工程，都是由传统的容积式水加热器，按热媒的最不利情况设计。由于这种传统设备换热效果差，在热网水为70℃左右时，一级换热交换不出所需温度的热水，因此不得不搞二级串联换热，使换热器的数量倍增。这样不仅大大地增加了设备费用，而且占地面积大。这对地处北京繁华地段的艺苑来说是不可接受的。为此，我们在吸取国内外一些同类产品优点的基础上，自行开发研制出了一种适用于低温热网水为热媒的新型容积式水加热器。该加热器罐体为立式，交叉设置两组换热管束，罐内根据水流方向设导流挡板。这种新型容积式水加热器经热力性能测试证明，已圆满解决传统设备换热效果差、一级换热满足不了使用要求及占地面积大等缺陷。

艺苑采用了这种新型设备，运行五年多来效果很好。现在，这个产品已经发展到第四代，并且生产厂家生产这种新型容积式换热器形成了规模，产品推向了北京市及国内其他一些大、中城市。

艺苑饭店已使用五年多，其给水排水各系统运行正常，管理有序，但以高标准来衡量尚存在不少值得改进的地方。本文之用意在于抛砖引玉，目前北京及全国兴建了大批的大型高档民用建筑，希望同行都来重视工程使用情况，积累经验与数据，为提高设计、使用管理水平及发展我国的建筑给水排水事业贡献一份力量。

生活热水系统改造设计

刘振印　傅文华

【摘　要】　本文主要阐述和分析了北京某饭店原生活热水系统设计中存在的问题，及其给使用带来的麻烦与后果，和前后两次改造未彻底解决问题的原因。而后介绍了该系统第三次改造设计的要点和初期改造后的效果。并对热媒回水温度要求低时热交换设备的选择、容积式水加热器温包的设置位置两个技术问题进行了探讨。

【关键词】　生活热水系统　设计方案　热交换设备　温包设置

一、问题的提出

北京某星级饭店（以下简称"饭店"）自1992年营业以来，生活热水系统热水供水温度不稳定，经常出现忽高忽低的现象。虽经二次改造，仍未有大的改善，以致引起客人投诉，影响"饭店"的正常营业。为此1997年3月"饭店"工程部特地委托我院对该系统进行改造设计。

二、原系统概况

"饭店"是一拥有300多间客房的四星级合资旅馆。地上15层、地下1层，配套设置有洗衣房、中餐厅、职工餐厅、职工浴室等附属设施。

"饭店"的生活热水供应系统原是由一家香港公司设计的，热媒为城市热网水，加热系统只用了一台容积为 $8m^3$ 的进口卧式容积式水加热器，整个饭店合为一个热水供水系统。

除地上 3 层以下冷水直接由市政供水管供给外，其他用水点的冷水及全部热水均通过屋顶水箱供给。最高 3 层的冷水供给设有局部加压泵。因热水系统加热能力不够、系统亦存在很多问题，"饭店"曾请国内一设计院进行了两次改造。原设计及改造后的生活热水供应系统分别如图 1 和图 2 所示。

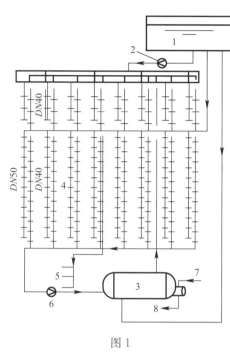

图 1

1—高位水箱；2—增压泵；3—容积式水加热器；
4—客房；5—公用部分；6—热水循环泵；
7—热网水进水；8—热网水回水

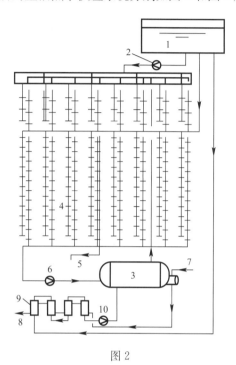

图 2

1—高位水箱；2—增压泵；3—容积式水加热器；4—客房；
5—公用部分；6—热水循环泵；7—热网水进水；
8—热网水回水；9—快速热交换器；10—热水增压泵

三、存在问题的分析

（一）原设计存在的问题

"饭店"生活热水供应系统原设计对北京市这种以城市热网水供热的工况不太了解，因而整个生活热水系统的设计可以认为是失败的。

其主要问题如下：

1. 一个总容积为 8m³ 的传统型卧式容积式水加热器作为唯一加热设备，加热及贮热能力既满足不了整个热水系统的供水要求，也不能满足城市热网换热工况的要求。

根据"饭店"提供的资料计算，最大小时生活热水量按供水温度 55℃ 计算约为 37m³，折合小时耗热量为 6170MJ。进口的 $V=8m^3$ 的卧式容积式水加热器设有两组外螺纹型 U 型管束，总换热面积为 60m²（注：外螺纹型管因其缝隙小，易被水垢堵塞不适用作生活热水的换热部件），小时最大换热量约为 1256MJ；相应产 55℃ 热水量为 7.5m³/h，不到最大小时用热水量的 1/5。

传统容积式水加热器的贮热容积按《建筑给水排水设计规范》GB 50015 要求，应不小于 45min 的最大小时耗热量（对于水-水换热工况，宜为 1h）。而该系统一个 8m³ 的卧式容积式水加热器有效贮热容积约为 6m³，相应贮热时间不足 10min，即水加热设备的加热和贮热能力与系统正常运行相距甚远。

北京城市热网的供热工况为：夏季及非供暖季节供 70~80℃ 低温热水时，要求回水温度≯40℃；冬季供 90~150℃ 高温热水时，要求回水温度≯70℃。该系统采用传统的两行程式容积式水加热器换热，即热媒只经过 U 型管束一个来回的换热方式，其换热很不充分。热媒进出口温差仅 5~15℃，远达不到上述热网换热工况之要求。

2. 热水供水管道系统设计不合理。热水供水管道系统设计的关键是应保证用水点处冷热水压力的平衡，从而达到用水舒适、安全和节约用水的目的。用此标准来衡量"饭店"的原热水系统设计，存在如下问题：

（1）热水系统的压力源为屋顶高位水箱（见图1所示），水箱约高出最高用水点一层之高度，因此最高两层用水点热水供水压力明显不够。而冷水系统最高3层却采用了增压环状管供水的措施，保证了这几层的供水压力。本来在由同一高位水箱供水的情况下，热水供水管路长又经过加热器增加了阻力，其压力损失比相应用水点的冷水供水损失大。而该系统对压力相对大的冷水加压，压力小的热水却无任何加压措施，势必加大用水点处的冷热水压差。同时，该热水系统原设计采用铜管，供水温度按60~65℃计算，供12层双面布置标准客房的热水立管管径为DN40，但实际安装的是镀锌钢管，热水供水温度为50~55℃这样DN40立管管径明显偏小。其原因：一是镀锌钢管内壁粗糙度大、阻力大、过流能力小；二是供水温度由60~65℃降至50~55℃后，在保证相同供热量的条件下，热水流量增大。当热水供水温度为60~65℃时，冷、热水供水量比例基本相等一般工程实际中考虑到冷水用水点稍多于热水用水点，而热水管长期使用内壁结垢将缩小过水断面，对于旅馆建筑客房部分，可采用冷热水同管径设计。但热水供水温度改为50~55℃后，冷热水供水量比例将变为1：1.5~1：2.5，这就必须适当放大热水管管径。该饭店的情况却恰恰相反，同一串标准卫生间，供9层（18套卫生间）的冷水立管为DN50；供12层（24套卫生间）的热水立管为DN40（见图1示）。

冷、热水压力源的不一致，加上配管管径配置不合理，这就造成了用水点处冷热水压力的极不平衡，严重影响使用。

（2）客房与公用部分热水供水管合在一起（见图1示），两者相互干扰。而公用部分（含洗衣房、厨房、职工浴室等）位于系统的下部，供水压力大、流量大，因此上层客房部分的供水压力将随着公用部分用水的变化而发生很大波动。

3. 系统的核心部分——水加热设备只有一台容积式水加热器，而加热器配置的温控阀又未加旁通，加热器前端也未预留抽出换热盘管的空间，即该设备既不能检修、也无条件检修，一旦水加热器及其附件出了点毛病，就得停供热水，这对于星级旅馆是不允许的。

（二）第一、二次改造后仍存在的问题

如上所述，该热水系统供给生活热水的水量、水温、水压（且不谈水质）等三要素均存在严重问题，不可能投入正常运行。为此，"饭店"委托一设计单位对其进行了改造。第一次改造一是加了四组水-水管壳式快速热交换器以解决原系统换热能力不够的问题；二是为克服新增加快速水加热器被加热水侧阻力损失而增设了两台热水加压泵。

第二次改造是把热水加压泵由常速泵改为变频调速泵，并把测压点放在顶层冷水变频调速增压泵测压点的同一位置上，使热水管网供水压力跟随冷水压力走，以便保持冷、热水干管处供水压力的一致，改造后的热水系统如图2所示。

经上述二次改造后，解决了热水供水量即换热能力不够的问题，缓解了热水压力的波动及用水点处的冷热水压差。但原设计系统存在的因管道配置不当而造成的冷、热水压力不平衡、相互干扰及系统无法检修等大问题仍未解决，而且还出现了加热与预热设备两者关系颠倒从而引起温度失控的新问题。

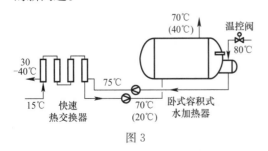

图3

新加的四组快速热交换器，共计换热面积达121m²，采用四组热交换器一、二次水均采用串接的方式（如图2示）。经计算，换热量可达12200MJ/h，约为原卧式容积式水加热器换热量的10倍，这就造成装在容积式水加热器热媒入口上的温控阀无法控制热水出水温度。据现场观测，热媒与被加热水的变化如图3所示。

由于快速热交换器串接，其换热能力太强冷水经过后，即可升温至70℃以上，当此高温水上升到达容积式水加热器的温包处，温控阀自行关闭，无热媒流量通过，此时经快速热交换器出来的被加热水水温即降至20℃左右，进入容积式水加热器混合后将罐内水温降至40～45℃此后温控阀开启，重复上述过程。这样在用水量大时就会出现上述热水出水温度的周期性变化。

四、改造设计方案

针对"饭店"生活热水系统存在的以上问题，我们在多方案反复比较的基础上提出了一个改造设计方案，其主要内容如图4示。

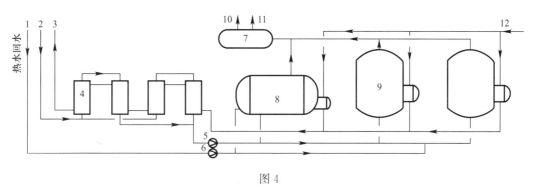

图 4

1—热水回水；2—水箱供水；3—热网回水；4—快速热交换器；5—热水增压泵；6—热水回水泵；7—分水器；8—卧式容积式水加热器；9—RV-04立式容积式水加热器（新增）；10—公用部分；11—客房；12—热网水进水

(一) 原则

改造设计比一般工程的设计要困难得多，首先必须满足业主提出的不得影响营业的要求，这就需要在尽量不改变原系统的基础上进行；其次，原有热交换间已很拥挤，新增设备须找合适的地方。据此，我们制订了两条原则：1. 解决原系统加热设备配置极不合理、水温变化幅度大及系统无法检修的大问题，保持用水点处冷热水压力的基本平衡。2. 尽量利用原有设备和原有系统，减少因改造工作给正常营业带来的损失。

(二) 内容

1. 加热设备部分。新增两台5m³的RV-04型立式容积式水加热器，与原卧式容积式水加热器并联供水，将原有四组快速热交换器被加热水的串联改成并联（安装时因现场接管困难改为二组串联，见图4示），借以扭转原加热系统预热和加热颠倒的关系。同时使有效贮热容积增大了约1.4倍，即贮热时间由原10min提高到24min，从而达到供水温度基本稳定，不产生大的温差波动。

2. 管网部分。(1) 在热交换间设一分水器汇集三个容积式水加热器的热水。分两路供水，一路供客房用热水，一路供下区公用部分热水解决原系统客房与下区公用部分同一供水干管相互干扰的问题。(2) 将系统顶上6层（10～15层）各客房热水立管由DN40改为DN65，解决原系统热水立管流量大、管径小、阻力大的问题，为便于管井内管道改造施工，拟采用PPC（聚合聚丙烯）塑料管。(3) 为了确保客房浴盆龙头安全舒适地使用，逐步将其改装成美国DELTA水龙头公司生产的带压力平衡防烫系统的专用温控系列浴盆龙头和淋浴龙头。这种平衡防烫装置可达到自动平衡冷热水压力、使出水温度保持不变，且当冷水供水突然中断时，平衡装置能在5s内自动将热水流量降到0.032L/s，当冷水或热水压力的变化达到50%时，出水温度的变化幅度仍可保持在±1℃范围内。这种带平衡装置的浴盆龙头价格只比同型进口浴盆龙头稍贵一些。

五、初期改造后的效果

为了尽量减少改造施工给"饭店"营业带来的影响，整个工作分三步进行：第一步进行加热设

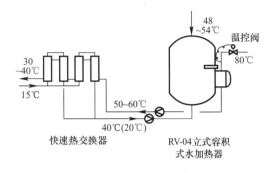

图 5

备及热交换间管道的改造；第二步改造客房层热水立管；第三步逐步改造卫生间浴盆的混合龙头。至1997年6月初，第一步工作已顺利完成，经过一段时间的调试运行，加热系统的工作状态已完全达到改造设计的预计要求，基本运行工况如图5所示。

从图5所示的热媒与被加热水温度变化情况与图3的变化情况相比，一是加热设备的加热与预热的关系基本扭转过来了，即作为加热设备的容积式水加热器可以控制供水温度，使供水温度稳定地变化在设定温度±3℃以内，（一般容积式水加热器供水温度变化幅度在±5℃以内），解决了原系统的供水温度大幅度变化的根本问题。值得说明的是，图5中热水出水温度为48～54℃值偏低，宜将其调至55～60℃，这样既节能便于热水系统的维修管理，又可防止军团菌等病菌的滋生繁殖。二是被加热水由原四组快速热交换器串接改为两组串接后不仅改善了加热工况，而且减少了3～4m的阻力损失，平均一天可省电耗9～12kW·h。

热交换间增设热水分水器后，供给客房与供给公用部分的热水分管供水互不干扰，并可在热交换间内人为控制调节，保证了主要用水处的安全、舒适供水。

另外，增设两台容积式水加热器还消除了原系统无法维护检修加热设备的大隐患，保证了"饭店"不致因水加热设备的维修停水而影响营业。

六、两个问题的探讨

（一）热媒回水温度要求低时，如何选择热交换设备

1. 选用换热充分、一次换热即可达到换热要求且阻力损失又小的加热设备。

所谓"换热要求"是指汽—水换热时，能回收大部分蒸汽凝结水的热量，即能将高温凝结水回水温度降至50～80℃，不需经疏水器，在回水压力合适的条件下回水可直接返回到锅炉补水箱。水-水换热时（一般指城市热网水为热媒的工况）能将热媒回水降低到热网要求的温度。一般热媒供、回水温差为20～40℃。

所谓"阻力损失小"主要指被加热水的阻力损失宜≤0.5m，以保证用水点处冷、热水供水压力的平衡。

RV-02、RV-03、RV-04三个系列的导流多行程式容积式水加热器、HRV-01、HRV-02系列半容积式水加热器经过国家一级热工测试单位的测试及8年多来工程实践运行的考验，完全可以满足上述的"换热要求"与"阻力损失小"的要求。

2. 北京城市热网由于用户的不断增加，要求用户降低回水温度以减少管网的循环流量，保证正常供热。因此，它对热媒供回水温差比一般要求高：90～150℃高温供水时，回水温度≤70℃；70～80℃低温供水时，回水温度≤40℃。一些以过热蒸汽为热媒的水加热器凝结水温度太高，或有的凝结水不回收直接排放，要求回水温度降至允许值。

按上述要求，目前所有容积式水加热器一次换热均难达到，需辅以快速热交换器串联工作。根据"饭店"采用容积式水加热器加快速热交换器作为加热系统的经验教训，我们认为应考虑如下几点：

（1）一般应以容积式水加热器加热为主，以快速热交换器预热为辅，即加热预热关系不要颠倒，否则将如前述热水系统一样，供水温度出现大幅度波动。

（2）一些改造工程，热交换间很拥挤，无法再增加容积式水加热器时，可采用控制快速热交换器出水温度的办法来解决，后面的容积式水加热器只起一个保温和贮热的作用。但这要求有一个相当安全可靠灵敏度高的温控阀。一般应选用（流量＋温度）或（压力＋温度）的双控阀门，另加过

温温度安全装置。目前这些高精度、高安全度的控制阀门需引进国外产品、价格昂贵。此外，采用这种系统还应考虑冷水硬度及热水供水水温，即快速热交换器被加热水流通断面比容积式水加热器要小得多，硬度稍高的热水析出的水垢将堵塞过水断面严重影响其换热效果。

（3）应考虑整个系统冷热水压力的平衡。"饭店"原热水系统冷水先经四组快速热交换器后其阻力损失在0～8m之内变化，这就不得不在热水系统上另加一套变频调速加压装置，以保证冷热水供水压力的基本一致，系统复杂、耗能、经常运行费用高。

为了简化系统，我们认为比较妥善的办法是选择热交换设备时，主加热设备——容积式水加热器应是换热效果好、加热能力起主导控制作用，被加热水阻力损失小（宜≤0.3m）；作预热的快速热交换器只串一级（指被加热水），以降低热媒回水温度为主要目的，且被加热水阻力损失宜≤1.0m，这样可在合理调整冷热水管管径的条件下，尽量缩小冷、热水之压差，不再另设热水加压设备。

对一些高级民用工程或一些对冷热水压力平衡要求较高之用水点，可以在用水点处设置平衡防烫型浴盆龙头。

（二）关于容积式水加热器温包的设置位置

"饭店"原系统采用的卧式容积式水加热器的温包放置位置如图6所示，离顶高约800mm，这样总容积为8m³的罐实际的调节容积只有温包以上800mm范围内的热水约3m³。因为低于温包设定温度的温水只有上升到温包处，温包才会感知，启动温控阀，而此时温包以下部分已

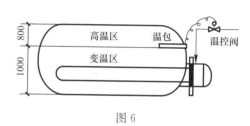

图6

全是低温水。用水量高峰时，由于上部热水区容积太小，容积式水加热器内的换热管束来不及将下部低温水及时加热，就将出现供低温水的情况。因此，容积式水加热器的温包宜尽量靠近管束之上沿，以增大上部有效热水贮热的调节容积。

介绍一种立式容积式换热器

刘振印

【摘　要】 RV-02系列立式容积式换热器（简称"新罐"）是一种新近研制的换热器。本文从介绍研制这种新罐的目的、新罐主要结构特点和热力性能测试结果等入手，分热力性能、容积利用率、节能效果、阻力性能等方面与卧罐（即传统的卧式容积式换热器）进行了分析比较，最后得出了新罐优于传统的容积式换热器的论点。

1987年至1989年我院研制成功了一种新型容积式换热器，取名为"RV-02系列立式容积式换热器"（以下简称"新罐"）。该成果于1988年10月获中国专利局颁发的专利证书。它在经过较长时间的实用考验后于1990年1月通过了建设部科技司主持的部级鉴定，其主要鉴定意见为："它占地省，投资小，节省能耗，节约钢材，具有显著的经济效益和社会效益。"下面将"新罐"的主要研制情况作以下介绍：

一、国内、外容积式换热器的现状及发展趋势

1. 国内容积式换热器存在的主要问题

"容积式换热器"具有储水容积大、阻力小、供水安全、稳定之优点，是国内外制备生活用热水的主要设备。国内以往大都使用"卧式容积式换热器"，近年来这种产品虽在增大换热面积、提高容器承压力等方面有所改进，但它存在的几个主要问题一直未得到解决。

（1）卧式容积式换热器（以下简称"卧罐"）罐体长，再加上为抽出换热管束所需的空间，这样一台换热器占地很大。例如一台容积10m³的"卧罐"所需的占地面积约为27m²。

（2）传热效果差，容器利用率低

大多数"卧罐"内只有一组换热管束，冷水入罐后在其上升过程中无组织流动，只有少部分水流经换热管束，吸收管束的放热而变成热水，而其他大部分没有流经管束的水全靠罐内冷、热水本身之对流及传导来换热，因此传热效果差。同时，换热管束至罐底间有一段相当于整罐容积25％的冷水区，容器利用率低。

（3）一级换热难以达到使用要求、系统复杂

制备生活用热水的热媒，一般为蒸汽或热网水。由于现有传统的容积式换热器换热效果差，传热系数 K 值低，无论热媒是蒸汽还是热网水经"卧罐"一级换热均难以达到使用要求。当热媒为蒸汽时，经"卧罐"换热后，蒸汽变成凝结水，其温度仍然在100℃以上，这不仅损耗大量热能，而且还会产生蒸汽污染。如不然，为冷却高温凝结水需串加一级"卧罐"，罐的数量增加，占地面积也相应增大；如串加快速换热器，则因被热水的压力损失加大，引起热水供水系统压力低于冷水供水压力，既影响正常使用又浪费水，如为此再在热水系统上增设加压泵，将更使整个热水供水系统复杂化。

当热媒为城市热网水时，因热网水温度随季节变化，有时供130℃以上的高温水，有时供70℃左右的低温水，现有的钢盘管"卧罐"就难以适应这种变化。我们曾作过一个钢盘管"卧罐"的测试，当热媒温度为75～78℃时，被加热水在达到正常换热量的条件下只能从16℃升温至34～39℃，温升仅20℃左右，这比生活用热水要求的最低供水温度50℃还差10多度。当热媒为100℃以上的高温水时，根据热网水运行之要求，回水温度必须低于70～75℃，而经"卧罐"一级换热，在达到正常换热量的情况下更是满足不了这个要求。以往工程实际中为了解决这个问题也只好搞二级换热，这样不光罐体数量、造价及占地面积大大增加，而且系统控制复杂，维修管理麻烦。

2. 国外"容积式换热器"的情况及发展趋势

国外"容积式换热器"大多为立式，系列品种齐全、材质好、选用灵活，但也存在换热效果差的问题。

发展趋势主要是小型高效化，比较典型的产品有美国及加拿大益加集团的"半容积式换热器"，英国里克罗夫特公司的"密时省能"型水加热器。他们的特点是传热系数高，换热量大，占地省，容器利用率高。但"半容积式换热器"不适用于低温水为热媒的工况，且加工制造较复杂，失去了"容积式换热器"的部分优点；"密时省能"型水加热器则需有一专供罐体内水体循环的循环泵，增加电耗，一旦水泵坏了就会影响整个换热效果。

二、"新罐"的研究目的及主要结构特点

近年来，国内兴建了大批旅馆、医院、办公楼、公寓等高级民用建筑，差不多每个这样的建筑，尤其是旅馆都要使用几台乃至几十台容积式换热器；另外，一些地方和单位还采用这种换热器以采暖锅炉或太阳能热水器所产热水为热媒进行换热来制备洗浴用热水。这样，容积式换热器的用量大增，它存的问题也就较明显的暴露出来。尤其像北京这种以城市热网水为热媒的城市，由于热媒温度变化幅度大，夏季热网水温度很低，这个问题更为突出。例如一个800床位的中型高级旅馆，如选"卧罐"就需5m³容积的标准"卧罐"14个，占地面积达250m²以上；而一个2000床位的大型旅馆，则需10m³容积的双盘管"卧罐"18个，占地面积（包括附属设备）约需600m²，是所有设备用房中占地最大者。这在目前建筑物附属用房要求尽量省地的形势下，如何解决制备生活用热水换热间的占地过大问题，已成为建筑给排水中迫切需要解决的课题。

此外，"卧罐"换热效果差需进行二级换热、系统复杂等缺陷也给设计及使用等带来很多烦恼。因此，怎样研究设计一种新型的"容积式换热器"使之较圆满的解决"卧罐"存在的主要问题，就是我们研究"新罐"的目的。

"新罐"的主要结构特点如下：

（1）采用立式交错双盘管结构，这样既增大了换热面积解决了标准立罐因换热面积不够得不到发展的问题，又不需为在罐体上开双孔而增加罐体壁厚，且两换热盘管上下错开，方便平面布置，节省占地面积。

（2）合理布置盘管管束，在管程局部地方改变介质流态使其形成紊流，提高传热效果。

（3）罐内适当配置导流装置，局部提高被热水流速，并使其形成强制自然循环，减少罐内的冷水区。

罐体结构见图1。

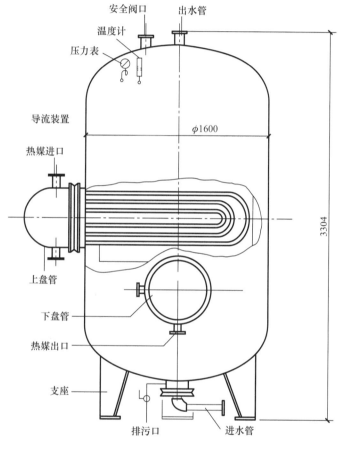

图1 新罐示意图

三、测试结果及热力性能比较

"新罐"由济南压力容器厂试制成后经过了两次测试，测试单位是"机械电子工业部工业锅炉产品质量监测中心华东地区测试站"及"济南市能源服务中心"。第一次测试结果表明："新罐"在汽—水换热工况下，传热系数 K 约提高了30%，但热媒出水温度仍较高，水—水换热效果不理想，主要热力参数未达到设计要求。经第一次测试后，我们找到了提高"新罐"传热效果的关键，对其进行了大幅度的改进。经改进的"新罐"又作了一次较为完整、严密的测试，这次测试取得了理想的效果，各项指标均达到和超过了原设计的要求，其主要结果如下：

1. 热力性能测试结果见表1。表中热媒为蒸汽时，因为测试用锅炉出率低，远远满足不了"A型新罐"的设计换热量的要求，即管程热媒流速太低，所以它的传热系数 K 值低，按测试点作出的关系曲线延伸，当热媒流量达到设计工况时，其传热系数 K 值约为 $1305\text{W}/(\text{m}^2 \cdot \text{K})$。

建水人生——刘振印先生成果集

测试数据整理表　　表1

项目罐名	热媒	换热面积 F (m²)	热媒流量 G (t/h)	热媒进口温度 T₁(℃)	上盘管出口温度 T中(℃)	下盘管出口温度 T₂(℃)	被热水流量 Q (m³/h)	冷水进水温度 t₁(℃)	热水出水温度 t₂(℃)	传热系数 K[W/(m²·K)]	小时换热量 W (kJ/h)	罐体总容积 V (m³)	单位容积换热量 W (kJ/m³)	备注
低温热水	新罐"A型"	21.3	8.46	77.73	62.98	50.3	4.02	15.6	57.5	469.2	964542	5	193000	
	新罐"A型"	21.3	12.415	76.98	67.23	54.1	6.06	15.6	63.0	603.3	1189340	5	237868	
	新罐"A型"	21.3	15.36	74.63	65.25	53.15	7.14	15.6	63.19	751.2	1381430	5	276286	
高温水	新罐"A型"	21.3	8.536	99.14	84.99	64.54	4.02	15.6	77.14	463.2	1236610	5	247322	
蒸汽	新罐"A型"	21.3	0.474	131.65	57.40	47.21	5.975	15.6	55.71	254.3	1175102	5	235020	无疏水器
	新罐"A型"	21.3	0.519	124.57	63.40	54.90	7.608	15.6	59.0	327.0	1287754	5	257551	无疏水器
	新罐"A型"	21.3	0.705	116.43	65.20	56.72	9.776	15.6	59.0	469.0	1735913	5	347183	无疏水器
	新罐"B型"	11.47	0.482	127.90	70.10	47.80	5.384	16.5	69.0	665.0	1212291	5	242458	
	新罐"B型"	11.47	0.591	140.37	70.0	44.60	7.212	16.5	62.2	462.0	1504259	5	300852	无疏水器
	新罐"B型"	11.47	0.725	104.48	74.68	58.20	9.863	16.5	47.5	885.3	1767312	5	353462	无疏水器
	新罐"B型"	11.47	0.655	113.83	65.00	41.25	8.052	16.0	58.25	416.0	1651663	5	330333	有疏水器
	新罐"B型"	11.47	0.740	105.88	75.60	45.10		16.0	75.16	1525.0	1845395	5	369079	有疏水器

注：1. 本表均以热媒为准计算换热量；
　　2. 带＊者表测试工况不大稳定。

2. "A型新罐"阻力性能测试结果，见图2。

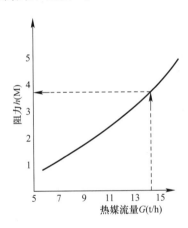

图2　新罐＜A型＞水—水换热时阻力曲线

3. 热力性能比较：

为了鉴别"新罐"的热力性能，我们在测试"新罐"的同时，将一个与"新罐"同容积的标准"卧罐"进行相同工况测试，其对比的测试性能参数见表2。

热力性能比较表　　表2

项目罐名	热媒	换热面积 F (m²)	热媒流量 G (t/h)	热媒进口温度 T₁(℃)	热媒出口温度 T₂(℃)	被热水流量 Q (m³/h)	冷水进水温度 t₁(℃)	热水出水温度 t₂(℃)	换热系数 K[W/(m²·K)]	小时总换热量 W (kJ/h)	罐体容积 V(m³)	单位容积换热量 W (kJ/m³)	备注
低温热水	卧罐	10.40	14.40	75.1	64.8	6.00	15.8	37.7	391.7	621016	4.9	126738	
	新罐(A型)	21.30	14.40	74.63	53.16		15.6	63.19	697.4	1295089	5.0	259018	
蒸汽	卧罐	10.4	0.918	111.8	98.0	10.07	24.0	70.3	988.8	2094798	4.9	418960	带疏水器
	新罐(B型)	11.47	0.90	127.90	47.8		16.5	69.0	1140	2263618	5.0	452724	不带疏水器

66

四、成果分析

1. 热力性能

（1）总换热量：

A. 水—水换热时见图 3 所示。当热媒流量达到设计值（$G=14.3\text{m}^3/\text{h}$）时，"A 型新罐"总换热量为 $130\times10^4\text{kJ/h}$，"卧罐"总换热量为 $62\times10^4\text{kJ/h}$。"新罐"换热量为"卧罐"的 2.09 倍。如把"卧罐"的换热面积增加到等同"新罐"的换热面积，这时因管束过水断面积加大，热媒流速降低，传热系数 K 值内原来的 330 降至 200，总换热量为 $77\times10^4\text{kJ/h}$，"新罐"换热量为"卧罐"的 1.69 倍。

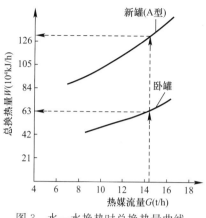

图 3　水—水换热时总换热量曲线

B. 汽—水换热时，因"卧罐"测试工况不全，无法作出曲线，但从"热力性能比较表"可以看出，在相似的热媒条件下，"B 型新罐"换热量为"卧罐"的 1.06 倍。

（2）位用钢量的换热量见表 3：

表 3

罐名及工况		用钢量（kg）	设计小时换热量（kJ/h）	单位用钢换热量（kJ/kg）
水—水换热	新罐（A 型）	2500	1294000	517.5
	卧罐	1950	621000	318.5
汽—水换热	新罐（B 型）	2200	2260000	1028
	卧罐	1950	2094000	1073

由表 3 得：水—水换热时"新罐"单位用钢换热量为同型"卧罐"的 1.63 倍，汽—水换热时，"新罐"单位用钢换热量比同型"卧罐"稍低一点，但采用"卧罐"时还须串加冷却凝结水的换热器，这样总的算来，"新罐"单位用钢的换热量仍可能高于"卧罐"。

（3）传热系数 K

传热系数 K 是指单位换热面积单位时间内温差为 1℃时的传热量，它是评价换热器换热能力的参数。在罐体的热媒与被热水流量均相等或相近的条件下，水—水换热时，"A 型新罐"的 K 值为同型"卧罐"的 1.78 倍；汽—水换热时，"B 型新罐"的 K 值约为同型"卧罐"的 1.15 倍。"新罐"与"卧罐"的传热系数 K 值变化情况详见图 4 与图 5。

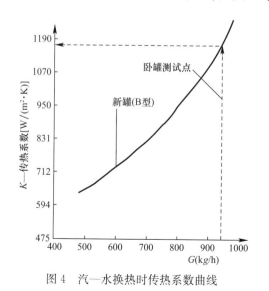

图 4　汽—水换热时传热系数曲线

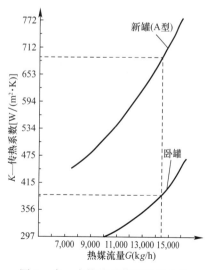

图 5　水—水换热时传热系数曲线

(4) 热媒温降与被热水温升：

我们这次研制"新罐"，真正需要解决的实质问题有两个：其一是上面所说的在增加传热面积的基础上如何提高 K 值，借以提高单罐的总换热量；其二是在达到设计换热量的前提下，增大热媒温降和被热水的温升，也就是解决一级换热完全满足使用要求的问题。这两项目的达到了，罐体数目就可以大大减少，尤其是热网水或其他低温水为热媒时，罐体数目可成倍地减少，系统亦可大大简化。

在这次"新罐"的整个测试过程中，无论热媒为高温水，低温水，还是蒸汽，热媒温降与被热水温升都达到了很理想的效果，其具体数据详见热力性能比较表（表2）。表中最能说明问题的是："新罐"的被热水出水温度 t_2 值比热媒出口温度 T_2 值高；"水—水"换热时，t_2-T_2 的平均值约为 8.9℃，"汽—水"换热时，t_2-T_2 的平均值约为 20℃，这一点不仅与传统的容积式换热器相差很远（我们测定的容积 $V=5\mathrm{m}^3$ 钢质盘管的标准"卧罐"当以低温水为热媒时在换热工况与"新罐"基本相同的条件下，被热水出水温度 t_2 要比热媒出口温度 T_2 低 27℃），而且比美国"热高牌"半容积式换热器的效果还要好。（"热高牌"换热器的 t_2-T_2 值平均为 -5℃，最佳情况为：$t_2-T_2=2.1$℃）。

"新罐"与"卧罐"在水—水换热及汽—水换热工况下的温度变化情况见图6和图7所示。

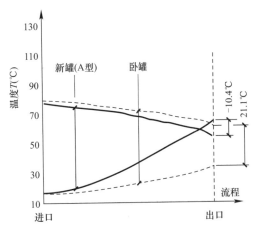

图 6 水—水换热时曲线

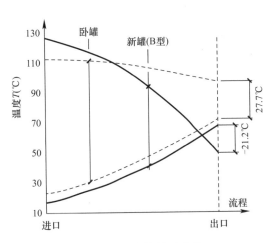

图 7 汽—水换热时曲线

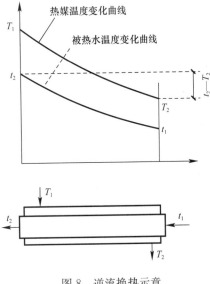

图 8 逆流换热示意

"新罐"的传热系数 K 值高，温度变化幅度大，换热效果这么好，我们分析其原因主要有三条：其一，管程结构的改进，提高了热媒流速，并造成管程局部紊流，提高了热媒对管内壁的放热系数；其二，"新罐"为立式双盘管结构，双盘管上、下交错排列，被热水在上升过程中，两次垂直冲刷换热管束，提高了换热能力。同时，因为"新罐"的换热过程是热媒由上而下，被热水由下而上，两者呈逆向流动。即在换热器的冷水进口处是温度最低的热媒与温度最低的被热水相碰，随后，两者温度愈来愈高，温差基本保持稳定，直到出口处，正是温度最高的被热水与温度最高的热媒相遇，如图8所示。其换热处于一种最佳的工况，所以"新罐"无论水—水换热，还是汽—水换热其被热水出水温度均高于热媒出口温度，达到了理想的传热效果。其三，"新罐"罐体内设置的导流结构起到组织被热水流经换热管束，提高被热水流速的作用，从而提高了管外壁对被热水体的放热系数。

2. 容器利用率：

罐内设置的导流装置的另一作用是当"新罐"不放水时，能促进罐体内被热水的自然循环，将靠近底部的部分冷水加热，减少其冷水区的容积。我们在北京"木樨园体育馆"安装的两台"新罐"运行中多次测定几个纵截面不同高度处的罐内水温，其温度变化曲线如图9"新罐纵截面不同高度处水温曲线"所示。从"曲线"可看出"新罐"的冷水区约只占整个罐体容积的5%～10%，容器利用率比"卧罐"大大提高。

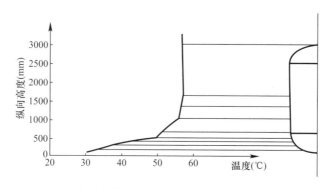

图9　新罐纵截面不同高度处水温曲线

3. 节能效果

（1）回收凝结水显热。"新罐"以蒸汽为热媒时，经换热后，110℃至140℃的蒸汽变成50℃左右的凝结水，热媒出口温度比一般传统的"容积式换热器"降低约80℃，回收约占整个换热量15%的凝结水的热量。

（2）由于"新罐"换热量大，一级换热满足使用要求，工程中罐体数量可大大减少。同时，"新罐"换热能力强，升温时间快，达到定温时间短，可以减少表面散热损失，起到节能作用。

4. 阻力性能：

"新罐"的换热盘管部分较传统的容积式换热器有较大的改进，热媒阻力损失也有所增大。经测定，当热媒为热水且达到设计流量时，其阻力约为3.7m，见图2示，在一般工况所允许的压降范围之内。而当热媒为蒸汽时，虽然管盘内阻力稍增，但它省掉了疏水器，因而也就去掉了疏水器所引起的阻力。

五、系列产品的开发及主要设计参数

1. 确定传热系数 K 值，为系列产品的开发创造条件：

"新罐"的热工测试有两个主要目的：一是测定"新罐"的主要热力性能参数；二是通过测试整理出热媒流量或流速与传热系数之间的关系曲线，即 G—K 或 V—K 曲线。只有有了这条关系曲线，我们才能对两个同类产品进行比较，才能为开发系列产品提供可靠的设计参数。以往我们在进行"容积式换热器"的热力计算时，往往不管工况如何都是查手册找 K 值，这与实际出入较大。我们在第一次热工测试时发现两个结构基本相同的罐，测得的 K 值相差较大。分析其原因，主要是两罐测试时，热媒流量不同。为此，第二次测试的"测试报告"中我们增补了编制 "G—K" 或 "V—K" 曲线的内容。通过测试整理出了表示热媒流量与传热系数之关系所需的数据。然后通过电算找出了相关公式，依此公式作出 "V—K" 曲线。根据这条关系曲线我们便可找到不同传热面积在某一工况下相应的传热系数 K 值，这就为"新罐"的系列产品开发提供了可靠的设计参数。按此，我们又设计了容积为 3m³，8m³，热媒为高、低温热水和蒸汽的四种型号24个品种的"新罐"，使该产品达到系列化。

2. 主要设计参数（见表 4）

主要设计参数表 表 4

型号	适用热媒	热媒			被热水		
		进口温度 T_1（℃）	出口温度 T_2（℃）	压力 Pt（kPa）	进口温度 t_1（℃）	出口温度 t_2（℃）	压力 P_s（kPa）
RV-02-A	高温水	100～150	70～75	≤1600	13	60	600
	低温水	70	50		13	55	1000
RV-02-B	饱和蒸汽	151.1	55	≤400	13	60	600 1000

注：T_1=151.1℃为饱和蒸汽压力 Pt=400kPa 时的温度。

六、效益

为了比较简明的说清楚这个问题，下面我们以我院最近承担的一个 800 床位的中型高级旅馆的设计为例，比较一下采用"新罐"与"卧罐"的不同用地、用钢量、一次投资费用及节能、维修管理条件。

1. 节省一次投资：

根据表 5 推算，像北京市这种以热网水为热媒的旅馆，大约有 100 个。如都采用"新罐"则可比都用"卧罐"节约三千到四千万元。

一次投资比较表 表 5

项目			蒸汽为热媒		热网水为热媒	
			卧罐	新罐	卧罐	新罐
设计小时换热量（kJ/h）			7285000		7285000	
单罐容积（m³）			5		5	
个数			6	5	14	7
占地面积	单罐占地面积（m²）		18.62	11.10	14.10	11.3
	总占地面积（m²）		111.7	55.5	240	79.1
	"新罐"节省占地面积（m²）		56.2		160.9	
	"新罐"占地面积 "卧罐"占地面积		49.7%		33%	
钢材	单罐耗钢量（kg）		1950	2300	1950	2500
	总耗钢量（kg）		11700	11500	27300	17500
	"新罐"节省钢量（kg）		200		9800	
	"新罐"用钢量 "罐卧"用钢量		98%		64%	
一次投资	地价	元/米²	1600	1600	1600	1600
		共计（万元）	17.872	8.88	38.40	12.65
	罐价	万元/个	1.70	2.30	1.70	2.40
		共计（万元）	10.20	11.50	23.80	16.80
	总计（万元）		28.072	20.38	62.20	29.45
	新罐一次投资 卧罐一次投资		72.6%		47.3%	

注：1. 占地面积一栏包括换热间配套附件设备等用地。
  2. "罐价"均指"换热盘管为钢质的价格"。如改为"铜盘管"，其价格约增加 40%。

2. 节能，当"新罐"以饱和蒸汽为热媒时，它能回收占整个换热量的 10%～15% 的凝结水余热，仅此一项一年约可回收余热 15 亿千焦，相当于一年可省煤 60 吨。

3. 系统简化，方便维修、使用

由于"新罐"换热性能的改善，热媒温降与被热水温升的提高，这样带来了另一个好处是系统简化，方便维修使用。

（1）当以热网水为热媒时，经"新罐"换热后可以一次交换出所需温度的热水，热媒也可一次降到城市热网回水所需的温度，不需像"卧罐"那样搞二级串联换热。省罐、省管道、省安装与维护管理费用。

（2）当以蒸汽为热媒时，经换热后的凝结水温度可降到50℃左右，这样不仅解决了凝结水温度过高而需像"卧罐"那样再串一级换热器进行两级换热的难题，简化了系统，而且它省掉了传统的容积式换热器所必须用的疏水器，而目前国产的疏水器又大都漏水、漏汽，省掉它后，既可减少回水阻力，还给用户的维修、使用带来很大的方便。

七、结语

RV-02 系列新型立式容积式换热器，经过两年半的科研、设计、试制、测试与试用，终于取得了较圆满的成果。由于它具有传热系数 K 值高，换热量大，容器利用率高，热媒温降大，被热水温升高的特点，不仅完全解决了传统的容积式换热器存在的占地面积大；一级换热难以达到使用要求，系统复杂，换热效果差；容器利用率低等三大问题。而且节能，方便安装与维护管理。它既可用于新建工程，还可广泛用于旧工程的改造，旧罐的更新，使一些原来庞大的换热间可以省出一大部分挪作他用，而换热及供水系统又可简化，稳定可靠，这对于建筑给排水专业来说，是一项产品的技术改革。

最近，"新罐"已通过鉴定，并开始由"济南压力容器厂"批量生产。我院、北京市建筑设计院、清华大学设计院，以及北京、天津、陕西、河北、江苏等地不少设计单位已在或拟在设计中采用，北京木樨园体育馆已安装好两台，试用多次，效果良好。广播电视部"亚运电视传播中心"、中外合资的"北京国际艺苑皇冠饭店"，"津华酒店"，青岛的"仙客来酒店"等项目及一些其他项目均已选用本产品，有的将于今年投产使用。我们将认真做好这些工程"新罐"实际运行的回访与总结工作，找出不足之处，加以改进使之更臻完善，成为一个真正的革新换代的优良产品。

新型卧式容积式换热器的研究

刘振印

【摘　要】 本文介绍了一种"新型卧式容积式换热器"的研究设计概况，主要结构特点及热力性能测试结果。通过对比认为其性能优于传统标准"卧式容积式换热器"。并已接近"RY-02新型立式容积式换热器"。

一、课题的提出

我院 1987 年至 1989 年度研究设计的"RV-02 系列立式容积式换热器"（简称"新立罐"，见本刊 1990 年第 5 期 18 页"介绍一种立式容积式换热器"）在保持传统产品贮水量大、供水安全稳定的特点的同时，较圆满地解决了传统设备占地面积大、换热效果差、换热系统复杂、容积利用率低及耗能大等缺陷。

但是，"新立罐"有两点不足之处。其一，"它"要求换热间空间较高，一般净高要求不小于 3.6～4.4m，其使用就受到限制。其二，"新立罐"为立式双盘管结构，比一般的单盘管容积式换热器多了一组管箱及附件，因而就单罐而言，它的耗钢量约比同型传统卧罐高 20％～25％，造价也要增加 20％～30％。这对于只用一两台这种设备的单位浴室、餐厅等地方就不太经济。因此，研究设计一种换热效果好、造价又低、更适合于层高低的设备间及小型用户使用的产品，使它作为"新立罐"系列产品的补充与配套就是我们开发研究一种新型卧式容积式换热器的主要目的之一。目的之二，我们是为了利用"新立罐"的基本原理去改造量大面广的传统卧式容积式换热器。中华人民共和国成立以来，国内制造的容积式换热器从基本结构到基本设计参数的选值等均无多大改变，而以往大多数集中制备生活热水的工程中又大都采用这种设备。它的使用寿命一般均在十年以上，一个罐的耗钢量视其大小为 1～5 吨，购买一台这种设备约需 1 万～5 万元。因此，如何在不影响原有产品的主体结构及受压部分的条件下，对传统设备稍加改进即可达到较好的效果，这也是我们继"新立罐"研究成功之后又一新的探索课题。

二、研究设计概况

1989 年底，我们在总结"新立罐"经验的基础上，开始探讨研究设计"新型卧式容积式换热器"的可行性。1990 年初作出了方案设计图，并立项定名为"RV-03 系列新型卧式容积式换热器"（简称"新卧罐"）。同年 9 月份协作厂——石景山压力容器制造厂按我院研究设计的"试制图"加工成"样罐"。12 月中我院组织人员在厂方的大力配合下对容积为 5m³ 的一个 H 型"样罐"（以高、低温热水为热媒型）及一个 S 型"样罐"（以蒸汽为热媒）分别进行了水—水换热与汽—水换热的热力性能测试，测试结果表明其热力性能完全达到和超出了设计要求。在此基础上，1991 年 1 月底，我们请"机电部工业锅炉产品质量监测中心华北地区测试站"进行了正式测定，所测数据与我院自测结果吻合，并出示了"换热器热工测试报告"，其主要参数整理如表 1。

主要测试数据整理表   表 1

参数罐型 工况		热媒			被热水			换热面积 $F(m^2)$	小时换热量 $W(kJ/h)$	传热系数 K $(kJ/m^2 \cdot K)$
		流量 $G(kg/h)$	蒸汽压力 $p(MPa)$	初温 $T_1(℃)$	终温 $T_2(℃)$	流量 $Q(kg/h)$	初温 $t_1(℃)$	终温 $t_2(℃)$			
汽—水	S 型	482.1	0.33	145.80	49.19	5143	9.5	63.65	9.86	1219×10^3	568
		602.0	0.25	138.50	46.75	6792	9.6	59.33	9.86	1523×10^3	740
		731.7	0.28	141.00	48.88	8372	9.6	55.50	9.86	1847×10^3	835
		900.0	0.24	137.00	49.55	1090	9.6	61.27	9.86	2261×10^3	1105
水—水	H 型	5538		79.46	44.36	4390	10.0	49.85	16.83	813×10^3	420
		7347		77.80	47.44	4721	11.1	51.60	16.83	932×10^3	493
		8675		76.40	48.50	6000	11.1	47.40	16.83	1012×10^3	504
		11250		73.00	48.67	6827	10.0	46.10	16.83	1144×10^3	577
		13846		67.05	46.64	7200	12.0	47.32	16.83	1181×10^3	717
		7200		86.75	50.63	5625	10.0	53.00	16.83	1011×10^3	483

我们将这两次测试的约 800 组数据输入电子计算机计算整理，取得了传热系数 k 与热媒流速 v 之间的相关公式，进而作出了 $k\sim v$ 曲线，1991 年 2 月至 8 月以此为依据我们完成了"新卧罐"的系列加工图设计。

三、主要结构特点

提高换热设备换热效果的关键是提高其传热系数值 k。k 值由三部分即换热管束内热媒向管束内壁的放热系数 α_1、管束内壁向外壁的导热系数 λ 及管束外壁向被加热水体的放热系数 α_2 组成，其表达式为：

$$\frac{1}{k} = \frac{1}{\alpha_1} + \frac{\delta}{\lambda} + \frac{1}{\alpha_2}$$

式中　δ——管束壁厚。

"新卧罐"根据这个基本公式，采取了如下两项措施来提高 k 值。

　　1. 采用小管径的换热管束。传统设备采用的换热管束规格为 $\phi38\times3$、$\phi45\times3.5$；"新卧罐"采用换热管束规格为 $\phi19\times2$、$\phi25\times2.5$。管径的减少可在保持相同换热面积的条件下减少过水断面积，从而在相等的热媒流量时可增大热媒流速。经此改进，"新卧罐"换热管束内的热媒流速可比"标准卧罐"提高 1 倍左右。流速的提高不仅直接提高了 α_1 值，而且它可以改变热媒在管束内流动的流态，使其形成紊流，更进一步提高了热媒之放热效果。同时由于热媒管束管径的减少，管壁厚度可相应减薄，即 δ 值减少，相应地增大了管壁导热系数的 $\dfrac{\lambda}{\delta}$ 值。

　　2. 恰当地利用"标准卧罐"内的原有结构，并附加一些导流、阻流装置，组织被加热水流经换热管束，局部提高其流速，从而增大换热管外壁向被加热水的放热系数 α_2。

　　此外，附加的导流、阻流装置还可促使"罐内"被加热水在升温阶段形成较强的对流，达到提高换热效果和最大限度地减少冷水区容积提高容积利用系数之目的。

　　"新卧罐"构造示意图见图 1。

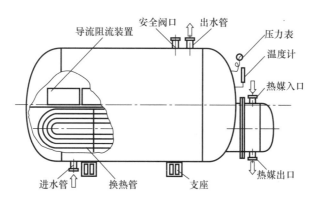

图 1　新卧罐构造示意图

四、热力性能测试结果及其比较

　　1. 热力性能测试结果见表 1。
　　2. 热力性能比较见表 2。

主要热力性能比较表　　　　　　　　　　　　　表 2

项目罐名热媒		换热面积 F (m^2)	热媒流量 G (t/h)	热媒温度 T(℃)		被热水流量 Q (m^3/h)	被热水温度 t(℃)		传热系数 K(kJ/ ($m^2\cdot K$))	小时总换热量 W(kJ/h)	罐体容积 V (m^3)	单位容积换热量 W [kJ/ (h·m^2)]
				进口 T_1	出口 T_2		进口	出口				
低温热水	标准卧罐	10.40	14.400	75.10	64.80	6.00	15.80	37.70	384	621×10^3	4.9	127×10^3
	新立罐（A 型）	21.30	14.400	74.63	53.15	6.30	15.60	63.19	684	1295×10^3	5.0	259×10^3
	新卧罐（H 型）	16.83	13.850	67.05	46.64	7.20	12.00	47.32	640	1063×10^3	4.9	217×10^3
蒸汽	标准卧罐	10.40	0.918	111.80	98.00	10.07	24.00	70.30	969	2090×10^3	4.9	427×10^3
	新立罐（B 型）	11.47	0.900	127.90	47.80	9.50	16.50	69.00	1117	2260×10^3	5.0	452×10^3
	新卧罐（S 型）	9.86	0.900	137.00	49.55	10.90	9.60	61.27	1105	2261×10^3	4.9	462×10^3

从表 2 可以看出：水—水换热时，在换热工况及换热面积相似的条件下，"新卧罐"的总换热量、单位容积换热量、传热系数 k 基本达到"新立罐"的数值，只是被热水温升差一点，表中"新立罐"的被热水温升为 47.59℃，"新卧罐"为 35.32℃。如被热水流量减少到 $6\sim6.5\mathrm{m^3/h}$ 之间，即降到和"新立罐"相同的流量，则其相应的温升可达到 40.37℃，满足热水要求。汽—水换热时，表中"新立罐"换热面积比"新卧罐"稍大。但后者热媒入口温度较高，即蒸汽压力大些，总的换热工况相似。他们的主要热力性能参数也基本相同。

表 2 同样可以看出：无论热媒是蒸汽还是热水，"新卧罐"的各项热力性能参数明显优于"标准卧罐"，尤其是水—水换热的效果更好。虽然"标准卧罐"换热面积要比"新卧罐"小，但实际换热过程中在热媒流量不变的条件下，换热面积增加则通过热媒的断面积也增大，热媒流速降低，k 值相应减少。因而换热量并没有随换热面积的增加而成正比例增大。我们通过 $k\sim v$ 特性曲线查得，当"标准卧罐"的换热面积由 $10.4\mathrm{m^2}$ 增大至 $16.8\mathrm{m^2}$ 时，传热系数值约降低 25％，此时它的相应小时换热量约增加到为"新卧罐"的 70％。然而，它在此工况下，被热水温升仅 21.9℃，一级换热达不到供水要求，需要二级换热，这样平均每级单罐的小时换热量将比上述的数值要低，根据测试数据及由 $k\sim v$ 曲线所得参数计算，在工程实用中，一个"新卧罐"的小时换热量可相当于两个"标准卧罐"。

汽—水换热时，"新卧罐"的总换热量、传热系数 k 及被热水温升虽然不像水—水换热那样，比"标准卧罐"有明显提高，但它解决了"标准卧罐"的热媒出水——即凝结水温度过高而耗能的难题。蒸汽经"新卧罐"换热后其凝结水出水温度在 50℃以下，充分吸收了这部分蒸汽显热，达到了节能约 10％～15％的效果，同时它还简化了换热系统，减少了维护管理费用，防止高温凝结水的二次蒸发产生的蒸汽对环境的污染。

3. 为了提高"新卧罐"的容积利用系数，我们在"新立罐"采取措施明显提高了该值的基础上，进一步作了改进，实测结果表明："新卧罐"在升温阶段，从下到上整个断面基本处于同一温度，消除了罐底的冷水滞水区。其容积利用系数达 95％以上。

五、效益比较

1. 经济效益：为了简明地说清楚这个问题，下面我们以我院设计的"国际艺苑皇冠饭店"工程的生活用热水换热间为例，比较一下采用"新立罐"、"新卧罐"与"标准卧罐"之不同用地、用钢及一次投资费用见表 3。

经济效益对比　　　　　　　　　　　　　　　　　表 3

项目			蒸汽为热媒			热网水为热媒		
			标准卧罐	新立罐（B型）	新卧罐（S型）	标准卧罐	新立罐（A型）	新卧罐（H型）
设计小时换热量（kJ/h）			7273200					
单罐容积（m³）			5			5		
个数			6	5	5	14	7	7
占地面积	单罐占地面积（m²）		18.62	11.10	17.6	17.10	11.3	16.0
	总占地面积（m²）		111.7	55.5	88	240	79.1	112.0
	占地面积比		1	0.497	0.79	1	0.33	0.47
耗钢量	单罐耗钢量（kg）		1950	2300	1820	1950	2500	1920
	总耗钢量（kg）		11700	11500	9100	27300	17500	13440
	耗钢量比		1	0.98	0.78	1	0.64	0.49
一次投资	地罐	元/m²	1600					
		共计（万元）	17.872	8.88	14.08	38.4	12.65	17.92
		万元/个	1.7	2.3	1.7	1.7	2.4	1.8
		共计（万元）	10.2	11.5	8.5	23.8	16.8	12.6
	总计一次投资（万元）		28.072	20.30	23.30	62.20	29.45	30.52
	一次投资比		1	0.73	0.83	1	0.48	0.49

表 3 中的比较数字表明："新卧罐"与"标准卧罐"相比，无论占地面积、用钢量都明显减少，其一次投资汽—水换热时，可省 17％；水—水换热时，可省 51％。它与"新立罐"相比用钢量省，但占地面积要大些，其一次投资也多些（汽—水换热时多 13.7％；水—水换热时多 3.6％）。

2. 节能：如前所述"新卧罐"同"新立罐"一样具有节能之特点。汽—水换热时，它能回收约占整个换热量的 10％～15％的凝结水余热。同时，由于"新卧罐"高效，采用它时罐体数目可减少，即可相应减少罐体表面的散热损失。起到充分利用热能和节能之效果。

3. 系统简化、改善环境条件。由于"新卧罐"换热性能的改善，热媒温降与被热水温升的大幅度提高，这样带来的另一好处是简化换热系统，改善操作使用的环境条件。

（1）当以高、低温热水为热媒时，可以一次交换出所需温度的热水，热媒也可以降到城市热网水回水所需之温度。

（2）当以蒸汽为热媒时，经换热后的凝结水温度可降到 50℃ 以下，这样不仅去掉了凝结水温度过高而需另外串加一级换热器的麻烦，简化了换热系统。而且它还可省掉"传统设备"疏水器，既可减少回水阻力又避免了废汽的污染，大大改善了操作使用换热设备的环境条件。

RV-04 单管束立式容积式换热器

刘振印

建设部建筑设计院

1992 年 7 月

1991 年底至 1992 年 6 月，我院在北京万泉压力容器厂的配合下继"RV-02"，"RV-03"之后又成功地研制开发出"RV-04"单管束立式容积式换热器，经国家一级热工测试单位进行热力性能测定，取得满意的换热效果。北京市土建学会设备委员会组织了六十多位专家观看了测试现场并作技术评议，主要意见为"技术先进，结构新颖，水流工况优越、传热系数高，技术上优于同类产品。"现将概况介绍如下：

一、课题的提出：

我院 1987～1989 年经过两年多的时间在济南市压力容器厂的配合下研制成功的"RV-02"立式容积式换热器自 1989 年中投入市场以来，目前已畅销全国近三十个大中城市，据各地用户反应，使用效果均很满意，充分显示了"它"换热效果好，占地面积省及节能等优点，因而"它"获得了"一九九○年建设部科技进步二等奖"，"一九九一年中国专利优秀奖"，并列为 1992～1997 年度"国家科技成果重点推广项目"。

但是，"RV-02"存在两点不足之处：一是由于它是双管束换热结构，因而其耗钢量较大，造价偏高；二是它的品种规格少，系列不全，设计选用局限性较大。这两点不足之处在新产品辈出的今天已影响到它的竞争能力，对它进行必要的改进，以保持其先进性势在必行。

早在 1988 年底对"RV-02"B 型罐进行汽—水换热的热工测试时，我们就发现：饱和蒸汽经上管束出来已冷凝成 80℃ 以下的凝结水，下管束的作用仅将这部分 80℃ 的高温热水冷却成 50℃ 左右的低温热水，其换热量只占整个蒸汽放热量的 $\frac{1}{20} \sim \frac{1}{25}$。因此，我们在当时就萌发了在汽—水换热时去掉一组换热管束，即用单管束取代双管束的设想。1990 年中至 1991 年初，我院又在"北京石景山压力容器厂"的配合下研制成功了"RV-03"新型卧式容积式换热器，这种单管束的卧式容积式换热器经测定，热力性能很理想这就更坚定了我们研制"单管束立式容积式换热器"的想法，于是 1991 年下半年我们正式提出了该项课题，并定名为"RV-04"单管束立式容积式换热器。

二、研制概况：

1. 需解决之难题：

"RV-04"须解决之难题主要是将设备的换热元件由双管束变为单管束后，换热面积减少 $1/2 \sim 1/3$，但换热能力不能减，这就必须大幅度的提高传热系数 K 值，加大热媒温降幅度，尤其是水—水换热时，"RV-02"上，下两组管束的换热能力相似，其 K 值已比传统设备高出 80% 以上，现要用一组管束代替两组管束之换热功能，难度是相当大的。即便上述汽—水换热的工况，虽然下管束的换热量只为上管束的 $1/20 \sim 1/25$，但这部分换热属于低流量、低温差之水—水换热，热媒流速很低，即热媒的放热系数 α_1 很小，因而取消下管束而将此部分功能均由一组管束承担，难度也是很大的。

总之，无论是水—水换热，还是汽—水换热，"RV-04"在换热结构上必须有很大的突破才有可能达到用单管束代替双管束之目的。

2. 对"国内外现有产品，提高换热效果措施"的分析

为了解决上述难题，我们首先对近年来国内、外一些同类产品在提高换热效果方面所束取的部分措施作了分析，以便从中得到有益的启示。

（1）增大换热面积以提高换能力

据我们所知，国内一些同类产品有两种增大换热面积的方法：其一，加密管束的布置，这样换热面积可较大幅度的增加。有的产品为了获得最大的换热面积，将管束外壁之间距缩小到 $4 \sim 7$mm，这样做，换热面积虽然增大了，但实际使用时，管外壁稍一结垢，管与管之间的空隙将全部堵塞，换热量显著下降，清垢检修亦很困难，因而我们认为将这种只适用于软水的管束布置方法应用到生活用热水中是不妥当的。其二，采用螺纹管作换热管束，用此法能使换热面积增加 $2.2 \sim 2.75$ 倍，这是提高换热面积的最有效的方法。但"它"用在作为加热生活用热水的换热器中，亦存在管外壁结垢，堵塞螺纹，换热能力突降的问题。此外，螺纹管的换热面积增大，在相同热媒过水断面的情况下，传热系数 K 值相应下降，因而其换热量不会随换热面积的增大而成比例的增加。再又，螺纹管加工要求高，难度大，壁厚要比光管大 1 倍，即重量加 1 倍，当采用铜管时，由于铜的价格 10 倍于钢管，设备造价将明显加大。

（2）管束内加扦入物，增强传热效果

有的产品在换热管束内加金属螺旋杆之类的扦入物，它可使热媒形成旋转，增加紊动，增强传热。这种方法是否适用于容积式换热器？我们为此收集到一些高校在这方面做的科研测试整理数据，摘抄如表1所示。

表1

流速 v(m/s)		0.6	0.7	0.8	0.9	1.0	1.1	1.2	1.3	1.4	1.5
传热系数	K 光	870	900	950	1000	1060	1120	1200	1270	1370	1500
	K 拢	870	980	1110	1250	1390	1490	1680	1810	1960	2150
$\Delta K\%$		0	8.8	16.8	25	31	33	40	42.5	43	43

从上表可看出：管中加扦入物（本试验中称拢流子）只有在热媒流速 $v > 0.6$m/s 后才起作用，这对于像北京市这种热媒进、出口压差甚小的城市热网来说是很难达到这一点的。况且加扦入物还会带来流动阻力的增加，通道堵塞与结垢等运行上的问题。

（3）换热部分作成快速换热器的结构型式

为了提高被加热水侧之流速，借以提高 K 值，国外早就有将一组快速换热器嵌入容器中借以大幅度提高换热能力的做法。近年来，国内也有一些产品这样做。但采用这种措施宜配置一个促使被加热水循环及克服其水头损失的水泵，如英国、日本的同类产品均是这样做的。国内有的单位曾仿

照国外产品的做法，但因选不到合适的水泵而搁置。有的产品则没有采取措施，其被加热水水头损失达 3m 左右，这样虽然 K 值上去了，换热量大了，但"它"会引起用水点的冷热水压力不平衡，耗水耗能，用水不舒适，而且当系统采用高位水箱供水时，还需增加水箱之高度。

半即热式换热器是利用快速换热器结构改进容积式换热器的另一种型式。国外早就有这种专利产品，它是由多组螺旋形浮动管束置于一个过水断面较小的容器内组成。它的热媒流程长，热媒与被加热水流速高，因而传热系数 K 值大（可达 2000kcal/(h·m²·℃) 左右），换热量大，容积利用率高，占地面积很省；并且具有自动脱垢之作用。但采用这种产品一是温控系统必须过关，否则因其贮水容积很少，水温升、降很快，会引起用水处水温忽高忽低，既不安全，不舒适又耗水耗能。国外能推广这种产品主要是温控阀质量好。二是这种产品实属快速换热器，无贮热功能，设计选用时需按设计秒流量来考虑其加热能力，而容积式换热器的小时换热量一般按最大小时用热量计算，两者相差 2 倍左右，因此选用它时，其热媒系统——锅炉供生活用热水部分的负荷亦相应加大 1 倍，作为锅炉运行来说是不经济的。据香港一些水暖公司介绍，采用这种设备有不少是与热水箱配套，这样可起到贮热和减低锅炉负荷之作用。再有，这种设备以低温热水为热媒时效果较差须辅以蒸汽补热。

3. "RV-04" 改进方案之确定

针对"RV-04"需解决之难题，我们在分析借鉴国内外一些同类产品提高换热效果措施的基础上，提出了研制"RV-04"提高热效的基本原则：其一，必须保持容积式换热器水头损失小，供水水压、水温稳定、安全之特点；其二，必须考虑实用效果，经得起长期使用的考验。依此原则，我们经反复探讨，现场修改采取了如下两项主要措施。

（1）壳程部分：容器内的导流结构如何在"RV-02"，"RV-03"的基础上作进一步的修改，是我们这次研究的重点。因为根据传热系数 K 值的基本简化公式 $K = \dfrac{a_1 \times a_2}{a_1 + a_2}$，$K$ 主要取决于热媒向换热管内壁的放热系数 a_1 和换热管外壁向被加热水体的散热系数 a_2 之大小，而 a_1、a_2 的大小又决定于热媒和被加热水的流速 V_a，对于容积式换热器，因热媒流经的过水断面小，流速 V_1 高，a_1 值也相对地较大，所以，提高 K 值的关键在于提高被加热水之流速 V_a，借以提高 a_a 值。提高 V_a 的最好办法是将换热部分作成快速换热器的结构型式，但如前所述，用这种方法因水头损失大需增设水泵，因此我们转而从导流结构上下功夫，经多次计算反复修改，设置了合理的导流装置，它的作用：一是在设备呈出水运行状态时，组织水流逆向冲刷换热管束，局部提高被加水流速 V_a；二是在设备升温阶段，组织水流上下对流，加快加热时间，促使换热管束以下的冷水上升，达到基本消除罐底冷水区之目的。

（2）管程部分：在"RV-02"，"RV-04"的基础上进一步改进管束的布置方式，在确保使用效果与方便清垢的前提下（管外壁的最小净距为 11.5～20mm）增加管束，增大换热面积并尽量使其布满换热部分的整个断面。在管程的管箱等局部地方附加一些加强热媒紊动局部改变介质流态的简易装置，借以较大幅度提高热媒的放热系数 a_1。

4. 研制过程

本项目于 1991 年 6 月开始方案研究，8 月报专利，1991 年底主体构造方案基本定型，今年 2 月我院与北京万泉压力容器厂正式签订了试制"RV-04"单管束立式容积式换热器的合同，3 月中，厂方按我院所给的试制图开始试制，4 月底试制出两台供试验用的样罐，其中一台供"水—水"换热试验用，一台供"汽—水"换热试验用。5 月 11、12 日我们与厂方一起对两个样罐分别进行了"汽—水"与"水—水"换热的测试，在自测完全成功的基础上于 5 月 15 日请国家一级热工测试单位——机电部工业锅炉产品质量监督检测中心华北地区测试站进行了热力性能测定，并出示了"测试报告"。5 月 26、27 日我院与厂方联合邀请北京土建学会设备专业委员会和有关专家 60 多人到测试现场参观了设备实测情况，并对该产品进行了技术评议，提出了"评议意见"。

三、热力性能测试结果及其比较

"RN-04"的热力性能测试完后，我们对它的测试数据进行了整理，其结果见表 2 "测试数据整理表"。表中自测部分的 K、W"计算值"比测试单位所测的 K、W"计算值"偏大，原因是热媒流量自测部分是用热水水表配合秒表读数而得的，测试单位则是用涡轮流量计测得，两者有误差引起热媒散热量 W 的计算值不同，K 值也就不同。我们在作"RV-04"的热力性能线（即 K—V 曲线）时，均以测试单位所测数据为准，并以此作为"RV-04"系列产品的设计依据。

"RV-04"热力性能测试结果表明：它完全达到和部分超出了设计要求。为了比较"RV-04"与"传统产品"及"RV-02"之热力性能，特作出表3"热力性能比较表"，下面就几项主要参数加以分析：

1. 从表3的比较数据可以看出：以低温水为热媒时在换热工况相似即热媒流量与初温，被加热水初温相似的条件下，"RV-04"的 K 值为"RV-02"A型的1.54倍，为国标 7# 的2.85倍；从整理的"RV-04""K-V 特性曲线"上查得相应于热媒流量 $G=8700\text{kg/h}$ 的校正 K 值为598.5，因此，"RV-04"的实际 K 值分别为"RV-02"A型与国标 7# 的1.6倍和2.96倍。也就是说在换热工况相似条件下，当换热面积相同时，"RV-04"的小时换热量相应地为"RV-02"A型的1.6倍，为国标 7# 的2.96倍。

测试数据整理表　　　　表2

热媒 ＼ 参数	换热面积 $\dot{E}$(m²)	热媒流量 G(kg/h)	热媒进口温度 T_1(℃)	热媒出口温度 T_a(℃)	冷水进水温度 t_1(℃)	热水出水温度 t_a(℃)	热传系数 K(kcal/h·℃·m²)	小时总换热量 W(kcal/h)	备注
饱和蒸汽	8.5	424	147.5	33.1	17.4	65	631.6	263.600	自测
	8.5	540.5	146.87	39	17.4	61.56	732.3	332.731	自测
	8.5	668	146	49.6	17.4	61.1	811.5	403.873	自测
	8.5	864	144.6	56.2	16.4	60.2	978.5	516.500	自测
	8.5	461.7	146.7	36.9	16.6	62.1	639.9	285.284	测试单位测
	8.5	900	145.7	64.2	16.3	57.4	917.8	531.270	测试单位测
高低温热水	13.0	5.143	73.0	40.27	17.5	49.9	566	168.330	自测
	13.0	6.667	75.38	42.25	17.5	49.5	671	200.876	自测
	13.0	8.571	75.69	45.83	17.5	52.31	761	255.930	自测
	13.0	10.000	75.73	46.38	17.5	53.5	883.5	293.500	自测
	13.0	7.140	69.6	46.2	16.2	49.7	515.1	167.076	测试单位测
	13.0	8.700	80.2	52.9	16.3	53.4	576.3	237.510	测试单位测

注：1. 表中 G，T_1，T_a，$t_1 t_a$ 为每组数据之平均值。
　　2. K 值按平均温差法计算而得。
　　3. W 按热媒散热量计。
　　4. 因"自测"热媒流量计量有误差，故设计 K 值以测试单位数据延伸整理为准。

热力性能比较表　　　　表3

罐名 ＼ 参数 热媒		换热面积 $\dot{E}$(m²)	热媒流量 G(kg/h)	热媒进口温度 T_1(℃)	热媒出口温度 T_a(℃)	冷水进水温度 t_1(℃)	热水出水温度 t_a(℃)	热传系数 K(kcal/(m²·℃·h))	小时总换热量 W(kcal/h)	单罐耗钢量 G(kg)	金属热强度 $I=W/G\cdot\Delta T$(kcal/(kg·℃))	节能指标 $E=T_1-T_2/i''$
饱和蒸汽	传统设备	10.4	465	111.8	98	24	70.3	450	251.550	2.530	1.72	0.021
	RV-02 "B型"	11.47	465	140.37	44.6	16.5	62.2	515	282.673	2.6852	1.98	0.146
	RV-04	8.5	461.5	146	49.6	17.4	61.1	639.9	285.284	2.090	2.34	0.147

续表

罐名热媒\参数	换热面积 $\dot{E}$(m²)	热媒流量 G(kg/h)	热媒进口温度 T_1(℃)	热媒出口温度 T_a(℃)	冷水进水温度 t_1(℃)	热水出水温度 t_a(℃)	热传系数 K(kcal/ (m²·℃·h))	小时总换热量 W(kcal/h)	单罐耗钢量 G (kg)	金属热强度 $I=W/G·\Delta T$ (kcal/ (kg·℃))	节能指标 $E=T_1-T_2/i''$
低温热水　传统设备	10.4	8.800	75.1	64.8	15.8	37.7	202	90.640	2.530	1.204	
RV-02 "A 型"	22.5	8.460	77.73	50.3	15.6	57.5	375.0	232.050	2.962	2.85	
RV-04	13.0	8.700	30.2	52.9	16.3	53.4	576.3	237.510	2.136	3.51	

注：1. 表中"罐体"容积均为 5m³；

2. 表中 T_1，T_a，t_1，t_a 系实测数据的平均值；

3. 表中数据比较基础是以热媒流量相同或相近为准，RV-04 的 G、K、W 值均为实测数据及其计算值；传统设备及 "RV-02" 的 G、K、W 值，有的为实测数据及其计算值，有的依 "K-V" 曲线上查得；

4. $W=KF\Delta T$，大于热媒放热量者以放热量为准；

5. i''—饱和蒸汽含热量（kcal/kg）。

当以饱和蒸汽为热媒时，在蒸汽流量相近的条件下，"RV-04"的 K 值为"RV-02"B 型的 1.24 倍，为传统设备的 1.42 倍，在换热面积相同时，其小时换热量亦为相应的倍数。表 3 中热媒进口温度即蒸汽初温因测试条件所限相差较大，但它对 K、V 计算值的影响不大。

2. 热媒温降值与被加热水温升值

除 K、W 外，热媒温降 ΔT 与被加热水温升 Δt 值是判断换热器热力性能好坏的另一重要指标。即在达到小时换热量要求的条件下，如这两项指标达不到要求，就需进行二级换热，例如传统的容积式换热器在汽—水换热时，K 值并不太低，W 亦可满足使用要求，但其热媒温降 ΔT 低，热媒出口温度太高满足不了使用要求，设计中往往不得不为此而串联二级换热。"RV-04"经 300 多组测试数据表明，它的这两项指标是令人满意的。表 4 列出了"RV-04"，"RV-02"及传统设备的 ΔT、Δt 值以供对比用。

从表 4 所列数据来看，"RV-04"的热媒温降平均值大于 RV-02；被加热水温升平均值低于"RV-02"，总的效果"RV-04"稍优于"RV—02"，比传统设备要好得多。圆满地解决了一级换热满足使用要求的问题。

3. 金属热强度

金属热强度"I"是指单位耗钢量在平均温差为 1℃时所交换的热量。这是一个用以衡量换热设备的综合技术经济指标。

表 4

热媒\参数名称		热媒			被加热水		
	热媒	初温 T_1	终温 T_a	温差 $\Delta T=T_a-T_1$	初温 t_1	终温 t_a	温差 $\Delta t=t_a-t_1$
饱和蒸汽	国标 7#	111.8	98	13.8	24	70.3	46.3
	RV-02（B 型）	128.2	50.25	77.95	15.96	60.98	45.02
	RV-04	146.23	46.5	99.73	16.92	61.23	44.3
低温热水	国标 7#	75.1	64.8	10.3	15.8	37.7	21.9
	RV-02（A 型）	76.45	52.52	23.93	15.6	61.23	45.63
	RV-04	74.95	43.68	31.27	16.95	51.3	34.35

从表 3 可知：热媒为饱和蒸汽时，"RV-04"的"I"值为"RV-02"B 型的 1.18 倍。为国标 7# 的 1.36 倍；热媒为低温热水时。"RV-04"的"I"值分别为"RV—02"A 型与国标 7# 的 1.23 倍、2.92 倍。

4. 节能指标

节能指标"E"是指热媒为饱和蒸汽时，回收凝结水的余热占整个蒸汽含热量的比值。表3所列"E"值分表每种罐型一组测试数据的数值。按多组数据平均算则分别为"RV-02"B型：$E_m = 0.12$，"RV-04"$E_m = 0.153$。

5. 阻力损失

"RV-04"的管程阻力损失 $H_f = 1.5 \sim 3 mH_2O$，此值基本上和"RV-02"相当，在一般换热器允许范围之内。壳程内被加热水的阻力损失从压力表读数反应不出差值，说明该值很小可以忽略不计。

6. 容积利用率

经实测，"RV-04"在升温阶段，整个罐体内被加热水对流效果好，冷水区容积只为 $5\% \sim 10\%$，比"RV-02"减少了约 5%，即罐体的有效热水贮存容积由传统设备的 80% 提高到 $90\% \sim 95\%$。

四、"RV-04"对"RV-02"的改进

1. 热力性能方面

上文根据"表3"就传热系数 K，小时换热量 W，热媒温降 ΔT，被热水温升 Δt 等有关容积式换热器的主要热力性能参数进行了一些分析和比较，从中可看出，"RV-04"在热力性能方面比"RV-02"又有了进一步的提高和改进，那么作为"RV-02"第三代产品的"RV-04"能否取代"RV-02"呢？下面就此问题作一点简单分析。

(1) 汽—水换热工况

对于以蒸汽为热媒的容积式换热器，热力性能方面主要须解决的问题是如何在保证换热量的条件下降低蒸汽冷凝成凝结水的温度，从而达到既节能又无须二级换热的目的。从"RV-04"的热力性能测试结果表明：它已完全满足上述要求。即"RV-04"单管束完全可以取代"RV-02"B型双管束的换热功能。而且同型号即同容积罐体的设计小时最大换热量可比"RV-02"B型大 $20\% \sim 22\%$。

(2) 水—水换热工况

对于以热水，尤其是低温热水为热媒的容积式换热器来说，须解决的主要问题是大幅度提高 K 值借以达到大幅度提高小时换热量和一级换热满足使用要求的问题。前述热力性能对比已指出："RV—04"的 K 为"RV-02"A型的 1.6 倍。就小时换热量而言，在相同工况下，"RV-04"的最大换热面积的小时换热量 w 与同型号的"RV-02"A型的中挡换热面积的 W 相当或稍高一点。但它满足根据"规范"要求的按贮热时间计算的小时换热量之要求。当一定要以增大换热面积来增大单罐换热量时。可选用筒体直径比相应的"RV-02"A型大一号的罐型。例如：设计选用 5 个容积为 $V = 5m^3$ 的"RV-02-5A"，换热面积选最大者 $F_{max} = 25.28m^3$，总换热面积 $F = 5 \times 25.28 = 126.4m^2$，当选用"RV-04"时，可选用比"RV-02-5A"筒体直径大 1# 的 $V = 6m^3$ 的"RV-04-6" 4 个，它的最大换热面积 $F_{max} = 19.7m^2$，相当于"RV-02"A型 $19.7 \times 1.6 = 31.52m^2$，4 个罐的总换热面积为 $F = 31.52 \times 4 = 126.1m^2$。因此，对于水—水换热工况，在通常设计换热量的范围内，"RV-04"亦可取代同型号的"RV-02"A型罐。当单罐按热量要求很大时，可选用比"RV-02"直径大一号的罐型，即便这样，"RV-04"单罐的造价比"RV-02"低 $10\% \sim 15\%$。但在某些要求水—水换热时热媒温降与被加热水温升均很高的情况下仍以选"RV-02"为宜。

2. 外型结构及其他方面

(1) 双管束变单管束带来如下优点：

① 节省钢材节约造价

同型"RV-04"耗钢量平均比"RV-02"减少 25%，比"RV-02"A型（水—水换热型）约减少 30%，比"RV-02"B型（汽—水换热型）约减少 20%，比同型传统设备约减少 15%。

耗钢量减少，设备造价降低，尤其是当采用铜管作换热管束时，由于铜材价格高出钢材的 10

倍，减少用铜量及减少一组加工难度大的管箱，相应地造价可以降得更多些。

②比"RV-02"更节省用地

"RV-02"比传统的卧式容积式换热器可节省用地50％～66％。采用"RV-04"则因其只有一组管束，检修时不需像交叉排列的双管束那样从两个方向抽出管束，其占地面积又比"RV-02"约省10％。

③方便设计、安装、维修

单管束换热器设计布置灵活，管路简单。为设计、安装提供了便利的条件，给用户的使用也带来了方便。一是热媒进口管上温度控制阀高度可以降到操作人员伸手可及的位置。这对于目前国内温控阀质量较差须经常启闭它两旁的手动阀门的操作人员来说，大大减轻了劳动强度。为安全供水提供了方便。二是，设备清垢检修时，只需抽出一组管束，减少了一半的工作量。

（2）型号种类多，系列齐全，选用经济灵活

由双管束变成单管束后，换热管束上部的高度大，即可调范围大，我们通过变换此高度将"RV-04"按总容积设计成28种规格。即按壳程压力 P_s＝0.6MPa，1MPa各设计成14种规格，从总容积 V＝1.5m³ 起 0.5m³ 一挡直至 V＝8m³。每种规格按管程（热媒）压力分为 P_t＝0.4MPa，1.6MPa两种型号。这样带来如下优点：

①设计选用经济："RV-02"的双管束占据了整个设备筒体部分高度的大部分，因此设计它时只好一种筒体直径一个容积规格，即另有 V＝3，5，8m³ 三种容积规格。这给设计选用带来不便，造成浪费。如按设计计算只需 V＝5.4m³。往上靠就得造 V＝8m³ 的罐。如造用"RV-04"则可选用 V＝5.5m³ 的罐型。

②提高了罐体对设备间高度的适应能力

据了解，国内一般采用 V＝5m³ 的罐型者居多，V＝5m³ 的"RV-02-5"要求设备间梁下净高 H≥3.6～3.8m，有不少工程往往满足不了此要求。如用"RV-04"则可用 V＝4.5m³ 的"RV-04-4.5"或 V＝5.5m³ 的"RV-04-5.5"其高度可降400mm，如不行还可向厂方提出筒体直径按大一号加工成 V＝5m³ 的罐，其总高可减800mm。即设备间净高可降到2.8～3.0m就行了。其他罐型可依此类推。对于带十多个淋浴器的小工程，只需选一个 V＝1.5m³ 的罐就行，其总高度 H＝1.85m，可放在一般高度的小房间内。

③"RV-04"没按热媒分成汽—水型，水—水型两大类，这对于不少采用热水采暖锅炉或热水专用锅炉供热来说，选用较经济，因它的热媒部分的管程压力不必如"RV-02"A型那样均按 P_t＝1.6MPa选用。

五、效益

1. 经济效益

为了简明说清楚这个问题，我们以1990年"给水排水"杂志第5期《介绍一种立式容积式换热器》一文中"表5"所列"一次性投资比较表"为基础，用我院设计的合资高级旅馆"国际艺范"为例分别就"占地面积"，"用钢量"，"一次性投资"三大项目进行对比，对比数值详见"表5"。

"表5"数据表明："RV-04"的一次投资比"RV-02"又进一步降低了20％～22％。对于一个生活用热水的换热间，如果用传统卧式罐一次投资为100万元，则以蒸汽为热媒时，用"RV-02"和"RV-04"分别为70.8万元、58.8万元；以低温水为热媒时。用"RV-02"，"RV-04"分别为47.3万元、37.7万元。可见"RV-04"的经济效益十分明显。

2. 社会效益

"RV-04"的社会效益主要体现在：节能。消除凝结水二次汽化污染。系统简化，设计安装方便，减轻操作维修劳动强度等方面。如前所述，在这些方面它比"RV-02"有更进一步的提高和改善。

一次性投资比较表　　　　　　　　　　　　　　　　　表5

热媒名称比较项目		蒸汽			低温热水		
		传统设备	RV-02-5B	RV-04-5	传统设备	RV-02-5A	RV-04-5
设计小时换热量（kJ/h）		728.500			728.500		
单罐容积（m³）		5			5		
个数		6	5	5	14	7	7
占地面积	单罐占地面积（m²）	18.62	11.1	10	14.1	11.3	10
	总占地面积（m²）	111.7	55.5	50	240	79.1	70
	比值	1	0.497	0.448	1	0.33	0.292
用钢量	单罐用钢量（kg）	1950	2300	1772	1950	2500	1842
	总用钢量（kg）	11.700	11.500	8.860	27.300	17.500	12.894
	比值	1	0.98	0.76	1	0.64	0.472
一次投资	地价 元/m²	1.600			1.600		
	共计（万元）	17.872	8.88	8.0	38.4	12.65	11.20
	罐价 万元/个	1.7	2.2	1.7	1.7	2.40	1.75
	共计（万元）	10.2	11.0	8.5	23.8	16.8	12.25
	总计（万元）	28.072	19.88	16.5	62.2	29.45	23.45
	比值	1	0.708	0.588	1	0.473	0.377

注：1. 占地面积一栏包括换热间配套附件设备等用地
　　2. 罐价均指"换热管束为钢质"的参考价格，如改为"铜管束"其价格，约增加40%

半容积式水加热器

刘振印

【摘　要】《建筑给水排水设计规范》局部修编的报批稿中增加了"半容积水加热器"的条款。本文通过工程实例介绍国内外这种产品的主要构造、性能、特点及适用条件。

【关键词】半容积式水加热器　构造　性能　应用

1995年3月，北京"华苑饭店"用两台新型水加热器代替了原有的四台传统容积式水加热器，至今已使用了近八个月，饭店操作管理人员对这两台新设备的使用效果相当满意。他们反映该加热器体型小、加热快、换热量大；而且供热稳定，节水节能。"华苑饭店"共183套客房，热媒为蒸汽，原用四台容积为5m³的传统容积式水加热器满足不了供热水的要求。现采用两台容积为3m³的新型水加热器，整罐水加热时间不到10min，供热能力超过原设备，贮热容积减少了70%。另外设备每天的耗煤量减少了1000多kg。究其原因：1. 换热充分，蒸汽通过该加热器换热后的高温凝结水的余热得以充分回收，凝结水温度为60℃左右；2. 设备供水温度较稳定，被加热水阻力损失小，因而用水时减少了为调节水温而浪费的水量；3. 四台大设备变成两台较小的设备，设备本身的散热损失减小。

那么这两台新设备是什么型式的水加热器呢？这就是今年《建筑给水排水设计规范》局部修编"报批稿"中增补的"半容积式水加热器"。

一、半容积式水加热器的主要构造型式

"半容积式水加热器"源于英国，它是一种带有适量调节容积的内藏式快速水加热器。基本构造如图1所示，由贮热水罐、内藏式快速水加热器和内循环水泵三个主要部分组成。其中内循环泵是它的关键组件，它有三个作用：其一，提高被加热水通过加热部分时的流速，即提高传热系数K

值，提高单罐的换热能力；其二，克服被加热水流经换热器时的阻力损失；其三，借助泵的不间断运行，构成被加热水的内循环，使罐体容积利用率达 100％。

这种水加热器当管网中热水用量低于内循环泵流量（即设计小时热水量）时，其工作状态如图 1 所示；当管网中热水用量出现瞬时高峰流量（即设计秒流量）时，其工作状态如图 2 所示。瞬时高峰流量一过，又立即恢复成图 1 的工作状态。因为它既有适量的调节容积又有满足最大小时用热量的加热能力，所以它既可保证设计秒流量的供给，供水安全可靠又不需增大热媒负荷，但其贮热容积即罐体大小可比同样加热能力的容积式水加热器减少 2/3。

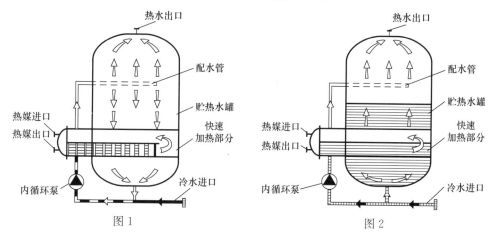

图 1   图 2

半容积式水加热器在英国有"新型传热公司"，"里克罗夫特公司"等多家生产厂制造。北京的"新世纪饭店"，"凯莱饭店"等高级旅馆均使用这种产品供给生活热水，效果很好。

1993 年，我们经过半年多时间的可行性研究与探讨，认为这种产品符合我国的国情，因此决定开发出同类型的产品。当时碰到的主要难题是关键组件——内循环水泵。因为它首先是必须不间断的运行，泵一出故障，整个设备就不能用了。南方地区曾有好几个厂仿造，就是因为泵经常出故障而未能推广；其次，这种泵的流量要按不同型号罐体的相应加热能力来选择，而扬程要求为 $H＝2\sim6m$，即在它运行过程中既要克服因流速的提高产生的阻力损失，又不能让其剩余的扬程多了，否则将引起冷热水压力的不平衡。

据此，我们经过反复推敲研究，决定取消这台泵而让其达到同样的使用效果。具体做法如图 3 所示，采取了三项措施：

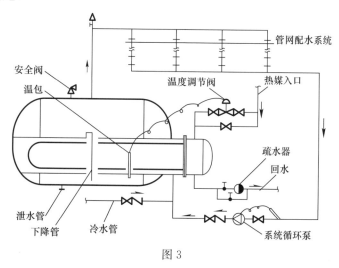

图 3

1. 设置一组改进型的快速换热器，使其既可大幅度地提高传热系数 K 值和总换热量，又要使阻力损失小，即仍能保持供水水温、水压稳定、安全之特点。

2. 换热部分与罐体部分完全分离，经交换后的热水强制进入罐底再往上升，这样可使系统用水时整罐水为同温热水。

3. 系统不用水或很少用水时，借助热水系统回水管上循环泵的工作来保持罐内水温。一般热水系统的设计中，为保证管网用水点随时取到所需温度的热水，均在回水干管上设有循环泵。因回水管断面要比换热器断面小得多，热容量相应地也小得多，回水管温降快于换热器的温降，所以利用回水管温降开启循环泵即可将换热器下部的温水全部带热，这样换热器在整个工作过程中，容积利用率可达 100%。

二、HRV-01、02 半容积式水加热器的测试情况

根据上述设想，我们设计出一套定名为 HRV-01 的卧式半容积式水加热器，后又补充了 HRV-02 立式半容积式水加热器。经国家一级热工测试单位——机电部工业锅炉产品质量监督检测中心华北测试站进行了热力性能测定，所得参数详见表 1。

HRV 高效半容积式换热器热力性能测试数据整理表　　　　表 1

工况	热媒					被加热水				热媒放热量 $W_1=G(i''-T_2)$ (kcal/h)	被加热水吸热量 $W_2=Q(t_2-t_1)$ (kcal/h)	平均温差 $\Delta T=(T_1+T_2-t_1-t_2)/2$ (℃)	传热面积 F(m²)	传热系数 $K=W_放/(F\Delta T)$ (kcal/(m²·h·℃))	备注
	流量 G (m³/h)	进口压力 P_1(kg/cm²)	进出口压差 ΔP_1(kg/cm²)	进口温度 T_1(℃)	出口温度 T_2(℃)	流量 Q (m³/h)	进口温度 t_1(℃)	出口温度 t_2(℃)	进出口压差 ΔP_2(kg/cm²)						
汽—水换热	0.198	0.31	0.28	106.2	69.4	2.41	15.5	59.05	<0.01	108425	104956	50.53	4	536.5	
	0.2813	0.29		110.6	72.3	4.21	16	56.0	<0.01	160060	168400	55.45	4	722.0	t_2始温过高 ∴$W_吸$>$W_放$
	0.525	0.79	0.77	114.4	74.5	6.9	15.5	58.0	<0.02	299303	293250	57.70	4	1296	
	0.675	1.16	1.07	120.2	71.3	9.29	15.5	56.5	<0.02	388260	380890	59.75	4	1625	
	0.731	0.96	0.94	117.6	64.8	10.3	15.5	50.07	<0.02	424637	360500	58.42	4	1817	
	0.4145	0.74	0.70	146.4 (115.21)	83.03	4.921	15.7	59.55	<0.10	232674	215786	61.5	4	946.5	热媒为过热蒸汽*
	0.5675	1.04	1.00	149.7 (120.48)	78.34	7.834	15.55	54.33	<0.20	327170	303803	64.47	4	1250.6	热媒为过热蒸汽*
水—水换热	3.462	0.227	0.137	76.7	56.8	1.624	15.3	50.8	<0.01	63874	57620	33.7	4	463.9	
	3.462			91.14	67.46	1.739	15.3	58.78	<0.01	81980	75612	42.26	4	485	
	4.56	0.386	0.18	76.81	58.44	2.09	15.3	49.21	<0.01	83767	70877	35.77	4	592	t_2正在上升 ∴$W_吸$吸偏小
	5.294	0.71	0.25	79.79	58.8	2.93	15.3	48.0	<0.01	111174	95811	37.65	4	738.2	
	7.35		≈0.4	81.44	62.0	3.724	15.3	49.93	<0.01	142884	128975	39.11	4	913.5	
	5.292	1.4	3	79.98	60.16	2.765	15.59	48.12	<0.01	164887	89945	38.21	4	674.41	*
	6.816	1.4	4	83.51	63.73	3.429	15.6	49.79	<0.01	134820	117238	40.92	4	809.47	*

注：表中带 * 者为测试单位测定数据。

表 2 列出了"HRV"与"密时省能"及"RV-04"、"传统容积式水加热器"之对比热力性能参数。

热力性能比较表　　　　　　　　　　　　　　　　表 2

参数罐名热媒		罐体总容积 V(m³)	换热面积 F(m²)	热媒流量 G(kg/h)	热媒进口温度 T_1(℃)	热媒出口温度 T_2(℃)	被加热水升温 t(℃)	传热系数 K(kcal/(m²·h·℃))	小时总换热量 W(kcal/h)	金属热强度 $I=W/(G·\Delta t)$(kcal/(kg℃))	节能指标 $E=(T_1-T_2)/i''$	容积利用率 η
饱和蒸汽	国标 7#	5.0	10.4	918	111.8	98	46.3	833	523160	3.577	0.021	75%
	RV-04-5	5.0	8.5	900	145.7	64.2	41.1	918	531270	4.358	0.147	88%
	英国 MX550	0.55			≤147.2	≤90	55		145340	5.56	0.087	100%
	HRV-01-0.5	0.46	4.0	567.6	149.7	78.34	38.8	1250.6	321910	8.1	0.11	100%
热水	国标 7#	5.0	10.4	8800	75.1	64.8	21.9	202	90640	1.204		
	RV-04-5	5.0	13.0	8700	80.2	52.9	37.1	576	237510	3.51		
	英国 MX550	0.55										100%
	HRV-01-0.5	0.46	4.0	6816	83.5	63.7	34.2	809.5	134640	6.472		100%

注：1. 表中"MX550"为具有国际先进水平的英国"里克罗夫特"公司的"密时省能"型高效半容积式换热器。
　　2. 表中数据：国标 7#、RV-04-5、HRV-01-0.5 的 G、T_1、T_2、Δt、η 均为实测值，K、W、I 为其计算值。英国 MX550 为"样本"提供的参数。
　　3. i''——饱和蒸汽热焓（kcal/kg）。

由于我院 1992 年研制开发的"RV-04"及"传统容积式水加热器"测试"样罐"的总容积为 5m³，而"HRV""样罐"只有 0.46m³，所以可比性强的参数是"K"与"I"。

"HRV"虽然取消了内循环泵，但其热力性能超过了英国"密时省能"的同型产品。而且被加热水阻力损失在设计流量下不高于 0.2m。

三、半容积式水加热器的特点

根据英国"里克罗夫特"公司关于"密时省能"型半容积式水加热器的定义，我们认为它应具备如下特点：

1. 无冷水区。整罐水为同温水，容积利用率达 100%，并且消除了冷水区与低温水区（30℃左右）的滞水层容易滋长"军团菌"的危害。

2. 热媒耗量仍然按最大小时耗热量 Q_h^{max} 要求供给。半容积式水加热器贮有 15min Q_h^{max} 的热量，它的工作状态是这样考虑的：设备的加热能力满足 Q_h^{max} 的用水量要求，当出现设计秒流量 q_s 时，按"里克罗夫特"公司提供，q_s 与 Q_h^{max} 之关系如下式所示：

$$q_s = 4.9 \frac{Q_h^{max}}{3600}$$

q_s 的持续时间为 2min，即出现一次 q_s 时相当于用掉了 9.8min 的罐内热水量，罐内余下 15－9.8＋2＝7.2min 的热量（式中 2 为 q_s 时继续补充热量的时间），也就是说 q_s 过后罐内还有一半左右的贮热量，供水安全可靠。

国内的 q_s 与 Q_h^{max} 之间的关系一般为：

$$q_s = 2 \sim 4 \left(\frac{Q_h^{max}}{3600} \right)$$

持续时间 $T=5\sim 2$min，算下来的结果和上述"里克罗夫特"计算相似。

3. 温控条件基本上同容积式水加热器。半容积式水加热器的容积虽然比容积式水加热器减少了约 2/3，但仍有 15min 的贮热量，而且它的整罐水均为同温水，因而它的温控装置的温包可放在罐体下部，及早发现水温的变化、提前动作，达到供水水温平稳安全之要求，不需像半即热式、快速式水加热器那样配备特殊的温度调节和过温保护的复杂温控装置。

4. 被加热水通过半容积式水加热器后，供水压力变化很小，仍能保证系统内冷、热水供水压力的平衡。

5. 加热部分传热系数 K 值高，换热量大，换热充分，便于维修。热交换设备的 K 和换热量 W 与介质的阻力损失 ΔH、热媒出口温度 T_2 及是否便于维修是三对矛盾。即 K 值高则 ΔH 大、T_2 高，换热不充分；W 大，往往是换热面积大，管束密集不便维护修理。因此，如何利用和处理好这三对矛盾是研究开发热交换设备的关键，作为生活用热水的热交换设备，这三对矛盾均需处理恰当。

半容积式水加热器的加热部分接近快速加热的结构，其 K 值介于容积式水加热器与快速水加热器之间，如 HRV-01、02 型半容积式水加热器的 K，汽—水换热时 $K＝1200\sim1250$kcal/(h·℃·m²)；水—水换热时 $K＝720\sim800$kcal/(h·℃·m²)。其换热量 W 能保证汽—水换热时贮热时间 $t＝15$min、水—水换热时 $t＝20\sim25$min 的条件下任何时刻的用水要求。

半容积式水加热器在汽—水换热时，能回收部分高温凝结水的余热，英国的"密时省能"型半容积式水加热器的 $T_2\leqslant90$℃；HRV 型半容积式水加热器的 $T_2\leqslant75$℃，换热充分，节约能源。

HRV-01、02 型半容积式水加热器的换热结构仍以 U 型管为主，管外壁净间距 $b＝11\sim25$mm，便于清垢维修。

四、适用条件

半容积式水加热器的适用条件如下：

1. 热媒供给能保证最大小时耗热量要求。

2. 不带内循环泵的半容积式水加热器适用于机械循环（即带回水循环泵）的热水系统。

3. 和容积式换热器一样应配置可靠的温度自动调节控制装置。

· 建筑给水排水 ·

浅析浮边盘管型换热器

【摘　要】　介绍了当前国内浮动盘管型换热器的基本型式；总结了浮动盘管型换热器的优点；指出了其在构造原理、检修、自动脱垢及产热量等方面存在的问题或应注意的事项，论述了应如何评价和选用换热器。

【关键词】　换热器　浮动盘管型　构造　检修　自动脱垢　产热量　选用

随着我国经济建设的发展，生活用热水的换热设备日新月异，涌现了不少新技术新产品，其中浮动盘管形换热器、弹性管束换热器是近年来国内生活热水集中供热系统中较典型的设备。

下面就浮动盘管型换热器的现状及发展应用中存在的一些问题，如：是否现有的浮动盘管型换热器都是先进产品，浮动盘管型换热器是否不需检修，对于浮动盘管型容积式换热器是否单罐产热水量越高越好，什么叫半即式换热器及其与快速换热器有何不同，什么叫半容积式换热器及其与容积式换热器有什么区别，如何较全面地评价选用生活热水用的换热器等提出个人的点滴看法。

1　当前国内浮动盘管型换热器的一些基本型式

1.1　盘管型式

1.1.1　立体螺旋型

其基本构造是几个不同旋转直径的竖向螺旋管组成一组管束。但其组合分配型式有较大差异，按管束末端的构造又可分为下述两种类型。

（1）末端为自由浮动的分配器（也称之为惰性块），见图1、图2。

图1、图2中的分配器具有两个功能：其一，使热媒在各管束内较均匀的分配，增大流程，以利充分换热；其二，起阻尼作用，防止共振破坏。图2所示带有两个惰性块，还可起诱导振动的受体作用，能提高传热效率。

（2）盘管始、末端采用分、集水短管连接，如图3所示。国内大部分生产浮动盘管型换热器的厂家均采用这种做法。

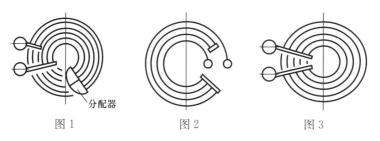

图1　　　　　图2　　　　　图3

1.1.2　水平螺旋型

它是由一根根水平螺旋管组成，按其分水与集水立管的位置也分为两种类型：分水立管、集水立管边置型，如图4所示；分水立管、集水立管中置型，如图5所示。

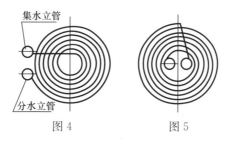

图4　　　　图5

1.2　换热器的型式

1.2.1　半即热式

典型产品是热高牌半即热式换热器。

1.2.2　容积式

这是近几年来国内生产厂家发展较快，品种繁杂的产品。据初步了解，大概有如图6所示的产品。

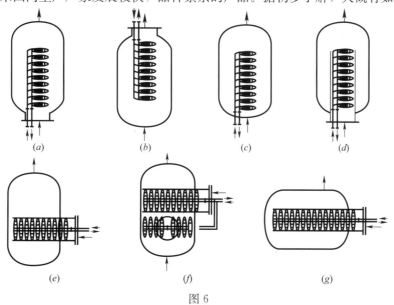

图6

2 浮动盘管型换热器的优点

浮动盘管型换热器与 U 型管换热器相比,在换热性能上的优越性,主要体现在如下两个方面。

2.1 传热系数 K 值有所提高

山东工业大学程林教授在他发表的"弹性管束换热器的发展与应用"一文中提到:"与一般的管束式换热器相比,在相同流速条件下,弹性管束汽水热交换器的传热系数提高了 200%;同时,弹性管束亦比浮动盘管的传热系数提高 40%"。

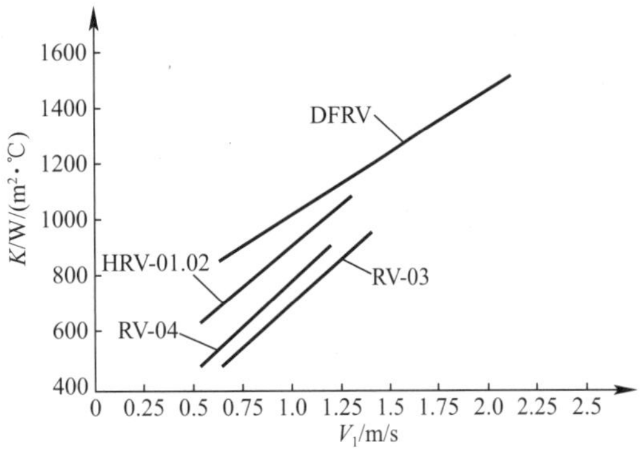

笔者也做过几次浮动盘管型容积式换热器的热工性能测试。其结果及它与我在前几年研制的 RV 系列容积式换热器、HRV 系列半容积式换热器在水—水换热工况下的性能曲线比较见图 7。

从图 7 可以看出:在水—水换热时,相同热媒流速条件下,DFRV 浮动盘管型换热器的 K 平均值分别为 RV-03、RV-04、HRV-01、02 的 1.40、1.31 与 1.12 倍。

需说明的是图 7 的比较是粗浅的,因为它只固定了热媒流速一个因素。传热系数的基本公式为:

图 7

$$\frac{1}{K} = \frac{1}{\alpha_1} + \frac{\delta}{\lambda} + \frac{1}{\alpha_2}$$

式中　K——传热系数;

　　　α_1——热媒向换热管内壁的放热系数;

　　　α_2——换热管外壁向被加热水的放热系数;

　　　δ——壁厚、水垢和铁锈的总厚度;

　　　λ——管壁、水垢、铁锈等的导热系数。

图 7 中的关系线只反映了 K 与 α_1(因 α_1 与热媒流速 V_1 成正比)的关系。由于容积式换热器被加热水流速 V_2 很低,又很难计算确定;并且对于生活热水换热器来说,换热器的产热量主要是满足规定温度下的设计耗热量即可。因此,我们没有做更深入的工作,作出相应不同热媒流速 V_1,被加热水流速 V_2 的对应 K 值的关系曲线。也就是说,图 7 中的关系线未反映出 K 与 V_2 即 α_2 之关系。另外 RV、HRV 系列换热器测试所用 U 型管的管材分别为 19×2 的钢管和 19×1.5 的铜管。而 DFRV 浮动盘管型容积式换热器是采用 16×1.0 的紫铜管,即 δ/λ 值,后者低于前者。尽管 δ/λ 值对 K 值的影响不很大,但也是一个因素。

因此,从我们实测的结果看,浮动盘管的 K 值是高于 U 型管的,但究竟高多少,尚待做进一步的工作。

2.2 浮动盘管型容积式换热器可以提高容积利用率

U 型管容积式换热器受容器构造之要求,一般换热盘管距容器的底部需有相当大的距离(见图 8)。

图 8 所示传统 U 型管容积式换热器冷水区约占整个容器容积的 20%~30%,即它的有效贮热容积只为 70%~80%。

RV-03、04 系列带导流装置的容积式换热器与无导流的传统容积式换热器相比虽大有改善,但仍有 10% 左右的冷温水区。

浮动盘管型换热器的换热盘管距容器底可以近到 100mm 左右(如图 6(a)、(c)、(d)所示)。其冷水区就很小,有效贮热容积可达 95% 左右,大大提高了换热器的容积利用率。

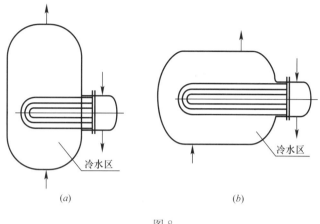

图 8

3 几个问题的探讨

3.1 一些产品在构造原理上存在问题

3.1.1 浮动盘管卧置

有的产品为了满足检修或满足层高不够的要求,将浮动盘管卧置做成立、卧式容积式换热器,如图 6 (e)、(f)、(g) 所示。

盘管卧置后改变了立置的工况,其传热效果能否和盘管立置完全一样有待测试研究。另则这种产品用于汽—水换热时,由于换热器是间断工作的,容易造成盘管下部积聚凝结水。而它又无法像蒸汽管系统或其他用汽设备那样设置疏水器及时排走这部分凝结水,这样运行起来就会出现汽水撞击的问题。尽管其产生的噪声因其淹没在水中不一定对周围有多大影响,但每次汽水撞击均有可能损坏管束,尤其是引起管束与分水集水立管连接处的脱焊。

3.1.2 浮动盘管上置

图 6 (b) 所示的立式容积式换热器就是将浮动盘管上置的典型产品示意。这种产品设计的主要用意可能在于有利于解决抽出盘管来检修的问题。但这种构造很明显的问题是,盘管下部的容器空间全是冷水区,容积利用率极低,它起不到贮热调节之作用。

3.1.3 热媒短路

国内大多数浮动盘管型换热器均存在这一问题。图 3 所示是热媒短路的一种表现,图中内圈螺旋管旋转半径小、流程短;外圈螺旋管旋转半径大、流程长;各圈管的流程均不相同,最外圈与最内圈长度相差近 8 倍。这样运行起来,势必是内圈热媒流量大,外圈流量小,热媒分布极不均匀。

热媒沿分水立管、集水立管自下而上均匀分布是热媒短路的另一种表现。如图 9 所示,热媒从下端进入容器后,很明显与下部盘管相连的分水立管、集水立管管段短、阻力小,相应地通过这部分盘管的流量大,上部盘管则反之。且热媒只流经一组或一根螺旋管,很难做到充分换热,即没有"过冷段",汽水换热时不易将高温凝结水的温度降下来。

3.2 浮动盘管型换热器的检修问题

国内现有的浮动盘管型容积式换热器大部分存在不能检修或很难检修的问题。图 6 (c) 所示的立式浮动盘管型容积式换热器是将分水立管、集水立管焊死在下部封头上,盘管装入容器后,只能听天由命,无法抽出管,无法进行维护清理。图 6 (a)、(b)、(d) 所示产品虽然在容器端部加了一个可以拆开的大法兰,即浮动盘管可随大法兰盖抽出来,但工程实践

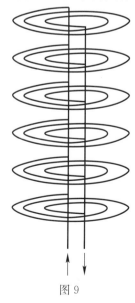

图 9

中，因为一般设备间不可能有那么高，也不可能有将容器躺下来再抽出盘管的地方。因此，这种型式的产品实际上也是抽不出盘管进行检修的。

图5所示浮动盘管是将水平螺旋管围绕中间的分水立管与集水立管布置。这种结构的优点是可以加大螺旋管的旋转半径从而达到增大换热面积的目的。其构造有如串糖葫芦，中间只要有一根管出了问题，则整个管束都报废，无法更换，也无法采取其他补救措施。

对于浮动盘管型换热器需不需要检修的问题，下面谈谈个人的两点看法。

3.2.1 浮动盘管能否自动脱垢

不少厂家产品样本中突出宣传浮动盘管的优点之一是能自动脱垢。

山东工业大学程林教授在"弹性管束换热器的发展及应用"一文中对于换热器内传热表面污垢的形成、防垢、抑垢和除垢等国内外研究的一些情况作了叙述，指出"弹性管束在振动过程中去除污垢的基理尚不完全清楚，但效果十分明显"，他认为"盘管伸缩所产生的盘管局部变形是减少污垢的主要原因。"热高公司在介绍半即热式换热器具有自动除垢的特点时说："由于热媒送入盘管而生活用水流经筒体，因此盘管外形成的水垢在盘管随温度变化而伸缩时，污垢会自动除下。"

以上叙述反映了弹性管束、浮动盘管作为换热元件有一定除垢之功能，其原理是盘管伸缩的作用。我认为：盘管的伸缩主要是管内热媒温度的变化。除垢的机理在于：当盘管内输入高温的热媒时，将引起管壁的膨胀，附着在管外壁的水垢亦产生膨胀。换热器停止换热时，管内停止输入高温热媒，管壁因降温而收缩，水垢层亦收缩。但管壁与水垢的热膨胀系数不一样，前者大后者小，因而这不同的胀缩量有可能使水垢脱落。按此推理，其他型式的换热器亦有相同的效果。所不同的是：U型管换热器所用换热管的壁厚约为2～3mm，而浮动盘管用换热管管壁厚为0.8～1.2mm。由于后者壁薄，管束随温度变化而伸缩的力量能迅速传递，故脱垢的效果较明显。如将U型管等其他换热管换成一样的薄壁紫铜管，预计其亦有基本相同的脱垢效果。然而，壁厚的换热管虽在导热、脱垢的性能方面较差，但也有耐用、寿命长之优点。

防垢、脱垢的另一个重要因素是控制被加热水的出水温度。从一定意义上讲，这是一条关键因素。我院80年代末设计并投入运营的国际艺苑五星级旅馆，生活热水制备采用的RV-02双U型盘管立式容积式换热器，从1990年运行至今已过11年，设备一直未检修过（按规定换热器应该至少3年检修一次），换热效果一直很好，换热能力没有发现明显的下降，说明盘管外壁结垢不严重。究其原因是换热器的水温严格控制在55℃左右，限制了结垢的条件。相反有的工程换热器用了不到一年，盘管外壁空间全被水垢堵死，原因是换热器出水温度控制不好，有时高达80℃以上。就是浮动盘管型换热器也有因运行管理不当，盘管外壁空间全被水垢堵死的实例。

因此，我认为浮动盘管型换热器除垢性能优于U型管换热管，但仍有结垢的可能。不能说它完全可以自动脱垢而不必考虑其检修条件。

3.2.2 设备本身亦需考虑检修

所有使用的设备均宜考虑检修，换热设备亦不例外。生活热水用换热器除了检查清理水垢之外还有如下检修事项：如容器内壁、换热盘管的腐蚀情况。一般容器的使用寿命为15年左右，而换热盘管使用寿命一般只有5～10年。浮动盘管壁厚比U型管薄，其寿命也低于U型管，因此在换热器使用期限内一般都有更换换热盘管的要求。再有如换热器内的盘管与分水立管、集水立管的连接处因长期的浮动可能脱焊而需更换管束，国内初始的浮动盘管型换热器就是在检修青岛某饭店的一台脱焊的进口原装半即热式换热器时仿制出来的。

因此，《建筑给水排水设计规范》第4.4.13条第一款规定"水加热器的一侧应有净宽不小于0.7m的通道，前端应留有抽出加热盘管的位置。"即水加热设备必须具有抽出换热盘管进行检修、更换的条件。另外，根据"压力容器安全技术监察规程"的要求，压力容器每隔3～6年至少进行一次内外部检验。

3.3 产热量问题

近年来国内一些生产厂的产品样本中，单罐产热量越来越大，有些选用单位也就只注重这个指标，哪个罐单罐产热量大就选用哪个产品。对此，提出如下两点个人意见。

3.3.1 样本数据仅供参考

换热器换热量的大小在热媒条件、换热面积定下来后，主要取决于传热系数 K 值，其表达式就是大家熟知的：

$$W = KF\Delta T$$

式中　W——换热量，kW；

　　　F——换热面积，m^2；

　　　ΔT——热媒与被加热水的平均温差，℃；

　　　K——传热系数，$W/(m^2 \cdot ℃)$。

K 值在略去次要影响因素后的表达式可简化为：

$$K = \frac{\alpha_1 \alpha_2}{\alpha_1 + \alpha_2}$$

式中　α_1、α_2 如前所述。α_1、α_2 分别与热媒流速 $V_1^{0.8}$、被加热水流速 $V_2^{0.8}$ 成正比。

上述表明，除像弹性管束这种有流体诱振造成扰动可能提高 K 值外，其他一般浮动盘管型换热器 K 值的提高主要还是取决于管内外介质的流速。

大部分厂家浮动盘管换热器均未经过热工性能测试，有的也可能测了，但不一定反映实际情况，其计算所用 K 值不少是套用半即热式或快速换热器的 K 值。由于容积式换热器的被加热水流速 V_2 远小于快速换热器的 V_2，两者的 α_2 相差甚远，即一般容积式换热器的 K 值肯定要比半即热式、快速换热器小得多。对于带导流筒的容积式或半容积式换热器，其 V_2 比一般无导流筒的容积式换热器有所提高，K 值也提高，但也不可能达到快速、半即热式换热器的 K 值。我们曾对类似于图 6（d）所示的浮动盘管型换热器进行过水—水换热的热工测试，所测结果见表 1。

水—水换热热工测试　　　　　　　　　　　　　　　　　　　　　　　　表 1

热媒流量 Q_1(m³/h)	热媒流速 V_1(m/s)	热媒温度(℃)		被加热水温度(℃)		换热量 W(kW)	传热系数 K(W/(m²·℃))
		T_1	T_2	t_1	t_2		
7.50	1.69	91.6	73.7	12	48.7	156.30	585
9.80	2.2	90.8	90.8	12	46.0	164.00	589
12.10	2.7	91.2	78.8	12	45.2	175.00	609

3.3.2 容积式、半容积式换热器单罐产热量

容积式、半容积式换热器与半即热式、快速换热器的区别在于前者除有换热功能外还须有贮热调节功能，即单罐的产热量应与贮热量相匹配。因此，《建筑给水排水设计规范》第 4.4.8 条规定了各种不同换热设备的贮热时间。一些先进国家换热器厂商则是根据用户要求的换热量来配备相应的贮热容积与换热面积，这样可以做到合理地使用设备。

目前国内一些容积式换热器产品样本中，单罐产热量为贮热量的 10～20 倍，其相应的贮热时间只有 3～6min，基本上属于一个快速换热器，起不到贮热调节之作用。如果将其作为容积式、半容积式换热器来使用就不符合《建筑给水排水设计规范》第 4.4.8 条之要求。如果把它当作半即热式换热器来使用，就必须按"半即热式换热器"产品要求配备流量预测温度调节，超温、超压控制的灵敏、可靠的附件。另外，热媒需按秒流量供给。即热媒供给流量为半容积式换热器的 2 倍以上。如不这样考虑，就可能出现换热器瞬时升温过快烫伤人，或因贮热调节量太小供不上热水的现象。

3.4 半即热式与快速式换热器、半容积式与容积式换热器之区别

快速换热器顾名思义是换热器管束内外介质流速快、K 值高、换热量大，但相应地存在阻力

损失大、无贮热调节功能等问题。由于生活用水的不均匀性，如一般恒速泵不能单独用于生活给水加压系统一样，快速换热器亦不宜单独用于生活热水系统。通常生活热水系统使用快速换热器时是与热水箱或热水罐配套的，这样可以较好地保证系统较稳定可靠的水温水压。当快速换热器不配贮热容器用于热水系统时，需要配备如前所述的半即热式换热器的温控调节、安全附件。因此有无灵敏可靠的温度调节、温度控制及超温超压保护装置就是半即热式换热器与快速换热器的根本区别。

半容积式换热器源于英国，这种产品的特点、性能和使用要求等见文[1]。半容积式换热器是一种带有适量调节容积的内藏式快速水加热器。实际上它是由一个快速换热器安放在一个贮热容器内组成的。它与容积式换热器构造上的区别在于：换热部分与贮热部分是完全分开的；而后者的这两部分之间没有阻挡，彼此完全相通。半容积式换热器性能方面的特点是完全消除了容积式换热器下部的冷水温水区，被加热水流速 V_2 有较大提高，即 K 值高于容积式换热器。相应地单罐产热量亦高于同容积的容积式换热器，加上它无冷水温水区、容积利用率基本上达100%，因而其贮热容积可以减少到一般容积式换热器的 $1/2\sim1/3$。即汽-水换热时，贮热时间 $T\geq15min$；水-水换热时 $T\geq20min$。$T\geq15min$ 是英国样本中提出来的参数。我们分析它是在满足一次秒流量高峰过后尚留有约1/3罐的调节热水量，这样既大大减少了贮热容积，又仍然满足系统贮热调节之要求，且热媒只需按设计小时流量提供，而不要如快速或半即热式换热器那样按设计秒流量供给，不增加热媒负荷，不需要特殊的温度、安全控制装置。

目前，国内一些厂家尚未了解半容积式换热器的实质，在容积式换热器内加一个导流筒，或多加几组换热盘管，其产热量亦不与贮热容积相匹配，却冠名为半容积式换热器。而实际上，它们均不能满足半容积式换热器构造和性能上的要求。

4 正确评价和选用换热器

概括以上所述内容，对于制备生活用热水的各种形形色色的换热设备，应该如何评价选用呢？

4.1 依热媒供给条件选择

用作生活热水的热媒从品种来说一般是蒸汽或高温软化热水。来源一种是城市或区域热水网供给，一种是自备热源。当以蒸汽为热媒时，只要热源充足，选用半即热、半容积、容积式换热器都可以，一般不必担心换热能力不够的问题。但有可能实际换热量超过设备的正常换热能力时，换热不充分，出来的凝结水温度过高，造成需二级换热或耗能的现象。另则，由于蒸汽的热熔值高，如选用半即热式换热器时，温升速度将很快，一定要注意该产品是否满足半即热式换热器的温度、安全控制的要求，否则易出现烫伤人的事故。

当以热水为热媒时，由于同样换热面积条件下，以热水为热媒的换热能力只有蒸汽为热媒时换热能力的 $1/3\sim1/4$。因此，宜选用带一定贮热调节容积的半容积或容积式换热器。否则有可能出现供热不足的问题。

当以城市热网为热媒时，要考虑热媒的供给条件。如北京城市热网的末端处供回水资用压差很小，这就限制了热媒在换热管束内的流速，也就限制了换热器的 K 值，即产热量达不到预定值。设计选用时，应由生产设备的厂方提供相应的 K 值来进行验算。

当采用自备热源时，由燃油燃气机组配换热器供给生活热水时，用什么样的换热器宜经技术经济比较确定。一般来说宜选用贮热容积为20min左右的半容积或容积式换热器，这样换热器大小适当，又不要加大燃油燃气机组的负荷，供水安全可靠。

4.2 综合评价热工性能

4.2.1 K 值的来源

传热系数 K 是换热器的主要技术参数。前已述及：K 值是与介质流态、流速、传热管材质、壁厚、介质温度、污垢情况等多项因素相关的热工参数，很难用计算方法求得，一般是通过热工测试取得的。因此，我们在评价或选用换热器产品时，首先要考证其 K 值是怎么得来的。

4.2.2　K 值与 Δh、ΔT 之关系

换热管内、外两侧介质流速 V 越高，则 K 值越大，但 V 大则阻力加大，且 K 是随 $V^{0.8}$ 成正比增减，而阻力 Δh 则与 V^2 成正比。像板式快速换热器其 K 值很高，一般为容积式换热器的 $4\sim6$ 倍，但其阻力则为容积式换热器被加热水侧的 $15\sim20$ 倍。不少用户评价选用产品时，往往只注重 K 值，而忽略了 Δh 这个因素，在实际工程应用时，就会出现被加热水 Δh 过大，造成系统的冷热水压力不平衡，甚至发生有的最不利用水处热水上不去的现象。这也是我们一般生活热水不推荐采用阻力大、污垢易堵塞介质流通断面的快速换热器的原因。

从表 2 可以看出，K 值大时，V_1、V_2 大，ΔP_1、ΔP_2 也大。反过来说 RV-03、04 在增大 V_1 后，K 值亦可提高。由于我们当时热工测试及编制样本的出发点是按《建筑给水排水设计规范》的要求，尽量使单罐产热量与贮热量匹配，因而未选用高 V_1 下的 K 值。当然如前所述，选用浮动盘管作换热元件在同样 V_1 条件下，K 值有一定的提高。

换热器参数比较　　　　　　　　　　　　　　　　　　　　　表 2

设备类型	热媒流速 V_1(m/s)	被加热水流速 V_2(m/s)	热媒阻力 ΔP_1(m)	被加热水阻力 ΔP_2(m)	传热系数 K (W/(m²·℃))
RV03 导流型卧式容积式换热器	$\dfrac{22\sim26}{0.57\sim0.8}$	$\dfrac{002}{\sim001}$	<2	<0.3	$\dfrac{910}{630}$
RV04 导流型立式容积式换热器	$\dfrac{25\sim33}{0.6\sim0.85}$	$\dfrac{002}{\sim001}$	4	<03	$\dfrac{1000}{710}$
HRV01、01 半容积式换热器	$\dfrac{32\sim41}{0.9\sim1.05}$	$\dfrac{01}{\sim0.15}$	5	0.5	$\dfrac{1340}{910}$
DFRV 导流浮动盘管型容积式换热器	$\dfrac{50\sim70}{1.5\sim2.0}$	≈0.3	$7\sim10$	1.0	$\dfrac{2910}{1400}$

注：1. 表中×××/×××分别为热媒为蒸汽和热媒为热水；

　　2. 表中 ΔP_1 系指热媒为热媒时的热媒阻力值。

评价 K 值的另一相关因素是热媒温差。因为随着 V_1 的提高，热媒在管中停留时间缩短，其出水温度将提高，即热媒温差 ΔT 减少。因此，总换热量 W 虽有增加，但并不是与 V_1 的提高（热媒流量 Q_1 的提高）成正比增加，因 W 还受 ΔT 减小的影响。式 $W=Q_1 \Delta TC$（式中 C 为比热）即反映了此关系。表 1 所示的测试数据，热媒流速 V_1 从 1.69m/s 增加到 2.70m/s，上升了 60%，热媒温差从 $17.9℃$ 降到 $12.4℃$，下降了 44%。因此，总换热量仅增加了 4%。

4.3　可检修性

生活热水用的换热设备比其他一般用水设备结垢、腐蚀等问题要严重得多，因此任何这方面的产品均不能忽视检修的因素。工程应用既要能抽出换热盘管，盘管本身亦要有方便更换修理之可能。尤其是现在新建的工程，一些大的设备进去后就很难搬出来。如果像容积式、半容积式这样较大型设备，抽不出盘管，出了问题时，将束手无策。

4.4　安全可靠的附配件

生活热水换热器除配温度计、压力表、属压力容器者装安全阀或膨胀管等外，主要应配备一个好的温度控制阀。半即热式换热器应配灵敏可靠的温控装置和超温超压的安全装置自不必说，就是容积式、半容积换热器亦需配置质量可靠的被加热水温度控制阀。有的用户为了省钱，采用劣质温控阀，设备运行时，根本不起作用，只好人工控温。结果水温得不到良好的控制，盘管外过水断面很快被水垢堵塞，时间一长，整个盘管报废，大大地浪费了人力、物力和财力。个别严重者，使用时造成烫伤人的事故。因此，采用一个合适可靠的温控阀是保证换热器良好运行的关键因素。

波节管换热器——一种最佳换热设备

刘振印

（中国建筑设计研究院，北京 100044）

【摘　要】 以波节管为换热元件的换热器由于其断面的凸凹规律变化，使管内外流体规律性扰动，消除边界层，极有利于提高热效。经测定，热工性能全面优越，是一种值得推广的最佳换热设备。

【关键词】 波节管　导流型容积式换热器　半容积式换热器　快速换热器

2001 年下半年，河北省深州市金属结构热力设备有限公司引进薄壁不锈钢波纹管（又名波节管）的专利技术，应该厂之邀请，我于 2001 年 11 月至 2002 年 12 月将波节管作为换热元件应用到"RV-04 导流型立式容积式换热器"、"HRV 半容积式换热器"及"U 型列管式快速换热器"中，研制成了新一代换热产品，并分别对其进行了正规的热工性能测试，取得了十分满意的效果。下面就波节管换热器提高热效的原理，热工性能测试结果及其与同型光面 U 型管、浮动盘管换热器的性能对比等作一简介。

一、波节管提高热效的原理

采用波节管等异形断面管可以作为提高传热系数的有效措施在传热学等教科书中早有专门介绍。这次引进的"波节管"专利中波节管的形状是东北大学郎逵教授、荣秀惠高工在做了大量的试验研究的基础上优化筛选出来的，其形状如图 1 所示。

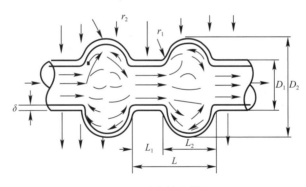

图 1　波节管大样

郎教授在"关于波纹（波节）管式换热器的说明"一文中对图 1 所示的波节管作为换热元件能大幅度提高换热效果的原理作了如下的论述：

在如图 1 所示的流道里，流体在管内的流动具有以下特点：

1. 通过有规律的周期性断面变化，使管内流体总是处在规律性扰动状态，形成不了与轴线平行的流股，使管内流体的温度、密度、杂质含量沿径向是均匀的；

2. 弧形段（L_2）内由于前后具有"引射效应"与"节流效应"，使弧的全部内表面都受流体的冲刷；

3. 直线短（L_1）的几何尺寸，保证 $L_1/D_1 < 2$、这种条件下边界层无法形成，其局部换热系数较直管内高出 3 倍以上；

基于上述特点，"一种高效换热器"与"一种紧凑式换热器"具有以下基本特点：

1. 管内流体的温度、密度、杂质含量沿径向呈均匀性，因而从根本上排除了结垢和堵塞的可能性；

2. 由于冲刷良好，L_1 与 L_2 均形成不了边界层，并且还冲刷了污垢层，因而管内换热系数提高

(2～3) 倍；

3. 由于 r_1 与 r_2 曲率，排除了轴向与径向应力的集中，并在很大范围内改变了自身的固有频率；

4. 由于流动中改变形状，不需高的流速，故流阻并不大。

郎教授上述关于流体在波节管中流动的特征及因此而提高传热系数的原理等阐述得很完整。此外，管外的流体流经波节管外壁时，不光增大了接触面（即增大了换热面积）而且由于整个换热管束间断面的凸凹变化使流经它的流体形成紊流，亦可增大换热管外壁向流体的放热系数。

由于上述机理，以波节管为换热元件的换热器将具有传热系数高，不易结垢、节能、体积小、重量轻等一系列优点。

二、应用波节管对 RV 系列产品的改进情况

用于制备生活热水的 RV 系列产品包括 "RV-02 立式容积式换热器"、"RV-03、04 导流型卧、立式容积式换热器"、"HRV-01、02 卧、立式半容积换热器"、"DFHRV 立式浮动盘管换热器" 等系列产品均是我院自 1989 年以来研究设计的。十多年来，这些产品在国内众多工程项目中广泛应用，取得了明显的经济与社会效益，对推动我国建筑热水事业的发展起了一定作用。其中有四个系列产品已列入国家标准图集。

随着国内科学技术的飞速发展，产品必须不断更新换代。这次将波节管引入到改进 "RV 系列" 产品中来，将使 "RV 系列" 产品在生活热水间接换热设备中再次处于国内领先地位。

我们这次应用波节管先后改进了 "RV-04 导流型立式容积式换热器"、"HRV-01、02 卧、立式半容积式换热器" 及 "U 型列管式快速换热器"，并新研制了 "BQH 波节管采暖用快速换热器" 和 "BQC 波节管空调用快速换热器"。

为了进一步提高传热系数 K 值，我们将波节管的材质由薄壁不锈钢改为薄壁铜管，因紫铜的导热系数是不锈钢的 21 倍，对进一步提高传热系数有一定作用。

（一）对 "RV-04 导流型立式容积式换热器" 的改进：

采用波节管作为换热元件，取代 "RV-04" 中的光面 U 型管，形成一个新产品，定名为 "DBRV-04" 大波节管导流型立式容积式换热器（以下简称 "DBRV-04"）。借以验证波节管的传热性能和效果。因此，我们于 2001 年 11 月试制了一台未经任何改动的 $V = 3.0 \text{m}^3$ 的 "DBRV-04" 设备，分别进行 "汽—水" 与 "水—水" 换热的热工测试。热工性能测试的程序，一如既往，先是自测，在自测取得满意效果的基础上，请国家质量技术监督局锅炉压力容器检测研究中心（以下简称 "测试中心"）复测，并以其结果作为系列产品的设计依据。"DBRV-04" 试验罐的热工性能测试数据汇总见表 1 示。

"DBRV-04" 热工性能测试数据汇总表　　　表 1

工况	热媒				被加热水				换热量 $W(\text{kW})$	换热面积 $F(\text{m}^2)$	传热系数 $K(\text{W}/(\text{m}^2 \cdot \text{K}))$
	流量 $G(\text{kg/h})$ $Q_1(\text{m}^3/\text{h})$	初温 $T_1(\text{℃})$	终温 $T_2(\text{℃})$	阻力 $\Delta P_1(\text{m})$	流量 $Q_2(\text{m}^3/\text{h})$	初温 $t_1(\text{℃})$	终温 $t_2(\text{℃})$	阻力 $\Delta P_2(\text{m})$			
汽—水换热	811.95	140.84	37.03	2	7.08	15.9	78.38	<1	577.75	7.30	2095.42
	1108.08	141.79	42.30	2	9.82	15.9	78.56	<1	780.48	7.30	2535.33
	1439.00	141.79	47.25	5	12.43	15.9	79.22	<1	1003.41	7.30	3042.35
	1827.00	141.79	52.98	8	15.15	15.9	80.73	<1	1259.42	7.30	3589.00
水—水换热	7.48	88.25	48.35	2	5.52	15.9	63.90	<1	326.42	7.30	1650.61
	12.19	84.52	55.44	3	7.13	15.9	62.07	<1	406.54	7.30	1844.66
	16.68	82.40	57.51	5	9.01	15.9	60.01	<1	475.57	7.30	2100.82
	23.01	87.61	63.80	9	11.28	15.9	59.43	<1	627.46	7.30	2312.44

（二）对"HRV-01、02 卧、立式半容积式换热器"的改进

"DBRV-04"试验罐的热工测试数据表明：以波节管为换热元件的"DBRV-04"的换热性能比以光面 U 型管为换热元件的"RV-04"有显著的提高。据此，2002 年初我们着手对这次改进的重点产品——"HRV 系列半容积式换热器"进行改进。改进后的产品定名为"DBHRV-01、02 卧立式半容积式换热器"（以下简称"DBHRV"）。"DBHRV"在原"HRV"产品的基础上作了如下改进：一是用波节 U 型管代替光面 U 型管，并根据波节管的特点对 U 型管的排列作了较大的调整；二是结合波节管的布置重新组织被加热水的流程，使其与换热管外壁更充分的接触，并起到一定的紊流换热的作用；三是使热媒与被加热水在换热器中形成完整的逆流换热，借以进一步提高其换热效果；四是经加热后的水从换热部分顶部管道引至贮热罐体的底部，从而保证"DBHRV"从下至上均是同温热水，真正做到了容积利用率为 100%。

2002 年 3 月我们对"DBHRV"试验罐进行了热工性能的自测与请"测试中心"的复测。其热工性能测试数据汇总见表 2 示。

"DBHRV"热工性能测试数据汇总表 表 2

工况	热媒				被加热水				换热量 W(kW)	换热面积 F(m²)	传热系数 K(W/(m²·K))
	流量 G(kg/h) Q₁(m³/h)	初温 T₁(℃)	终温 T₂(℃)	阻力 ΔP₁(m)	流量 Q₂(m³/h)	初温 t₁(℃)	终温 t₂(℃)	阻力 ΔP₂(m)			
汽—水换热	242.00	143.62	24.8	3	2.87	15.60	67.10	<1	176.55	4.10	1354.97
	454.00	147.92	25.6	6	5.41	15.60	66.10	<1	331.46	4.10	2365.93
	689.00	145.39	26.1	8	8.59	15.60	63130	<1	502.03	4.10	3517.96
	925.00	147.09	28.9	14	11.86	15.60	61.50	<1	670.89	4.10	4212.04
水—水换热	3.45	94.73	49.76	2	3.16	15.60	63.20	<1	178.7	4.10	1327.24
	4.88	99.20	53.50	3	4.32	15.60	64.50	<1	256.2	4.10	1722.51
	6.55	90.92	52.37	6	5.51	15.60	58.90	<1	290.1	4.10	2060.39
	8.51	85.60	51.70	9	6.74	15.60	55.50	<1	311.7	4.10	2450.85

（三）对大波节管 U 型列管式快速换热器的热工测试

DN100～DN200 U 型列管式快速换热器是一种两端为固定管板、壳体中有一膨胀节、换热管密布的传统产品。这次厂方将其以铜制波节管取代原光面管，并省去了壳体上的膨胀节。新产品定名为"大波节管 U 型列管式快速换热器"。2002 年 11 月我们对其试制产品进行了热工性能测试，其结果如表 3 示。

大波节管 U 型列管式快速换热器热工性能测试数据汇总表 表 3

工况	热媒				被加热水				换热量 W(kW)	换热面积 F(m²)	传热系数 K(W/(m²·K))
	流量 G(kg/h) Q₁(m³/h)	初温 T₁(℃)	终温 T₂(℃)	阻力 ΔP₁(m)	流量 Q₂(m³/h)	初温 t₁(℃)	终温 t₂(℃)	阻力 ΔP₂(m)			
汽—水换热	255.0	144.0	53.0		9.47	54.0	65.5	2.5	178.3	3.38	2893.0
	343.0	142.0	49.1		12.41	49.4	63.7	4.0	241.2	3.38	5056.7
	566.0	101.0	47.8		10.30	48.0	70.9	3.0	389.4	3.38	13109.8
	686.0	136.5	66.6		24.00	69.2	83.8	10.0	466.7	3.38	10377.4
水—水换热	2.32	81.8	63.3	1.0	2.54	50.8	71.0	0.5	50.0	3.38	1274.8
	3.13	79.8	62.9	1.5	3.06	49.4	68.7	1.0	61.5	3.38	1480.0
	3.79	71.7	59.4	2.0	4.00	48.3	62.4	1.5	54.2	3.38	1572.9
	6.79	75.0	60.0	3.0	5.46	46.9	62.4	2.0	118.5	3.38	2738.9

注：水—水换热测试时因热媒流量未上去，故 K 值未达到设计工况要求。

（四）大波节管 BQH、BQC 快速换热器的研制：

研制"大波节管 BQH 采暖用快速换热器"（以下简称 BQH）与"大波节管 BQC 空调用快速换热器"（以下简称 BQC），一是为了弥补上述 $DN100\sim DN200U$ 型列管式快速换热器不便维修的缺陷，二是为了对比近年来推广应用最热的浮动盘管换热器的热工性能。

"BQH"、"BQC"两种产品构造基本一致。主要构造特点是热媒与被加热水流程的合理匹配，大波节 U 型管均匀密布，避免被加热水短路通过。

2004 年 6 月我们对"BQH"、"BQC"两台试验罐分别进行了"汽—水换热"与"水—水换热"热工性能自测与"测试中心"的复测，其测试数据整理如表 4 与表 5 所示。

"BQC"热工性能测试数据汇总表　　表 4

工况	热媒				被加热水				换热量 W(kW)	换热面积 F(m²)	传热系数 K(W/(m²·K))
	流量 G(kg/h) Q₁(m³/h)	初温 T_1(℃)	终温 T_2(℃)	阻力 ΔP_1(m)	流量 Q_2(m³/h)	初温 t_1(℃)	终温 t_2(℃)	阻力 ΔP_2(m)			
汽—水换热	662.3	154.5	71，3	3.0	25.72	34.9	48.6	2.0	451.0	2.0	3469.2
	1006.5	140.2	82.3	8.5	55.40	50.0	60.0	6.0	667.6	2.0	6346.0
	1088.0	147.9	82.6	8.0	40.00	48.5	63.9	4.0	723.7	2.0	6543.4
	1343.0	135.2	79.2	>10.0	65.50	50.5	62.0	9.0	893.1	2.0	9401.0
水—水换热	7.50	86.2	68.3	3.5	9.00	44.0	58.3	0.5	152.7	4.0	1479.6
	7.20	88.0	60.7	3.0	17.14	48.8	59.5	1.0	224.6	4.0	2955.2
	12.00	88.0	62.0	5.0	30.00	48.5	58.7	2.0	336.5	4.0	4368.9
	24.00	81.9	60.9	10.5	45.00	43.8	54.6	5.0	575.8	4.0	6603.2

"BQH"热工性能测试数据汇总表　　表 5

工况	热媒				被加热水				换热量 W(kW)	换热面积 F(m²)	传热系数 K(W/(m²·K))
	流量 G(kg/h) Q₁(m³/h)	初温 T_1(℃)	终温 T_2(℃)	阻力 ΔP_1(m)	流量 Q_2(m³/h)	初温 t_1(℃)	终温 t_2(℃)	阻力 ΔP_2(m)			
汽—水换热	720.0	167.9	111.2	7	15.80	61.6	86.1	0.8	459.8	2.0	3570.1
	962.5	161.9	112.3	8	21.20	62.7	86.6	1.5	611.8	2.0	4998.3
	1114.8	167.0	110.7	14	31.30	68.7	86.7	2.0	712.3	2.0	6046.7
	1324.4	157.4	117.3	16	27.70	64.0	89.0	1.8	832.1	2.0	6888.2

三、热工性能对比

从以上所述波节管换热器提高换热效果的原理及四种波节管换热器的热工性能测试数据汇总表中可定性看出"波节管换热器"的高效换热性能，下面通过表 6 所列波节管换热器与其他相应同型的各种换热器实测的主要热工参数对比则可以定量看出波节管换热器的优异效果。

"波节管换热器"与同型光面管浮动盘管换热器实测热工参数对比表　　表 6

型号			热媒			被加热水			换热量 W(kW)	换热面积 F(m²)	传热系数 K (W/m²·K)
			流量 G(kg/h) Q₁(m³/h)	初温 T_1(℃)	终温 T_2(℃)	流量 Q_2(m³/h)	初温 t_1(℃)	终温 t_2(℃)			
导流型容积式换热器	汽水换热	RV-04	0.900	145.7	64.2	11.29	16.3	57.4	602.8	8.5	1067.4
		DBRV-04	0.812	140.84	37.03	7.08	15.9	7938	577.8	7.3	2095.42
	水水换热	RV-04	8.70	80.2	52.9	5.74	16.4	53.4	276.2	13.0	670.3
		DBRV-04	7.48	88.25	48.35	5.52	15.9	63.90	326.4	7.3	1650.61

续表

型号		热媒			被加热水			换热量 W(kW)	换热面积 F(m²)	传热系数 K [W/(m²·K)]
		流量 G(kg/h) Q₁(m³/h)	初温 T₁(℃)	终温 T₂(℃)	流量 Q₂(m³/h)	初温 t₁(℃)	终温 t₂(℃)			
半容积式快速换热器	汽水换热 HRV	0.675	120.2	71.3	9.29	15.5	56.5	451.5	4.0	1889.9
	汽水换热 DBHRV	0.689	145.39	26.1	8.59	15.6	63.3	502.0	4.1	3517.56
	水水换热 HRV	6.816	83.51	63.73	3.429	15.6	49.79	156.8	4.0	941.4
	水水换热 DBHRV	6.545	90.92	52.37	5.507	15.6	58.90	290.09	4.1	2060.39
快速换热器	汽水换热(采暖) DFQ-R	1.708	155.47	97.82	50.65	68.59	86.63	1067.06	6.0	3846.09
	汽水换热(采暖) BQH	1.114	167.00	110.70	31.30	68.70	86.70	712.3	2.0	6046.7
	汽水换热(空调) DFQ-C	1.275	159.48	55.48	56.0	43.79	57.07	881.15	6.0	3513.36
	汽水换热(空调) BQC	1.006	140.2	82.3	55.40	50.00	60.00	667.6	2.0	6346.0
	水水换热 DFQ-C	13.51	94.59	73.82	22.18	45.10	57.17	320.13	6.0	1622.72
	水水换热 BQC	12.00	88.00	62.00	30.00	48.50	58.70	356.5	2.0	4368.9

注："RV-04"、"HRV"分别表示以光面 U 型管为换热元件的换热器。

"DFQ-R"、"DFQ-C"分别表示以浮动盘管为换热元件的换热器。

表 6 所列数据均是以换热面积为准,取其单位换热面积热媒流量相近的实测热工参数。从比较表可以看出:

1. 在相似换热工况下,传热系数 K 大幅度提高。

传热系数 K 是衡量换热器热工性能的关键参数。表 6 中,汽—水换热时,以波节管为换热元件的"DBRV-04"、"DBHRV"、"BQH"、"BQC"分别比以光面 U 型管为换热元件的"RV-04"、"HRV"以及浮动盘管为换热元件的"DFQ-R"、"DFQ-C"提高 1.96、1.86、1.57、1.81 倍,平均提高均 1.80 倍。水—水换热时,分别提高的值为 2.46、2.19、2.69 倍,平均提高 2.446 倍。

大波节管 U 型列管式快速换热器实测汽—水换热时 K 的最大值达 $13020W/m^2 \cdot K$,这是至今我所见到的换热器中的最大 K 值。

2. 热媒温降与被加热水温升明显增大,换热充分。

以波节管为换热元件的换热器换热效果优越的另一特征是:在大幅度提高 K 值的同时,热媒温降 ΔT 与被加热水温升 Δt 明显提高。汽—水换热时,"DBRV-04"、"DBHRV"凝结水出水温度 T_2 为 37.03℃、26.1℃,比"RV-04"、"HRV"的 T_2 为 64.2℃、71.3℃要低得多。前者的 ΔT 为 103.54℃、119.29℃分别比后者的 81.5℃、48.9℃提高了 1.27、2.44 倍。"DBRV-04"、"DBHRV"的被加热水温升 $\Delta t=63.48℃$、47.7℃,比"RV-04"、"HRV"的 $\Delta t=41.1℃$、41.0℃大 1.54、1.16 倍。

水—水换热时,"DBRV-04"、"DBHRV"的 $\Delta T=39.95℃$、38.55℃,$\Delta t=48℃$、43.3℃,分别比"RV-04"、"DBHRV"的 $\Delta T=27.3℃$、19.78℃,$\Delta t=37.0℃$、34.19℃提高 1.46、1.93、1.30 和 1.27 倍。

采暖及空调用的快速换热器,因测试要控制被加热水的温度范围,即采暖用控制 $t_1 \approx 65℃$,$t_2 \approx 90℃$,$\Delta t=20 \sim 25℃$,空调用控制 $t_1 \approx 50℃$,$t_2 \approx 60℃$,$\Delta t=10 \sim 15℃$。因此"BQH"、"BQC"与"DFQ-R"、"DFQ-C"汽—水换热时 ΔT 基本相似。但水—水换热时 Δt 相似条件下,"BQC"的 $\Delta T=88-62=26℃$,"DFQ-C"的 $\Delta T=94.59-73.82=20.77℃$,前者比后者大 1.25 倍。

3. 单位面积产热量显著提高。

评价一个换热器热工性能好坏的综合性指标是金属热强度,亦即单位耗钢量的产热量。从表 6 所列的几种换热器来看,以单位换热面积的产热量即可代表金属热强度作为综合指标。

其值如表 7 示。

单位换热面积换热量比较表

表 7

	导流型容积式换热				器半容积换热器				快速换热器			
	汽—水换热		水—水换热		汽—水换热		水—水换热		汽—水换热		水—水换热	
	RV-04	DBRV-04	RV-04	DBRV-04	HRA	DBHRV	HRA	DBHRV	DFQ-C	BQC	DFQ-C	BQC
$1m^2$ 换热面积换热量（kW/m^2）	70.9	79.20	21.25	44.71	112.87	122.4	39.2	70.8	146.85	333.8	53.36	178.25
比值	1	1.12	1	2.10	1	1.09	1	1.81	1	2.27	1	3.34

注：表中导流型容积式换热器与半容积式换热器在汽—水换热时，波节管的"DBRV-04"与"DBHRV"因换热充分，凝结水出水 T_2 很低，但凝结水的热焓（显热）只占蒸汽总热焓（潜热＋显热）的小部分，因而其单位面积换热量比"RV-04"、"HRV"提高幅度不是很大。

4. 阻力损失

从表 1、表 2 可看出

"DBRV-04"、"DBHRV"汽—水换热时，热媒阻力分别为 0.08MPa，0.14MPa；水—水换热时，当传热系数达到 2300～2450（$W/m^2 \cdot K$）时，热媒阻力约为 0.09MPa，两种产品的被加热水侧的阻力损失均≤0.01MPa，完全满足制备生活用热水的换热设备主要保证被加热水的阻力小，有利于供水系统冷热水压力平衡的要求。

"BQC"、"BQH"两种快速传热器的热媒与被加热水的阻力损失如表 4、表 5 中 ΔP_1、ΔP_2 所示。从"BQC"水—水换热时 $K=6603.2$（$W/m^2 \cdot K$）时——（这是水—水换热时所见到的最大 K 值）相应热媒的 $\Delta P_1=0.105MPa$，被加热水 $\Delta P_2=0.05MPa$，并不算大。这就证明：波节管换热器的 K、ΔT、Δt 的大幅度提高并没有引起热媒与被加热水阻力的增大。

四、波节管换热器的优点及其推广应用

上述三部分从波节管的构造、提高换热效果的原理、波节管导流型容积式换热器、半容积式换热器、快速换热器的热工测试数据及其与同型光面 U 型管，浮动盘管换热器的对比，已十分明显地显示了波节管换热器热工性能全面优越的特点。概括起来，它应用到工程中有下述优点：

1. 节省材料、节省用地、节约投资

由于波节管换热器的 K 值很高，单位换热面积的产热量要比同型产品高出 1.1～3.3 倍，因而在同一产热量条件下可大大减少金属用材，相应地换热器可小型化，节省占用机房的面积，进而节约设备的一次投资和机房面积的费用。

2. 节能

从表 1、表 2、表 6 的热媒终温及热媒温降值尤其是汽—水换热时的凝结水出水温度 T_2 值可看出：波节管换热器在"RV-04"、"HRV"系列节能产品的基础上又前进了一大步。换热更为充分。换热过程中已基本上将饱和蒸汽的全部热量包括显热和潜热均交换至被加热水中。节能效果十分明显。

3. 使用寿命长，方便维护管理

将光面管加工成波节管，在合理成型的条件下，其管材强度不仅不会降低，还有可能加强。深州市金属热力设备厂生产的薄壁铜制波节管，经国家有关测试中心进行机械性能测定结果为：抗拉强度比光面管提高 2%～4%；其他各项试验均为合格。

这就表明：波节管换热器不仅不会影响其使用年限，反而可延长寿命。而且，我们新研制与改进的波节管生活热水换热器均考虑了检修的方便，解决了近年来国内大多数浮动盘管型换热器不便维修或不能维修的问题。

采暖空调用波节管快速换热器不仅具有板式换热器的高效，而且克服了板式换热器密封圈需经常更换的麻烦。

4. 我们这次研制改进的重点产品是制备生活热水的"DBHRV-01、02 型系列卧立式半容积式换热器"。该产品的构造特点及热工性能参数已于前述。至今为止，该产品可说是制备生活热水的最佳设备。它除具有上述三项优点外，还有全罐水均为同温热水，设备利用率达 100%，且消除了贮热式换热器下部因存在冷温水区引起军团菌等滋生的缺陷。

由于波节管换热器具有其他同型设备无可比拟的优点，"DBHRV"等产品试制成功后，已在东环十八热力站、优士阁热力站、朝阳公园热力站、国务院办公厅热力站及由北京市热网供热的众多工程中应用，经回访，这些工程都应用很好，用户均对运行效果十分满意。

集中热水供应系统循环效果的保证措施
——热水循环系统的测试与研究

刘振印　高　峰　王　睿　李建业

（中国建筑设计院有限公司，北京 100044）

【摘　要】　集中热水供应系统的循环系统涉及用水水质、水温安全及节能、节水等原则性问题，是建筑给排水设计的难点和重点之一。针对目前循环系统存在的理念不清、措施不当、使用效果不好等弊病，通过模拟系统实测、分析、总结研究，提出了可供设计正确合理选用保证循环效果的具体措施，并将各种循环措施梳理、归纳、提升，首次提出温控调节平衡法与阻力平衡流量分配法的循环理论和循环流量可根据不同循环方式合理选择的原理。

【关键词】　集中热水供应系统　循环系统　循环流量　温控调节平衡法　阻力平衡流量分配法

1　保证循环效果是集中热水供应系统需要研究解决的重要课题

1.1　集中热水供应系统的循环系统运行效果对热水供水的影响

近年来，随着国内宾馆、公寓、医院、养老院等公共建筑及居住建筑的大量兴建，集中热水供应系统的设置越来越普及，人们在使用中出现的热水用水水质、水温安全、耗能耗水、水费高等问题也逐渐引起社会的广泛关注，而发生这些问题的主要原因之一是与集中热水供应系统的循环系统（以下简称循环系统）的循环效果密切相关。

循环系统运行效果对集中热水供水影响很大，究其原因：一是循环效果不好，即意味着供、回水管道存在滞水死水区，而 30℃ 左右的滞水区正是致病的军团菌及其他细菌适宜繁殖生长的环境，给循环系统提供了水质不安全的隐患；二是系统循环不好，开启淋浴器 1~2min 出不了热水，淋浴者不仅使用不舒服而且还可能受冷水冲击而致病；三是打开水龙头或淋浴器放出冷水被白白放掉，浪费水资源；四是循环系统及管道布置不合理将增大系统热损失，增大能耗，增加运营成本。

针对热水循环系统存在的上述问题，相关国家规范作出了相应的规定：如全文强制的《城镇给水排水技术规范》GB 50788—2012 中规定"建筑热水供应应保证用水终端的水质符合现行国家生活饮用水水质标准的要求"。《民用建筑节水设计标准》

GB 50555—2010 中规定："全日集中供应热水的循环系统，应保证配水点出水温度不低于 45℃ 的时间，对于住宅不得大于 15s，医院和旅馆等公共建筑不得大于 10s"。《建筑给水排水设计规范》GB 50015—2003（2009 年版）更是对循环系统的设计作出了具体规定："热水供应系统应保证干管和立管中的热水循环"；"要求随时取得不低于规定温度的热水的建筑物，应保证支管中的热水循环，或有保证支管中热水温度的措施"。通过以上的分析可以看出，保证循环效果对循环系统设计的重要性。

1.2　国内目前工程设计及使用的循环系统现况

1.2.1　循环系统的作用

生活热水循环系统的作用与采暖循环系统不同，后者是通过热水循环均匀提供散热器的放热量保证采暖要求，前者是通过热水循环，弥补不用水或少用水时管道的热损失以保证用水时能及时放出符合使用温度的热水。由于人们用水的极不均匀性，系统处于动态、静态的无规律变化，因此，生活热水循环系统要比采暖循环系统更为复杂。

1.2.2 循环系统的种类

（1）按管道循环划分：

①干管循环：即只保证热水供水干管中的热水循环；②立管循环（干、立管循环系统）：保证热水供水干管、立管中的热水循环；③支管循环（干、立、支管循环系统）：保证热水供水干管、立管、支管中的热水循环。

（2）按时间循环划分：

①全日循环：一天 24h 间断循环，保证热水不间断供应；②定时循环：一天定时循环，定时供应热水。

根据《建筑给水排水设计规范》的要求，绝大多数工程均采用立管循环的全日循环或定时循环系统。

1.2.3 保证循环效果的方式

（1）循环管道同程布置。同程布置的含义是相对于每个配水点供回管总长相等或近似相等。

（2）循环管道异程布置。为解决因至配水点处供、回水管总长不同产生循环短路的问题，少数工程采取了如下措施：

①采用导流三通为循环元件；②采用温控循环阀、流量平衡阀为循环元件；③小区或多栋建筑共用循环系统，单栋建筑回水干管加小循环泵，总回水干管加大循环泵作循环元件。

1.2.4 循环系统存在的问题

1.2.4.1 干管、立管循环系统存在的问题

（1）同一系统供给不同使用性质的用户，循环系统均采用单一的同程布管方式，整个系统并不同程。由于设循环系统的工程，大多有多个不同性质的用户，如宾馆有客人、员工、餐饮等，循环管道的布置最多只能做到单一用户的同程，而各用户回水分干管与系统回水干管连接处未采取任何保证循环平衡的措施。

（2）居住建筑等单一性质用户的同程循环系统，存在各组立管长度相差大，供、回水干管分段多次变径的问题，没有理解同程布置的实质是要保证循环水流经各回水立管的阻力近似相等。还有的形状不规则建筑的同程布管系统，为使个别配水点同程，把回水干管布置得很长很复杂。这样不仅循环效果不一定得到保证，而且布管、维修困难，还增加了系统的无用能耗。

（3）少数工程循环系统采用异程布管方式，有的未采取任何保证循环效果的措施；有的采取了温控循环阀、流量平衡阀，但对这些阀件应如何选用，应用效果是否能保证不置可否，只把它推给阀门供应商。有的小区共用循环系统选用了小循环泵加大循环泵的方式，但小泵流量扬程不一，且要求大小泵联动控制。

1.2.4.2 支管循环系统存在的问题设支管循环系统的工程虽然较少，但仅从以往设支管循环系统设计和工程使用效果来看，它主要存在计量误差问题及管道更难布置、循环效果更难保证、能耗更大、运营成本更高等问题。

综上所述，循环系统对供水水质、供水安全、节能节水均有很大影响，而目前其现有系统又存在诸多问题，因此对循环系统循环效果的保证已成为建筑热水需要研究解决的重要课题。

2 立项研究及测试系统搭建

2.1 课题来源及立项研究

2013 年《建筑给水排水设计规范》立项启动全面修编，根据上述循环系统的重要性及存在问题，将其确定为"热水"章节全面修编需解决的重要课题之一，同年得到中国建筑设计院有限公司批准立项。

2014 年上半年组建了课题研究小组，主要工作是对异程布管系统各种阀件、管件作为循环元件的效果及其合理的循环流量进行测试、分析及研究。由于将多种元件放到实际工程的循环系统进行测试很难实现，课题组决定自行搭建小型测试平台，系统测试的循环元件为温控平衡阀、静态流量平衡阀，导流三通和大阻力短管，整个测试系统的布置及现场照片见图1。

(a)   (b)

图 1 测试系统

(a) 测试系统；(b) 现场试验照片

2.2 测试系统搭建

上行下给等长立管布置见图2，上行下给不等长立管布置见图3，下行上给等长立管布置见图4，系统总高度距地6.6m，主要组成包括5组供、回水立管，5组（共计15根）回水支管，小循环泵1台，温控循环阀、流量平衡阀、导流三通、大阻力短管各5组，水嘴25个，闸阀、截止阀（$DN20\sim50$）78个，流量计、压力表（精度0.4级）22个。

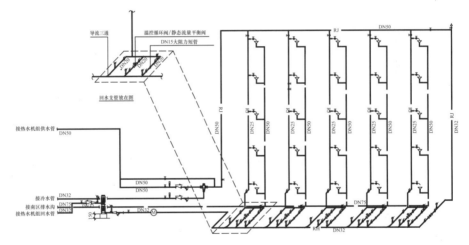

图 2 上行下给等长立管布置

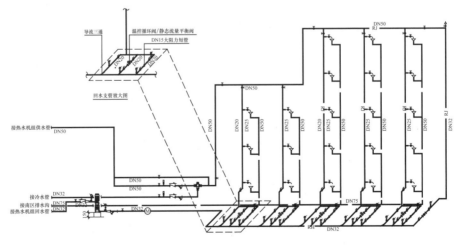

图 3 上行下给不等长立管布置

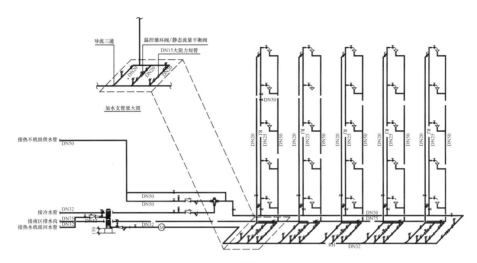

图 4　下行上给等长立管布置

在每根回水立管末端平行设置了 3 根回水支管（见图 5），支管上分别安装温控循环阀（静态流
量平衡阀）、导流三通、大阻力短管（见图 6）。

图 5　回水支管

图 6　温控循环阀、静态流量平衡阀、导流三通

3　测试组织

3.1　测试内容

上述中试试验系统可通过不同管段阀门的控制，模拟实现上行下给、下行下给、等长立管、不
等长立管、静态、动态、不同循环流量等 8 种大工况，约 100 种循环测试工况；通过控制回水支管
前后端的截止阀来控制循环阀件（温控循环阀、静态流量平衡阀）、导流三通、大阻力短管在以上
热水模拟循环系统中分别运行，同时通过对循环泵前阀门开启度的控制改变回水管循环流量，以此
来实现测试每种阀件、管件在模拟的不同类型热水系统中，对系统循环效果的影响以及在满足循环
效果的前提下每种管件、阀件在不同类型热水系统中最合理的循环流量。

3.2　工况组织

3.2.1　温控循环阀、静态流量平衡阀运行时灵敏度测试

（1）对温控循环阀，原计划分别模拟管道上行下给、下行上给、等长立管、不等长立管及动
态、静态的不同组合工况，按预调温度测试其温控灵敏度。经分析研究将其简化为只在一种工况下
测试其灵敏度，因为只要该阀能在设定温度下开关，即说明其满足使用要求。测试关断泄流量为零
的温控循环阀时以阀在支管温度达到设定温度后进行阀门前、后温度测试对比。测试关断时仍有一
定泄流量的温控循环阀时，监测支管水温达设定温度的泄流量。

（2）对静态流量平衡阀，拟分别模拟管道各种组合工况，按预调流量测试其灵敏度，即在系统回水支管采用该阀后，通过监测阀门前后水温确定能保证循环效果的最小循环流量。

3.2.2 导流三通循环效果测试

对导流三通拟分别模拟各种组合工况，调节循环流量，监测立管末端的回水温度，得出不同工况下的循环效果以及在能保证循环效果时合理的循环流量。

3.2.3 大阻力短管循环效果测试

同3.2.2节调试运行工况及循环流量，得出在大阻力短管作为系统的循环管件时不同工况下的循环效果以及在能保证循环效果时合理的循环流量。

3.3 实测工况及测试结果

3.3.1 温控循环阀灵敏度测试

本次试验测试了阀门关断时泄流量为0（$q_s=0$）和阀门关断后有泄流量（$q_s \neq 0$）2种温控循环阀。

3.3.1.1 $q_s=0$ 温控循环阀的测试选择下行上给等长立管动态系统为实测工况，温控循环阀设定温度为38℃，回水支管温度达到阀门设定温度后温控循环阀全自动关闭，测试阀前、阀后温度，测试4次，每次5根回水管阀后温度基本一致，测试结果见表1。

$q_s=0$ 温控循环阀灵敏度测试结果 表1

测试次数	5根回水支管阀前平均温度/℃	5根回水支管阀后平均温度/℃
1	51	41
2	51	40
3	51	37
4	51	37

3.3.1.2 $q_s \neq 0$ 温控循环阀的测试

（1）单阀达到设定温度后的泄流量。选择下行上给等长立管动态系统最不利处的回水立管为实测工况，温控循环阀设定温度为50℃，在回水支管阀后温度为25～50℃时，分别测回水干管的循环流量，测试结果见表2。

$q_s \neq 0$ 温控循环阀最小泄流量测试结果 表2

温度/℃	25	40	45	47	50
回水管流量/m³/h	1.5	0.284	0.209	0.148	0.12

（2）单阀热力消毒的流量。该阀具有定时热力消毒功能，热力消毒时的流量测试结果见表3。

$q_s \neq 0$ 型温控循环阀热力消毒流量测试结果 表3

测试立管编号	供水温度/℃	回水管流量/m³/h
1	63	0.176
1+2	63	0.38
1+2+3	63	0.498
1+2+3+4	63	0.65
1+2+3+4+5	63	0.98

（3）不同循环流量时的循环测试。该阀在循环流量为0.245m³/h、0.172m³/h、0.12m³/h的循环效果见表4。

$q_s \neq 0$ 温控循环阀在不同循环流量的循环效果

表 4

循环流量/ m³/h	供水管 温度/℃	回水立管阀后温度/℃				
		L_1	L_2	L_3	L_4	L_5
0.245	53.5	40	39	39	40	39
0.172	48	38	38	38	38	38
0.12	52	36	36	33	33	32

注：测试系统先灌满冷水，然后开启循环泵将 50～55℃ 的热水循环运行 10min 后测各回水立管阀后的温度（管道表面温度）。

表 4 分别表示循环流量为 0.245m³/h、0.172m³/h、0.12m³/h 即分别相当于 $Q_s = 0.2Q_h$、$0.15Q_h$、$0.10Q_h$（Q_s 为系统循环流量；Q_h 为系统设计小时用水量）时该温控循环阀的效果。表中数据显示，在 $Q_s \geq 0.15Q_h$ 时，5 根下行上给系统回水立管的阀后温度均基本相同，说明循环效果很好，在 $Q_s = 0.1Q_h$ 时，5 根立管阀后温度明显不同，说明循环效果变差。因此此次测试结果可以判定，对于 $q_s \neq 0$ 的温控循环阀适用循环流量的范围为 $Q_s \geq 0.15Q_h$。

3.3.2 导流三通变工况测试

导流三通作为回水支管循环阀件时，按不同组合工况，循环泵循环流量为 $Q_s = 0.177m³/h \approx 15\%Q_h$；循环 5～10min 后，测回水立管外侧温度，测试结果见表 5。

导流三通测试结果

表 5

工况	循环流量/m³/h	供水温度/℃	回水立管温度/℃				
			L_1	L_2	L_3	L_4	L_5
上行下给不等长立管静态	0.177	51	42	35	42	41	37
上行下给不等长立管动态	0.167	51	42	41	43	42	43
下行上给等长立管静态	0.176	48	41	40	42	42	40
下行上给等长立管动态	0.176	48	41	40	39	40	43

3.3.3 大阻力短管变工况测试

大阻力短管作为回水支管循环阀件时，按不同组合工况，循环泵循环流量分别为 $Q_s = 0.18m³/h \approx 15\%Q_h$ 和 $Q_s = 0.37m³/h \approx 30\%Q_h$；循环 5～10min 和 10～20min 后测回水立管外侧温度，测试结果见表 6。

3.3.4 静态流量平衡阀测试

静态流量平衡阀因阀体最小通过流量大于单立管测试能供给的最大循环流量，因此未予以测试。

4 测试结果分析

4.1 温控循环阀

此次测试的温控循环阀由意大利"CALEFFI（卡莱菲）"公司和德国"OVENTROP（欧文托普）"2 家公司提供，卡莱菲公司的温控循环阀共实测了 3 次，前 2 次测试因阀件安装、调节故障，测试失效。第 3 次在阀体安装调节到位后，5 组温控循环阀经 4 次测试都达到了设定温度下全关闭（即 $Q_s = 0$）的要求，在水加热器供水温度为 51℃ 时，出水处温度均为 37～40℃，与设定关闭温度 38℃ 误差很小，说明只要各回水立管上装了温控循环阀，就能保证各立管的循环效果。卡莱菲公司的温控循环阀的关断泄流量为 0，欧文托普的温控循环阀在关断时还有一个小的泄流量通过。表 2 所示为设定阀体关闭温度为 50℃时，通过水温在 25～50℃的工况下，其通过流量为 1.5～0.12m³/h，即 50℃水温的流量通过时该阀关断后仍有泄流量通过。表 3 为带消毒功能的温控循环阀的测试数据，表示阀体在不用水阶段进行高温消毒杀菌时，通过流量为 0.176m³/h，约合 0.05L/s。表 2 的测试结果表明，回水立管阀后的水温能依据设定温差关断，关断后的最小泄流量为 ≥8% 全开启流量通过，其泄流量分 6 档，可依工况调节。

大阻力短管变工况测试结果　　　　　　　　　　　　　　表 6

工况	循环流量/m³/h	供水温度/℃	回水立管温度/℃				
			L_1	L_2	L_3	L_4	L_5
上行下给不等长立管静态	0.18 0.37	45	31/37 41	29/35 40	29/36 41	23/33 40	26/30 39
上行下给不等长立管动态	0.167	51	42	41	43	42	43
下行上给等长立管静态	0.176	48	41	40	42	42	40
下行上给等长立管动态	0.176	48	41	40	39	40	43

注：表中 31/37 等分别表示系统循环 5～10min 和 10～20min 后的立管温度。

这两种温控阀均带有定时高温热力消毒的功能，表 3 的测试数据可供个别需采用高温热力消毒的系统参考。

4.2 导流三通

测试用导流三通为市面建材市场销售的产品。通过实测，其测试结果如表 5 所示，当系统水加热器供水温度为 48～51℃，循环流量为 0.167～0.177m³/h（$Q_s \approx 0.15Q_h$），在等长立管下行上给静、动态和等长、不等长立管上行下给动、静态 4 种工况下，5 根回水立管导流三通后的测试水温均为 37～43℃，说明导流三通在该测试系统中适用于各种工况。

4.3 大阻力短管

测试用大阻力短管是在每组 DN20 回水立管与回水干管连接处安装了一段约为 1m 长 DN15 短管。表 6 的测试数据显示：在循环流量 $Q_s = 0.18m^3/h$（$Q_s \approx 0.15Q_h$）时，4 种测试工况下，循环效果都不好，在 $Q_s = 0.37m^3/h$（$Q_s \approx 0.3Q_h$）时，上行下给等长立管、下行上给等长立管系统均基本满足要求，但前者运行 10min 后的数据优于后者，说明大阻力短管用在上行下给系统更好。

5 保证循环效果的建议措施

5.1 干、立管循环系统

干、立管循环是集中热水供应系统的主要循环方式。2009 年版《建筑给水排水设计规范》规定"热水供应系统应保证干管和立管中的热水循环"。

通过上述试验热水循环系统的测试、分析研究，结合多年的设计运行实践概括起来保证热水干、立管循环效果有温控调节平衡法与阻力平衡流量分配法两类做法，本文对其具体措施提出如下建议。

5.1.1 温控调节平衡法

温控调节平衡法的作用原理，是通过设在热水回水干、立管的温度控制阀、小循环泵等由温度控制其开关或启、停以实现各回水干、立管内热水的顺序有效循环。

（1）温控循环阀。温控循环阀（如图 6 所示）是一种内设感温敏感元件利用热胀冷缩原理直接控制阀板开关的阀件。如前所述，它有关断时泄流量为零，和关断时有一定泄流量 2 种型式。通过实测，2 种阀件均可用于循环系统中，但无泄流量阀，因为只有一个设定控制温度，即到此温度停，未到此温度开，由于热水回水立管管径小，散热快，则阀体会频繁启闭，影响其工作寿命。

另外采用无泄流量的温控循环阀时，应注意总回水管上设置控制循环泵启闭的温度传感器的设定温度应与温控循环阀的设定温度相适应，即前者的停泵温度应等于或略低于后者，否则各回水立管下的温控循环阀关断后，循环泵运行时将为零流量空转而烧坏水泵。

（2）温度传感器加电磁阀。目前，温控循环阀均来自德国、意大利及美国，国内尚无自主产品，因而阀件价格较贵。采用温度传感器配电磁阀亦可达到控温循环目的，为减少电磁阀的频繁启闭，可设启、闭 2 档温度。这种做法的缺点是电磁阀不能直接作用，需经二次控制，其注意点是必须选用质量好的电磁阀。

（3）温度传感器加小循环泵。温控循环阀目前均只有 DN15、DN20、DN25 三种规格的阀门，因此对于回水干管管径较大的系统无合适的温控循环阀件，解决小区或多栋建筑共用集中热水系统中每栋建筑回水干管的循环问题，可用温度传感器加小循环泵。

在回水立、干管上设循环用小泵早在 20 世纪 80 年代英美等国家设计的集中热水系统中应用。其设置方法类同总循环回水干管上循环泵的设置及设计计算，可以根据系统大小，系统要求设 1 台或 2 台泵，值得注意的是各回水干管的循环泵宜选用同一型号的泵，以防止泵同时运行时大泵压小泵，另外各组小泵可独立运行，不必和总循环泵联动。

（4）系统单一采用温控循环平衡法时可以用计算循环系统的配水干、立管实际散热量来计算循环泵流量，能较大减少循环泵运行能耗。

《建筑给水排水设计规范》规定循环流量 q_x(L/h) 按下式计算：

$$q_x = \frac{Q_s}{C\rho_r\Delta t}$$

式中　Q_s——配水管道的热损失，kJ/h，经计算确定，可按单栋建筑为（3%～5%）Q_h；小区为（4%～6%）Q_h；

　　　ρ_r——热水密度，kg/m³；

　　　C——水的比热，$C=4.187$kJ/(kg·℃)；

　　　t——配水管道的热水温度差，℃，按系统大小确定，可按单体建筑5～10℃，小区6～12℃。

按此公式计算的循环流量为设计小时热水用水量的 25%～30%，为实际计算的 Q_s 的 2.0～2.5 倍。

规范此处之所以提供 Q_s、Δt 的参考数据主要是因为循环系统的管道散热量计算较烦琐，工作量大，而往往计算结果又似偏小。这对以往仅靠合理布管和用人工调节各立管上的阀门来平衡循环系统的工程来说，是比较安全可靠的。

循环系统采用温控循环阀等温控循环元件后，各回水立管中热水的循环均按所需温度实现了自动控制，因此系统的循环流量可按实际计算补热量 Q_s 计算，尤其是在管道采用保温效果好的保温后，Q_s 值将还可减少。

通过上述温控平衡阀的测试得知：对于 $q_s=0$ 的阀，因它能在设定温度下全关断，各回水立管在达到设定温度时可依次开启或关断，无循环短路之忧，因而其循环流量可在保证满足系统供水管热损失的补偿条件下降到最低。一般可为 $Q_s=(0.1～0.15)Q_h$

对于 $q_s \neq 0$ 的温控循环阀，因其关不严，其控制原理类同流量平衡阀，存在阻力平衡流量分配的工况，因此，其循环流量的条件高于上述阀。一般要求 $Q_s = (0.1 \sim 0.15)Q_h$。

5.1.2 阻力平衡流量分配法

2003 年版《建筑给水排水设计规范》修订时，曾有专家提出热水循环管道同程布置改为同阻布置。这个观点道出了管道同程布置的实质，如果循环供回水管相对各配水点的阻力相同，自然就会有很好的循环效果。但实际工程设计中，要做到同阻是不可能的。通过此次试验系统的测试分析，除了上述温控调节平衡的方法外，大多数系统或子系统可通过合理的布管和设置管件、阀件来调节系统的阻力，使循环流量自行再分配，从而达到保证循环效果的目的。此法概括起来有如下 3 点具体措施：

（1）循环管道同程布置。如前所述，循环管道同程布置就是相对每个用水点、供回水管道布置基本等长的管道布置。这是 20 世纪 80 年代借鉴的技术，如当时日本公司设计的长富宫饭店、中国香港设计事务所设计的一些工程均采用了同程布管的方式，我院 20 世纪 80 年代末设计的国际艺苑皇冠假日酒店等众多工程亦采用了这种布管方式，系统验收时，客房卫生间用水点放水 5～10s 即出热水。循环效果很好，因此 2003 年版的《建筑给水排水设计规范》中编入了"循环管道应采用同程布置的方式"的条款。进入 21 世纪后，随着循环技术的多样化，2009 年版《建筑给水排水设计规范》将该条文进行了较大修改，将同程布置方式的应用范围局限在单栋建筑的热水系统，并将"应"改为"宜"这就为采取其他措施开了绿灯。但根据多年来的工程实践，采用"同程布置"确是一种保证循环效果行之有效一劳永逸的方式，缺点是不少工程采用时，布管困难且多一条回水干管耗材、耗能。另外采用同程布管时，供、回水干管的管径宜分别不变径或少变径，这样有利于循环管道阻力平衡。

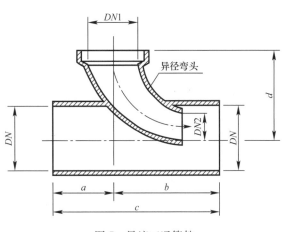

图 7　导流三通管件

（2）循环管道异程布置采用导流三通、流量平衡阀、大阻力短管等管件、阀件平衡阻力，促使循环流量再分配。

A. 导流三通。导流三通是 20 世纪末广西建筑综合设计研究院肖睿书总工研发的一种专利产品，现已在建材市场有产品销售。导流三通的构造见图 7，它用作热水回水立管与回水干管的连接件。对于导流三通的作用原理，《给水排水》1995 年第 8 期肖睿书等撰写的"国产紫铜导流管件"一文是这样叙述的："紫铜管经塑性加工成各种规格的异径弯头作侧流拐弯段插入直流段，共同组成管件。它可利用近环路过大的余压能量来疏导环路介质共同前进，变消极因素为积极因素，不但克服了普通三通具有较大余压的近环路立管水流冲入正三通后阻挡远环路立管水流顺利通过水交汇口的缺陷，而且由于异径弯头拐入直线段，水流方向与直流段完全一致，强制支流的余压可用来疏导弱压支流共同前进。通过动静压转换，强弱二支流始终是相互导流关系。"以上论述可概括为导流三通具有导流及平衡调节阻力的作用。除此之外，通过此次测试结果的分析研究，对其原理还可补充如下两点：一是对于回水立管来说由于采用导流三通代替正三通其相应阻力减少了 50%～70%；二是对于回水干管则相当于在汇合处加了一个限流孔板，增大了阻力，这样两者叠加使得回水立管与干管汇合处立管出流压力稍大于干管该点的压力，有利于立管热水的出流。导流三通已面世 20 多年，在广西北海富丽华酒店、南宁新都大饭店等工程的集中热水供应系统中安装，并有效地运行多年。此次小系统测试的 4 种工况，在循环流量 $Q_s = 0.15Q_h$ 即小于规范提供的经验值 $Q_s = (0.25 \sim 0.3)Q_h$ 的条件下循环效果较好，说明导流三通在工程中有较好的推广应用价值。本文建议单栋建筑的集中热水供应系统当立管布置等长或近似等长时，可采用导流三通满足循环要求。

B. 流量平衡阀。流量平衡阀有动态、静态 2 种型式。

动态平衡阀主要由带弹簧的活塞、阀芯与阀体组成，其简要工作原理为流体通过阀体由固定通径和可变通径组成，当阀门上、下游流体压差大于最小工作压差时，活塞压缩弹簧，可变通径逐渐变小，压差继续增大后，活塞完全压缩弹簧，流量只能从固定通径流过；流量减到最小，而当阀门上、下游流体压差小于最小工作压差时，流体可从固定通径和可变通径通过，流量增大。阀体的最小工作压差为 0.015～0.2MPa。因此如要选用动态流量平衡阀，设计需提供流量和压差范围。

生活热水循环系统回水立管与干管汇合处的压差一般很小，且此值也很难计算出来，即便计算出来也不一定与实际运行工况相符，因此，生活热水循环系统不宜选用这种压差控制的动态流量平衡阀。

另外，通过此次 $q_s \neq 0$ 温控循环阀的实测表明，这种温控平衡阀实质更像动态流量平衡阀，只不过一般的动态阀是靠压差来调节，此阀则是靠温度调节其流量分配大小，表 2 的数据完全证明了这一点。前者不适于循环系统，但后者可用。

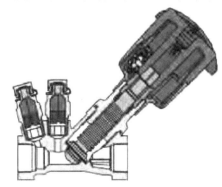

静态流量平衡阀类似于限流阀，它有多种构造型式，其中较适用于热水循环系统的阀为带文丘里流量计的平衡阀，构造原理见图 8。原理为：通过转动阀体手柄，平衡阀的阀杆上下运动，调节流量通径，改变流量曲线特征，阀体上配有压力检测口用于测量压差，根据压差值可以检测和调节流量。这种平衡阀的流量与压差特性曲线见图 9。

图 8　静态流量平衡阀构造原理

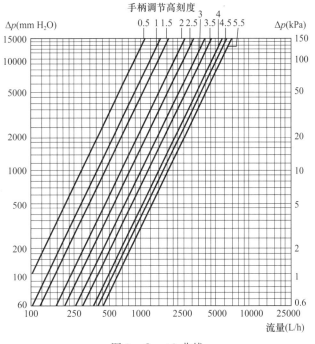

图 9　$Q—\Delta h$ 曲线

当用这种平衡阀安装到回水立干管上时，设计可将总循环流量平均分到各回水立管，控制压差<0.01MPa 选出合适口径的平衡阀。

循环系统运行时，管路短者阀前压力大，流量大于设定平均值，但相应阻力也增大，即阀后余压减小，而管路长者则与此相反，两者在运行时通过平衡阀的流量，阻力将自动平衡，进而达到保证其循环效果的目的。

这种带文丘里流量计的流量平衡阀规格为 $DN15～50$，可用作异程布管的回水立管、回水分干管的循环元件。

$DN>50$ 的阀可采用其他型式的静态流量平衡阀。

热水循环系统是静态、动态交替变化的系统，但大部分时间处于静态或接近静态，此时循环系统压力变化小，静态流量平衡阀能平稳工作，保证循环效果。系统处于用水多或用水高峰时，由于静态时，各供回水立管已被循环补热，用户放水就会很快出热水，而随着用水量的增大，各供水立管均处于热水流动状态，更保证了持续出热水的效果，另外，通过此次小型系统测试表明，动态工况与静态工况对所测导流三通、大阻力短管的循环效果影响很小，因此，尽管动态时循环回水系统压力有小的波动，亦不会对静态平衡阀的工作产生大的影响，并且用水高峰时间短，用水高峰过后，循环系统又可恢复正常工作。总体来说静态流量平衡阀在满足系统循环流量要求的条件下是能保证系统循环效果的。

本次测试由于选用 $DN20$ 的平衡阀要求的最低通过流量大于试验系统回水立管的最大分配流量，因而没有实测，但通过对导流三通、大阻力短管的测试效果分析及上述对静态流量平衡阀工作原理的剖析，这三者都是阻力平衡元件，但后者还具有调节功能，因此，我们认为上述对静态流量平衡阀可用于循环系统的分析研究是切实可行的。

由于流量平衡阀具有可调节功能，如同上述采用温控阀等可减少循环流量的原理，它也可适当降低循环流量，推荐 $Q_s=(0.15\sim0.2)Q_h$。

C. 大阻力短管。在 $DN20$ 回水立管末端设置一段 $L\approx1.0\text{m}$ $DN15$ 的短管，我们称之为大阻力短管，是一种新的尝试，意在使循环系统在保证循环效果的同时更简单、实用。其设想工作原理类同上述对静态流量平衡阀的分析，即通过增大局阻力来调整分配流量。

从前述大阻力短管的测试结果及分析来看，大阻力短管在循环时起到了预期的作用。因此建议对循环系统较小，立管等长的上行下给式系统可以采用大阻力短管作为保证循环效果的管件。其循环流量宜为 $Q_s=(0.25\sim0.3)Q_h$。

（3）增大循环泵流量。本文前述大阻力短管在等长立管的上行下给和下行上给2种系统布置测试时，循环流量 $Q_s=0.15Q_h$ 时循环效果差，当 $Q_s=0.3Q_h$ 时，各立管循环均达到了要求。说明增大循环流量，即增大了回水立管及管件的阻力，有利于流量的再分配，保证各立管均有循环流量通过。实际工程有的循环不好的系统，改造时，选用了 $Q_s\approx0.7Q_h$ 的循环泵，系统循环效果有所改进。

关于循环泵流量的计算，1997年版及以往版本《建筑给水排水设计规范》规定："水泵的出水量，应为循环流量与循环附加流量之和"其附加流量为设计小时用水量的 15%，对此条文解释为增加附加流量是为保证大量用水时，配水点的水温不低于规定温度。对于循环泵流量是否应加附加流量，当时的热水研讨会曾专题研讨过几次，但研讨结论均未涉及增加附加流量有利于循环流量均匀分配的实质，此后，根据大多数专家的否定意见，2003年版，2009年版规范删除了循环泵流量加附加流量的内容。通过此次测试及分析，说明对有的集中热水供应系统增大一点循环泵流量是有利于改善循环效果的，但对高峰用水时保证配水点水温似无作用。

然而增大循环泵流量将带来系统能耗增大，且不利于系统冷热水压力的平衡。因此，采用增大循环泵流量来保证循环效果的措施正好与前述用温控平衡阀等自控系统可减少循环流量、节能明显背道而驰。因此该方法只限用于循环管道异程布置又未设循环阀件、导流三通等设施的原有系统改造，并且循环流量的增加宜控制在 $Q_s=0.35Q_h$ 之内。

5.2 干、立、支管循环系统（简称支管循环系统）

5.2.1 尽量不设支管循环系统

建议尽量不设支管循环系统主要有如下理由：

（1）耗材、耗能。采用支管循环需将增加管材，阀门等材料器材，显而易见。耗能则更为突出，因支管管径小散热快且支管总计管长一般要比干、立管长得多，而且又不便作保温层，因而其无效散热量很大，同时为弥补这部分散热损失，循环泵的流量、扬程均应增大，即运行电耗增加，这样能耗叠加，支管循环系统能耗可能比干、立管循环系统要成倍的增加。

（2）布管、安装、维修困难。需设支管循环者主要是供水支管太长的系统，这种系统一般回水支管与供水支管近似等长，这些管道大都要暗装在室内垫层吊预或嵌墙敷设，布管、安装都很困难，而且使用时漏损概率增大，造成维修困难。

（3）循环效果难以保证。本文前面所述内容都是围绕解决多年来存在的干、立管循环系统所存在的疑难问题而进行的测试分析与研究。相对于干、立管循环，支管循环要复杂得多。前者只需在几个到几十个循环回水干、立管交汇点采取合理措施，而后者有干、立、支管3个连环循环，交汇点是几十个到数百个，因此要保证支管的循环效果，难度更大。

（4）运行费用高，系统难以维持。由于支管循环系统耗材大一次投资大，能耗大，维护费用高，这些摊到供水成本上，将使热水价格成倍上涨，使用户难以接受，使用者越来越少，形成用水量减少水价攀升的恶性循环，进而使系统瘫痪。

（5）住宅采用支管循环，计量易引发纠纷。居住建筑的支管循环需在供回水管上分设水表，由于水表的计量误差，易引起用户与物业之间收费产生纠纷。针对上述理由，正在新编的《建筑给水排水设计规范》已编入"居住建筑不宜设支管循环系统"的内容。

5.2.2　居住建筑如何保证集中热水供应系统的循环效果

宾馆、医院（除门诊科室外）等公共建筑一般热水支管不设水表，且立管布置在卫生间内或靠近布置，热水支管长度可控制在10m之内，即可以保证满足前述标准规定的放水10s后出热水的要求。即便有设支管循环的特殊要求，相对住宅要方便很多。但居住建筑的支管循环系统呈现的上述大难点突出，为了保证满足居住建筑放水15s后出热水的国家标准要求，我们提出如下建议：

（1）一户多卫生间时按卫生间设供、回水立管、卡式水表；变支管循环为干、立管循环，以卡式水表计量取代分户计量总表计量。

（2）支管采用定时自控电伴热，保证用热水时段支管内的热水水温，不用水时段关断电伴热电源。

（3）当热水管道布置上下一致，立管等长，且增布回水支管没有太大困难时，亦可采用支管循环，但应选用计量误差的水表。支管与立管的循环宜采用同程布管，主管与干管的循环则可用导流三通或温度控制阀、流量平衡阀为循环元件的异程布管。

5.3　循环系统应尽量采用上行下给的管道布置

此次对 $q_s \neq 0$ 的温控循环阀及大阻力短管对比上行下给与下行上给2种不同布管方式的循环效果比较，前者优于后者。其原理显而易见，后者比前者多了1倍立管，即循环管长增了1倍，不利于阻力平衡，因此单从保证循环效果来看，上行下给布管优点突出。此外，上行下给还具有节材、节能、有利于供水压力分布、减少布管困难、减少维护工作量等众多优点。故本文推荐设计采用上行下给布置的循环系统。

6　小结

（1）保证循环效果是衡量集中热水供应系统设计成功与否的重要标志，但循环效果的保证，应做到节水、节能统筹兼顾。

（2）应尽量采用上行下给布管的循环系统。下行上给系统的循环措施应提高一个档次，并不宜采用大阻力短管作为循环元件。

（3）本文所述各项保证循环效果的措施，各有其优缺点，设计应根据使用要求，用户维护管理条件，工程特点等因地制宜选用。一般居住建筑维护管理条件较差，可首选设导流三通、同程布管、设大阻力短管（适用于水质较软的系统）等调试、维护管理工作量小的循环方式；宾馆、医院等公共建筑，可首选设温控循环阀、流量平衡阀等可以调节，节能效果较明显但相对调试维护管理工作量较大的循环方式。

（4）带有多个子系统或供给多栋建筑的共用循环系统，可采用上述多种循环元件或布管方式组合的循环方式。即子系统可依据其供水管道布置条件，采用同程布管或设循环管件、阀件、子系统连接母系统，可采用温控循环阀、流量平衡阀、小循环泵保证子、母系统的循环。

（5）循环流量的选择：

在满足本文所述条件下，循环流量可按下选择：

A. 采用 $q_s＝0$ 的温控平衡阀，建议 $Q_s＝(0.1～0.15)Q_h$。

B. 采用同程布管、导流三通、的温控循环阀、静态流量平衡阀等时，建议 $Q_s＝(0.15～0.2)Q_h$。

C. 采用大阻力短管时建议 $Q_s＝(0.25～0.3)Q_h$。

D. 无措施的异程布管改造工程建议 $Q_s≤(0.35～0.4)Q_h$。

E. 子、母系统或多栋建筑共用系统循环流量的选择：①回水干管采用温控平衡阀、流量平衡阀时，其中循环流量按子系统采取循环方式对应以上条款选用，总回水管上的循环泵按其循环流量叠加选用；②回水干管采用小循环泵时，其循环流量均按子系统中循环流量最大者选用，总循环泵按总系统的循环流量选用。

（6）温控循环阀、流量平衡阀具有可调节、可减少循环流量节能的优点，但目前只有国外产品，价位较高。选用时应核对使用条件（如循环流量等），且应明确由供应商配合安装调试。

（7）此次模拟热水循环系统的测试，由于其系统小、布管较简单，因此各种循环元件的测试与实际工程所用系统有一定差别，设计时不应照搬试验系统模式。

致谢：本课题实施过程中，得到中国建筑学会建筑给水排水研究分会、全国建筑热水技术研发中心、河北保定太行集团有限责任公司、北京航天凯撒国际投资管理有限公司、欧文托普（中国）公司、意大利卡莱菲公司的大力协助，在此一并致谢。

※通讯处：100044 北京市西城区车公庄大街 19 号

收稿日期：2015-08-11

旅馆建筑给水排水

刘振印

中国工程建设标准化协会
技术咨询服务部
1994 年 3 月

目 录

一、旅馆给排水部分内容概述

在建筑给排水这个专业里，旅馆、酒店尤其是高级宾馆、饭店建筑所含的内容最为全面，最为广泛。下面就给水、排水、消防及娱乐服务设施的给排水部分内容作简单叙述。

（一）给水

1. 冷水：

旅馆中冷水供水主要包括以下几个方面：

（1）人员（包括旅客与职工）的生活盥洗用水。

（2）冲厕用水：有三种供水方式：

a. 和盥洗用水同一水源同一供水系统，这是国内设计的大部分旅馆所采用的供水方式。

b. 和盥洗用水同一水源，但单设供水系统，一般用于客房卫生间大便器采用自闭式冲闭冲洗阀的地方。它的优点：一是避免开启冲洗阀时过大的水压波动影响别的卫生器具的使用，即避免别的卫生器具出水不均；二是避免给水支管的污染——即当澡盆、脸盆及大便器共用一供水支管时，因冲洗阀与大便器连接的短管是直接和供水支管相连通的，如澡盆突然大量放水，有可能造成供水支管的瞬时负压，而将大便器内的脏水抽至供水支管污染水源。

c. 和盥洗用水不同水源的供水系统，如香港地区，为了节省自来水，冲厕用水大都采用海水。日本部分地方及北京、深圳等地近年来开发中水作为第二水源供冲厕用水。

（3）循环用水补充水

a. 空调冷却循环水的补充水。一般空调冷却循环系统均是通过冷却塔来降低循环水水温的，冷却塔在工作过程中，因为水量蒸发，被风机吹散及排污，而需补充部分水量。补充水量按整个冷却循环水量的百分比计算：约为 2.0%，对于一些收水装置效果较好的冷却塔来说，补充水量只有 1%～1.5%。但在一般设计计算这部分补水量时，以按 2% 左右为宜，按此计算，全空调的高级旅馆中，在夏季空调满负荷的情况下，这部分补充水量，约占整个用水量的 30%。

b. 游泳池补充水

游泳池补充水，主要是补给游泳池在使用过程中溢流、蒸发、排污及游泳者带走的水量，一般室外公共游泳池，补水量按整个循环水量的 10% 计，旅馆的游泳池，尤其设在室内的游泳池，规模一般较小，使用人也少，同时因新型的游泳池均用回收溢水的做法，这样大大减少了循环水量的损失，因此补充水量可按循环水量 3% 左右计算。但值得注意的是，选择游泳池补充水管管径时，需考虑水充满整个游泳池所需的时间，不要超过 24 小时。

c. 喷水池瀑布池补充水

喷水池瀑布池补充水量一般按 3% 循环水量计，主要补充喷头喷水或瀑布水幕蒸发与溅散的水量，因为旅馆设置的喷水池、瀑布池一般不大，所以这部分水量亦不大。

（4）洗衣房、厨房等处供水

大多数高级饭店均自设洗衣房，及中、西餐厅用的厨房。这两部分用水量较大，尤其有的拥有大型对外营业型餐厅的酒店，用水量比设计考虑的值要大。

厨房和洗衣房的用水量约占整个旅馆用水量的 20%。

（5）其他用水：

其他用水包括浇洒绿地、洗车等用水。

浇洒经地用，水量标准为 2L/m² 绿地，用水量大小取决于绿地面积的大小。

旅馆使用的车辆数，随着我国现代化程度的提高，车辆不断递增，现在新设计的旅馆，停车车位数一般按客房数的 25%～33% 考虑，一台车每次的冲洗量，根据规范标准为大车 600L/次，小车 400L/次，这样折算，一个大型旅馆，用于浇洒绿地和洗车用的水量也是不少的。

当然洗车或浇洒绿地用的水不一定都用自来水。如北京近年来为解决水源紧缺的问题发展用中水，中水目前的用途主要是供冲洗厕所用，其次可供浇洒绿地及洗车用。

2. 热水：

旅馆中的热水，主要供给人员生活用热水，洗衣房、厨房、健身、游乐等处用热水。

人员用热水包括客人和职工两部分，用水量定额，"建筑给水排水设计规范"中已有标准，此处不再详述。

对于如何计算小时最大用热水量，和小时最大需热量，从而进一步确定合适的换热器，从我们国内自行设计的大型旅馆与香港及美国等国外同规模旅馆或国内由国外设计的合资宾馆相比，有较大的差异，为方便比较，我将部分国内外高级宾馆的热水量作成下表：

部分旅馆贮热水量表

名称	床位数	热水罐容积×数量	总贮水容积（m³）	折合每床贮热水量（L/床）	备注
北京饭店	1160	20m³×10	200	171	国内设计
北京国际饭店	2305	10m³×20	200	87	国内设计
西安宾馆	520	5m³×10	50	96	国内设计
上海宾馆	1200	10m³×7	70	58.3	国内设计
上海华亭宾馆	2000	10m³×10	100	37	国内设计
上海白天鹅宾馆	2000		74	37	国内设计
深圳亚洲大酒店				34	国内设计
北京丽都饭店	2000	20m³×2	40	20	国内设计（罐容积系估算）
北京西苑饭店	2000		50	25	国内设计（罐容积系估算）
南京金陵饭店	1600	20m³×2	40	25	国内设计（罐容积系估算）
香港美伦饭店	1600	20m³×4	32	20	
香港海景假日酒家	1200	6m³×10	24	20	

从上表可看出：国内设计选择换热器的容积要比国外选择的换热器容积270%～700%，其中除像国际饭店、北京饭店因考虑以城市热网为热媒时，夏季热媒供水温度只有70℃，因而要求换热面积大，相应配备的换热器也多的因素之外，就按同样热媒条件相比，两者亦相差70%～300%。

这里面就涉及一个如何计算最大小时用热量问题，国内设计单位通常的计算方法是按最大日用量除以用水时间乘以小时不均匀系数来计算的，这样通常算出来的最大小时有量（或用热量）为日用水量（或日用热水量）的1/5～1/7。

而像英美、香港计算最大小时用热水量是按器具来计算的，它是用器具数乘以该器具小时用水量，叠加后乘以一个同时使用系数（如旅馆同时使用系数取0.25），而得。

下面以我在蛇口设计的南海酒店为例，作两种热水计算之比较！

南海酒店；

床位数：828人

职工人数：800人

（1）按国内通用计算方法确定换热器容积

a. 用水量表

用水部位	使用人次	使用时间	用水标准	不均匀系数 k	用水量		
					m³/d	m³/平均	m³/最大时
客房卫生间	（828×0.3）人	16	150L/(人·d)	4	99.36	6.21	24.84
职工	800人	10	50L/(人·d)	2.5	40.00	4.0	10.00
客用厨房	（828×0.8）人·日	10	30L/(人·d)	2.0	19.80	1.98	3.96
职工厨房	800人·d	10	15L/(人·d)	2.0	12.00	1.20	2.40
理发	100人次	12	12L/(人·次)	2.0	1.20	0.15	0.30

注：表中0.8——为设计酒店的出租率。

b. 最大小时用热水量：

设计最大小时热水量按客用最大小时用热水量加其他平均时用热水量。

$$Q_{max} = 24.84 + 4 + 1.98 + 1.2 + 0.15$$
$$= 32.17 m^3/h$$

c. 确定换热器总容积：

$$V = Q_{max} \times T \times K$$
$$= 32.17 \times 3/4 \times 1.25 = 30.2 m^3$$

式中：T——贮存时间，按 45 分钟（3/4h）计；

K——罐体的有效容积系数。

d. 先用 4 个容积为 $8m^3$ 的立式容积式换热器。

（2）按"美国管道工程资料手册"中关于热水计算方法确定换热器容积：

a. 用水量表：

器具名称	数量	单个器具小时用水量（L/h）	小时总用水量（L/h）
客房卫生间脸盆	485	7.5	3641
公共卫生间脸盆	50	30.0	1500
客房卫生间浴缸	485	75.0	36410
厨房洗碗机	1	750.0	750
厨房洗涤盆	10	112.6	1126
职工沐浴	10	284	2840

总用水量 46267L/h

b. 确定最大小时用热水量：

$$Q = Q_{总} \times B$$
$$= 46267 \times 0.25 = 11567 L/h$$

式中：Q——表示全部设备累计最大小时用热水量，L/h；

B——同时使用系数，对于旅馆 $B = 0.25$。

c. 确定换热器容积：

$$V = Q \cdot K = 11567 \times 1.25$$
$$= 14458 L$$

式中：Q——最大小时用热水量，L/h；

K——贮热罐的有效容积系数，$K = 1.25$。

d. 选用 2 个容积为 $8m^3$ 的换热器

从上面这个实例我们可以看出：同一个酒店的热水计算采用美国的计算方法要比采用国内的计算方法小 1/2 多，相应地，换热罐的个数，换热盘管面积，耗汽量——锅炉产气量等均可减少一半多，换热间，锅炉间亦可大大减少，其经济上的价值是不言而喻的。问题是在我们国内的高级旅馆的设计，热水部分是否能采用美国的计算方法？这是一个很值得作一番深入研究、探讨的问题。依我个人的粗浅见解，是可行的。就拿香港的一些高级旅馆来看，例如香港海景假日酒家，600 间客房，只有 4 个约 $7m^3$ 的换热罐，酒店出租率高达 95% 以上，从没出现过热水供不上问题，国内一些国外及香港设计的高级酒店，也未听说热水供应不足的问题，再拿上述的南海酒店来说，虽然换热罐是按国内公式计算选用的，但热媒蒸汽管道都是按美国公式来计算的，管径要比国内计算的小 2 号，即小时供热能力远小于国内公式计算的要求。酒店使用多年来，也还未反映热水供应不足。

当然，我所了解的这些情况不一定全面，只是把这个问题提出来，因为它对我们建筑给排水这一行来说，解决了这个问题对于节能、省材、省地、省钱有很大的价值。

3. 饮水

（1）开水：国内设计的旅馆大都考虑了开水供应，制备开水的热媒，有蒸汽、煤气或电。开水器一般分层设置在每层客房的服务间，如用煤气作热媒时，根据煤气规范之要求，煤气开水器应设在有一面墙是外墙，且有外窗的房间内。

（2）冷饮水

有的高级酒店专设有冷饮供水系统。每个各房卫生间脸盆处均有供给冷饮水的小管。

冷饮水的制备，须经过过滤，消毒及制冷三级处理，供水管路须保温，并需配备循环泵，如热水机械循环系统一样，有一套设计计算方法。这部分设计"手册"有较细叙述。

（二）排水

旅馆的排水主要包括有生活污水、生活废水（指人员盥洗用废水）、服务设施（主要指洗衣房、厨房）废水。

洁净废水——主要指水池、水箱溢水泄水，冷却塔、锅炉房排污废水，空调系统冷却废水、机房排水、雨水。

近几年来，随着城市人口的增加，工业生产与人民生活用水量也大大增加，不少城市供水水源严重不足，不得不想办法开辟新水源，——废水再生回用。——即所谓的"中水"。北京市1987年正式发出文件，规定建筑面积超过2万 m^2 的旅馆及建筑面积超过3万 m^2 的办公楼，均要搞中水处理回用。

中水处理回用在日本早在70年代就已开始了，至今已有好几家日本公司专门设计制备中水的全套处理构筑物，北京市环保研究所、市政工程设计院及其他一些单位近两年来也在这方面做了不少工作。

我院在最近设计的几个新项目中接触到日本专搞中水处理的"日立化成公司"、香港搞污水处理的"明益"公司、"祖恩"公司，下面粗浅地介绍一下我们所了解到的在中水处理及系统方面一些有关设计方面的情况：

1. 中水处理用原水

据初步了解，目前北京开始搞的设有中水处理的一些工程中水处理用原水大都是客房卫生间盥洗用废水，但我们在与"日立化成"公司座谈时，他们希望原水包括粪便污水，因为粪便污水能提供生物处理中微生物的养料，另一方面可以减少一套下水管路。

2. 处理流程：

中水处理的常用方法，一是生物处理法，如接触曝气法、生物转盘法等，另一是物化处理法，如气浮处理等。

我们接触到的"日立化成"、"祖恩"、"明益"等公司都是采用生物处理法，其处理流程如下：

"日立化成"公司建议的处理流程：

生活废水→自动格栅→流量调整槽→计量→接触曝气槽→沉淀槽→污泥浓缩与贮存槽→压力砂滤池→活性碳吸附塔→消毒→清水槽→供水。

香港明益公司建议的处理流程：

生活废水→自动格橱→平衡调节池→自动细格栅→生物转盘→沉淀池→污泥消化→压滤机→三级过滤器→活性碳吸附器→加氯消毒→清水池→供水。

香港"祖恩"公司建议的处理流程为：

生活废水→自动细格栅→调节池→生物转盘→鼓型过滤器→污泥排放→过滤输送池→压力砂滤器→活性碳吸附器→消毒池→清水池→供水。

（三）消防（有专篇介绍，这里只作粗略概述）

1. 消火栓给水系统：

目前设计新型高级旅馆，消火栓给水系统除一般为消火栓外，还设计了一种专供一般服务人员来扑灭小火或初起火灾的自救式灭火器。

2. 自动喷洒供水系统：

用在旅馆的自动喷洒系统，一般有湿式、干式和水幕三种形式。

湿式系统主要用在客房（没有分层值班台的旅馆）、走廊、公共场所、服务办公用房等处。

干式系统用在寒冷地区．没有采暖的汽车库，因为干式系统动作时，要先排掉管内气体，然后才是喷水，所以动作没有湿式系统快，因此这种系统可以冬季充气，其他非寒冷季节，即管内存水不至冻结时，可以充水。

水幕一般用于配合防火卷帘防火蔓延用，有的设有中庭的旅馆，因为中庭竖跨多层，把上下数层连通起来了，这样中庭部分的建筑面积很难控制在规范要求的防火分区面积之内，需要在中庭设置水幕，以阻止火焰向上各层扩展。

3. 气体灭火系统：

在旅馆一些不适于用水来灭火的地方，例如：油浸变压器间，带油、高低压配电间、电脑间、锅炉房等处，一般均设气体灭火系统。

灭火用的气体，有 1301（BTM）、1211（BCF）和 CO_2 等。

4. 其他灭火设施

（1）遍设小型的手动灭火器，它的数量、标准及一些具体要求，应按"建筑灭火器配置设计规范"执行。

（2）厨房炉灶的排烟罩设干粉灭火器。

（四）水景、健身、游乐及公用服务设施部分给水排水

作为一个现代化的高级旅馆，给水排水方面的内容除了上述一般给水、排水、消防的内容之外，还有一些装饰酒店、供人观赏的设施，如：喷水池、瀑布池。

供客人游玩、健身的设施——如游泳池、桑拿浴间；

供客用服务设施——如各种餐厅用厨房、洗衣房等；均须相应配置一套各自的给水排水系统。这些系统将在下面第三部分中分别介绍。

二、旅馆部分给排水特点

（一）安全、可靠、舒适

1. 提供合适的供水压力及消音，隔振处理：

（1）分区供水

高层旅馆的供水区，既要满足器具用水畅流、有足够的自由水头，又要使其压力不因过高而产生管道震动和水锤噪声，一般分区的标准为 10 层左右，器具处的最高静压头以小于等于 400Pa（4kg/cm²）为宜。

分区的方法：国内高层旅馆以往大多采用中间水箱来分区，中间水箱设置的高度一般应高出该供水区两层，这样才能保证最高层最不利供水点处之自由水头。

除采用中间水箱外，也可采用分区气压给水和减压阀分区给水。

国外采用减压阀来分区的设计较多。其优点是可以省去中间水箱。因为一般大型旅馆，中间水箱管的供水范围较大，有的还须考虑中间的生活或消防的转输流量，这样水箱容积就不小，它占的面积及空间大。而客房层一般不易找到设置这样大的地方来设置水箱，只好占用一间客房来作水箱间，并且配管也很麻烦。采用减压阀后，则可省掉水箱，同时它也不需要另设分区水泵、气压罐等，节省机房，节省一次投资，系统简单。

但是，这种用来分区供水的减压阀，一是要求能减静压，否则卫生器具处承受的静压太高，其承压配件容易损坏；二是要求减压阀的质量高，使用寿命长。有的设计为了简化管道，整个客房层从上到下一条供水立管，立管中间分段设减压阀，逐段减压，这样一个减压阀出了问题就将影响下区几段的供水。因此，采用这种供水方式，须持慎重，尤其是国内现在过关之产品不多，从安全、可靠供水的角度来要求，还是以设中间水箱分区供水为宜。

（2）冷、热水供水压力之平衡

a. 冷、热水由同一水源供水

系统热水一般由容积式换热器来制备。换热器由分区高位水箱单设一供水管供水，换热后返至该区供给热水。

为了减少冷、热水供水之压差，换热间应尽量放在离该供水区较近的地方，缩短热水输水干管之长度，使热水管与冷水管之沿程阻力损失基本持平。

另一点，换热器宜选用容积式换热器。因这种换热器罐内水流速度很慢，水头损失可以忽略不计，而如采用快速换热器则因其流速高，阻力损失大，热水供水压力就会低于冷水供水压力，影响使用。倘若为此再增设加压泵，则泵的流量和扬程均不好选，而且加压泵之后没有调节设备，水泵须昼夜运行，这样不仅耗电设备易坏，供水压力亦不好控制。

还有一点是热水管道上的闸门，以前一些给排水设计措施中规定：热水管上闸门用截止阀，不宜用闸板阀。原因主要是怕管道中的结垢物堵住闸门内板槽，闸板不好启、闭。而截止阀则基本上无此问题，但是截止阀的局部阻力要比闸板阀大十多倍。据"美国管道工程资料手册"介绍：闸板阀的阻力系数只有截止阀的1/10至1/20，因此，在自来水水质不是太硬或者冷水硬度虽高但经过软化处理时，则用于热水管道上的阀门宜采用闸板阀，这样可以减少热水系统之阻力，更有利于冷、热水供水压力之平衡。

b. 分设冷水、热水箱，两个水箱放置在同一高程上

单设热水箱一般用于采用快速热交换器换热的地方，快速换热器热效率较高，单位时间换热量大，节省占地面积与空间。但是它没有贮存与调节容积，且阻力损失大，因此用水量变化大的旅馆采用这种换热器就须设置高位热水箱，经换热后的热水可以借助上一区冷水箱之静压头；或者当由本区冷水箱供水时，另加热水加压泵将其输送至热水箱。这样，冷热水箱位于同一标高处，冷、热水供水管路几乎完全等程，供水压力之平衡条件更好些。

（3）分支供水，以减少供水之相互干扰

分支供水主要指的是根据不同的用水对象，不同的用水要求开设置冷、热水供水管路。

例如，供给客房卫生间用的冷、热水干管，尽量不要分支供水给其他公用设施。尤其是厨房、洗衣房及职工沐浴等用水量大，有的用水温度也有特殊要求，均宜单设冷、热水供水干管，否则将影响客房卫生间的正常供水。

就是客房本身，在下述情况下，即便在同一供水区亦宜分支供水。

a. 当顶层客房设有总统间或高级套间时（一般高级宾馆大都这样布置），为了保证这些要求特别高的客房卫生间之供水稳定、舒适，该层供水管道宜单设，有的国外设计甚至在最高层单设增压泵供水。这样，顶层卫生间之用水就不受下面客房卫生间用水之干扰。否则，如顶层与其下各层都串用一根立管，下面一用水，顶层供水压力就有波动，下面用水量大，顶层就流水不畅。这对于要求特别舒适的总统间或高级套间来说当然是不允许的。

b. 前面已说到当卫生间大便器采用自闭式冲洗阀时，因冲洗阀瞬时流量大，易影响其他卫生器具的供水，所以即便由同一系统供水，冲厕用供水管也宜与其他一般供水管分设。

（4）消音、隔震与水锤消除

为了消除或尽量减少使用卫生器具及设备运行时产生的噪声与振动，消除输水管中的水锤波及水击噪声，一般在设计中应考虑下面几个方面：

a. 泵房：给水泵房大都位于主楼的地下室，这样可以减少管路长度，便于管道布置。但水泵运行时产生的噪声可能传至周围场所，因此，泵房本身应考虑消音措施，一般可在其四周墙板上贴玻璃棉纤维等吸音材料。

对于水泵本身的消音隔振，一是应尽量选用低转速的优质水泵，转速低，相应噪声也低；二是水泵应作好防振基础，其做法：一般都是用弹簧、软木及橡胶垫。其中橡胶垫是国内近年来发展的一种新型产品，安装简便，上海民用设计院在这方面作了大量工作，该产品已列入了标准设计；三是水泵的安装一定要平稳，否则运行时将产生大的振动。

水泵的吸压水管上应安装防振软接头。软接有橡胶的和不锈钢弹簧带两种。一般水泵吸、压水管采用橡胶软管，这是因橡胶管伸缩量较大适合于水泵开启时压力骤增、软管拉伸长的特点，消能效果好，即减振的功能好。不锈钢弹簧带软管防火性能好，但它的拉伸量及偏转角度较小，适于管道穿越沉降缝、伸缩缝处，也可用作管道上的热胀冷缩之接头。

另外，为了防止管道传递噪声与振动，水泵压水管宜用隔振消音支吊架，即吊卡与管道之间加一层橡胶垫。

b. 水锤消除：

（a）配水管上的水锤消除：

给水系统的配水管，在下述情况下宜考虑消除水锤的措施：

供水分区压力≥500kPa（5kg/cm²）时；

采用减压阀分区供水时：

客房卫生间大便采用自闭式冲洗阀时；

英、美及香港地区在高层建筑的给水管上通用一种叫"SHOCKSTOP"型的水锤消除。这种水锤消除器的构造如图1所示。外壳为不锈钢，能承受极高的压力，内壳为不锈钢制波纹管膜，其内充装清洁干燥的氮气，能吸收管道内的压力波，内膜封闭，不与水接触，因此，膜内氮气不会损失掉，能长期使用。适用介质温度为 −38℃ 至 149℃，最高工作压力为 1750kPa（17.5kg/cm²）它可根据管段的服务的设备当量数来选择。

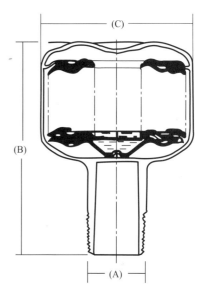

图1 水锤消除器

（b）水泵压水管上的水锤消除：

对于高层旅馆，当给水水泵供水压力较高时，水泵压水管上须考虑水锤消除措施。比较简易的做法是压水管上的止回阀采用消声缓闭止回阀。美国产的 VALMATIC 型消声止回阀在国内一些合资旅馆工程中使用较多，这种止回阀阀体小，效果较好。但当供水压力再高时，则应在压水管上另装专用的水锤消除器。

（c）采用低噪声之卫生器具与水嘴：

一般标准客房卫生间所设的洗脸盆、澡盆及大便器三件器具中，以大便器产生的噪声最大。噪声源一是当采用带水箱的大便器时，水箱的进水声；二是冲水时的噪声。因此，选用卫生器具时，应考虑选用低噪声大便器。近年来国内高级旅馆所用的美国产 STANDARD、KOHLER 及日本的 TOTO 等名牌卫生器具，除了它们的造型好、色彩好、五金配件好以外，水流噪声低，也是它们的一共同点。

水龙头的流水声也是客房的一大噪声源，国外卫生器具配套的脸盆、澡盆的水嘴均采用充气水嘴，即龙头出口处带一金属小网，水从细小的网眼流出时，呈雾状，给人一种柔和舒适之感，既省水又降低了水流之噪声。

2. 保证供水水质与水温：

（1）将自来水作进一步的净化消毒处理：

国内不少高级旅馆，尤其是合资旅馆将自来水作进一步的净化、消毒处理，以满足旅客饮用水的要求。

例如，南京金陵饭店，进户自来水经过混凝、压力砂滤、活性炭过滤、加氯消毒等一整套给水处理，然后再供至备用水点。北京的长城饭店、西苑饭店等亦进行了类似的给水处理。

（2）保证贮水池水质：

贮水池的做法，国内外不大一样。国外建筑物有一个消防保险的问题，消防设施愈多愈全，则相应的保险费愈低，而且消防设施一定要专用。因此，消防用的贮水池大多是与生活贮水池分开设置的，而且有的把消火栓灭火系统用的贮水池与自动喷洒用的贮水池亦分开，以明确各自的功能职责，水池定期换水以保证水质。

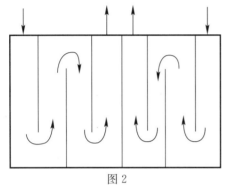

图 2

国内设计的贮水池一般都将消防贮水与生活贮水合在一起，这样一方面能节约土建费用，另一方面能节约用水。水池中的水随生活有水的不断使用，池内水体流动，连续不断地更换，可以不需要整个水池定期换水。但这样做必须保证消防水位不被动用，同时，对于较大的水池宜采用池内加导流板，使池内水保持较均匀有流动，尽量减少池内水的滞流区。如图 2 示。

还有的饭店为保证水池中水的余氯量，采取定期向池内加氯气或漂白粉的方法。

（3）给水软化处理：

对于以地下水为水源的地方，水的硬度一般均比较大，如北京地区自来水的硬度达 20 度以上，属于很硬水，于供水管道、用水设备，尤其是换热设备的使用、维修很不利。因此，近年来北京地区新设计的高级旅馆，不少都考虑了给水的软化处理。软化的范围有的是全部用水；有的仅限于热水部分。

a. 处理方法：

（a）常用的软化方法为离子交换法，用阳离子交换柱交换软化，食盐再生。

（b）简易软化法：用上述离子交换法，一次投资大，再生耗盐量也较大，尤其是一些大型旅馆，日用水量高达 2000 吨以上，这样全部水软化时，一天耗盐量达半吨多。成本高，维护管理麻烦，单是食盐的运输、贮存就要给旅馆的管理带来很多困难。因此有的饭店就采用在给水管上装磁水器的简易软化处理法。磁水器能改变水中钙、镁离子的物理状态，缓和与减轻换热设备与热水管道的结垢情况。

b. 常用的几种离子交换软化法的图示（图 3～图 5）：

（a）全部进水经软化的图式：

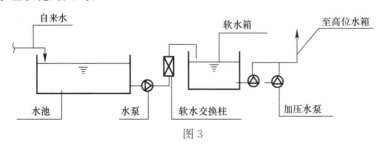

图 3

（b）部分进水经软化的图式：

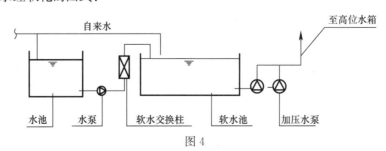

图 4

（c）直接利用自来水压力将部分水软化，然后与进水混合的图式：

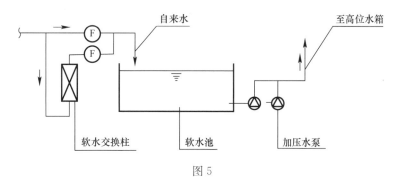

图 5

三种图式比较：

第一种图式，设备效率低，因为一般离子交换柱，软化效率高，出水硬度均在 0.1 度以下，而生活用水的硬度只需降到 5～10 度左右就行了，太软的水不仅处理成本高，而且不好用，这样只有将离子交换层的厚度减薄，或加大交换速率。前者设备利用率降低，后者阻力损失太大，耗能。但这各图式处理后的水质比较均匀。

第二种图式：即部分水经软化，可以软到 0.1 度以下，然后在贮水池中与非软化水混合，混合水硬度为 10 度左右，这样可以充分利用设备的处理能力，也就是说，软化设备的数量可以减少。

第三种图式是对第二种图式的一种改进。一般离子交换软水器水头损失约为 100～150kPa（1～1.5kg/cm²），当时水压力高于此值时，则可考虑直接利用自来水压力，既省设备（软化罐前的提升泵），又节能。这在软化设备位于地下室、给水压力能达 250kPa（2.5kg/cm²）左右时是比较合适的。

（4）选用优质管材：

国内一些高标准的旅馆给水管、热水管均用铜管。标准稍低一点的则是热水管用铜管，冷水管采用镀锌钢管。这样可以保证水质，防止使用普通钢管时因内壁氧化出"红水"的不良现象出现，同时，它这可以减少管道的维修工作量，延长其使用寿命。

关于镀锌钢管，国内只有小管径（管径小于等于 70mm）的管子，大管径的很少。有些工程采用大管径的镀锌钢管时，先将普通钢管安装一遍之后再去镀锌，为的是避免镀完锌后再去套丝破坏锌层，镀完锌后再正式安装，这样做费时费料。再又目前国内只有能套管径小于等于 70mm 管子丝扣的套丝机，即便有大的镀锌钢管亦无法安装。日本用香港等国外用的机械套丝机能套 150mm 管径管子的丝扣。当管径再大时，则用法兰连接或焊接，焊接时，在焊缝上涂一层保护油。

铜管是一种较为理想的输水管，防腐耐用，阻力小，其价钱大约是镀锌钢管的 2 倍。它中较先进的国家和地区如美国香港用于给水排水方面较为普遍。管径从 3mm 到 250mm，根据不同的用途有为同的型号，即有适应于不同的压力、温度的壁厚和不同的管段长度。接口的方式包括有对焊、法兰接、丝扣接。

香港地区大多采用英国产的薄壁铜管，这种管道的壁厚度只有通常的管壁厚度的一半左右，省材。但制造加式要求高，这种管道的连接方法按其管径的大小等分别采用焊接、法兰接或索母接。

焊接用的焊料有锡、铜、银三种。

锡焊是英国产的一种先进的小管径薄壁铜管所采用的接口方法，因为它的壁厚只有 1mm 左右，如按一般方法对焊，管壁易焊穿，影响管道之强度，且焊料有可能进入管内，堵塞管道断面，增大阻力。所以这种管道每一节成型时，在其一端留在一凸圈，圈内予嵌进去焊锡，连接时，只需在此处加热，锡熔化即焊成。管径 40mm 以上的铜管采用铜焊，管道与法兰连接时用银焊，因法兰盘是厚的铸铜，用铜焊难以焊上去，所以采用银焊。

（5）热水干管之布置，保证整个系统等程循环，以确保所有用水点随时取得热水。

在高级旅馆的热水系统设计中，如何保证每一用水点能随时取得合适的热水，即使旅客用水舒适又可以省水，这是一个较重要的问题，以往我勾在设计中一般只偏重于依赖回水立管上阀门的调节来解决这个问题，但往往效果不理想，因为管网的工况千变万化，究竟以哪种工况来调节阀门很难确定。这样有可能当靠近干管处的立管大量放水时，水力坡降线突然变徒供水短路循环，离供水干管远处的立管内存水循环不了，用水时要放掉这部分冷水后才能出热水。更严重者还有可能在最高最远点出现短时的负压，造成管内进气，影响正常供水，并产生噪声。再又，热水中主生的水垢在阀门处堵塞程度不同，也将影响阀门的调节。为了解决这个问题，现在不少高级旅馆的热水系统的设计中，均采用等流程的管路布置。如图 6 所示。

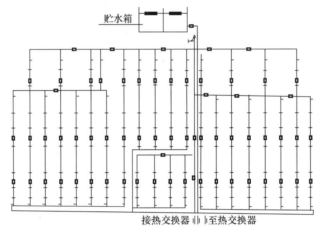

图 6　客房部分热水系统示意图

这种管路布置对于每一供水点来说，热水的循环流程基本相等，也就是说，每一回水立管具有基本相同的压头。我曾在"南海酒店"这样设计的热水系统进行过测试，在回水立管上的阀门没有作任何调节的情况下，所测多个供水点均能即刻放出热水。

实践证明：采用这样的等程管路布置，虽然多花费一点管材，但它省去了维护、管理和使用上的很多麻烦，供水舒适，又少水，是值得推广的一种设计方法。

3. 保证供水，排水安全，方便维修使用：

（1）给水外线：要求双路供水，在室外联成环状，以保证消防与生活的供水安全。

（2）热水管网、换热器的膨胀安全措施：

换热器交换出的热水温度一般均不超过 65℃，因此，在正常情况下，只要罐上装有安全阀，是不会有什么问题的。但有时，因温度调节阀出了毛病，或有时由人式来控制温度时，换热器中水温有可能突然上升到 100℃以上，水的膨胀量大增，罐体内压力猛然超过容器允许承受的最大工作压力，如在这时，恰好设在罐顶的安全阀失灵，就会造成换成换热罐爆炸的危险，这种事故国内外均出现过。

对此，有三种做法可以作为换热器安全运行的措施：

a. 换热器顶设膨胀管

每一换热罐顶均设一膨胀管，其管径一般为 DN25，单独地引至高位水箱，这种方式用于设高位水箱的供水系统。为了不使膨胀热水流入高位水箱，膨胀管接入箱之高度可按下式计算：

$$H = h\left(\frac{\rho}{\rho'} - 1\right)$$

式中：H——膨胀管高于水箱最高水位之高度（m）；

　　　h——高位水箱之静水头（m）；

　　　ρ——冷水密度（kg/m³）；

　　　ρ'——热水密度（kg/m³）。

b. 设专用膨胀水箱

膨胀水箱的计算及要求在"设计手册"中有较细介绍，此处不再多写。

c. 气压罐法

当给水系统没有设高位水箱时，可采用气压罐来作承受系统膨胀量的另一种方法。

国外资料中气压罐作为膨胀罐的作法如图 7 所示。

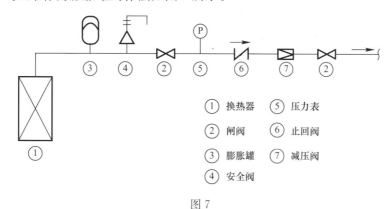

① 换热器　⑤ 压力表
② 闸阀　　⑥ 止回阀
③ 膨胀罐　⑦ 减压阀
④ 安全阀

图 7

图中：膨胀罐用来承受热水系统的总膨胀量；安全阀用于当换热罐处压力上升超过额定压力时开启；减压阀的作用是限制供水管网中的压力变化。

压力膨胀罐的计算举例如下：

给定条件：

$V_a=100L$　　$P_e=(1-0.1)PSV=5.4$（巴）

$T_a=10℃$　　$P_a=4$（巴）

$T_c=60℃$　　$Dau=4+0.2=4.2$（巴）

$n=1.67\%$

$PSV=$巴

计算公式

$$V_e=\frac{V_a\times n}{100}(L)$$

$$V_n=\frac{V_e}{D_f}(L)$$

上述符号所示意义为：

V_s：换热容器容积

V_e：膨胀量（量）

n：膨胀率（%）

D_f：膨胀系数

P_e：末端压力（巴）

P_a：减压阀后之静压（巴）

T_a：初始温度（℃）

T_e：末端温度（℃）

PSV：安全阀的开启压力（巴）

V_n：膨胀罐总容积（L）

Dau：膨胀，罐预充装压力（L）

计算：

$$V_e = \frac{V_a \times n}{100} = \frac{100 \times 1.67}{100} = 1.67(L)$$

$$D_f = \frac{P_e - \text{Dau}}{P_e} = \frac{(5.4 + 1) - (4.2 + 1)}{5.4 + 1}$$

$$= 0.1875$$

注：式中 P_e、P_a 均以绝对压力计。

$$V_n = \frac{V_e}{D_f} = \frac{1.67}{0.1875} = 8.9(L)$$

（3）地下室底层排水之设计：

一般旅馆的地下室都是用水量较多的公用部分，如洗衣房、厨房、职工生活间、机房等集中的地方，如何处理好地下室的排水，尤其是最底层地下室的排水，设计中应予着重考虑，香港地区的做法是：

a. 管道连接采用小结合井。这种小结合井类似于室外下水检查井，（当然其平面尺寸与深度比室外检查井要小得多）能接纳几个方向来的管道，干管每隔一定距离设置一个这样的小井。这种做法既方便管道的连接又便于管道清通维修。井的平面尺寸一般为 500×500（mm），井盖采用比压口铸铁密封盖板。

b. 器具排水支管尽量单独排入结合井，彼此不串通，这样可以减少管道堵塞，避免排水相互干扰，一条管道发生故障只影响一个卫生器具的使用。

c. 适当放大管径。因为埋设在混凝土垫层中的污水、废水管很难维修更换，所以适当放大这部分管道的管径是必要的。香港地区的一般做法是所有埋在混凝土中的污、废水管管径均等于或大于 100mm。

按上述做法，要多费管材和增加安装工作量，但对于今后的安全使用、维修是大有好处的。

d. 排水泵井：

地下室标高低，其内的污、废水一般不大可能借助重力流排入市政排水管道，需要采用集水井汇集地下室部分污、废水，用泵打至市政管内。

国外的习惯做法大都是将泵井放在地下室内，采用潜水式排水泵（污水泵或废水泵），污水池顶板上设双压口密封盖板和专用透气立管，这样做不需专用泵间，泵井除了需预留一安装、检修人孔及配电、控制盘外，不需另占地方，也不会污染周围的环境。但有设计这种泵井时应注意如下几点：

（a）正确选用污水泵。国外产的污、废水潜水排水泵有多种型号，对于排污水用的泵一定要选用适于抽送颗粒较大或带绞碎部件的粪便污水泵。而抽送一般不含大颗粒的废水则用一般的潜水排水泵即可。水泵选择不当容易造成叶轮处堵塞、电机空转，不仅抽不上水，还可能使电机因电流过载、温度过高击烧坏。

（b）水泵应为两台，一般情况下为一台工作，一台务用，并保证可靠的供电。

（c）水泵的控制：

泵井设三个水位，其与水泵运行之关系为：

低水位：水泵停止运行；

中水位：第一台水泵开启；

高水位：第二台泵开启，且发出溢流报警信号。

泵井内的高水位只有在第一台水泵已坏，或者地下室出现大量非常排水-如消防排水而此时一台泵运行满足不了排水要求的情况下才可能出现。

溢流报警信号应反应至水泵控制盘上（一般是亮红灯），并发出音响报警；旅馆如有管理电脑，此信号亦需反应至该管理电脑上。同时，污水泵的运行情况亦宜反映到管理电脑上。

二台水泵应轮换开启，轮换的方法：有的是定时轮换，如 24 小时换一次；有的是这次 1# 泵开，下次 2#泵开。这样控制有二个优点：第一，两台泵的使用率相同，不能一台泵常用，磨损大，而另一台泵常不用，出了故障不能及时发现。第二，降低了水泵的启动频率，延长了水泵之寿命。

（4）雨水管设计：

一般高级旅馆均采及内落水排出屋面及阳台雨水。在设计内落水雨水系统时，有几点值得注意：

a. 雨水立管管径不宜小于 150mm；因为雨水管边屋面的雨水斗或阳台雨水算安装完后，往往整个建筑的装修并未完。装修施工中扔的碎渣、杂物等容易伴随雨水或冲洗水流入雨水立管中，引起管道断面缩小，甚而堵塞。因此，将一般采用 100mm 管的雨水立管适当放大至 150mm，造价增加不多，但能大大减轻这种堵塞现象，防止屋面或阳台积水。

b. 雨水立管一般不宜埋设在墙、柱内，否则不便留清扫口，立管堵了也不易清通。

c. 客房阳台的排水不要与排屋面雨水立管相连。如不可避免时，则应在每一阳台处预留事故溢流管，以保证雨水立管万一堵塞时，不至溢水至客房内。

（5）污水管透气系统：

客房卫生间污水排水透气系统的正确设计对于保证水流畅通，减少水击噪声、防止水封破坏等是很重要的一环。

高级旅馆卫生间污水、透气管的做法大多采用双立管或三立管系统。双立管指的卫生间污、废水合流一污水立管，加一条透气立管。三立管指的是卫生间污、废水分流至两条立管再加一条透气立管。每一卫生器具之排水支管上加一透气支管与透气立管相连，污水立管每隔五～六层设一条连接管（又各减压透气管）与透气立管相接。

地漏是卫生间最易出问题的一个薄弱环节，香港地区的做法是采用一种抗虹吸式的存水弯作为地漏水封，这种存水弯的拼选如图 8 示。水封深度约为 100mm，顶部有一积气空间，能够破坏虹吸作用。

除了单设透气立管的做法外，也有在高级旅馆排水透气系统设计中采用苏维脱单立管设计的。如北京现正在施工的长富宫饭店就是采用苏维脱单立管排水系统。

（6）客房卫生间卫生设备管道之布置：

a. 下行式：所有器具的下水管均穿过楼板经下层卫生间吊顶再连接到管井内的立管上去。这是国内的习惯做法。这种做法

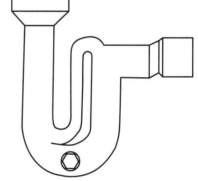

图 8 抗虹吸式存水弯

的优点是管井内基本上只有立管，较宽敞，每层管井底板好处理。它的缺点是：器具下水管穿越楼板，而卫生间又是经常用水、地面易积水的地方，如地南防水稍有漏洞，就会流水至下层吊顶。而且吊顶内的管道还有一个防结露的问题，管道须作防露保温层。再者，当器具下水管堵塞时，维修人员须到下面客房的卫生间去检修，影响下面客房的正常使用。一般国外客人住进了房间，这个房间就等于是他的家，是很有希望有人进去的。

b. 侧行式：所有器具的下水管不穿过楼板而是穿过毗邻管道井的侧墙接至下水立管上。这种做法的优、缺点恰恰与上述下行式的优缺点相反。

比较起来，我个人认为：还是侧行式优点大。它主要是能减少旅馆管理和维修上的许多麻烦，不影响客房的正常使用。缺点是管井内因所有器具存水弯等均走在其内，显得较为拥挤，另则拇层井底封板较麻烦。

当然采用侧墙式的布置方法须有一定的条件，一是卫生间管道井之布置，应为器具均靠井壁侧墙，这样接管较方便。

二是，大便器须采用后出水的形式。

三是下水管所用管材，不宜全用下水铸铁管，一般香港地区的做法是：管径小于等于 50mm 者

全采用镀锌钢管，丝扣连接，而美国则大多采用铜管，存水弯亦用铜制，这样从用材方面虽多花一点钱，但接管方便，且省地方。一般卫生间管井最多做到净宽700mm，里面给、排水立管多的可达8根，再加上空调专业的风管、水管已经很拥挤，如下水管全都采用国产的排水管件来组装，施工安装是很困难的。

（二）与建筑装修相匹配

一个高级旅馆，建筑装修方面是很讲究的，它除了用材高级，还要求设备工种的设计与之相匹配，从给排水方面来说，有如下几点考虑：

1. 卫生器具：

卫生器具是衡量一个旅馆的级别标志之一，也是区分旅馆内客房等级的重要标准。

首先，当然是要根据旅馆的标准来选用相应质量的卫生器具，国内的一般高级旅馆，卫生器具选用美国的"STANDARD"、"KOHLER"和日本的"TOTO"三种牌子的较多。从一些外商介绍，这三种牌子中以"KOHLER"更高级一些。

第二，客房卫生间器具的布置要符合新的潮流。如现在美国一些"五星级"的酒店，标准客房卫生间常设的大便器、浴缸和脸盆三大件外，还增加了一个带玻璃隔断的淋浴小间，这是目前新型高级旅馆设计的一种新的布置。

第三，按不同等级不同用途布置不同的卫生器具。下面以"南海酒店"为例，介绍它的四个档次的客房卫生间之布置：

a. 总统间：总统间设有两套卫生间，一套供总统及夫人用，另一套供客用或侍从用。总统使用的卫生间分成四个小间：其中一间放旋流浴缸，一间为黑色大理石台上装2个高级洗脸盆，一间装坐便器、妇女卫生盆；再内一间是淋浴间。所有器具的水嘴均用一镀金的开关把手。

b. 高级套房：高级套房内卫生间分成内、外两个小间，外间是洗脸化妆台；其上装有两个洗脸盆，内间是坐便器、妇女卫生盆与浴缸。坐便器采用日本产"TOTO"电热式新产品，这种坐便器便桶圈上有一垫圈，通电后，垫圈变温，使人坐上去感觉舒适。便后再按按钮，便器内伸出一个小喷水嘴，喷射出一小股温水，洗净后，水停，吹热风烘干，之后小水嘴回位，自动断电。整个装置用电功率为1kW。

c. 普通客房（标准客房）：普通客房卫生间没坐便器，洗脸盆（镶嵌在大理石做的化妆台上）和浴盆三件。

d. 旅游客房：旅游客房是供一般旅游团用的客房，也是酒店内标准最低的客房。其卫生间内设坐便器、脸盆和一个成品淋浴器小间。

2. 卫生间的所有给、排水管道应暗装。一般客房卫生间均有管道井，管道暗装容易做到，但公共卫生间不一定都有管井，可以将立管靠柱、墙包起来，支管可暗装在墙槽内。设计中应配合土建此创造条件。

3. 消火栓箱之布置与处理：

在高级旅馆中，如何布置好消火栓，使它既明显又不至于影响整个建筑装修的效果，这是一个比较普遍存在又较难以解决的问题。根据"高层建筑防火规范"之要求，消火栓的数量多，而现在一些高级旅馆又在消火栓箱中增添了一套供一般工作人员使用的灭火候，箱体尺寸比普通消火栓箱大得多，这更给消火栓箱的布置带来了麻烦。设计中应与建筑装修密切配合。下面有两点做法可供参考：

一是将箱体暗装在明显的地方，箱门镶嵌和所在墙面一致的材料，并标上"消火栓"三个醒目的红字，这样消火栓既明显又与装修融为一体。

二是客房部分的消火栓侧放。因为消火栓箱体较大，如按习惯做法，箱体平放，一般长廊形客房很难找到合适的位置。可以将消火栓侧放在客房的壁柜内，箱门与走廊外墙面一平，栓口与软带水枪口朝外，既方便使用，又保持了走廊墙面的整体性。

4. 小井盖、地漏箅子及卫生器具的五金配件：

前面谈及的地下室排水用小结合井，污废水泵井所用井盖，除了要求密封性能好之外，还要求美观。这种盖板的构造如图9示。它的下部为双压口与井座之间用橡胶圈密封，上部有两种构造：一种是带花纹的铸铁面，用于机房等客人不去的地方。另一种是中空，中空部位可以镶嵌和所在地面相同的材料，只露出两个很小的供开启盖用的小钥匙孔和一个镀铬或铜的金属边框，和整个地面结合得很相称，适用于所有地下室的公共场所。

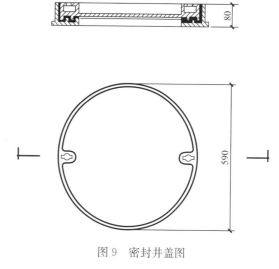

图9　密封井盖图

高级旅馆的设计中，美国在客房卫生间内不设地漏。但香港及国内客房卫生间是设地漏的。但地漏的做法不是用国内产的那种成品式地漏，而是用一个镀铬的铜箅子下面加一个如前所述的抗虹吸式存水弯，箅子的直径约80mm，比国内成品地漏箅子142mm直径将近小一半。

卫生器具的五金配件基本上都是与器具配套的，材质是镀铬或镀其他光泽很好的金属。水龙头的形式花样与功能随着卫生器具而不断更新改进。近年来高级旅馆采用混合龙头较多，龙头的开关把手很讲究，不仅漂亮，而且有冷热水温度指示，开启十分轻便灵活。龙头的出口处均装有一层细金属丝网，即为前面所谈到的充气水嘴。

5. 室外工程：

室外总体布置，对于设计一个高级旅馆来说也是一个重要的方面。给排水的室外部分内容较多，如按一般建筑那样来设计高级旅馆的室外给排水，许多地方是不合适的，也是与总体布置不相称的。根据我个人的经验在进行室外给排水设计中在如下几个方面值得注意：

（1）在进行室内设计时，管道的布置应考虑到室外总体的布局，尤其是污水、雨水的出口位置应尽量避开旅馆的主入口。因为主入口处是旅馆的主要交通口，其地面大都用大理石、花岗石等高级材料铺砌，如在这种地面上出现检查井盖，那就太不协调，太不美观了，如果排水出户管实在无法避开主入口，则可在该处室外作管沟，污、雨水管出户后不作检查井，而如室内之做法，室外干管走在管沟内一直到离开主入口处才作检查井。

（2）室内污、雨水管要适当集中，尽量不要搞一条立管一个出户管，否则室外马路上都是检查井盖。国外的旅馆设计一般污、雨水管在室内集中到两个有的甚至一个出口，这样室外马路上就干净多了。当然这样做，要增加室内设计的许多麻烦，干管在室内吊顶内要多次拐弯，要坡度，要高度，与其他管道交叉打架多等。但一般只要处理好了，是不会有多大问题的。

（3）室外的一些给、排水构筑物如泵井、隔油池等水池、水井的盖板尽量不要用那种长条形的水泥块，它的效果太差，与整个室外漂亮的绿化、整齐的马路不相称。

（4）场地绿化浇洒及排水设计：

有的高级旅馆室外场地大，草地、绿化面积大，需要设计一套绿地浇洒系统。国内场地浇洒大都是用每隔一定距离设洒水栓，由人工每天接软管浇洒。一些发达国家，城市绿化地带基本上均有喷洒管网，如美国，我们所见到的大小城市几乎所有草地、绿化带都设有浇洒用的洒水头。

作为高级旅馆的室外草坪或绿化带可以选用那种隐蔽式的喷头，这种喷头不用时隐蔽在草丛或小灌木丛中，浇洒时，由水压将其顶起并利用压力水的反作用力旋转喷水。喷头的上升高度和旋转角度可依需选择，一般带有花丛的草地可选用上升高度为300mm的喷头，喷头分组用闸门手动控制。

场地排水：一般路面或停车场等用雨水箅子集、排水；但绿地或一些小型运动场等则不宜设雨水箅子和接合井。如果一大片绿地中设一个或几个黑乎乎的铸铁雨水箅子或铸铁井盖，那的确太刺眼了。

因此在这种地方的集排水宜参照体育场的雨水设计，即在场寺内敷设盲管，国外有成品的塑料盲管，它的优点是具有一定的柔性，可以稍为曲地布置。这给地形不规整的地方敷设管道，提供了方便。但是，值得注意的是在盲管的施工中，必须把好质量关，即盲管敷设前，必须按设计要求铺设滤水层，砂砾要严格级配、筛选，施工毕，不能让汽车、压路机等重件通过，以防压实表上，堵塞滤水层。

（三）选用较好设备，节省机房面积，节省构筑物

1. 不设高位水箱的供水系统：

国内的高级旅馆大都设置高位水箱，这样一是供水可靠，因它有一定的贮存容积，即便水泵偶尔出一点故障，或短时停电，亦不会影响供水，且水箱供水压平稳。二是"高层建筑消防规范"有设置高位水箱之要求。因此，在条件许可的情况下，国内的高级旅馆一般设置高位水箱是合适的。

但在有的情况下，例如规划部门对建筑物有限高之要求，像香港不少高层建筑就是因为怕影响飞机航线而不设高位水箱。再有，有的高级旅馆因建筑立面布置之需要不宜设高位水箱。还有一些发达国家供电可靠，设备性能好，因而也不设高位水箱，这样可节省因建造高位水箱所需花的土建费用。

那么不设高位水箱的供水系统有哪几种方式？下面就此作简单介绍：

（1）生活用水供水系统：

a. 稳压泵系统：（或气压罐供水系统）

稳压泵系统即供水泵加气压罐供水的系统。香港有不少高级旅馆采用这种供水系统。

常用的有三种稳压泵系统的布置方式。第一种方式有三台泵，1#、2#泵为加压泵，3#泵为补压泵或小加压泵，小流量时，小泵启动，大流量时一台加压泵工作，再大流量时，二台加压泵同时工作。

第二种方式三台泵中1#、2#、3#泵均为同样的加压泵按管网需流量的大小顺序开启一、二、三台加压泵。

第三种方式泵组的布置同上，但气压罐设有同泵组放在一起，而是单独放在顶层处。

稳压泵供水系统不算什么新的方式，但国外用的这种系统较国内的做法要先进，其中较突出的有这么两点：第一点是国外采用这种系统紧凑、灵活、气压罐容积小，整套装置占地面积小。例如香港的"新世界中心"采用这种供水系统，只有一个气压罐，罐的尺寸约为φ1.2m，高1.5m。金轮酒店的冷、热水系统上用的气压罐罐体容积才150L。这与国内一些采用气压罐供水的系统相比，罐体容积要小得多，第二点是将气压罐放到屋顶层，它的优点是气压罐承压低，容器壁厚可以减薄、省材、安全。

b. 变速泵供水系统：

这种系统美国用的较多。近年来，国内也有好几家饭店如广州的"中国大酒店"，深圳的"亚洲大酒店"，北京的"长城饭店"、南京的"金陵饭店"等也部分地或全都采用变速泵供水。

变速泵有两种形式：一种是液力变速，一种是电磁调节变速，液力变速的基本方式是利用一个普通常速电机作力源，经液力变速器之调节节，使水泵的转速随系统之要求而变，从而得到可变之流量。变速器由圆形叶轮，媒介油剂，油泵，油量调节臂输出控制器组成，它是由油剂加入量来控制变速器之转速供水管网上用水量越大，油剂加入量越大，则泵之转速愈高。

电磁调节变速是一种较新的变速控制装置，据香港"勤兴公司"——一家专门经销各种水泵的技术人员介绍，电磁调节变速比油压调节好，运行平稳，使用时间长，可靠。但要保证电子元件在运输过程中不受潮，一般这种泵自带电子加热元件当湿度超过规定时，自动加热去湿。

泵组的选择有三种方式：

第一种方式是选两台泵，一台工作，一台备用，轮换使用每一台泵的流量都要满足最大瞬时流量（秒流量）之要求。

第二种方式是选用三台泵，每台泵的流量可按设计秒流量的一半设计，小流量时一台泵运行，大流量时两台泵并联运行，极大流量时三台泵同时运行。

第三种方式有点类似于上述介绍的稳压泵系统，即为变速泵、常速泵加气压罐的供水方式。奥地利福伦水泵厂介绍了这种变速泵的选择方法。其设计举例如下：

某酒店供水要求为：供水压力要求恒定为 40m，流量常变化在 $100 \sim 450 \mathrm{m}^3/\mathrm{h}$ 之间。

选设备：小常速泵：$Q = 10 \mathrm{m}^3/\mathrm{h}$ 二台（其中一台备用）。大变速泵：$Q = 150 \mathrm{m}^3/\mathrm{h}$，四台（其中一台备用）；气压罐一个。

运行要点：晚间不用水或极小用水时，由气压罐供水，不需启动水泵，小用水量时，即 $Q \leqslant 10 \mathrm{m}^3/\mathrm{h}$，启动小常速泵，不需开启大泵；用水量增加时，按流量大小分别开启一台、二台、三台大变速泵；而此时小常速泵自动停止，当用水量减少，以上的操作程序自动复原。

上述三种变速泵供水方式，前面二种较为常用，因它省地、省泵，发挥了变速泵的优势，尤以第二种方式使用更为灵活。

第三种供水方式仅为资料上所见，没有看到过这样的实例。

采用变速泵供水系统不仅省掉了高位水箱，而且它比稳压泵系统供水水压稳定，节能，因为它的转速随用水量的大小而变化，即马达功率亦随之而变，小流量小功率，大流量大功率，这样自然节能。

但变速泵价格昂贵，一台变速泵的价钱数倍于同型号的普通泵，它与稳压泵系统相比，其价格亦高约 1 倍。

c. 加压泵组供水系统：

加压泵组供水系统类似于变速泵供水系统，但它采用的不是变速泵而是常速泵。

这种供水泵组常由两台或三台组在一起，其泵组的主要组件如图 10 示。

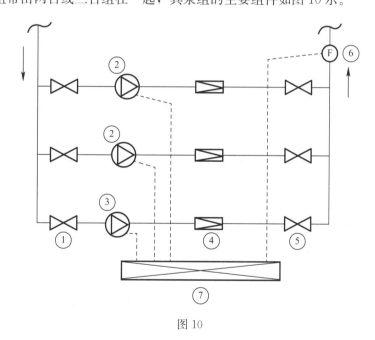

图 10

图中　①——吸水管隔断阀

②——主泵（可为一台或两台，流量大时启动。）

③——引导泵，小泵（常开泵）。

④——减压阀。这种减压阀为专用减压阀，它同无声止回阀结合在一起，是一水力驱动，导向控制的膜状球阀，它的作用是不管压水管中流量如何变化，能自动调节压力管上的压力为常压使用这种减压阀要求有较稳定的吸水压力。

⑤——压水管上隔断阀。

⑥——控制水流顺序启动水泵的流量计。能反映出压水管上的流量变化，并按流量大小，顺序开启引导泵与主泵。

⑦——控制盘。

美国"PACO"水泵厂专门生产这种加压泵,并配套提供泵组所需的闸阀及控制装置,安装时,只需配上电源接上水泵吸压水管就行了。关于设计中如何选择这种加压泵,这家公司有较深的研究,下面就"PACO"水泵厂提供的选泵原则作以粗略介绍:

(a) 当用水量小于满负荷的25%用水时间多于水泵工作周期的四分之三时,虽然选用三台泵要比选用两台泵一次投资要花费多些,但从三台泵所节约的经常运转费,完全可以回收过来;一般中型以上的旅馆宜设三台泵。

(b) 泵组无论是由两台泵或三台泵组成,其流量选择时均有应平均分配,即应将水泵分成引导泵与主泵两种形式:

当选用两台泵组成供水泵组供水时,引导泵与主泵之流量分配宜为1:2,它比选用两台各按50%的流量设计的泵组可节能25%。

当选用三台泵组成供水泵组供水时,可选用一台泵作为引导泵,其余两台泵作为主泵,其流量的分配宜为1:2:2。即分配占总流量的20%,40%,40%。

(c) 引导泵的选择:上面已提到。引导泵的流量不应和主泵一样,因为它是经常运转的。据统计,它的运行时间占整个工作周期的四分之三以上,在它运行的大部分时间内,用水量低于其供水量,水泵不在高效率范围内工作,因此,效率低,耗电。但引导泵的流量也不应太小,例如三台泵组成的泵组,量如按10%、45%、45%的分配就不合适,因这样引导泵的供水能力太低,主泵引导的时间就长,开启的频率也大,不仅不能节能,而且容易引起主泵马达出故障。

加压泵组供水系统在美国用的较为普遍,国内的合资工程:如北京的建国饭店,广西的桂林酒店亦采用这种泵组供水。

美国加利福尼亚州、奥克兰的"HYATT"旅馆的供水系统就采用了上述的加压泵组。该饭店于1981年始建,1983年建成开业,共高21层,客房总数为488间,客房部分均由该系统供水。三台水泵选用美国"PAOE"公司的产品。

二台主泵,功率 $N=15H \cdot P$(马力)

一台引导泵,功率 $N=10H \cdot P$(马力)。

我在实地观察了约10分钟,观察的时间是下午三点多,(对于旅馆来说,这个时间为用水低蜂时期)从短期的观察来看,引导泵开启很频繁,几乎水泵停不到1分钟就又启动,只要水泵一停,出水管上压力降低得很快。

由上叙述可以看出:使用加压泵组供水系统,优点是很省地,如上面所述的"HTATT"旅馆中的三台泵组连同控制部分组在一起总共占地才 $2.0 \times 1.0 m^2$ 左右。省钱,它与前面的稳压泵及变速泵相比,一次投资要省。再又一点是供水系统简单。缺点是:耗能,因为它不能像变速泵一样随流量的变化改变转速。这样出水压力就不稳定,时高时低,为了克服这个缺点,它需要靠安装在压水管上的减压阀来调节和稳定管网压力,自然要消耗掉部分能量。另一点是引导泵启闭太频繁,这样对其使用寿命有影响,换言之,必须有高质量的引导泵及其配套的控制设备。

(2) 消防供水采用补压泵供水系统:

没有高位水箱,如何保证火灾发生时,消防管网能即时供水灭火,香港地区一些高级旅馆基本上是采用两台加压泵配一台补压泵的做法。而美国一些建筑的做法是:一台电动泵,一台配专用柴油发电机的消防加压泵,和一台补压泵。

补压泵的作用就是稳定或补充管网的正常压力。平时,当管网因阀门,尤其是水泵压水管上的止回阀漏水而引起压力下降时,补压泵即可立即启动补压,直到管网恢复工作压力为止。

这种系统的三台泵都是由压力继电器控制,控制压力波动的范围为:补压泵:当管网压力下降达5%~10%时启泵,恢复压力时停泵。也有规定为:补压泵控制在主泵开启压力以上约70kPa(0.7kg/cm²)时启泵,恢复压力时停泵。工作泵:当管网的压力下降为10%~15%时启泵,也有的规定为补压泵开启1分钟之后,自动开启。

补压泵的流量不宜太大，因为它的作用仅仅是补充管网中之压力，以使管网经常处于工作压力的状况，而真正灭火时，由于加压泵能迅速启动供水，因此补压泵无需起加压供水之作用，其流量也就可以小。据"美国管道工程资料手册"中介绍：补压泵的流量右控制为主泵流量的 2%～5%，例如消防流量为 30L/s 时，补压泵之流量右这 30×（2%～5%）＝0.6～1.5L/s，这与香港地区采用的补压泵流量为 1L/s 是一致的。

国内近几年来也有不少家高级旅馆采用这种补压泵供水的消防供水系统。例如，北京的长城饭店、南京的金陵饭店、深圳的"南海酒店"等。但选用这种系统，一定要有合适的可靠的小流量高扬程水泵；如美国、日本就有专门的消防用补压泵。另则这种泵运行过程中有可能启闭频繁，如国内工程选用国外的产品时，最好安装一台，库存一台。或者干脆安装两台，一台工作，一台备用，轮换工作。还有的补压泵配套一个小气压罐，这样可以减少补压泵的启动次数，对于保护补压泵是有好处的。

2. 给水泵房之布置：

（1）采用省地之立式多级泵或大型管道泵

一般高中级旅馆的地下室空间较高，当给水泵房布置在主地下室时，选用一般的卧式水泵，空间高度得不到充分利用，如选用管道泵或立式多级泵，则可节省用地，而使较高之地下室空间得以发挥作用。国外一些名牌水泵厂生产立式多级泵已有很长时间，质量也很好，国内近几年来随着气压罐的普及，也有厂家开始生产这种与气压罐配套的立式多级泵了。

（2）采用给水泵组，或二泵共基础做法，节省用地。

前面谈到的变速泵、带气压罐的稳压泵及加压泵组有不少厂家就是将其组装在一起，不仅几台水泵组在一个基础板上，有的还将气压罐连控制设备都与水泵组装在一块板上，这样十分节省泵房占地面积，而且只要接上电源和吸、压水管就可运行，安装十分方便简单。

选用一般的供水泵时，如水泵的功率不是很大，亦有将两台水泵共一基础，这样可以省去两泵之间的通道，同时对运行的那一台来说，基础大而重，于隔震有利。

3. 选用立式容积式换热器，节省换热间的占地面积：

在国内国级旅馆的给排水部分设备用房中，最大的恐怕要算换热间了。国内有的大型旅馆，生活用的热水换热间面积达到好几百平方米。这样大的机房面积对于一个造价高昂的高级旅馆来说，不能不说是一个很大的负担。

为什么仅供旅馆生活用热水的换热间要占那么大的地方呢？究其根源，其一是如前面第一部分谈到的，国内热水用量的计算方法偏保守，热水计算用量大，这样自然贮热水量就跟着大；其二，国内的换热设备较落后。国内现有的容积式换热器大都是卧式的，本身卧放已占了很大的地方，还要考虑为抽出其换热盘管而预留很大的空间；其三，有的地方，生活热水换热用的热媒是城市热网水，它的供水温度在夏季很低，一般只有 70℃ 左右，它与被加热水的温差甚小，换热系数也低，这样换热器的换热面积需成倍的增加，为了满足换热面积的要求，不得不多选约 2 倍的换热罐，这样无形中占地面积又增大了近 2 倍。

为了解决这个问题，我院最近在吸取国外一些立式容积式换热器的先进技术的基础上，设计了一种新型立式双盘管容积式换热器（下面简称"新罐"），它具备各下几个特点：

（1）节省占地面积：

一般旅馆的换热间均放在空间较高的地下室或地面层。立式容积式换热罐就等于将卧式罐竖起来，当然盘管的位置要改，充分利用了地下室或地面层的空间高度，本身的占地面积就省了一半多，且换热盘管又短了一半多，因而为抽出盘管维修的用地又省不小，这样两顶叠加，按单罐占地面积计约可节省地 47%。我们拿我院最近设计的一个旅馆换热间作了一项比较，该旅馆有客房 400 间，采用国内现有的卧式容积式换热器：占地面积分别为：$10m^3$ 容积双盘管卧式罐：$167m^2$；$5m^3$ 容积单盘管卧式罐：$240m^2$。而采用新罐时则只需要 $84m^2$，占地面积比上述两种卧式罐分别节省用地 50%～66%。

(2) 适应热媒的变换，解决了热媒出水温度过高之难题。

"新罐"设有上、下两排盘管。换热面积大，适用于城市热网水为热媒时，需大的换热面积之要求。汉热媒为蒸汽时，则上盘管内走蒸汽，下盘管内走凝结水，这样高温蒸汽进入换热器后，经两级盘管换热后，出来的凝结水温度可降到 60℃，热媒为热网水时，经两级换热，热媒出水温度亦可降到所要求之温度避免了"卧式罐"为了解决热媒出水温度过高而需另加换热设备的复杂系统。

(3) 提高了换热效率

"新罐"内设置了导流板与挡板，用水时，它迫使绝大部分冷水流经加热区，不用水时，罐内形成强制自然循环，保持全罐内的水均为热水，换热盘管的布置较传统的卧式罐也作了较大的改进，这样整个罐内的传热状态就有了很大的改善，依实测，"新罐"的传热系数较"卧式罐"要提高约 50%。

(4) 节能：

"新罐"节能有三点：一是效率高，换热时间短，可以减少热损失；二是当蒸汽为热媒时，回收了凝结水的余热能，（这分热量约相当于整个热量的 10%～15%）；三是"新罐"下半体四周相当一部分为冷水区，罐体的散热损失可大大减少。

4. 采用潜水泵，省去机房

在国外的高级旅馆建筑中，喷水池、瀑布池的循环水泵、地下室污水、废水、雨水的排水泵，大部分都采用潜水泵，水泵连电机直接淹没在水中，这样，就可以省掉为此而专设的水泵房。

当然采用这种做法，需要有优质水泵，尤其是与水泵配套的电机部分必须具备很好的密封防水性能，否则，电机易出故障，再又，对于排水泵如前所述，要根据水质的情况选择合适的水泵。

三、主要服务、游乐设施的给排水及特殊给排水系统：

1. 厨房：

厨房、餐厅是高级旅馆必不可少的主要服务设施，餐厅的种类较多，与之配套的厨房设施更是繁多，厨房设备的布置一般都是由该旅馆的管理公司来决定，各家管理公司都有自己的一套做法和习惯，因此，尽管是一个同样规模的中餐厨房或西餐厨房，不同的旅馆，它的厨房布置可能截然不同。厨房本身设备的设计大都由厨房专业公司设计，下面仅就厨房的给水、排水设计中我们所接触到的一些工程实例，及从某些国外资料上收集到的一些情况作以简单介绍：

(1) 给水：

厨房用水对象主要是洗碗机，其次是各种盥洗用的洗涤盆、炉灶用水、海鲜鱼虾池用水、清洗地面、清洁等用水。

厨房的用水量，国内一般工程设计是按就餐人数来计算的。其计算一客人 30L/人，餐，职工 20L/人餐，这样的计算主要是用来确定厨房的是总用水量。

计算厨房供水管道管径时，则应按用水器具来计算，因为厨房的工作时间比较集中，即用水时间比较集中，所以计算管径时，器具的同时作用系数应尽时取高些。

(2) 洗碗机：

a. 洗碗机的构造及工作过程简介：

全自动的洗碗机主要由预洗、冲洗和漂洗用喷嘴及其配套的加压泵、水箱、传送带、装碟框、电加热器、操作台、控制盘等组成。其工作过程为：待洗的碗碟由传送带送入洗碗机后先经预洗、之后冲洗，最后经漂洗消毒干燥，洁净的碗碟经传送带送出。

洗碗机内设有预洗与冲洗水箱，预洗水箱利用冲洗水箱的溢水补充，而冲洗水箱则是由漂洗废水充水，这样大大节约了用水。

碗碟的消毒有两种方式：一种是高温热水消毒，即碗、碟经预洗、冲洗后再用 180℉（82.2℃）

的高温热水来漂洗消毒。

另一种方式是碗、碟先经 140F（60℃）的热水预洗与冲洗，之后将浓度为 5.25％的次氯酸钠液加入约 160F（71℃）的热水中再冲洗，最后用水量 82℃的高温热水漂洗。

b. 供水要求：

洗碗机是厨房用水量，尤其是热水与蒸汽用量最大的设备，它在使用过程中对供水有一定的要求，根据"美国管道工程资料手册"一书中介绍：设计洗碗机的供水系统时应注意如下几点：

（a）供水温度：为达到碗、碟消毒的目的，供水温度应为 180F（82.2℃），高于正常生活用热水的温度。一般生活热水供水温度为 140F（60℃）；因为供水温度如超过 60℃，则换热设备及热水供、回水管道结垢或者腐蚀的现象将加剧，这样不仅给设备管网的维修等带来很多麻烦，而且将缩短其使用寿命。要将 60℃的热水升温至洗碗机所需的 82℃，一般做法是局部加热，热媒可用蒸汽、电加热或煤气加热，也有的直接通过蒸汽和热水混合以提高水温。还有的设计是将厨房、洗衣房等用热水量大的部位单设专用换热罐，这样供水温度亦可相应提高。

（b）从水加热器至洗碗机的供热水管管径，应水于 3/4（即 20mm），并且不能从此管上再分出支管供他用。

（c）推荐洗碗机的供水压力为 15～25PSI（1～1.72kg/cm²），最适宜的压力是 20PSI（1.4kg/cm²）。压力过低，冲洗、消毒、干燥的效果都不好。压力过高，即压力超过 25PSI（1.72kg/cm²）时，将引起高温水的雾化，即部分热水蒸发，水温下降，从冲洗喷嘴到碗架之间水温可下降 8.3℃。这样同样影响其消毒、干燥的效果。因此，当供水压力低于 1kg/cm² 时，在邻接洗碗机的供水管上设增压泵增压到 1.4kg/cm²；当供水压力超过 1.72kg/cm² 时，宜在其供水管上设减压阀，减压至 1.40kg/cm²。并应在靠近洗碗机处安装压力表与温度计。

（d）当洗碗机离开换热器的距离大于 1.5m 时，应设回水管，如洗碗机位于换热器之上空且回水管之长度不大于 60 英尺（18.3m）时，可以考虑利用重力循环回水。但使用重力循环回水时，热水供、回水管段上均不得有下降段，即管道不得有的做法。如不能满足上述要求时，即洗碗机与换热器位于同一高度处，甚至于洗碗机还在换热器之下，或回水管长度大于 60m，或供、回水管上带有下降段，则要求采用加循环泵的机械循环。

循环泵一般安装在回水管上，由洗碗机的冲洗开关来控制。在靠近洗碗机附近安装一手动开关，并在回水管上安装一插入式温度控制器，当回水温度达到某值时自动关泵。

（e）回水管上应安装止回阀

（f）如果在加热器前的冷水进水管上安装了带止回阀的水表，则在加热器与水表之间应安装一开式释压阀，这个阀门的压力应调到位于加热器之顶的安全阀的开启压力以下。

（3）排水：

厨房的排水设计与整个厨房设计一样，不同性质用途的厨房，不同的管理公司，不同的厨司都有不同的要求。因此，不少高级旅馆的厨房设计，因为管理公司，尤其是主管厨司不能一下子定下来，往往不得不拖到工程的后期才能进行，这样，给整个给、排水设计带来一些麻烦。对此，国外的一些习惯做法是：在厨房的四角——对大型厨房，或两边——对较小的厨房，预留下水口，尽量为尔后的厨房排水管布置带来方便。

上面已谈到厨房的排水设计主要取决于业主、厨司的要求，因此，很难说哪种做法最好，下面就我做过的南海酒店一个面积为 500 多平方米的大型中餐厨房排水设计中的上些特点作以介绍：

a. 根据污水中油垢及杂物的多少，分设地面清扫排水，炉灶前水明沟排水，单格或双格洗涤盒排水和洗碗机排水，几种排水管道互不相通，各自独立地排入室内的隔油池。

b. 地面排水，不采用国内一般的明沟做法，因为明沟排水卫生条件差。采用每隔一定距离约 4m 设一清扫框，中间用管道连接的方式。清扫框的做法如图 11 示。这种不锈钢算子加不锈钢栅框的做法既可拦截脏物不让较大的菜叶等进入下水道，又可随时将栅框提出来清通管道。

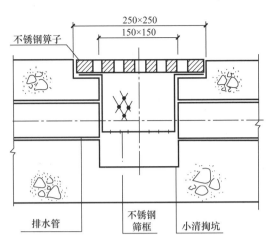

图 11　厨房地面清扫排水口

c. 埋地排水管采用 $Dg＝75～100mm$ 的铜管。采用铜管的好处，一是铜管的内壁光滑，磨阻小不易积聚油垢，即便管内壁积聚有小量油垢也易于冲洗干净，排水流畅。这对于不易清通、维修的埋地管来说很有好处。

二是铜管与铸铁管（带承口）相比，占空间小，这在地下室混凝土垫层不可能太厚而难以保证排水管正常坡度的情况下是很有利的。

d. 含油量较大的洗涤池及锅灶排水先经就近设置的隔油箱初次隔油后再排入下水道，隔油箱为不锈钢制：尺寸为：长×宽×高＝500×350×400（mm）。

2. 游泳池：

（1）特点：高级旅馆设置的游泳池与一般比赛用游泳池或公共场所设置的游泳池相比，具有如下两个特点：

第一，规模小，即池体尺寸小。因为一般大城市中的旅馆无论室内或室外，用地面积都很紧张，为了尽量多布置一些客房，公共面积卡得很紧，因此，除了像北京丽都饭店这种以健身设备作为饭店吸引顾客的特殊手段而把游泳池搞得较大以外，其他大多数旅馆的游泳池都比较小，一般池体总容积为 $80～120m^3$。当然，既然是一个游泳池，也不可能太小，例如，美国"假日酒家"集团的设计标准中规定：室外游泳池的最小尺寸为 $20'×40'$（$6.1×12.2m$），室内游泳池的最小尺寸 $15'×30'$（$4.57m×9.14m$）。

第二，使用人数少，水质污染轻。

旅馆内的游泳池可以说是高级旅馆的一个标志，也就是说，高级旅馆的附属或公用部分中必须有一个游泳池，否则这个旅馆的标准就不够高。然而据了解，像这种小型游泳池，真正游泳的人是不多的，因而它的水质污染很轻．这样它相对比赛池、尤其是公共场所的游泳池来说，水处理的负荷也轻些。

（2）池体与水处理系统的设计：

根据上述二个特点，近年来，旅馆游泳池及其水循环处理系统的设计也有下述一些较新的做法：

a. 溢水回收：以往游泳池的做法，溢水面比池顶低，且溢水没有回收，让其排入下水道。现在较新的做法如图 12 所示，溢水面与池顶平，而且溢水回收。这样不仅节水，而且在池体较小的情况下，它能给人以水面较为宽阔的视觉。

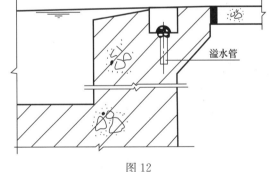

图 12

b. 游泳池的四周须考虑一定的空间，放置座位。有的旅馆设计中规定：池子周边宽至少应大于 $1.53m$；此外池边周围须有 1000 平方英尺（$92.9m^2$）的座位面积。

c. 水循环处理系统所用机房面积很紧凑：

旅馆游泳池水循环处理系统与大的游泳池、比赛池基本相同。

（a）过滤罐：一般也是采用压力砂滤罐，国外有专门为这种小型游泳池配套的过滤罐，罐体有玻璃钢的，也有钢板的。滤料亦为石英砂，滤层厚度约 500mm。这种滤罐的设计滤速一般为 $25m/s$，比国内常用 $8～12m/s$ 的滤速要高一倍多。采用较高滤速的理由：除考虑游泳池使用人数少，水质较好的因素外，还可以用控制好混凝剂投加量、适当加大 pH 值亦能提高混凝过滤的效果，滤速亦可相应提高。据"美国管道工程资料手册"及美国一些家用游泳池过滤罐的资料介绍：滤速最高者过 $50m/s$，因为滤罐的滤速高，池体容积又小，水的循环周期基本上同一般游泳池，（即池水每 6~8 小时循环一次）因此，罐体尺寸很小。例如一个池体容积为 100m³ 的游泳池，选用一个直径为 ϕ800mm，高为 1170mm 的滤罐就足够了。过滤罐顶设有一个多通阀，这个阀门具有控制正常过滤、反洗、正洗等功能，即一个阀门等于多个阀门的作用，这样管道连接方便，且可大大节省时间。

（b）循环泵：为外小型游泳池有专门配套的循环泵，这种泵的吸水口前带有一个框式过滤器，这个过滤器实际上起着一般游泳池循环泵前设置的截污器的作用，其构造是一个四周均为筛孔的圆筒，其上加一个法兰盖，清洗时拧开盖即可取出清理，整个泵体很小，还省掉了一般系统专设的截污器（或毛发积聚器）。

（c）加药系统：一般均采用药液桶配化学药剂比例泵的做法。药液桶为塑料制，尺寸为 ϕ400mm 左右，加药采用比例泵体积很小，约只有 150×175×150mm 大小，重量也很轻，可直接固定在桶上，或墙上。药液通过比例泵加压经 ϕ6mm 左右的小塑料软管送到循环管路上。这种加药系统，排列整齐、干净，操作简便，且很省地方。

（d）加热装置：室内游泳池的水温控制为 26~28℃。池水由于水面蒸发、向空间及池体的热传导散失的热量，须有专设的换热器来不断补充热量。

对于设有蒸汽锅炉的旅馆，游泳池的水加热可采用快速汽水换热器，如不然可采用煤气加热器或电加热器，国外这种小游泳池大多采用电来加热。

3. 水幕瀑布池、喷水池：

大型旅馆的主入口前或中厅设置一个喷水池、水幕瀑布池能增添酒店旅馆的景色，尤其在晚上，水池配上彩色灯光，更是迷人能吸引游客。

旅馆设置的喷水池、瀑布池所需配套的循环水处理系统之设计在"给水排水设计手册"中已有详细介绍，这里不再多叙。下面仅就旅馆附设这些水景设施时应注意的几点作以补充：

（1）规模不宜过大：

水景池的规模不宜太大对于占地面积紧张的旅馆是不必说，因为它不可能挤出很大一块地方来做这些装饰性的设施。就是用地面积较宽裕的高级旅馆也不宜像大型公共建筑物一样，将这种水景设施弄得很大，否则将带来两个较大的问题：一是循环水量太大，耗电大；二是噪声大。

瀑布池或水幕池要保证水幕效果，须有一定的水厚，根据专营喷水池业务的香港保安公司提供，一定跌落高度下所需的水幕厚度如下表示。

跌落高度（m）	≤1	≤2	≤3
水幕厚度（mm）	12	25	40

注：水幕厚度指在跌落高度范围内，水幕不散所需的水之厚度。

例如一条长为 27m 水跌落高度为 1.5~2.0m 的水幕带，按上表数据计算，总循环水量达近 1200m³/h。循环水量这样大，不光泵组大，耗电耗补充水，而且将产生很大的淋水噪声，这对于要求幽静的旅馆、酒店来说，显然不合适，因此高级旅馆设置的水景设施不宜弄得很大，跌落高度亦不宜太高。

（2）堰顶必须水平：

无论是单独的水幕池或喷水与水幕相结合的水幕池，水幕厚度一般只有 20 毫米左右，布水稍有不均，则水幕厚薄不匀，甚至可能出现有的地方水幕很厚，有的地方根本形不成水幕。这样作为观赏效果就很差。因此，一个成功的水幕池，关键是布水的均匀性，而布水的均匀性又主要取决于堰顶施工是否水平。尤其是当水幕宽且又是多边布水时，这个问题更为突出。一般说来，池顶单靠土建用衬面砖，或水泥砂浆找平等方法，要做到堰顶水平是不容易的。在一些要求高的地方，可以采用堰边加压金属板条的方法来达到水平之目的。如美国"旧金山"的"HYATT"酒店大厅内有一五边形水幕池，水幕高约 500mm，堰顶压一半圆形不锈钢管，棱角处半圆形不锈钢板稍凹下去，水景效果相当好，布水均匀，在灯光的衬托下，远看如一面大镜子，四个角处像一个圆形镜柱，确实给大厅增添了迷人的景色。

（3）堰顶边角的做法：如图13示，堰顶边角有三种做法。图中"A"，边角为90°，它产生不附壁的水幕，其水幕效果较为明显。图中"B"的边角为钝角，产生附壁水幕，水流效果不如前者好。图中"C"表示顶边向外稍突出，适用于小型养鱼池或者需要有一点水流效果的建筑小品。因为这种地方一般池小，跌落高度低，循环水量小，如照一般做法，则水流不明显，如堰顶边向外突出一点，断面就有了层次，水幕效果也就好多了。

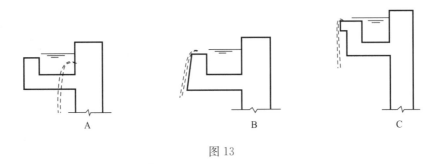

图 13

（4）池深：

喷水池水深一般应考虑三个因素：一是保证水下灯顶部到水面有不少于5cm的保护高；二是满足水泵吸水水位有一定高度之要求，有的小型喷水池不设专用泵房或泵井，水的循环采用小潜水泵，泵体就放在喷水池中，这样水深更不能太浅，三是当喷水池兼作养鱼池时，应保证鱼类生存必须的深度。根据以上三个方面的要求，喷水池之水深一般应以不少于45厘米为宜。

4. 桑拿间的给排水：

桑拿浴间是现代高级旅馆、酒店应具有的健身、娱乐设施。如"假日酒家"集团关于"娱乐设施"的规定中，就明确指出：所有新建的皇冠级（高级）旅馆必须设有旋流浴缸和桑拿间，现有的皇冠级旅馆亦要求设置，并指出旋流浴缸及桑拿间须位于游泳池旁。

一个比较完整的桑拿间一般由桑拿间——即蒸汽浴间、旋流浴缸、按摩室及带淋浴的卫生间组成。洗浴者先去桑拿间进行蒸汽浴，之后到旋流浴缸享受水力按摩或去按摩室由人工按摩，最后经淋浴器冲洗。

以下就我在工程实践中接触到桑拿间设计的实例及收集到的有关资料作以简单介绍：

桑拿间：旋馆附设的桑拿间一般按一次4人考虑，其内对给排水没有什么特殊要求，主要是对本身的防露保温、灯具防潮防爆安全、措施等有一定的要求，国外的桑拿间都有定型设计和标准设备。

旋流浴缸：规格较多，从1人到16人用的浴缸都有。旅馆的个别高级客房中设单人用的旋流浴缸；作为旅馆与桑拿间配套的旋流浴缸一般采用4人用浴缸。

旋流浴缸的循环水处理系统如图14所示。它设有两组水泵，一组水泵供浴缸内旋流喷嘴的射流。旋流喷嘴为二组，一组靠浴缸的上部，一组靠浴缸的下部，喷嘴射流与浴缸表面成切线方向。射流中夹带空气，气体的来源，一种是在浴缸的溢流水面处设一个调节进气量大的进气口，进气口用管道连接到水泵的吸水管上，水泵吸水时，吸进小时空气，通过压水管与水混合之后从喷嘴中射出。另一种较大型的旋流浴缸，则用压缩空气机压入空气，这种夹气的射流冲刷到人身上，能起到水力按摩作用，因此，旋流浴缸又可称之为"按摩浴缸"。

第二组水泵是从浴缸的底部吸水，然后通过过滤器、消毒器、电加热器等进行水处理与加热后，返送回缸。这些处理装置类似于游泳池的水处理装置，但它很小，整套装置组装在一起其平面尺寸为1000mm×800mm。过滤采用压力砂滤，也有的采用过滤纸筒，纸筒可取出来清洗。

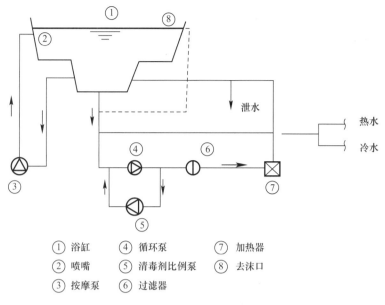

① 浴缸　④ 循环泵　⑦ 加热器
② 喷嘴　⑤ 清毒剂比例泵　⑧ 去沫口
③ 按摩泵　⑥ 过滤器

图 14

设计要点：

桑拿间与旋流浴缸均有配套产品，设计中对于给水排水专业来说工作量不大，下面就这部分设计中我们曾遇到的一些问题及应注意的地方提出来，供大家参考。

（1）旋流浴缸为定型产品，例如 4 人浴缸，它的尺寸为 1960mm×1960mm，设计中必须考虑这么大的浴缸能否装得进去，如按正常的通道放不进去，则应留安装孔。

（2）处理间须紧靠旋流浴缸，其宽度应不小于 1.20m。

（3）桑拿间用电量较大，如一个供四人用的桑拿间，用电量为 16kW，一个四人用的旋流浴缸的电加热器用电量为 25kW，设计中必须向电气专业提供这部分用电资料。

（4）旋流浴缸中的水如游泳池一样是循环使用的，因此，它的补水量很小。要求接入冷、热水管管径为 20mm，没有热水的地方，只接入冷水亦可，因它本身带有大功率的电加热器，通过水的循环加热，可保持浴缸中的所需水温。

（5）浴缸中水温一般为 35℃。

（6）机房地面应预留排水口。

热水供应系统设计中值得注意的几个问题

刘振印　张燕平

（中国建筑设计研究院，北京 100044）

【摘　要】　根据所从事工程设计、水加热设备的研究及工程的使用情况回访，就最大小时热水用量、热媒耗量的计算，推荐了新的计算方法，并就保持供水水压、水温的平衡与稳定这两个热水供水系统的重要环节，提出了一些具体意见。

【关键词】　热水供应　用水定额　热媒耗量　压力平衡　温度控制

改革开放十多年来，随着我国建筑业的蓬勃发展，建筑热水供应已在越来越多的中、高档民用建筑中普及。因而热水供应这个建筑给水排水专业的薄弱环节所存在的一些问题也就日趋突出地暴露出来。在 1992 年 6 月、1995 年 4 月召开的第一、第二届全国热水供应研讨会上，与会代表就国内热水供应的理论、研究、设计、计算、使用等多方面存在的问题踊跃发表了意见。下面我们将近几年来接触工程设计中集中热水供应部分的系统设计及计算、使用等所遇到的几个问题谈一点看法，与广大专业设计者磋商。

一、最大小时热水用水量的计算

近年来设计的旅馆、医院等建筑大都设有集中热水供应系统，这类建筑使用热水的地方都是综合性的。如旅馆，除客人外，使用热水者还有职工盥洗、洗衣房、厨房、理发、游泳池、按摩浴等多处。医院情况也类似。目前计算其最大小时热水用量（或设计小时热水用量 Q_h）的方法，一是将各项用水者分别算出其分项最大小时热水用量 q_h 之后将各项 q_h 叠加即 $Q_h = \sum q_{hmax}$；二是用主要用热水对象（如旅馆中的旅客）的最大小时用热水量 q_h 加其他各用热水对象的平均时热水用量作为 Q_h，即 $Q_h = q_{主max} + \sum q_{其他av}$。显然，用前法计算要比后法计算 Q_h 大，据我们对部分工程计算，前者比后者约高 30%。我们认为，究竟采用哪种方法，主要应由实际用水情况来决定。如旅馆，主要用热水者——客人的用水高峰即最大小时使用热水的时间一般在晚上 8～11 点之间，而在这段时间里，职工淋浴、厨房、餐厅、洗衣房等用热水均不会处于高峰阶段，最多相当于平均时用水的工况。因此按第二种方法计算较为准确。其他类型的建筑，在分析用水情况的基础上，亦可参照第二种方法进行计算。

最大小时热水用量是我们选择锅炉及热水加热器的主要依据，国内以往一些以容积式水加热器为换热设备的工程，大多出现加热设备使用不充分，有的甚至很不充分的现象。其中 Q_h 计算数值偏大，不能不说是原因之一。因此根据工程实用情况计算出较准确的 Q_h，对设计一个合理的热水供应系统是很重要的一环。

二、热媒耗量的计算

生活热水的供应和冷水供应一样是很不均匀的。因此在以往绝大部分工程中，如冷水系统设置高位水箱或气压罐一样，热水供应系统采用容积式（或贮存式）水加热器、贮热水箱或本身带有贮存容积的水加热设备来起调节作用，达到使制备热媒（蒸汽或软化热水）的锅炉能较均匀平稳的供热，减少锅炉负荷的目的。同时使热水供应系统的水温、水压平稳，节能节水。

那么，对于这种带有较大调节储热容积的热水供应系统，它的热媒耗量应如何计算。即如何选择合适负荷的锅炉，这在《建筑给水排水设计规范》中没有太明确的规定，下面我们介绍一种《美国管道工程设计手册》的计算方法：

$$Q_t = R + \frac{MS + P_s}{d} \tag{1}$$

式中　Q_t——水加热器总产热水量，L/s；

　　　R——热媒的加热能力，L/s；

　　　M——储热加热容器的容积利用率，即储存适用的热水量与容器总容积之比；

　　　S——储热加热容器的总容积，L；

　　　P_s——管道部分容积，L；

　　　d——高峰用水（最大小时用水）的持续时间（s）。

上述这个公式反映了水加热设备的产热水能力、热媒的加热能力及贮热量之间的关系，即计算热媒耗量可以扣除贮存的那部分热量。如果把管道部分容积 X_s 略去，公式即可简化为：

$$R = Q_t - \frac{MS}{d} \tag{2}$$

我们认为该式应用到工程实际中是比较合理的。表 1 列出了我院近年来设计的南海酒店、国际艺苑、梅地亚、301 医院加热设备等的主要设计使用数据及按我们常用的按设计小时耗热水量来确定热媒耗量与按上式计算的热媒耗量的对比数据。

南海酒店等工程热水设计及应用实例　　　　　表 1

工程名称		南海酒店	国际艺苑	梅地亚	301 医院
床位数		828	800	旅馆 597b 公寓 90 人	1241
用热水 量标准	客人 职工	150L/(b·d) 50L/(人·d)	180L/(b·d) 50L/(b·d)	200L/(b·d) 50L/(b·d)	200L/(b·d) —
计算 Q	(4.3.2) (4.3.3)	32m³/h 44m³/h	30m³/h 40m³/h	23.6m³/h 33.7m³/h	20.1m³/h 40.6m³/h
实 选 罐	单罐容积 总贮热容积 总有效容积	8m³ 32m³ 25.6m³	5m³ 40m³ 32.0m³	5m³ 20m³ 16.0m³	8m³ 40m³ 32m³
折贮热时间（h）		0.8	1.07	0.68	1.6
人贮水容积/L		38.6	50	29	32.2
实用容积（个数）		1~2 个	3~6 个	2~3 个	3 个，100%
实用率		≈50%	40%~75%	50%~75%	60%
客房或病房出租率 n		30%~60%	70%~100%	60%~90%	>100%
热媒		汽	水	水	汽

按 $R = Q_t - MS/d$ 计算的热媒耗热量（$S = 0.8$）

	南海酒店	国际艺苑	梅地亚	301 医院
MS（m³）	25.6	32	16	32
d（h）	4	4	4	4
$R_1 = Q_t$（m³）	32	30	23.6	20.1
$R_2 = R$（m³）	25.6	22	19.6	12.1
R_2/R_1	0.8	0.73	0.83	0.61

注：1. 设计小时流量持续时间 d，对于旅馆等建筑一般为 3~4h。

2. R_1 为设计小时耗热水量确定的热媒量。R_2 为按前公式（2）计算的热媒加热能力。

3. 实用容积一栏中："国际艺苑"使用 6 个是根据热媒（城市热网）供水温度为 70~72℃，回水温度要求 ≤45℃ 的工况下定的；梅地亚栏中，60%、90% 分指相应于 2 个、3 个换热器运行时的出租率。

从上面四个工程实例的计算可看出：热媒耗量考虑与不考虑贮热容积的因素，相差近 25%。而且对照表 1，当旅馆的出租率，医院的病床使用率达 100% 时，实用率和 R_2/R_1 值是比较接近的。当然要应用此公式作为设计依据，还应多积累一些工程实用资料，以使公式中的一些参数的选择更为合理、适用。

三、系统设计的要点——保持供水水压、水温的平衡与稳定

一个好的热水供应系统设计，应该是使各用水点随时取到适宜温度、平稳压力的热水，即达到用水舒适、节约用水之目的。因此，设计热水供应系统，除保证水量、水质外，还应把握住水压、水温这两个重要环节。

1. 保证冷、热水压力平衡

（1）水加热设备的阻力损失要求

一般的热水供水系统如图 1 所示。从图中用水点 A 的冷、热水供水情况可以看出：供水水源均是同一高位水箱，即压力源相同，但冷水走的路程很短，而制备热水的水加热设备大多放在地下室或裙房内。这样热水不仅走的路程长，而且还要加上水加热器的阻力。因而相对用水点 A 来说，热水水压小于冷水水压，当然我们可以通过调整冷热水管管径或控制闸门来加以调节，但如果冷热水压差过大，就很难用调节管径和控制闸门的方法来解决。而是否会产生压力差过大的关键因素是水

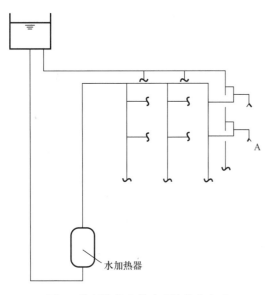

图 1   常用的热水供应系统供水方式

加热设备——包括直接加热的锅炉或间接加热的水加热器。这就是为什么在我们相当多的工程设计中，采用容积式水加热器的主要原因。容积式水加热器不仅具有较大的贮存和调节能力，而且被加热水通过它的压力损失很小（一般小于 0.2m），因而只要系统设计合理，不管用水如何变化，用水点处压力变化都会比较平稳。

近年来，国内新型加热设备不断涌现，有各种型式的直接加热设备——燃油燃气热水机组，直燃机组；也有各种不同的间接加热设备——新型容积式、半容积式、半即热式、热管式、波纹管式。这些新设备都具有各自一定的优点，尤其是加热能力、传热系数与传统设备相比，均有很大的提高。但是传热系数的提高，往往是和提高热媒流速与被加热水流速（即增大这两部分阻力）密切相关的。表 2 是我们研制

RV-02 新型立式容积式换热器水—水换热时，热力性能测定的热媒阻力 h 与传热系数 k 之关系的几组数据。从表 2 可以看出，k 值的提高与 h 即相应的热媒流速 v 是成正比关系的。

热力性能测定数据   表 2

热水流速 v/m/s	0.2	0.4	0.6	0.8
阻力损失 h/m	0.7	1.6	2.7	4.8
传热系数 k/kcal/(m² · h · ℃)	310	370	500	675

对于生活用热水的水加热设备来说，热媒即蒸汽或软化热水阻力是可以通过凝结水泵或循环水泵来克服的，它与用水点用水不发生任何关系。但被加热水的阻力，就是上述的水加热设备的阻力是很难通过加压的方式克服的，它将直接影响用水点处的热水压力。因此，我们在研制 RV 系列容积式换热器、HRV 系列半容积式换热器时，就牢牢掌握住这一原则，即保持被加热水的阻力损失小于 0.3m。然而，有不少水加热设备，包括我们所见到的热水机组，直燃机组，其样本中都指明被加热水的阻力损失 3～5m。这种类型的设备如果用在淋浴等需冷热水压力平衡的地方，就很难满足使用要求，即便设备放在屋顶，如图 2 所示，缩短了热水输水路程，设备本身有 3～5m 的阻力，即在用水点处，冷热水压差将相差 3～5m。要解决此问题，只有在热水箱同高程处再加一冷水箱。图 2 的高位补水箱，只作热水炉补水用。至于高出热水炉 $h＝5m$ 的高位补水箱能否找到合适的位置，这就要看工程的实际情况了。

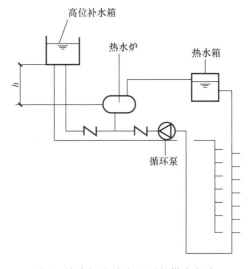

图 2   热水锅炉放在屋顶的供水方式

据上分析，为了解决用水处冷热水压力平衡的问题，选择水加热设备时一定要考虑被加热水的阻力损失因素。

（2）水加热设备的设置

目前国内大部分工程，水加热用的设备间大多放在地下室。但也有些工程是将水加热设备和蒸汽锅炉放在一起，这样容易造成热水供水管路过长，阻力大，同样会使用水点处冷、热水压力

不平衡，而且还可能会使最不利供水处保证不了最低供水压力。我院 80 年代初设计的"南海酒店"就曾出现过此问题。"南海酒店"的高位水箱与最高用水点高差约为 9.5m，按计算，最不利点的自由水头达 5.5m，应该是足够的。但由于水加热器设在主体建筑之外的锅炉房内，热水管供水管来回总长约 250m，尽管我们设计时放大了热水管管径，并采用英国产薄壁铜管，但在试运转时，当管网流量较大时，最不利点出水水压仍显不足，与冷水出流有明显的差别。因此，热水供应系统设计时加热间的位置，应尽量避免造成热水管路过长的情况。

（3）冷热水同区供水的问题

为了保证冷、热水出水压力平衡，冷、热水供水系统的分区应一致，各区的水加热器、贮水器的进水，均应由同区的给水系统供应。这是《规范》所规定的条款。在实际设计应用中，我们认为有如下两点值得注意。

A. 冷、热水系统均宜作成上行下给方式。我们发现有些工程的管道布置（图 3），冷水管上行下给，热水管下行上给，这样对于系统的最不利点 a 处，冷水走的距离短，且管径大，即过水断面大，阻力小，而热水走的距离长，且管径越来越小，阻力损失相对就要大多了。这样也会加大冷热水的供水压力差。而且下行上给，要设供、回水两条立管，管材费用大，又占地方。因此，我们推荐冷、热水系统宜尽量设计成上行下给的方式。

B. 影响冷、热水流量分配的管段宜独立设置。

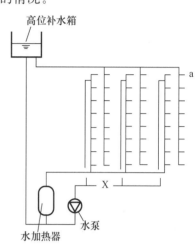

图 3 冷水管上行下给、热水管
下行上给布置

有不少工程设计，为了节省管道和方便管道布置，往往从高位水箱引出一根主干管，然后分支引至各用水点，其布置方法如图 4。这种布置，固然省了管材，但实际运行时，将加剧用水点处冷、热水压力的不稳定。因此，我们建议按图 5 来布置于管。对用水量较大的点分设供水干管，避免用水时相互干扰，引起供水压力的波动。

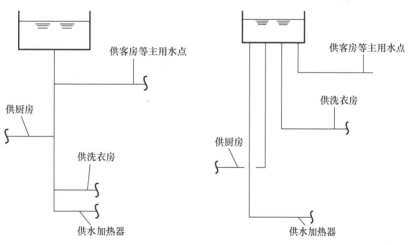

图 4 高位水箱单管布水　　　图 5 高位水箱多管布水

2. 稳定的水温控制

要保证用水点处稳定的水温，随时取到适宜温度的热水，我们认为要控制好两个环节：一是水加热设备的自动温度调节装置，二是热水的循环系统。

（1）自动温度调节装置

A. 自动温度调节装置的种类。

目前国内用于控制生活热水温度的阀门有多种型式，归纳起来大概有如下几种型式。

（A）仅用温包控制的阀门：这种型式的温控阀，目前使用最多，按其启闭阀门的动力来分，它又可分为：a. 自力式——不需外部动力，依靠温包内介质热胀冷缩的力量来启闭阀门；b. 电动式——它是由温包探测信号反馈至控制箱，再由控制箱执行启闭阀门的装置。阀门有电动阀和电磁阀两种，前者能根据温度变化情况调节阀门的开启度，后者则只有启闭功能，无调节作用；c. 汽动式——以蒸汽或压缩空气为动力启闭阀门的装置。

（B）由温度与流量或压力双重控制的阀门：这种型式的阀门是以温度来开启和关闭阀门，以管网的流量或压力变化来调节阀门的开启度。美国"热高"牌半即热式水加热器，就是采用这种以流量、温度双重控制的温控装置。美国康森阿姆斯壮公司则生产以压力、温度双重控制的阀门。

B. 如何选择合适的温度控制装置

我们认为选择温控装置的关键是要"灵"。但从目前国内一些产品来看，大多不是很"灵"。一是产品质量不稳定，有的灵，有的不灵；二是开始"灵"，用不多久就不"灵"。就是国外产品，也不是都"灵"。我们在作水加热器热力性能测试时，曾做过三个国外原装的自力式温度调节阀的测试，结果，其中一个始终不动。因此，根据我们的经验，在选择温控装置方面提出如下几点意见供大家参考：

（A）不管选用何种产品，均应先经静态试验，看其是否能根据温度变化动作。

（B）自力式温度调节阀，全靠温包内介质的膨胀与收缩的力量来启闭阀门。因此，它要求阀芯加工精度高、材质好。宜选用国外较好的产品，并且阀前一定要加截污器。

（C）应根据不同的水加热设备，不同的用水水温要求来选择阀型。容积式、半容积式水加热器，因其有较大的贮水容积，温控条件可相对低些，因此它可选用温包为光面管的温控装置：其灵敏度，即水加热器内水温达到设定温度时，温控阀的动作时间约 2min。

不带调节储水容积的半即热、快速式水加热器，则应用由温度、压力（流量）双重控制的温控装置。

对一些对水温平稳度较高的地方，可用温包为外螺纹管的温控装置，其灵敏度，一般为 30s 左右。

（2）机械循环系统的设计要点

A. 等程循环的几种常用型式

从我们近十多年来一些工程的设计与使用经验来看，热水循环系统采用等行程循环（即相对每个用水点来说，热水的供、回水距离之和基本相等）是一种好的管道布置方式，虽然它可能多用一点管材，但系统无需调节，且使用效果好，节约用水。图 6 和图 7 为水加热设备位于地下室或裙房的布置方式。图 8 为水加热设备位于屋顶的布置方式。

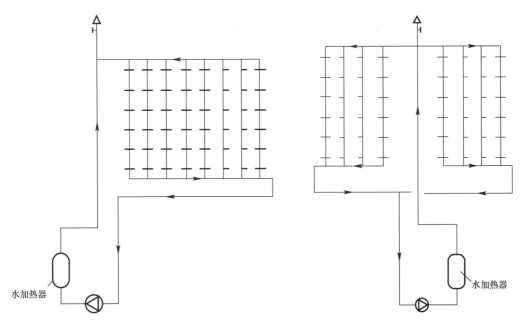

图 6　水加热设备位于地下室或裙房（一）　　　　图 7　水加热设备位于地下室或裙房（二）

B. 供、回水水平干管不宜变径

供水回水干管不改变直径，虽然要多用材料，但费用增加不会太多。因为变径的管件要比管道贵得多。然而，它能使整个管段的阻力损失减少，有利于各立管中热水的均衡循环。

C. 减压阀的设置

近年来，由于进口的或国内自己研制的比例式减压阀等能减静压阀门的出现，大大简化了高层建筑的给水分区系统，现在国内有相当多的高层建筑已采用这种产品。但我们在审核一些工程设计图（包括一些香港设计事务所设计的图）时，发现减压阀的设置不当，如图9所示。它把未减压的高区与经减压的低区合为同一加热与循环系统，显而易见，低区经减压后，水是回不去的，即相对于图9中 a 点，因高区下来热水至该点的压力远大于低区热水至该点的压力，因此，在系统循环时，低区水回不

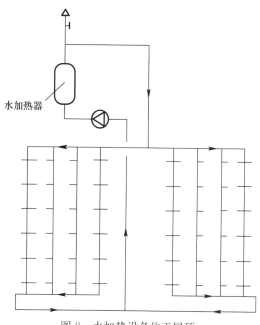

图8　水加热设备位于屋顶

去，系统不循环时，则低区的供水不会经减压阀的供水管供水，而是由高区从回水管反过去供水，此时减压阀完全无用。因此正确的系统设计，应如图10所示。两系统必须自加热器起完全分开，而减压阀装在冷水管上。另外，由于减压阀需减静压，其阀芯部分的密封性能要求很高，这样相对地要求管路的水质也高，不能夹带一点可能影响密封圈工作的杂质，而热水相对冷水而言，容易产生水垢及杂质，而且，温度高影响密封环寿命。因此，减压阀最好设在冷水端。

如果低区用水点少，影响范围小，则也可采用如图11的布置方式，即低区部分作干管循环，每一用水处经减压后就不循环了。

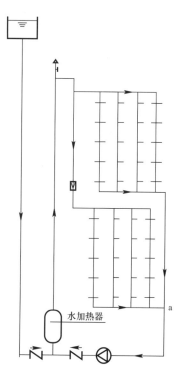

图9　减压阀设置不当示意

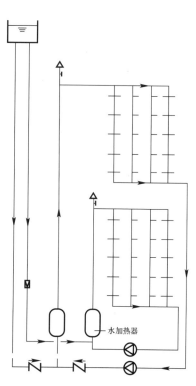

图10　减压阀正确设置（一）

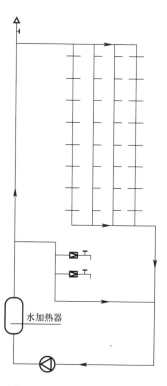

图11　减压阀正确设置（二）

D. 循环泵的选择

目前，不少设计对于热水系统，尤其是循环系统，基本上不进行水力计算，而根据经验确定循环泵的流量与扬程，选泵时又就高不就低，往往造成循环泵过大的毛病，这样不仅增大了电耗，而且会影响系统的正常工作。前面所述的保持冷、热水压力平衡，主要是指不要让热水压力低多了，反过来，如循环泵 Q-H 过大，则会造成循环泵工作时，热水压力过大，而它停下来，压力又过小。这样就更加剧了冷、热水压力的不平衡现象。因此，我们在设计热水循环系统时，应根据系统大小确定合适的循环泵。

建筑给排水节能节水技术探讨

刘振印

（中国建筑设计研究院，北京 100044）

【摘　要】 建筑能耗约占整个社会能耗的 1/3，建筑给排水专业在建筑能耗中所含的内容主要有：人民生活及从事工艺、生产、游乐、环境卫生、绿化、水景等活动的给水、排水、消防供水、生活热水、循环用水、重复用水等需要的能耗。结合实际工程应用中遇到的问题，介绍了建筑给水中合理的供水系统及供水设备，节水器具的使用；建筑热水中热源的选择，热水系统基本参数的合理选择与系统设计，加热设备、管材、阀件及水表选择，保温及管道敷设，加强运行管理；其他给排水如中水、冷却循环水等，在建筑给排水节能节水技术中的重要作用。

【关键词】 建筑给排水　节水　节能　变频调速泵组　热水　设备

0　引言

能源供应紧张、缺水是一个全球性的大问题。能源紧缺、能耗大不仅大大制约我国经济的发展，也将对人民生活构成威胁。

据资料介绍：建筑能耗约占整个社会能耗的 1/3，位居榜首。建筑能耗的主体是建筑墙、门、窗的导热损失，主要体现在采暖、空调的能耗。

建筑给排水专业在建筑能耗中所含的内容主要有：人民生活及从事工艺、生产、游乐、环境卫生、绿化、水景等活动的给水、排水、消防、热水、回用水等需要的能耗。据资料介绍：上述各项能耗中仅生活热水一项就占整个建筑能耗的 10%～30%。依此可以看出，建筑给排水专业在节能工作中，不是可有可无，而是占有相当分量的。

但是，对于建筑给排水专业在节能中的作用及普遍存在的问题，在社会上没有得到应有的重视，建筑节能的一些法规文件中，鲜见这部分内容。如 2005 年颁布的《公共建筑节能设计标准》GB 50189—2005 中就没有给水排水专业的内容，而从事给水排水专业工作的人员亦未摆正节能节水工作的重要位置。例如，工程设计及应用中普遍存在设备选用不当，出现"大马拉小车"的严重低效耗能情况；近年来小区集中热水供应系统出现了不少热水价奇高（最高达 180 元/m³），严重耗能的不合理实例。

因此，作为一个从事建筑给排水专业的技术人员，应清醒地认识到本专业在建筑节能中的重要作用，真正把节能、节水放在重要位置。下面结合工程实例就建筑给排水设计中与节能、节水相关的问题提出一些看法，以供商讨。

1　给水

1.1　合理的供水系统

1.1.1　充分利用市政管网压力

给水系统必须充分利用市政管网压力作为节能条款已经写入了《住宅建筑规范》，这是具有法律性质的条款，执行此条时须注意如下几点：

（1）力争掌握准确的市政管网水压、水量等可靠资料。因为随着城市建设的扩大，市政建设的不断完善和改进，接管处的供水情况是不断变化的，城市供水管网各地段压力不应一样。如北京市的工程设计中供水压力均按 0.18MPa（最低城市供水压力），导致大部分工程均未充分利用市政管网压力。因此只有掌握了相关的准确资料，才可能使设计的给水系统节能合理。

（2）要满足使用要求。随着节水龙头的普及，水嘴处的最低供水压力 P 均有所提高，《建筑给水排水设计规范》（GB 50015—2003，以下简称"规范"）规定 $P \geqslant 0.05MPa$，但有的高档住宅使用一些进口的水嘴时，一般宜 $P \geqslant 0.1MPa$。

（3）节水与节材的关系。系统设计中，为了减少一根立管而低层部分不利用市政管网压力供水，整个建筑均采用加压泵二次供水，导致人为耗能。

1.1.2 高层建筑系统分区

1.1.2.1 分区供水压力

分区供水压力应按"规范"3.3.5 条执行，即以配水点处静压 $P = 0.45MPa$ 为界进行分区，且 $P > 0.35MPa$ 时宜加支管减压。但工程设计中，设计人员往往是以控制用水点处 $P = 0.35MPa$ 就不再减压了，但从节能要求而言，宜将水表前支管压力控制为 $0.15 \sim 0.2MPa$。

1.1.2.2 减压阀的设置

自 20 世纪末国内引进与自行研制开发能减静压的减压阀以来，减压阀已在国内建筑中广泛应用，大多数高层、多层建筑中因可用减压阀来取代分区高位水箱进行供水分区，从而既节省了分区高位水箱所占用的建筑面积，又可使供水系统大大简化。

但减压阀也不是万能的，在选用中应注意以下几点：

（1）应选用质量好的产品。因减压阀是供水分区的关键产品，如其出故障，将影响一个区的供水，不仅使该区耗水耗能，还会产生噪声、振动，缩短配水器材的使用寿命或破坏卫生器具和器材。

（2）从节能考虑，分区减压阀不宜串联设置，且减压比应符合《建筑给水减压阀应用设计规程》（CECS 110：2000）或产品的要求，如比例式减压阀减压比应 $\leqslant 4:1$。若超此比例说明阀前压力太高，能耗太大。在这种情况下宜增设供水泵组，减少同一泵组供水的范围。

（3）应按《建筑给水减压阀应用设计规程》选用减压阀，配套附件不设旁通阀，并应将其设置在便于维护管理的地方。

1.1.2.3 推荐支管减压作为节能节水的重要措施

如上述按照"规范"要求，以配水点处静压 $\geqslant 0.45MPa$ 进行给水分区，分区内不再采取其他减压措施，则该区内大部分配水点将处于耗能耗水的状态。

北京建筑工程学院就此问题做了大量调研分析工作。他们对普通龙头和节水龙头分别进行了实测，其结果为：

（1）普通龙头半开和全开时最大流量分别为 0.42L/s 和 0.72L/s，对应的实测动压值为 0.24MPa 和 0.5MPa，静压值均为 0.37MPa。节水龙头半开和全开时最大流量为 0.29L/s 和 0.46L/s，对应的实测动压值为 0.17MPa 和 0.22MPa，静压值为 0.3MPa，按水龙头的额定流量 $q = 0.15L/s$ 为标准比较，节水龙头在半开、全开时其流量分别为额定流量的 2 倍和 3 倍。

（2）对 67 个水龙头实测，其中 47 个测点流量超标，超标率达 61%。

（3）根据实测得出的陶瓷阀芯和螺旋升降式水龙头流量与压力关系曲线（见图 1、图 2），可知 Q 与 P 成正比，Q 越大，P 越大，能耗也就越大。

由上述调研及实测结果可知，耗水就是耗能。假定以一个水龙头一天累计开启时间为 20min，若以其出流量和压力分别超过额定流量和压力 0.18L/s、0.2MPa 计，则其浪费能量约为 0.012kW·h/d，浪费水量为 216L/d。按全国 1.5 亿个家庭，一家使用一个水龙头计算，如果其中 60% 是这样的超标水龙头，则全国浪费能源为 108 万 kW·h/d，浪费水量为 1944 万 m³/d，全年浪费能源近 3.9 亿 kW·h/a，水量近 71 亿 m³/a，仅此一项可看出建筑给排水在节能、节水中的重要作用。

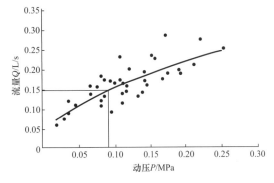
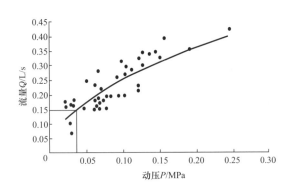

图 1　陶瓷阀芯水龙头半开 Q-P 曲线　　　图 2　螺旋升降式水龙头半开 Q-P 曲线

因此，限制水龙头前的水压对节水、节能意义很大，在给水系统设计中，应广泛推广支管减压的措施，如采用质量好的可调式小减压阀等是非常必要的。

1.1.3　居住小区的供水系统

当居住小区设集中供水系统时，应注意如下两点：

（1）供水泵站宜相对集中、适中布置，防止因供水干管管线过长，加大管道沿程阻力损失，导致水泵扬程偏高，增加能耗，且给用户带来超压（离泵站近处）、噪声、水压不稳定等问题。

（2）应与小区集中热水系统协调布置。此部分在第 2 节热水部分详述。

1.2　供水设备

1.2.1　常用的供水方式

国内多层、高层建筑中常用的供水方式可分为 4 种：

（1）市政水源→水池→加压泵→高位水箱→用户

（2）市政水源→水池→加压泵→气压罐→用户

（3）市政水源→水池→变频调速加压泵→用户

（4）市政水源→叠压供水设备（无负压供水设备）→用户

1.2.2　4 种供水方式的能耗比较

上述 4 种供水方式中，前两种是 20 世纪 90 年代前的主要供水方式，第三种变频调速供水是近十年来发展起来的，是目前工程设计中最为普及的方式，而第四种叠压供水则是近几年发展的新方式。

4 种供水方式各有其优缺点和使用条件，后两种供水方式因其取消了部分或全部供水调节储水设施，因而能够节地、防止和减少二次污染、简化系统。但从节能方面比较，则以第一种方式最为节能，原因是这种供水方式的加压泵始终在高效段工作，且水泵 Q 按最大时选择，其值为计算变频调速泵选用设计秒流量值的 1/1.5～1/3。而变频调速泵虽然随管网流量的变化可调频变速，比常速泵省功节能，但因其一天中基本不间断运行，且有部分时间在低流量、低效状态下工作，因此比高位水箱供水耗能大。据笔者调查，某住宅楼曾用变频调速泵组取代高位水箱供水，一年后统计结果为耗电增加一倍。虽然这为一特例，但也从侧面说明变频调速比高位水箱供水耗能。

叠压供水按理论推测，因其充分利用了市政供水管网的余压所以节能，但实际应用中，它与市政供水条件、设备参数的选择是否恰当等有很大关系。

气压供水设备与高位水箱供水相比，主要是不需设高位水箱，缺点是要提高供水压力，因此从节能角度看，肯定比高位水箱供水耗能。

4 种供水方式比较见表 1。

4 种常用供水方式特点比较   表 1

供水方式	泵组 扬程 $H_{(n)}$、流量 $Q_{(n)}$	水泵运行工况	能耗情况	供水安全 稳定性	消除二次 污染	一次投资	运行费用
(1) 高位水箱供水 (2) 气压供水 (3) 变频调速供水 (4) 叠压供水	$H_{(1)}$, $Q_{(1)}=Q_h$ $H_{(2)}=(1.18\sim1.54)H_{(1)}$, $Q_{(2)}=1.2Q_{(1)}$ $H_{(3)}\approx H_{(1)}$, $Q_{(3)}\geq q_s$ $H_{(4)}<H_{(3)}$, $Q_{(4)}=Q_{(3)}$	均在高效段运行 比 (1) 稍差 有部分时间低效运行 稍优于 (3)	1 >1 >1 ≈1	最好 比 (1) 差 比 (1) 差 最差	差 较差 同 (2) 好	1 <1 <1 <1	1 稍>1 >1 ≈1

注：1. Q_h 为最大小时流量，q_s 为设计秒流量。
2. 一次投资包括供水设备、水池、水箱及设备用房等；运行费用指电费。
3. 叠压供水的能耗取决于可利用市政供水压力 P 的大小及其与系统所需供水压力 P_d 之比值，和变频调速泵组的配置与水泵扬程选择的合理性。

1.2.3 变频调速泵组供水

关于采用变频调速泵组供水的工况分析、选泵、控制及节能要点等研究已有很多，下面结合实际工程中的一些情况谈几点意见。

1.2.3.1 适用条件

《建筑给水排水设计规范》（1997 年版）中，强调了"变频调速水泵电源应可靠，并宜采用双电源或双回路供电方式"。笔者认为：以供电可靠作为采用变频调速供水方式的适用条件至今还是适用的。

1.2.3.2 常用类型

（1）按恒压、变压分：①恒压变量；②变压变量。

（2）按泵组的组合方式分：①主泵（变频、工频）＋小泵（工频）＋小气压罐；②主泵（变频、工频）＋小气压罐；③主泵（变频、工频）；④主泵（均变频）。

（3）按主泵变频情况分：①1 台变频泵＋1 台工频泵＋1 台备用泵；②1 台变频泵＋多台工频泵＋备用泵；③均为变频泵；④2 台半型泵（变频）＋2 台大泵（工频）＋小气压罐。

1.2.3.3 设计要点

（1）所选水泵应基本在高效区运行，切忌"大马拉小车"。"规范"3.8.1、3.8.4 条对给水加压泵的选择作了较明确的规定。

a. "水泵的 Q-H 特性曲线，应是随流量的增大，扬程逐渐下降的曲线"。即不要选 Q-H 特性曲线带凸形弧线的水泵，因这种泵供水压力波动大，出流不稳定，用水时耗水量增大。

b. "应根据管网水力计算进行选泵，水泵应在其高效区内运行。"这一款的要求是水泵的 Q、H 应经计算确定，既要考虑水泵长期使用，叶轮磨损留有一定的富余量（一般可按 1.05～1.1 的安全系数考虑），又不能选泵过大，使水泵"大马拉小车"，低效运行，严重耗能。

c. "调速泵在额定转速时的工作点，应位于水泵高效区的末端"。因调速泵按秒流量选泵，工作点即为达到秒流量时的工况点，而一天中管网出现秒流量的时间是短暂的，水泵大部分时间均在低于秒流量的工况运行，水泵工作点位于高效区末端，就能使水泵最大限度地在高效区运行，节能效果最佳。

（2）泵组宜多台运行。一般离心泵运行的高效区流量范围为（1～0.5）Q。而实际运行过程中，生活用水随用水人数、生活规律、用水器具等多因素的变化，用水量极不均匀。尤其是近年来兴建的居住小区，其入住率一般都低于 80%，甚至达不到 50%，但设计时必须按 100% 入住率设计。因此，如果采用变频调速泵组时不考虑这些因素，势必导致运行时水泵效率低下。较好的解决办法是多台大小不同的泵并联运行。晚间用水量极小时可辅以小泵＋气压罐供水。

水泵的配置可以按下列选择：①对于用水量不大的单体建筑可选 3 台泵，1 台变频、1 台工频、1 台备用轮换工作。每台泵的流量可按 60%q（q 为设计流量）选择。这样水泵在高效段运行时间相对比按流量为 100%q 选泵要多得多。②对于像小区集中供水这种难以准确计算其用水量的供水系统，可采用大泵、中泵多台并联并配晚间小泵加气压罐组合供水。运行过程中可以根据小区的入住情况随时调整，尽量避免大马拉小车的低效耗能供水运行状态。③对于像冷却塔补水这种供水有规律，不存在接近零流量状态的供水系统，如选用变频调速泵组供水，则可根据冷却塔的台数，酌情配2工1备、1工1备的方式，可不设小泵＋气压罐。

（3）推荐变压变量的供水泵组。目前工程设计中，绝大部分均是采用恒压变频供水泵组，其耗能不仅因它有部分时间段是低效工作，还因为它的运行只根据流量变化，而未根据压力的变化来相应调节。从图3可以看出此关系，对恒压变量泵，当管网流量为 Q_A 时，依管网特性曲线所对应扬程应为 H_A，而恒压值为 H_S，H_S—H_A 即为耗能耗水部分。图3中，H_0' 为静扬程，H_A 为水泵变压变流量运行工作压力，H_S 为水泵恒压变流量运行工作压力，H_S' 为水泵恒速运行工作压力，S 为水泵设计工作点，A 为水泵变压变流量运行工作点，A_1 为水泵恒压变流量运行工作点，A_2 为水泵恒速运行时工作点。

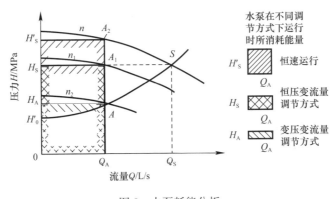

图3　水泵耗能分析

工程实践中，如将恒压点移至管网最不利供水点附近（设计时应给电工种提此要求），这样就可达到变压变流量的工作状态，避免了上述 H_S—H_A 引起的耗能耗水情况。

（4）合理控制。一般变频调速供水泵组的控制概况如下：

a. 控制模式。由管网上的压力传感器将压力信号 P 传至控制柜，控制柜内设定控制点，控制泵的运行工况——频率、转速和切换工作，当 P 达到设定值时，水泵在该转速下延时30s后减速运行，依此类推，当达到设定最低电机频率的转速时，如 P 值仍稳定，则切换到小泵或气压罐工作。

b. 根据系统对压力稳定的要求，设定压力波动范围，因为恒压泵实际上并非真正的恒压，实际运行时，有一波动范围，这一波动范围由人为设定。虽然有此范围会对用水有一定影响，但它有助于解决好水泵的切换、休眠及气压罐的工作。

c. 设定电机频率。以往电机频率一般只能由50Hz降至40Hz，因此，变频调速泵并非无级变速，其转速只能降到额定转速的约80%，即电机功率并不能按照流量的递减一直递减，这也是变频调速泵组有部分时间低效工作耗能的原因。现在较好的变频设备已能将频率降至25Hz，大大改善了泵组的耗能情况。据了解，目前25Hz已为极限，再降低转速，水就打不出去了。

设计应做的工作及应向设备厂商提出的要求：

a. 如前所述，设计首先应根据系统用水量大小、供水的变化情况选择好的泵组，控制水泵尽量在高效段运行，并要避免泵组频繁切换。水泵应轮换工作，延长其使用寿命。

b. 变频调速泵组配小泵＋气压罐组合供水是设计采用最多的一种供水方式。其中设置气压罐有三个作用：一是短暂停电时维持小量供水；二是水泵切换工作时起稳定管网压力的作用；三是系统小流量时，配合小泵联合供水。

变频调速泵组切换成小泵（恒压泵）＋气压罐工作一般有两种控制方式，即按流量切换或按时间切换。

按流量切换就是当管网流量降到某值时，由小泵＋气压罐工作。采用这种控制方式存在两个问题：其一，小泵与大泵均由一个压力传感器及其相应设定的压力范围内控制工作，这对恒压变量的供水系统，小泵＋气压罐的工作肯定耗能，因为管网小流量时，管道阻力损失要比管网达设计秒流量时的阻力损失小得多，二者按同一压力值控制，很明显小泵＋气压罐供水的压力远高于管网要求的实际压力，会造成耗能的后果。其二，切换成小泵工作流量值的确定如果不合适，将会造成大部分时间均由小泵工作，大泵闲置，而小泵一般只设1台，无备用，容易损坏。实际工程运行中确有不少这种情况。

为此设计选用按流量切换的控制方式时，一是宜选用变压变流量的调速泵组，这样当小泵工作时，其扬程因随管网阻力减小而减少，起到节能效果。二是应要求设备供应商按系统实际工况调好合理的切换流量值，避免泵组严重不均匀运行的状态。

按时间切换，一般是指晚间小流量时切换成小泵＋气压罐工作，此时，泵组供水实质为：变频调速泵组与气压罐供水两种方式。也就是说小泵及气压罐的设计参数应按其小流量的工况来设计计算，否则也会出现上述小泵扬程偏高，运行耗能的情况。这就要求设计者应对两种供水方式分别进行管网水力计算，以选用合理的小泵及气压罐，并且两者不能共用一个压力传感器，而应在气压罐上单设启、停的压力传感器控制小泵的启停。

1.2.4 叠压供水设备供水

叠压供水也称无负压供水，是近年来发展起来的一种新的供水设备。下面将其概况及与节能相关的方面作一简介。

1.2.4.1 基本原理

叠压供水设备有多种型式，其基本原理如图4所示。设备由稳流罐、真空抑制器、压力传感器及变频供水设备及控制器组成。

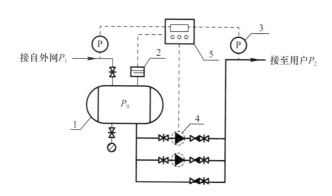

图4 叠压供水设备基本组成示意

1—稳流罐；2—真空抑制器；3—压力传感器；4—变频供水泵；5—中央控制器

稳流罐与市政管网相连接，起储水稳压作用；真空抑制（破坏）器根据补偿器内的压力变化自动启闭，起补气作用，平衡补偿器内的压力，使之不产生负压；控制器则根据管网上的压力、流量信号等进行分析，对真空抑制器及水泵进行控制。

1.2.4.2 适用条件及注意点

直接供水的供水方式以往大都是不允许的，因此，应用这种新型供水设备虽然节能且可消除二次污染，但必须限定使用条件，并对这种供水设备提出技术要求。目前，这种设备尚无国家标准和规范，推荐性规范正在编制。天津、北京两市是应用叠压供水设备较早较多的大城市，为了规范使用叠压供水设备，两市自来水主管部门制定了相应的试点条件和技术要求，以下摘录其要点供参考：

天津市颁布的"直接加压供水设备试点条件"中关于"试点项目的设计、安装条件"的要求：

（1）凡可能对公共供水管网造成回流污染危害的相关行业（如医院、医药行业、化工行业等）严禁设计、安装、使用直接加压供水设备。

（2）直接加压供水设备的吸水管应独立接自市政环状管网（或小区环状管网），且供水管径必须≥150mm，当市政管网管径为150mm时，供水设备吸水管管径不得大于50mm；市政管网管径为200mm时，供水设备吸水管管径不得大于80mm；市政管网管径为300mm时，供水设备吸水管管径不得大于100mm。

（3）设备安装处市政管网水压能确保在0.2MPa以上。

（4）直接加压供水设备吸水管流速应不大于1.5m/s。

（5）直接加压供水设备利用市政供水管网压力不得大于0.12MPa。

北京市自来水集团亦颁布类似的文件，其要点为：

（1）使用无负压供水设备的外接市政供水管线管径应≥300mm，其所处地区管网压力应≥0.22MPa。

（2）楼前供水干管管径应≥150mm。

（3）单套供水设备的额定供水量不得大于32m³/h。

（4）采用该方式供水的小区，总建筑面积不得大于20万m²。

（5）无负压供水设备启动时，泵吸水口压力下降值不得超过0.02MPa。

（6）设备应具有由泵吸水口压力控制的自动开停功能。吸入口压力低于0.2MPa时自动停泵，吸入口压力达到0.22MPa时自动恢复运行。

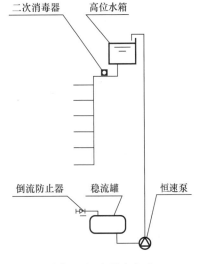

图5 组合供水方式

1.2.4.3 水泵的选择

叠压供水系统是否节能，节能效果的好坏，主要取决于市政管网供水压力的稳定情况及泵组选择的合理性。因此设计选用这种供水方式时，首先应征得当地市政供水主管部门的批准，即要符合类似上述北京、天津所颁布的适用条件和要求。在此基础上选择叠压供水设备的扬程，就可以利用市政供水管网的压力，使水泵的工作真正达到叠压节能的效果。但是有的叠压供水设备的设计，为了安全供水，选泵时，其扬程未减去市政供水管网可利用的水压，仍按一般的变频供水泵组选泵，使水泵低效工作时间增长，导致选用节能的设备实际工作时成了耗能设备。

1.2.5 推荐的供水方式

推荐采用常速泵组+高位水箱叠压供水的最节能、节水的供水方式，见图5，这种组合供水的方式具有如下特点：

（1）可利用市政供水压力。

（2）水泵流量 Q 可按最大小时流量选泵，其值仅为变频调速泵组采用设计秒流量 q_s 值的 1/1.5～1/3。

（3）水泵均在高效段运行。

（4）高位水箱有很大的调节水压、水量的能力，因而供水安全、稳定、节水。

（5）与叠压供水方式相比，它需要设置高位水箱，占地占空间，且需加二次供水消毒设施，这一点和变频调速泵组供水相似。

1.3 节水器具与仪表

（1）节水龙头。水龙头是千家万户必需的用品，是耗水耗能的大户，也是最具节水节能潜力的产品。从目前国内市场供应的节水龙头产品来看，主要存在档次低、质量差的问题。据资料介绍：

2005年北京市检测陶瓷密封水嘴、大便器冲洗阀及坐便器低水箱配件,合格率分别为38%、30%和50%。因此,提高节水龙头等产品的质量是节能节水的一件大事,同时,设计者应向建设单位推荐采用质量好的节水龙头。

(2)公共场所的卫生间应推荐采用非接触(感应式)水嘴、便器冲水阀,这样既节能节水又卫生,不应采用无控制花管长流水的小便槽。

(3)水表及计量装置。用水设备安装水表等计量装置,是节水的重要措施之一,"规范"已就此作了明确的规定。设计应根据业主、物业管理等的要求选择合适的质量好的水表。

(4)企事业单位、学生宿舍的公共浴室、淋浴间等推荐刷卡用水,实践证明,此节水措施行之有效。

2 热水

2.1 热源选择

生活热水供应系统所耗能源占整个建筑能耗的10%~30%,而其中用于制备生活热水的热源又占其系统能耗的85%以上,因此合理选择生活热水的热源对于节能有举足轻重的作用。

2.1.1 集中热水供应系统热源选择

集中热水供应系统的热源可按下列顺序选择:

(1)工业余热、废热。利用工业余热、废热,变废为宝,既可节能又消除了污染,在有此条件的地方应优先利用。

(2)地热水资源丰富且允许开发的地区,可根据水质、水温等条件,用其作热源,也可直接用其作为生活热水。但地热水按其形成条件不同,其水温、水质、水压等均有很大差别,设计中应采取相应的升温、降温、去除有害物质的措施,以保证地热水的安全合理利用。地热水的热、质应充分利用,有条件时应综合利用,如先将地热水用于发电,再用于空调采暖、理疗和生活用热水。

(3)太阳能是一种取之不尽的最有条件推广应用的热源。凡当地年日照时数大于1200h,年太阳辐射量大于4200MJ/m² 及年极端最低气温不低于-45℃的地区均可采用太阳能作为热源。

(4)有水源(含地下水、地表水、污废水)可供热回收利用的地方、气候温暖地区、土壤热物性能较好的地方可分别采用水源、气源、地源热泵制备热源,或直接供给生活热水。水源、气源热泵在国内已应用较多,地源热泵虽有节能、不污染水源、对建筑环境的热污染和噪声污染小等优点,但其设计、计算复杂,目前国内尚处于开发研究阶段。此外,空调系统冷冻水、冷却水的废热,游泳馆中湿热空气中的废热亦可通过热泵回收制备热源或直接供给生活热水。

(5)选择能保证全年供热的城市热网或区域性锅炉房的热水或蒸汽作热源。如热网或区域性锅炉房仅在采暖期运行,则应经经济技术比较后确定热源。

(6)上述条件不存在、不可能或不合理时,可采用专用的蒸汽或热水锅炉制备热源,也可采用燃油、燃气热水机组制备热源或直接供给生活热水。

(7)当地电力供应较富裕,有鼓励夜间使用低谷电的政策时,可采用电能作热源或直接制备生活热水。

2.1.2 局部热水供应系统热源选择

局部热水供应系统的热源可因地制宜的采用太阳能、空气源热泵、电、燃气等。当采用电作为热源时,宜采用储热式电热水器,以降低耗电功率。

2.2 基本参数的合理选择与设计

热水用水定额、耗水量、耗热量、供水水温、水质等热水系统的基本设计参数对于热水系统的合理运行、能耗等有很大影响。因此,应根据工程的具体条件合理选择这些参数。

2.2.1 热水用水定额

热水用水定额应根据卫生器具完善程度和地区条件按"规范"的规定选择,但根据多项设有集中热水供应系统的居住小区实测调查，居民热水用水定额均低于"规范"热水用水定额中的低限值。因此，居住建筑的热水用水定额除水资源丰富的炎热地区外，推荐按"规范"热水用水定额中的低限值选用。

2.2.2 热水量、耗热量计算

（1）设计计算用水人数、单位数应尽量准确。

（2）小时不均匀系数 K_h 值是影响设计小时耗热量大小的关键参数，K_h 值偏大且与给水的 K_h 值不对应等是"规范"中热水部分的一大弊病。近年来在对一些工程集中供应热水系统的用水逐时变化实测分析的基础上，对 K_h 值进行了分析计算调整，其结果见表 2。

热水小时变化系数 K_h 值   表 2

类别	K_h	类别	K_h
住宅	4.6~2.75	公共浴室	3.2~1.5
别墅	4.2~2.45	医院	3.7~2
旅馆	3.4~2.2	餐饮业	2.6~1.5
幼儿园	4.8~2.7	办公楼	5.7~2.5

（3）设计小时耗热量的计算，应根据集中热水供应系统全日或定时供应热水，同一热水系统中，不同类别建筑、不同用水部门的最大用水时段等使用条件分别按"规范"中关于设计小时耗热量的相应条款和公式计算。不应不加以分析就将同一热水系统中不同用水部门或建筑物的设计小时耗热量叠加，作为系统的总设计小时耗热量进行计算。

2.2.3 供水水温

集中热水供应系统的水加热设备宜在满足配水点处最低水温要求的条件下，根据热水供水管线长短、管道保温情况等适当采用低的供水温度，以缩小管内外温差，减少热损失，节约能源。

一般集中热水供应系统水加热设备的供水温度可为 50~60℃。

2.2.4 供水水质及水质处理

热水的供水水质对节能的影响主要是冷水的碳酸盐硬度大时，将在水加热设备及管道内形成水垢，严重降低水加热设备的换热效果，造成热能损耗。因此，对于碳酸盐硬度大的冷水应采取适宜有效的水质软化或水质稳定措施。

2.3 系统设计

2.3.1 配水点处冷热水压力的平衡

集中热水供应系统应保证配水点处冷热水压力的平衡，其保证措施为：

（1）高层建筑的冷、热水系统分区应一致，各区水加热器、储水罐的进水均应由同区的给水系统专管供应。当不能满足时，应采取合理设置减压阀等措施保证系统冷、热水压力的平衡。

（2）同一供水区的冷、热水管道宜相同布置并推荐采用上行下给的布置方式。

（3）应采用被加热水侧阻力损失小的水加热设备，直接供给生活热水的水加热设备的被加热水侧阻力损失宜不大于 $1mH_2O$。

2.3.2 合理设置热水回水管道

合理设置热水回水管道，保证循环效果，节能节水。

（1）集中热水供应系统应设热水回水管道，并设循环泵，采取机械循环。

（2）热水供应系统应保证干管和立管中的热水循环。

（3）单栋建筑的热水供应系统，循环管道宜采取同程布置的方式。当系统内各供水立管（上行下给布置）或供回水立管（下行上给布置）长度相同时，亦可将回水立管与回水干管采用导流三通连接，保证循环效果。

（4）小区集中热水供应系统的循环管道可不采用同程布置的方式。当同一供水系统所服务单体建筑内的热水供、回水管道布置相同或相似时，单体建筑的回水干管与小区热水回水总干管可采用导流三通连接的措施；当不满足上述要求时，宜在单体建筑接至小区热水回水总干管的回水管上设分循环泵，确保各单体建筑热水管道的循环效果。

2.3.3　站室

（1）小区集中热水供应系统应与小区给水系统统一规划设计，以利冷、热水系统分区一致，各用水点处冷热水压力平衡。

（2）水加热站宜靠近用热水量大的用户布置，以减少管路热损失。

2.4　加热设备选择

（1）选择间接水加热设备时，从节能要求应考虑下列因素：①被加热水侧阻力损失小，阻力变化小，所需循环泵扬程低，且可保证系统冷、热水压力的平衡。②换热效果好，换热充分。当热媒为低温热水时，一次换热能取得≥50℃的生活热水；当热媒为蒸汽时，凝结水出水温度≤60℃，热媒热量得以充分利用。

（2）选择燃油燃气热水机组、热水锅炉时，应选用热效率高、排烟温度较低、燃料燃烧完全、无需消烟除尘的设备。

（3）热水循环泵。①热水循环泵的流量和扬程应经计算确定。②为了减少管道的热损耗、减少循环泵的开启时间，可根据管网大小、使用要求等确定合适的控制循环泵启停的温度，一般启停泵温度可比水加热设备供水温度分别降低 10～15℃和 5～10℃。

2.5　管材、阀件及水表选择

（1）热水系统选用管材、阀件除应满足工作压力和工作温度的要求外，尚应满足管道与管件、阀门连接处的密封性能好，材质不影响水质等，以免漏水耗能。

（2）水加热设备必须配置自动温度控制阀门或装置，以保证安全、稳定的供水温度，避免因供水温度的大波动造成安全事故和增大能耗。自动温度控制阀应采用温包灵敏度高、传感机构耐久可靠、泄漏率低的产品。

（3）混合水龙头是热水系统使用最多的终端配水器材，设计宜推荐采用调节功能、密封性能好、耐久节水的产品。

（4）集中热水供应系统设置水表的要求同给水系统，详见"规范"2.1.4 条第 2 款。

2.6　保温及管道敷设

（1）热水系统设备、管道的保温好坏，对其能耗影响很大。

（2）保温绝热材料应符合下列要求：①导热系数低；②密度小，机械强度大；③不燃或难燃、防火性能好；④当用作金属管道的保温层时，不会对金属外表产生腐蚀。

（3）水加热设备、热水供回水管道（除入户支管外）及阀门均应作好保温处理，保温隔热层外还应作保护层。保护层材料应选用强度高、使用环境温度下不软化、不脆裂、抗老化、耐久的产品。

（4）入户支管当其明装在吊顶内时，宜作保温层，暗装的管道因难以作保温处理，且因管径小、散热快，其管道长度应控制在 10m 以内。

（5）室外热水管道的敷设。①室外热水管道宜采用管沟敷设，以利于保证管道安装、保温处理及维护、修理、保温层的更换，并且有利于减少管道的散热损失。②当室外热水管道采用直埋敷设时，应根据当地土壤类别、地下水位高低等因素，做好保温、防水、防潮及保护层。且应对阀门、法兰、支架等易产生热桥处做好密封处理。管线较长者还宜设在线检测仪表，以保证直埋管道的正常运行，减少热损失。

2.7　对运行管理提出设计要求

集中热水供应系统的运行管理是减少热损失、节约能源、降低运行成本、降低热水收费标准，从而确保系统合理、正常运行的另一关键因素。设计宜要求运行管理作好下列日常记录，为系统合理运行提供依据：

（1）水加热设备的热媒进出口、被加热水进出口的温度、压力，按小时记录。

（2）热水循环泵启、停温度按日记录，循环泵每日开、停时间定时记录。

（3）热水用水量分区逐时记录。

（4）当采用油、气、煤为燃料时，其用量逐日记录。

（5）当采用饱和蒸汽或热媒水为热媒时，逐时记录其流量。

3 其他给排水

3.1 中水

（1）中水系统设计应进行水量平衡计算，使系统能合理运行，即中水得到充分利用，所需自来水补水量减到最少。

（2）原水调节池（箱）、中水储存池（箱）容积宜适当加大，中水处理设施宜按一天连续运行16h设计计算处理能力，借以减少运行负荷和电耗。

（3）中水储水池（箱）所设自来水补水管，其补水阀应控制在中水供水泵启泵水位之下，或在缺水报警水位时才开启，当达到正常水位时应关闭。

（4）中水供水系统的节能措施均同给水系统。

3.2 冷却循环水

（1）收集工程所在地与冷却塔冷效相关的气象参数，为设计计算和正确选择设备提供准确依据。

（2）合理选择塔型，在空气湿球温度较低的干燥地区，可在设备厂家的配合下，经设计计算适当提高冷却水进出水温差，减少循环水量及循环水泵能耗，缩小循环管道管径，节能、节材、节地。

（3）根据循环水水质情况，采取合理可靠的水质处理措施，避免因水质不好引起冷却水在冷却塔、管道及制冷机组内结垢，并产生菌藻和腐蚀。确保冷却塔及制冷机组的换热效率。

（4）冷却塔的具体选型要求及循环冷却水处理方法等详见《全国民用建筑工程设计技术措施 给水排水》有关章节。

（5）冷却塔设置位置及其布置对其散热效果有很大影响，其具体要求详见《全国民用建筑工程设计技术措施 给水排水》有关章节。

4 结语

本文就笔者工作中遇到的一些涉及建筑给排水节能、节水的技术问题提出来与读者探讨，目的是澄清一些模糊的概念，提高本专业的设计水平，为节能、节水做出贡献。本文节水部分主要是围绕与节能相关的内容来写的，文章中未提及的雨水、杂用水回收、管道内流速的控制、管材选用、管网布设、设备构筑物材质等，亦是建筑给排水专业节水、节能的重要组成部分，工作中不可忽视。

参 考 文 献

1 付婉霞，曾雪华．建筑节水的技术对策分析．给水排水，2003，29（2）：47～53

2 何政斌，金海城，周炳强，等．变频调速变压变流量供水设备的研制及运行效果分析．给水排水，1998，24（10）：59～63

3 李刚．无负压管网增压设备应用探讨．给水排水，2004，30（4）：88～91

4 李旭东，章崇伦．试论二次供水系统的优化方案．天津建筑给水排水技术信息，2004，（试刊）：19～21

收稿日期：2006-09-06

建筑热水供应技术发展规划探讨

刘振印

全国建筑给水排水委员会热水分会

2001 年 4 月 26 日

建筑给水排水学会热水分会（原为热水研讨会）成立九年来召开过四次学术交流研讨会，对"热水供应"中存在的理论技术问题及近年来热水供应行业涌现的新技术、新产品、新材料进行了研讨，为《建筑给水排水设计规范》的修编及其他一些相关产品设计规程、产品标准等的编制提供了基础性资料。促进了我国"建筑热水供应"技术的发展。但是，我国是一个发展中国家，"热水供应"技术与发达国家相比，还有不少差距，还有不少理论上、工程实践应用中存在的问题，有待深入研究和探讨，下面就热水分会下步的工作—建筑热水供应技术发展的规划谈一点粗浅的想法。

一、理论问题

1. 完善热水水质标准

生活用热水的水质，在《建筑给水排水设计规范》中已明确规定，应符合《生活饮用水卫生标准》的要求。但热水水温比冷水温度高，由此将会引起水中物质组成的变化，如钙离镁子因形成 $CaCO_3$、$MgCO_3$ 沉淀物，沉淀在热水设备或管道上而减少。当采用离子交换软化硬水时，在水中钙镁离子减少的同时，又会引起 Na 离子的增加，而对于人体健康来说是需要富 Ca 离子低 Na 离子的水。

水温升高的同时，还会产生一些致病微生物的生长与繁殖，这也有害于人体的健康。

因此，热水供应技术中，请卫生防疫及有关部门一起分析研究，并制定有关热水水质的补充标准是很必要的。

2. 对水质稳定及水质稳定所用设备的作用机理，作深入研究。生活热水水质处理内容主要是除垢防腐两大问题。

解决除垢问题行之有效的方法是软化法。但软化处理生活热水、工艺复杂，一次投资和运营费用高昂，管理操作麻烦，且存在加速腐蚀和上述对人体有利的 Ca 离子减少，对人体不利的 Na 离子增加的问题，因此解决生活热水水质除垢防腐问题的较妥善的办法是水质稳定。近年来，各种物理的化学的水质稳定方法较多，相应的设备也不少，并在相当多的工程中已经应用。但大部分方法和设备机理不是很清楚，也未作测试工作，建议一些有影响的厂家对其设备在这方面作一些脚踏实地的工作。

3. 探讨合适的热水供应温度

合适的热水供水温度既能缓解结垢和腐蚀，节能节水，同时又能抑制热水中军团菌等的繁生。

关于军团菌，国际上早已有所报道，并对其危害程度有高度重视，国内已在北京几座星级饭店的冷却塔循环系统中检查出有军团菌。生活热水系统中尚未查出。但暂未查出并不意味着国内生活热水中不存在军团菌等危害人体健康的病菌。而军团菌的滋生又和水温有很大关系，同时随着水加热温度的升高，水中的余氯降低或消失，亦影响热水水质。因此，吁请卫生防疫部门和一些资深的水处理公司能在这方面作一些检测分析工作，提出一个合适的热水供水温度值。

二、设计计算公式与计算参数

1. 修订热水用水定额

《建筑给水排水设计规范》1988 版与 1997 版中，热水用水定额普遍偏高，大多数用水定额高于发达国家的指标。具体反映在大部分工程实用中，设备利用率较低。不仅不经济，而且耗能，不符合我国水资源严重亏缺的国情。因此制定符合我国国情的热水用水定额是本专业的当务之急。

建议全国设有本专业的大专院校及设计研究院能分别做点调研工作，为"规范"用水定额的修订提供基础素材。

2. 修订流量公式

热水供应系统设计计算中，设计小时流量与秒流量公式是基础公式，《建筑给水排水设计规范》中规定的相关公式在工程实践中的确存在一定问题，不少专家就此发表了有价值的论文。这个问题已在几次热水研讨会中进行了较广泛的研讨，《给水排水》杂志上也发表了几次这方面的论文。目前规范组已组织几位专家进行设计秒流量公式的修订工作。届时，热水秒流量计算公式可同给水秒流量计算公式一同修订。

设计小时流量公式中的不均匀系数 k 值，在工程计算中，存在较大问题，亦需请全国各有关大专院校和设计院配合工程做调研分析工作，提供 k 值修正依据。

居住小区已在全国各大中城市大量兴建。不少小区采用集中热水供应系统。

小区集中热水供应系统存在制定设计小时流量与设计秒流量的问题。建议由规范组结合小区给水统筹考虑。

3. 选择合理的贮热时间

生活热水系统要不要贮热？贮多长时间的热，这个问题已在几次热水研讨会中进行了较广泛的研讨，"给水排水"杂志上也发表了几次这方面的论文。

贮热时间问题，涉及技术经济等多方面的因素，热水分会可以组织有关专家和工程技术人员就一些具体工程进行综合比较，提出有说服力的依据。

4. 热水循环泵循环流量与扬程的进一步研讨在计算热水循环泵的循环流量与扬程时是否加附加流量，是多次学术会议争论的议题之一。总体来看，以赞成不加附加流量者为多数，但多数不一代表真理。由于工程实践中，往往选择的循环泵流量与扬程都有很大富裕，难以验证对与错。建议一方面仍可开展这方面的深入探讨，一方面可找一些合适工程进行考察论证。

5. 合理选择住宅的热水供应系统

随着近年来住宅建筑的蓬勃发展，人们生活质量的逐步提高，住宅建筑的热水供应如何既满足社会需要又能做到节能节水不污染环境，这也是当前建筑热水供应技术方面的一大问题。国内一些住宅研究机构已在这方面做了不少工作，就一些工程实例进行了集中供热和局部供热的经济分析与技术、环保等综合比较。建议今后热水分会加强和这些机构的联系，争取在全国范围内利用一些住宅小区的典型工程就热水供应系统的合理选择多做一些深入的工作，使其起到引导推广作用。

三、设备材料及附配件

近年来国外引进与国内自行开发用于热水供应的新设备，新材料与新的附配件，层出不穷。对于促进国内热水供应技术的发展起了很大作用。但也存在两大问题。

（1）大多数设备和新材料未经权威部门测试，没有行业标准，没有设计规程，造成产品良莠不齐。有的产品搞虚假广告宣传，其产品样本东拼西凑欺骗用户。

（2）没有专门用于"热水供应"行业的产品测试检测机构。

针对这种市场混乱鱼目混珠的情况，建议做好如下工作：

1. 制定和完善一些产品的行业标准和设计规程

建议热水分会和有关的设备分会等组织联合对一些较可信的产品进行考察论证，并与生产企业合作编制行业标准和设计规程。优胜劣汰逐步淘汰一些伪劣产品，让一些较好的产品规范化，标准化。

2. 组建专用于热水设备，附配件性能测试的测试中心。

建议热水分会与国内一些有热工测试资格的测试单位合作，组建测试中心。

按不同类型产品制定测试项目及相应的测试方法，并出示正规的测试报告。

3.调研热水用塑料管材应用情况，提出合理选用塑料管材的建设性意见

热水分会就此可做两方面的工作，一是发动分会成员（主要为设计单位）对本单位工程设计使用热水塑料管材作广泛调查，总结经验教训，提出建设性意见；二是分会成员积极配合一些质量好的技术有实力的生产管道企业编制产品标准与设计安装使用规程，使塑料管这种新型管材有序的得到推广应用。

四、开展热水供应系统工程中技术问题的研讨

随着生活热水供应的普及，尤其是大中型建筑集中热水供应系统的采用，系统设计使用中存在的一些问题也就逐渐暴露出来。除了上述热水用水定额，设计计算公式与参数的选用给系统设计的经济合理性带来一些问题外，系统设计还存在如下三个方面的问题。

1.水加热设备的选择问题

水加热设备是热水供应系统的心脏和核心，正确合理的先用水加热设备是热水供应系统安全、舒适供水的重要保证。目前一些工程设计中，由于热源、热媒选择不当，换热、贮热设备搭配不合理，耗能、耗水给运行管理和用户带来麻烦。

2.系统压力平衡的问题

热水供应系统设计中，如何做到整个冷热水供水系统压力的平衡，是保证用户安全、舒适用水和节水节能的关键要素之一，他涉及上述水加热设备的选择，冷水热水系统的综合统一考虑，及管路设计等多方面因素，这也是以往热水供应系统设计的一个薄弱环节。

3.热水循环效果的问题

保证用户安全、舒适用水节水节能的另一关键要素，是如何保证热水供、回水系统的循环效果，其中包含循环泵的选择，管网及附件的设计、布置等因素。

上述三方面的问题是目前国内热水供应系统设计中存在的主要问题，建议热水分会组织分会会员通过工程实践就解决上述三个问题，多发表一些有价值的论文。

五、积极推广节能、节水新技术新产品的应用

目前需要在建筑热水供应行业中推广应用的新技术、新产品主要有如下几个方面：

1.绿色可再生能源的利用

绿色可再生能源，可理解为无污染的天然能源。其中一是太阳能，二是地热。

太阳能热利用技术在国内推广应用已有很长的历史，但用于生活热水系统的太阳能热水器九十年代以后才得到快的发展。据资料介绍：1999年我国太阳能热水器的销售量已达400万 m^2，居世界年销售量之首。

太阳能热利用技术在我国虽然发展较快，但年产400万 m^2 的太阳能热水器对我们这样一个十三亿人口的国家来说，还是远远不够的，当然其中还有些技术问题如建筑结合协调的问题，产品的系列化、标准化的问题、功能的完善及附配件耐用等问题需进一步研究解决。

地热利用是开辟绿色可再生能源的另一途径，目前国内外已开始应用地源热泵利用地热供给生活用水热源的新技术，国内已有少数工程结合采暖正在进行试点。下一步需做的工作对其运行应用效果等作较深入的探讨，使其有序发展。

2.电伴热技术的应用

电伴热是引进美国Raychem公司的一种用于管道保温的新技术。他是采用一种自调控恒温伴热电缆缠绕在管道上达到管道防冻保温的目的。

如将其用于整个热水供水管的伴热保温，则可取消回水管及循环泵；如将其用于支管保温，则可取代复杂的支管循回水管路，保证热水管不出冷水。目前这项技术已在少数工程中推广应用，作为一项重要的节水措施可在工程中进一步推广。

3. 热水系统用高精度高可靠性阀件的推广应用

高可靠性高精度的温度安全控制阀、压力平衡阀等的短缺或昂贵的价格是热水供应技术发展的难题，目前已有一些企业在这方面做了一些工作，但要使国内这类产品达到国外同类产品的先进水平还需花大力气。

上述五项工作作为下一步热水供应发展，规则的内容提出来，仅为个人粗浅意见，提请建筑给水排水学会及本次年会审议。

如何逐项落实，建议热水分会组织一次常委会，专门研讨规则及其分工落实事宜。

不当之处，请各位专家代表批评指正。

生活热水设计技术问题探讨

改革开放 20 年来，随着我国建业的蓬勃发展，建筑热水供应已在越来越多的中、高档民用建筑中普及，不少房地产开发商则以本小区或本公寓没有集中热水供应 24 小时供热作为热点，颇具诱惑力。但从现有情况来看，集中热水供应系统从设计安装施工到使用，均存在一定问题。

下面结合我院设有集中热水系统的工程所遇到的一些问题及我个人近十多年来从事工程设计，热水产品研究开发的点滴经验对热水设计中一些技术问题谈点个人看法，抛砖引玉。

一、换热站设计

1. 热源或热媒和水加热、换热设备

（1）常用的热源或热煤

A. 城市热网或小区热网：城市热网大多以热水为介质，如北京城市热网。小区热网其介质为蒸汽或热水。

B. 自备热源：常用的自备热源有：

a. 蒸汽锅炉；b. 热水锅炉

锅炉又分承压式的热水锅炉（一般与采暖共用）和不承压的热水锅炉（又称之为热水机组），一般采用油、气为燃料，也有的采用电蓄热设备。

（2）常用的水加热方式及常用水加热设备

A. 热媒为蒸汽：

a. 间接加热方式：常采用的水加热设备有容积式水加热器、半容积式水加热器、半即热式水加热器，快速（即热）式水加热器。

b. 直接加热方式：采用的方法或设备有：热水箱内加穿孔排管，蒸汽通过穿孔排管与汽水混合加热；管道混流器，或喷射式加热器。利用文丘里管理原理，将蒸汽与水混合加热。

变声速增压节能换热器（美国产品），是一种利用有压蒸汽通过喷管与冷水混合，继而使汽水混合体升温、增压的设备。（见 2001 年《给水排水》杂志第 1 期）。

B. 热媒为热水：热媒为热水包括城市热网热水和自备水加热设备供给的热水。其水加热方式亦可分成直接加热和间接加热两种方式。

当热煤为城市热网水时，均采用间接水加热方式。当采用燃油、燃气热水机组及溴化锂直燃机组等制备热水时，可用其直接供水；也可采用间接水加热方式，用其作热媒通过水加热器换热后供给热水。间接水加热时所用设备同蒸汽。当采用电蓄热设备供给热水时，一般均采用直接加热供水的方式。

2. 问题探讨：

（1）自备热源为直燃机组、热水机组时，供热方式的选择

如上所述，自备热源时的供热方式有直接供热和间接供热两种方式。在工程设计中，究竟采用那种形式好？我认为应考虑如下几个因素：

A. 综合考虑节能节水，系统好用、合理。

B. 有利于防垢，减少维修工作量。

C. 经济，包括占地面积及空间省，一次投资少和经常运转费用低等因素。

图1、图2、图3为三种参考图式。

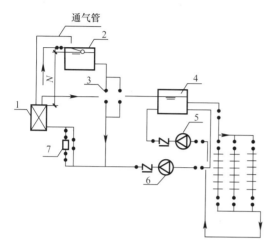

图1 屋顶层设置机组热水供应系统

1—机组；2—冷水箱；3—电磁阀；4—热水贮水箱；

5—系统循环泵；6—热媒循环泵；7—软化处理或水质稳定处理装置

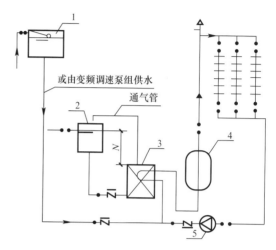

图2 间接加热热水机组配贮热水罐热水供应系统

1—高位冷水箱；2—冷水补水箱；3—机组；

4—贮热水罐；5—系统循环泵

图1，适用于屋顶层有放置热水机组及其配套设施的地方和高度。一般由热水机组配热水箱联合重力供水。这种直接供应热水的方式，较简单、节能且有利于冷热水压力平衡、节水、好用。但要求屋顶层有足够的地方和高度；且水质硬度不宜过高。

图2为热水机组配热水罐间接供热水的方式，适用于"热水机组"自带快速换热器的设备，优点是供热系统较简单，可利用冷水系统的压力。缺点是，快速换热器部分传热效果较差；且被加热水走换热水管内，硬度稍高的水容易在管内结垢，不仅影响传热效果，而且，难以清通，其压力损失将愈来愈大，不利于整个系统冷热水压力的平衡。因此，采用这种系统形式时，一要考虑冷水硬度不宜过高，二是设备被加热水部分的压力损失要求较小。

图3是一种典型的间接换热的方式。它是由热水机组配热交换器组合供应热水。热交换器一般推荐用热效较高、无冷温水区、贮热容积较小的半容积式水

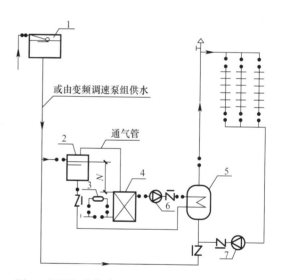

图3 间接加热热水机组配容积式或半容积式水加热器的热水供应系统

1—高位冷水箱；2—冷水补水箱；3—水质稳定或软化处理装置；4—机组；5—导流型容积式或半容积式水加热器；6—热媒循环泵；7—系统循泵

加热器。水加热器可装在热水机组内，亦可外配。这种方式一般适用于水加热设备放在地下室或底层的建筑。优点是：可利用冷水压力，可选用高效且被加热水侧阻力小的换热器与"热水机组"灵活搭配，保证系统的冷热水压力平衡。缺点是二次换热，相对于直接供热水的方式有一定能耗。

除上述三种图式外，可能还有一些其他的图式，不管采取什么自备热源机组，均要对该设备本身构造及性能有所了解。如有的直燃机组，供生活热水部分，实质上是一个快速换热器，且被加热水走孔径很小的排管内，样本上提供阻力为3～5m，加热系统和管网系统设计就必须考虑这些因素。

（2）间接水加热设备之选择

近年来，生活热水用的水加热设备发展很快；新型的快速半即热、半容积式水加热器花样很多。其中以浮动盘管、弹性管束为换热元件的各种换热设备最为突出。

是不是现有的浮动盘管换热器就是先进产品，是不是浮动盘管换热器能自动除垢，不要检修等影响供热水系统的关键问题，我在去年6月《给水排水》杂志上发表了一篇"浅谈浮动盘管型换热器"的文章，其中就上述问题谈了自己的一些粗浅看法。此处不再重复。

下面，根据我个人近十几年来结合设计工作、研究开发水加热设备的经验，概括的谈几点意见：

A. 热力性能的准确性与可靠性：

样本提供的 k 值，热媒温降值 ΔT、被加热水温升值、压力损失值等是如何来的？是否有对应关系，如有的产品提供在汽水换热时，蒸汽入口温度为280℃，凝结水出水温度≤60℃，这是否真实？

B. 是否符合产品标准要求。如不少厂家也生产半即热式水加热器，却没有半即热式水加热器所必须的关键部分——安全、灵敏可靠的温控与安全装置相匹配。

C. 不少产品宣传自身能自动除垢，因此产品不考虑检修，这样做是否可行？

二、系统设计

1. 设计图式

热水管网系统的图式很多，按供、回水干管所在系统位置一般可分为上行下给，和下行上给两种。图4～图11为几种常用的管网系统图式。

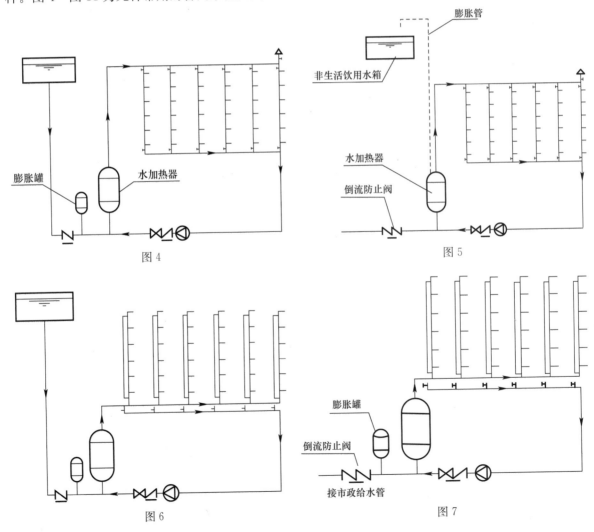

图4

图5

图6

图7

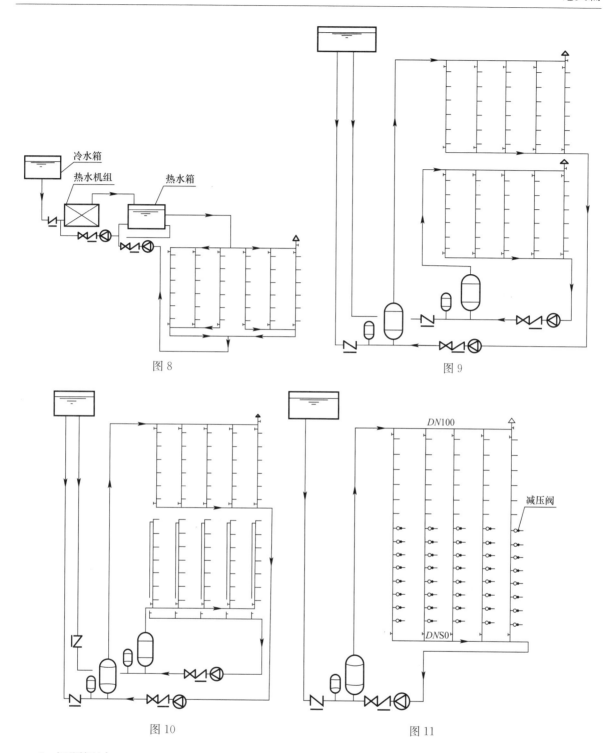

图 8　　　　　　　　　　　　　　　　　图 9

图 10　　　　　　　　　　　　　　　　图 11

2. 问题探讨：

（1）系统的冷热水压力平衡问题。

《建筑给水排水设计规范》中第 4.2.14 条规定："当卫生器具设有冷热水混合器或混合龙头时，冷热水供应系统应在配水点处有相同的水压。"

此条对保证系统冷热水压力平衡提出了很高的要求。

因为只有做到冷热水压力平衡，才能保证使用安全，舒适，节能节水。因此设计热水系统时宜注意下面几点：

A. 水加热设备被加热水侧阻力宜尽量小，以不大于 1m 为合适。

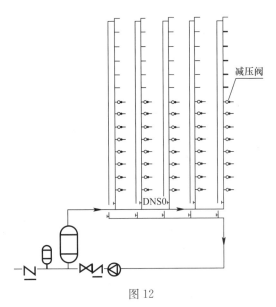

图 12

B. 水加热设备尽量布置在用热水量大的负荷中心，缩短热水供水管的长度。

C. 高层建筑热水供应系统的分区，应与给水系统的分区一致，各区的水加热器，贮水器的进水，均应由同区的给水系统供应。这是"建筑给水排水设计规范"的 4.2.12 条。即不要冷水热水一个由高位水箱供，一个由水泵供；或二者分别由二套水泵供。

D. 有条件时管网尽量布置上行下给的方式。

热水管网上行下给，不仅省了一根专用回水立管，而且其管径自上而下由大到小变径与水压由小到大的变化相对应，有利于缩小上下层供水压力之差别，有利于供水压力的稳定和平衡。

E. 当系统的个别点或部分用水点难以做到冷热水供水压力平衡时，可采用加平衡阀、防烫混合阀等能自动调节控制冷热水压差的装置或阀件。

F. 供给水加热设备的冷水给水管宜设专管。以减少其他用水干扰供水系统的压力。

（2）循环效果问题

集中热水供水系统一般均需设循环管网，以保证使用和节能节水之要求。下面就如何保证循环效果，讲几点意见：

A. 凡集中热水供应系统不管是全日供热还是定时供热系统均应设机械循环，并保证干管和立管中热水的循环。这一点拟写进新版的"建筑给水排水设计规范"中去。

与"规范"（1997 年版）不同的是强调了均作机械循环，均应保证干、立管内热水的循环。目的是更有利于节水，节能，使用舒适。

B. 循环管道宜采取同程布置的方式。热水供回水管同程布置即相对于每个用水点来说，热水的供、回水距离之和基本相等。上述图 1 至图 9 均是同程布置的图式。这种布置方式能在系统不需调节或很少调节的情况下，克服循环短路现象，保证各用水点均能很快取得热水的效果。

C. 热水供、回水主干管不宜变径。

热水循环管道采用同程布置后，再将供回水主干管不变径，即整个干管均分别按供、回水设计流量选用管径，而不分段计算选用管径，如图 11 示。

这样做虽多花费点材料，但使整个干管的阻力变得很小，更有利于保证均匀循环的效果。

D. 当一个水加热站供给一个建筑几个区域，或分支供给几个不同的大用户时，宜在站内设热水供水分水器和回水集水器，以利调节控制，保证循环效果。

E. 小区设集中热水供应系统时，为保证整个小区各栋楼的热水循环效果，除在室外热水管线布置应尽量等程布置外，还宜在每栋回水干管至小区总回水干管之间增设循环泵，如图 13 所示。

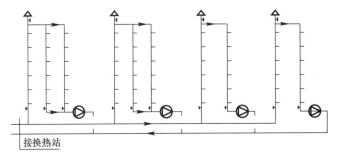

图 13

F. 不设回水管路，保证使用效果的另一途径，对于一些布置回水管路很困难，而经济上又可行的高档建筑，则可采用热水管外加电伴热装置，即用电能变成热能来补偿管道的热损失。这种做法在发达国家已有多例，国内亦有采用的先例。

这种做法可使热水管路设计大大简化，也省去了一套回水管路等的安装，但其造价相对较贵。一般可以将其用于热水支管的保温，这样可以免去设计和安装复杂的支管循环系统。

G. 尽量减少热水支管的长度。

对于一户多卫生间的建筑，如采用一根立管引入一支管接至各卫生间，管道太长，如支管不采取上述措施，则每次放水时，要放走很多冷水后才能出热水，耗水耗能，影响使用，因此，在支管不采取电伴热或循环时，宜各卫生间分设热水立管。减少支管长度。

（3）减压阀的设置

近年来，给水、热水、消防供水系统采用减压阀分区的方式已很普遍。这是供水系统的一次较大改革，热水系统上设计减压阀宜注意下列几点：

A. 减压阀的布置不能影响循环效果

图 14 所示一种错误的布置方式，因为低区供水经减压后，回不到总回水管去了。

当采用减压阀分区时，宜采用图 6、7、8、9 的系统图式。

B. 当分区集中设减压阀时，宜将减压阀设在水加热设备的冷水供水管上，如图 6、8 所示，这样有利于减少故障，和维修工作量适长其使用寿命。

当需装在热水管道上时，宜装在入户管上如图 7、9 所示。

C. 减压阀的设计与安装等还应符合"建筑给水减压阀应用设计规程"之要求。

3. 系统附件：

（1）热水循环泵的选择：

A. 循环泵的作用，是循环作用，通过循环流量补偿管网热损失。不是加压泵。

B. 流量应计算；一般为供水设计流量的 $20\% \sim 30\%$。

C. 扬程：应经计算，一般取 $5 \sim 10m$。

D. 必须注明泵体承受的工作压力不得小于其承受的静水压力加上水泵扬程。

（2）膨胀、安全措施

A. 安全阀，所有水加热器一般均应设安全阀。一般用微启式，安全阀泄水管应引至安全排水处。

B. 膨胀管

对于汽—水换热或热媒温度 $\geq 95\text{℃}$ 的水—水换热设备除装安全阀外还宜设膨胀管或膨胀罐。

设膨胀管的条件为：

a. 有可能设置膨胀水箱的热水系统。

b. 建筑内设有中水、消防水、采暖或空调等专用的非生活用水箱时，可将膨胀管引至水箱上空。

c. 其他要求见"建筑给水排水设计规范"。

C. 膨胀水罐

当系统没有条件设膨胀管时，亦可采用设膨胀罐的措施。

设置位置：

a. 水加热和止回阀之间的冷水进水管上；

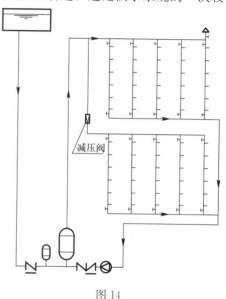

图 14

b. 热水回水管的分支管上。

膨胀水罐总容积按下式计算。

$$V = \frac{(\gamma_1 - \gamma_2)\rho_2}{(\rho_2 - \rho_1)\gamma_1\gamma_2}V_c$$

式中：V——膨胀水罐总容积（L）；

γ_1——加热前水加热贮热器内水的密度（kg/L），相应 γ_1 的水温 t_1 可按下述情况设计计算：

a. 加热设备为多台的全日制热水供应系统，可按最低热水回水温度计算，其值一般可取 40～50℃。即膨胀水罐只考虑正常供水状态下吸收系统内水温升的膨胀量，而水加热设备开始升温阶段的膨胀量及其引起的超压可由膨胀水罐及安全阀联合工作来解决，借以减少膨胀水罐的容积；

b. 加热设备为单台，且为定时供热水的系统，t_1 可按进加热设备的冷水温度计算；

γ_2——加热后的热水密度（kg/L）；

ρ_1——膨胀水罐处的管内水压力（MPa，绝对压力）；

ρ_1＝管内工作压力＋0.1（MPa）；

ρ_2——膨胀水罐处管内最大允许压力（MPa，绝对压力），其数值可取 $1.05\rho_1$；

V_c——系统内热水总容积（L），当管网系统不大时，V_c 可按水加热贮热设备的容积计算。

表 1 为 V_c＝1000（L）时，不同压力变化条件下的 V 值，可供设计计算参考。

不同压力变化时的 V 值　　　　　　　　　　　　　　　　　　表 1

$\dfrac{\rho_2}{\rho_2 - \rho_1}$	10	12	14	16	18	20	22	24	26	28	30
V_1(L)	92	98	115	131	148	164	180	197	213	230	246
V_2(L)	163	196	228	261	293	326	359	391	424	456	489

注：V_1 指按水加热设备加热前、后的水温 45℃、60℃计算的总容积；
　　V_2 指按水加热设备加热前、后的水温 10℃、60℃计算的总容积。

（3）防止管道伸缩措施

A. 立管与横干管之连接为图 15 所示，即连接处，立管应加一弯头，起补偿作用。

B. 直线管段的热胀冷缩引起的伸缩量，应按不同材质的管道计算。钢管直线管长度一般≥40m 时，中间应设伸缩节。

（4）放气装置

上行下给系统供水干管最高处及向上抬起的管段上设排气阀；下行上给系统可利用最高用水点泄气。

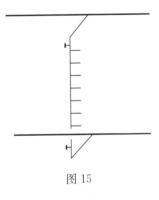

图 15

（5）温度控制装置

水加热设备必须装安全、可靠的温度自动控制装置，这是保证安全、稳定的供水，节水节能的另一重要措施。

选用温控阀时，除了必须考察其长期使用的可靠性外，还应考虑与不同的水加热设备的匹配。如半即热式水加热器，必须配灵敏度高，一般为温度、流量或温度，压力双控的阀门，并配防止超温、超压的双重安全装置。

三、防腐防垢的处理措施

1. 材质选择

（1）水加热设备部分

水加热设备选用合适的材质，能保证供水水质、提高换热效果和延长设备使用寿命。一般换热盘管宜用紫铜管。罐体可采用不锈钢或钢板内衬、涂、复合铜、锌、不锈钢等板材。但应注意可靠和适用。

（2）管材选用另有专家以后专门介绍。

2. 水质的物化处理

解决设备、管道腐蚀与结垢而采用的物理、化学方法较多。但物理方法如磁水器、电子水处理器、静电水处理器、离子式水处理器，处理机理尚不十分清楚，处理效果还未有成熟经验。离子交换软水器，用于生活热水系统则运行管理麻烦、费用高，"归丽晶"化学药剂投加法，丽都水处理公司近年来做了不少工作，有一定效果。

3. 水温控制：

控制热水温度为55～60℃是缓解设备结垢行之有效的方法，亦有利于设备防腐。

四、设计计算：

1. 设计小时耗热量的计算：

（1）设有集中热水供应系统的居住小区的设计小时耗热量按居住建筑的设计小时耗热量加其他公共建筑的平均小时耗热量计算，计算公式如下：

$$Q_h = K_h \frac{m_1 q_r c(t_r - t_1)}{86400} + \frac{m_2 q_r c(t_r - t_1)}{86400}$$

式中：Q_h——设计小时耗热量（W）；

　　　m_1——居住人数（位）；

　　　q_r——热水用水定额（L/cap·d 或 L/b.d）；

　　　c——水的比热，$c=4187$（J/kg℃）；

　　　t_r——热水温度，$t_r=60℃$；

　　　t_1——冷水温度；

　　　m_2——公共建筑内的用水计算单位数（人数或床位数）；

　　　K_h——小时变化系数。

（2）全日供应热水的住宅、别墅、招待所、培训中心、旅馆、宾馆的客房（不含员工）医院住院部、养老院、幼儿园、托儿所（有住宿）等建筑的集中热水供应系统的设计小时耗热量应按下式计算：

$$Q_h = K_h \frac{m q_r c(t_r - t_1)}{86400}$$

式中：Q_h——设计小时耗热量（W）；

　　　m——用水计算单位数（人数或床位数）；

　　　q_r——热水用水定额（Lcap·d 或 L/b.d）；

　　　c——水的比热，$c=4187$（J/kg·℃）；

　　　t_r——热水温度，$t_r=60℃$；

　　　t_1——冷水温度；

　　　K_h——小时变化系数。

住宅、别墅的热水上时变化系灵敏 K_h 值　　　　表 5.3.1-1

居住人数 m	≤100	150	200	250	300	500	1000	3000	≥6000
K_h	5.12	4.49	4.13	3.88	3.70	3.28	2.86	2.48	2.34

旅馆的热水小时变化系数 K_h 值　　　　表 5.3.1-2

床位数 m	≤150	300	450	600	900	≥1200
K_h	6.84	5.61	4.97	4.58	4.19	3.90

医院的热水小时变不数 K_h 值 表 5.3.1-3

床位数 m	≤50	75	100	200	300	500	≥1000
K_h	4.55	3.78	3.54	2.93	2.60	2.23	1.95

（3）定时供应热水的住宅、旅馆、医院及工业企业生活间、公共浴室、学校、剧院、体育馆（场）、营房等建筑的集中热水供应系统的设计小时耗热量应按下式计算：

$$Q_h = \sum \frac{q_h(t_r - t_1)n_0 bc}{3600}$$

式中：Q_h——设计小时耗热量（W）；

q_h——卫生器具热水的小时用水定额（1/h）；

c——水的比热，$c=4187$（J/kg·℃）；

t_r——热水温度（℃）；

t_1——冷水温度（℃）；

n_0——同类型卫生器具数；

b——卫生器具的同时使用百分数：住宅、旅馆、医院、疗养院病房，卫生间内浴盆或淋浴器可按30%～50%计，其他器具不计。工业企业生活间、公共浴室、学校、剧院，及体育馆（场）营房等的浴室内的淋浴器和洗脸盆均按100%计。住宅一户带多个卫生间时，只按一个卫生间计算。

（4）具有多种使用功能的综合性建筑，当其热水由同一热水供应系统供应时，设计小时耗热量，可按同一时间内出现用水高峰的主要用水部门的设计小时耗热量加其他用水部分的平均小时耗热量计算。

2. 设计小时热水量的计算

$$q_{rh} = \frac{Q_h}{1.163(t_r - t_1)}$$

式中：q_{rh}——设计小时热水量（L/h）；

Q_h——设计小时耗热量（W）；

t_r——热水温度（℃）；

t_1——冷水温度（℃）。

3. 集中热水供应系统中，锅炉、水加热设备的设计小时供热量应根据日热水用量小时变化曲线、加热方式及锅炉、水加热设备的工作制度经积分曲线计算确定。当无条件时，可按下列原则确定：

（1）容积式水加热器或贮热容积与其相当的水加热器、热水机组，按下式计算：

$$Q_g = Q_h - 1.163\frac{\eta V_r}{T}(t_r - t_1) \cdot C$$

式中：Q_g——容积式水加热器的设计小时供热量（W）；

Q_h——设计小时耗热量（W）；

η——有效贮热容积系数。容积式水加热器 $\eta=0.75$，导流型容积式水加热器 $\eta=0.85$；

V_r——总贮热容积（L）；

T——设计小时耗热量持续时间（h），$T=2～4$；

t_r——热水温度（℃），按设计水加热器出水温度或贮水温度计算；

t_1——冷水温度（℃）。

（2）半容积式水加热器或贮热容积与其相当的水加热器、热水机组的供热量按设计小时供热量计算。

（3）半即热式、快速式水加热器及其他无贮热容积的水加热设备的供热量按设计秒流量计算。

热交换器的设计因素及半容积式换热器的研制开发

一、热交换器的设计因素

我院自1987年至1992年相继研究成功地开发了"RV-02双管束立式容积式换热器"、"RV-03新型卧式容积式换热器"、"RV-04单管束立式容积式换热器"三个系列产品，去年年底我们又在北京万泉压力容器厂的积极配合下研制成功了半容积式换热器。下面我们就这几年在这些系列产品研究开发过程中所考虑的一些因素——这些因素也可以认为是我们在设计选用生活用热水换热器时考虑的因素，因此这里称之为热交换器的设计因素——以及我们与同行研讨中接触到的一些技术问题提出来，供大家参考。

（一）传热系数 K

K 值是热交换器的关键技术参数，它主要取决于两种介质放热与吸热时流态与流速，即介质呈紊流状态且流速又高时则 K 值高，反之则低。因此，换热器的 K 值并非为一定值，它是随两种介质的流态与流速而变化的，对于制备生活用热水的容积式换热器及类似设备而言，由于其被加热水的流态、流速变化不大，它的 K 值主要是随热媒的流态和流速而变化。下面我们分别以汽—水换热、水—水换热两种换热工况予以说明。

1. 汽—水换热

汽—水换热时，由于饱和蒸汽在放热过程中呈紊流状态、热焓高，所以它的放热系数高，相应地 K 值也高。表1列出了"RV-03"、"RV-04" K 值在被加热水温度相似的条件下随蒸汽流量而变化的几组实测数据。

表1

"RV-03"			"RV-04"		
蒸汽流量 Q(kg/h)	传热系数 K(kcal/m²·h·℃)	凝结水温 T_2(℃)	蒸汽流量 Q(kg/h)	传热系数 K(kcal/m²·h·℃)	凝结水温 T_2(℃)
409.1	531	24.05	424	631	33.1
675	731	36.72	540	732.3	39.0
723.9	775	43.72	668	811.5	49.6
853.1	808.4	53.56	864	978.5	56.2

从表1可看出：K 值明显地随流量 Q 的增大而增大，而凝结水 T_2 也是明显地随 K 值的提高而上升。"RV"系列产品的规律基本上也适用于其他国内外生活用热水换热器。例如大家所熟知的美国"热高"牌半即式加热器，它的换热性能好，K 值高，但我们从它的特性曲线中得知，当其 K 值达到 2000kc/m²·h·℃以上时，凝结水出水温 $T_2 \geq 100℃$。我们在去年年底进行 HRV 半容积式换热器热工测试时，K 达 1800kcal/m·℃·h 以上的 T_2 约为 80℃。

由此，在设计选用热交换器汽—水换热工况下的 K 值时，应相应地考虑两个因素：第一，热媒流量的供给情况，不同的 Q 有不同的 K 值；第二，对凝结水出水温度 T_2 的要求，一般凝结水均应回锅炉以免耗能耗水；此时 T_2 宜 $\leq 80℃$；如凝结水量很小回收又困难而直排时，则 T_2 宜 $\leq 50℃$。

2. 水—水换热

水—水换热时，因为热水是液态介质，热焓远低于蒸汽，且要达到一定流速（一般 $v \geq 0.7$m/s）后才可能呈紊流状态，因而它的 K 值一般远低于汽—水换热时的 K。K 值的影响因素主要是两种介质的流速,对于容积式换热器之类的换热器,因被加热水流速度化不很大,其 K 则主要地依热媒流速变化。表2列出了"RV-03"、"RV-04"几组实测数据。

表2

RV-03			RV-04		
热媒流速 V(m/s)	传热系数 K(kcal/m²·h·℃)	热媒阻力 h(m)	热媒流速 v(m/s)	传热系数 K(kcal/m²·h·℃)	热媒阻力 h(m)
0.43	415	1.0	0.5	520	1.0
0.52	457	1.7	0.65	625	1.73
0.68	511	2.2	0.8	730	2.55
0.83	642	2.5	0.95	825	3.1

以表2的数据可看出:K 随热媒流速 v 的提高而增大,相应地热媒的阻力也增加。

因此,在水—水换热工况下,设计选用换热器的 K 值时,也应考虑两个影响因素;其一,热媒流量能否保证所选择 K 值的对应热媒流速;其二,相应 K 值下的热媒阻力 h 值能否得以满足。如以城市热网水为热媒时,热网末端供、回水压差很小,即允许的热媒阻力 h 值低,此时须按 h 值来选择 K,否则实际使用中由于 h 小热媒流速 v 达不到设计要求,K 值上不去,换热量也就达不到使用要求。

(二)换热面积 F

在 K 值固定的情况下,增大 F 是提高单罐换热量的另一主要途径,这一点在水—水换热的工况下更为突出。但在设计选用 F 值时,必须考虑它的实际运行效果及便于维修等项因素。据我们所知,有的产品为了取得极大的 F 值采取了两种做法:一是密集管束。将管束之外表净间距减少到只有4~7mm;二是采用外螺纹管、管外壁加肋或用鳍片式管束作为换热管,这两种方法均能成1~3倍地增大 F,但这对于具有一定硬度的生活用热水是不适用的,否则时间稍长管外壁形成的结垢层将堵塞其缝隙或将两管之间的间隙堵严,造成换热能力大幅度下降和难以清垢的后果。再者,在有的以软水为被加热水的地方即便能适用这种结构的换热管束,它的 K 值亦低于同样工况下光面管的 K 值,即采用了外螺纹管后,它的换热能力不可能按它为同型光面管面积的倍数增加,因此,我们设计的"RV"及"HRV"系列产品均采用光面管,管外壁净间距最小为一向11mm,另一向为20mm,达到了提高换热能务和方便维修之双重目的。

(三)阻力损失

热媒与被加热水的阻力损失涉及热媒供、回水系统与热水供水系统的设计。如热媒为饱和蒸汽,经换热后凝结水回水压力的大小就关系到它可否背压回水,即能否不另设凝结水箱和凝结水泵。"RV"与"HRV"系列产品汽—水换热时,在控制好热媒流量的情况下,进出口压差约为0.1~0.2mPa。如热媒为城市热网水,由于一般热水供、回水资用压差小,尤其是管网末梢更是如此。因此,换热器的热媒阻力不能过大。"RV"系列热水为热媒时的阻力损失为1~3m,"HRV"系列的阻力为2~4m。

对于生活用热水的换热器被加热水的阻力损失一般应在0.1~0.3m之内为好,否则它会引起用水点处的冷热水供水压力不平衡。如为此而在热水供水系统上加设水泵,一则耗电,二则难以选到这种变流量,扬程很低,质量要求很高的水泵。

(四)贮热容积的设计计算

贮热容积或称贮热时间的设计计算关系到热水供应系统是否安全、适用、经济的大问题。《建筑给水排水设计规范》中4.4.8条关于"集中热水供应系统中贮水器的贮热量;工业企业浴室不得少于30min的设计小时耗热量,其他建筑不得少于45min的设计小时耗热量"的规定,不少同行都认为它偏保守，1992年6月在保定太行厂召开的热水研讨会上，与会代表对此问题反应较强烈，并在去年《给水排水》杂志的关于热水供应的研讨专栏中，好几位专家对此发表了自己的见解。从国内外一些同型建筑的贮热容积的选择计算也可以清楚地看出这个问题，表3列出了国内外部分旅馆建筑的贮热水量表。

部分旅馆贮热水量表　　　　　　　　　　　　表3

名称	床位数	热水罐容积×数量	总贮水容积（m³）	折合每床贮热水量升/床	备注
					国内设计
北京饭店	1160	20m³×10	200	171	国内设计
北京国际饭店	2305	10m³×20	200	87	国内设计
西安宾馆	520	5m³×10	50	96	国内设计
上海宾馆	1200	10m³×7	70	58.3	国内设计
上海华亭宾馆	2000	10m³×10	100	37	国内设计
上海白天鹅大酒店	2000		74	37	
深圳亚洲大酒店				34	
北京丽都饭店	2000	20m³×2	40	20	国内设计（罐容积系估算）
北京西苑饭店	2000		50	25	国内设计（罐容积系估算）
南京金陵饭店	1600	20m³×2	40	25	国内设计（罐容积系估算）
香港美轮饭店	1600	20m³×4	32	20	
香港海景假日酒家	1200	6m³×4	24	20	

从表3可看出：国内设计选择换热器的容积要比国外选择的换热器容积多270%～700%。其中除像国际饭店、北京饭店因考虑以城市热网为热媒时，夏季热媒供水温度只有70℃，因而要求换热面积大，相应配备的换热器也多的因素之外，就按同样的热媒条件相比，两者亦相差70%～300%。

从国内一些使用多年的旅馆来看，运行中确实存在换热器数量偏多、利用率不高的现象，例如我院近年来设计的"国际艺苑"皇冠饭店为一五星级合资旅馆，404商客房采用了8台"RV-02"立式容积式换热器（容积$V=5m^3$）。贮热量是按1h设计小时耗热量计算的，折合每一床位贮热水50L。这比以往也用同样热媒的北京饭店、国际饭店等工程的每床位贮热水量减少一半，其一次投资要比采用标准卧式容积式换热器低52%。该饭店于1990年8月正式投入使用至今，客房出租率为80%～100%，在以供水温度为80℃左右的热网水为热媒的条件下，最多只用到4罐即可完全满足使用要求。贮热时间不到30min。此工程实例既证实了"RV"系列产品的优越性又说明其优越性还发挥得很不够。

为什么会出现上述现象呢，我们认为主要有如下两个问题：

其一，关于最大小时耗热量的计算问题。国内设计单位通常的计算方法是按最大日用量除以用水时间再乘以小时不均匀系数来计算的，这样算出来的最大小时耗热量约为日耗热量的1/5～1/7。而像英、美及香港地区计算最大小时耗热量是按器具来计算的，它是用器具数乘以该器具小时用水量，叠加后乘以同时使用系数（如旅馆的同时使用系数取0.25）而得。

用上述两种不同的计算方法所得结果相差很大。我们曾以一个414个房间的五星级酒店的热水部分作过对比计算，按国内方法计算时，$Q_{max}^h=32.17T/h$，按"美国管道工程资料手册"计算时，

为 $Q_{max}^h=14.46T/h$，前者为后者的 2.22 倍，选换热器时亦相应地多了 1 倍多。

其二，"规范"对于贮热时间的规定已沿袭了几十年，它基本上是根据传统产品的性能来考虑的，我们在进行 RV 系列产品测试时曾对传统标准罐进行过测试，这种罐汽—水换热时的换热能力与贮热容积的匹配基本上是符合"规范"中贮热时间要求的，但是近年来随着一些新型换热设备的涌现，其换热能力较之传统标准产品有了明显的提高，再按"规范"这条规定计算贮热容积，就体现不了新产品的优点，没有达到它应有的经济效益与社会效益。为此"中国工程建设标准化协会建筑给排水委员会正在组织编制"半即热式水加热器热水供应设计规程"之类的推荐性标准，对贮热时间作了一些合理的修订与补充，为推广采用可靠的新型先进产品提供了一个设计依据。

（五）材质

热交换器选用合适的材质能保证热水水质，提高换热效果和延长罐体使用寿命。为了防止罐体内壁生锈国内外一些常有的做法有：碳钢罐体内壁衬铜、镀锌、衬树脂等；或罐体本身就采用不锈钢、铜及复合钢板制作。设计选材时，不管采用何法，应注意如下两点：

1. 可靠，如衬铜，要求加工工艺严密，国内虽有一些厂家衬过，但真正成功者很少。衬不好成了两张皮，不仅花钱多而且影响使用，局部地方更易腐蚀。罐体内壁镀锌、镀铜或衬涂树脂等，其关键工艺是衬、涂前必须将内表面除锈处理做得很好，否则衬涂不牢，反而加快内壁的锈蚀。

2. 适用

内表镀锌不适用于软水。当热水管网采用铜管时，为避免铜与镀锌钢壳连接处的电解作用和严重的点蚀，亦不能用内表镀锌的做法。水中含有氯化物时不能用不锈钢罐体；如用树脂衬里，则应考虑树脂成分的卫生指标，耐热性能及粘固程度。

至于换热管束的材质，宜尽量选用铜管，这样 K 值约可提高 15%，且阻力小，使用寿命长，清垢维修工作量亦可减轻。

（六）方便维护管理

方便维护管理也是设计选择热交换器的重要因素，作为生活用热水热交换器的维护管理工作主要是除垢。上述有关换热面积 F 值的分析中，管束不能采用密集排列，即应保证管束间有一定清除水垢之间隙，而且不宜采用外螺纹管之类的管道作换热元件。

有的产品称能自动除垢，据我们分析，这是有一定条件的。即便真能自动除垢，从换热器的结构布置也必须考虑有方便抽出管束检修的措施。有的产品将管束进、出口位置放在罐顶或罐底，将给日常的维护管理带来极大困难。

二、半容积式换热器的研究开发

（一）课题的提出

近两年来，国内生活热水用热交换器在一些国外先进产品的影响下正在向小型、高效、高材质的方向发展。但不少产品仅仅是换热结构上进行仿制，而一些关键的控制部件的研制和材质方面没有真正跟上去，实用上还受到限制。我院前几年研制的 RV 系列三代新产品得到了同行专家的认可与大力支持，较广泛地应用于国内工程实践中，充分地显示它比传统标准产品换热充分、省地、节能、经济等优点，因而它获得了"一九九〇年建设部科技进步二等奖"、"一九九一年中国专利优秀奖"，并列为 1992-1997 年度"国家科技成果重点推广项目"。但它在热媒供给良好的条件下仍存在较明显的不足之处，一是罐型大，占地面积仍较大；二是容积利用率仍偏低。RV 系列产品在罐内被加热水升温时，借助导流板的作用，能将罐底水加热，但"用水"时，换热管束下的水不可能加热，因此，总的容积利用率仍在 85% 左右，而这种现象对小型容积式换热器更为严重；三是碳钢制容积式换热器内壁的防腐处理，国内虽有些厂家采取过衬铜、镀锌、喷塑等措施，但成功者不多，因而造成罐内锈蚀、产生锈水污染卫生洁具的后果，比较彻底的解决方法是采用不锈钢产品，但这样造价将成2～3倍地增加，一般用户接受不了。

据此，我们决定开发出一种符合国情的小型、高效、高质的半容积式换热器，使其既能解决上述新型容积式换热器的不足处，又具备容积式换热器供水安全、稳定、可靠的优点，同时又不需要附加高精度高要求的装置，不增加热源的负荷投资。

（二）主要结构形式：

HRV系列产容积式换热器主要由一组改进的快速热交换器与一个中小型贮罐组成。其形式类似于英国"里克罗夫特"公司的"密时省能"型热交换器，但它省去了后者的关键部件——配套的水泵。"密时省能"型热交换器配套的水泵有三个作用：其一，提高被加热水通过换热器时的流速，使之提高传热系数 K 值，提高单罐的换热能力；其二，克服被加热水流经换热器时的阻力损失；其三，借助泵的不间断运行，构成被加热水的内循环，使罐体内全部贮存热水，容积利用率达100％。由此看出，这台泵对整个设备的性能起着重要作用，该泵的扬程一般约2～5m且需连续运行，国内还找不到这样合适的管道泵。因此我们在取消这台泵后采取了加下措施来解决这个问题：

1. 设置一组改进型的快速换热器，使其既可较大幅度地提高 K 值和换热量，又要使阻力损失小，即仍能保持供水水温、水压稳定、安全之特点。

2. 快速换热部分与罐体完全分离，经交换后的热水强制进入罐底再往上升，这样可使系统用水时整罐水为同温热水。

3. 系统不用水或很少用水时，借助热水系统回水管上循环泵的工作来保持罐内水温。一般热水系统的设计中，为保证管网随时可取到热水，均在回水管上设有循环泵，因为回水管断面要比换热器断面小得多，热容量也相应少得多，回水管的温降比换热器来得快，所以利用回水管降温，开启回水泵循环即可将换热器下部的温水区全部带热。即换热器在使用过程中，容积利用率均可达100％。

（三）试制、测试情况：

今年10月北京万泉压力容器厂根据我们的试制样罐加工图制造了一台总容积为0.46m³的试验用"样罐"。

11月初我们对"样罐"进行了初次测试，发现有些热力性能参数还不够理想，此后我们与厂方一起将"样罐"拆开，进行分析，找到原因后我们进行较大幅度的设计修改，并重新加工了一套换热元年，再一次进行了两整天的"样罐"汽—水与水—水换热的测定，得到了理想的效果，在此基础上11月14日我们请国家一级热工测试单位——机电部工业锅炉产品质量监督检测中心华北地区测试站进行了正规的热力性能测定，所得参数与我们自测数据吻合，其结果详见表4"HRV高效半容积式换热器热力性能测试数据整理表"。四月初，我们请了在京的十多位专家对该产品进行了评议，得到了专家们的高度评价。

（四）测试结果及热力性能分析：

从表1所示数据可以看出："HRV"的热力性能是很好的。汽—水换热时，K 值最高可达1817千卡/h·m²℃，小时最大换热量为424,637kcal，以被加热水温升为40℃计，小时最大产热量可达10.6t，相当于罐体总容积的23倍；当以 75～85℃ 的低温热水为热媒时，最高 K 值可达913.5kcal/h·m²℃，小时最大产热量为142,884kcal，以被加热水温升为35℃计，小时最大产热量达4.08t，为罐体总容积的8.9倍。

表2列出了"HRV"与"密时省能"及"RV-04"、"传统容积式换热器"之对比热力性能参数。

表4

HRV高效半容积式换热器热力性能测试数据整理表

工况	热媒					被加热水				热媒放热量 $W1=G(i''-T2)$ (kcal/h)	被加热水吸热 $W2=Q(t2-t1)$ (kcal/h)	平均温差 $\Delta T=(T1+T2-t1-t2)/2$ (℃)	传热面积 $F(\text{m}^2)$	传热系数 $K=W_{放}/F\cdot\Delta T$ (kcal/m²·h·℃)	备注
	流量 G(t/h)	进口压力 $P1$ (kg/cm²)	进出口压差 $\Delta P1$ (kg/cm²)	进口温度 $T1$(℃)	出口温度 $T2$(℃)	流量 Q(T/h)	进口温度 $t1$(℃)	出口温度 $t2$(℃)	进出压差 $\Delta P2$ (kg/cm²)						
汽—水换热	0.198	0.31	0.28	106.2	69.4	2.41	15.5	59.05	<0.01	108425	104958	50.53	4	538.5	
	0.2813	0.29		110.6	72.3	4.21	16	56.0	<0.01	160060	168400	55.45	4	722.0	
	0.525	0.79	0.77	114.4	74.5	6.9	15.5	58.0	<0.02	299303	293250	57.70	4	1296	
	0.675	1.16	1.07	120.2	71.3	9.29	15.5	56.5	<0.02	388260	380890	59.75	4	1625	
	0.731	0.96	0.94	117.6	64.8	10.3	15.5	50.07	<0.02	424637	360500	58.42	4	1817	
	0.4145	0.74	0.70	146.4 (115.21)	83.03	4.921	15.7	50.55	<0.10	232674	215786	61.5	4	946.5	
	0.5675	1.04	1.00	149.7 (120.48)	78.34	7.834	15.55	54.33	<0.20	327170	303803	64.47	4	1250.6	
水—水换热	3.462	0.227	0.137	76.7	56.8	1.624	15.35	0.8	<0.01	63847	57620	33.7	4	463.9	
	3.462		≈0.4	91.14	67.46	1.739	15.3	58.78	<0.01	81980	75612	42.26	4	485	
	4.56	0.386	0.18	76.81	58.44	2.09	15.3	49.21	<0.01	83767	70877	35.77	4	592	
	5.294	0.71	0.25	79.79	58.8	2.93	15.3	48.0	<0.01	111174	95811	37.65	4	738.2	
	7.35	1.4	≈0.4	81.44	62.0	3.724	15.3	49.93	<0.01	142884	128975	39.11	4	913.5	
	5.292	1.4	0.3	79.98	60.16	2.765	15.58	48.12	<0.01	164887	89945	38.21	4	674.41	
	6.816	1.4	0.4	83.51	63.73	3.429	15.6	49.79	<0.01	134820	117238	40.92	4	809.47	

注：表中带＊者为测试单位测定数据。

热力性能比较表　　　　　　　　　　　　　　　　　　　　　　　表5

热媒	罐名 \ 参数	罐体总容积 V(m³)	换热面积 F(m²)	热媒流量 G(kg/h)	热媒进口温度 T1(℃)	热媒出口温度 T2(℃)	被加热水升温 Δt(℃)	传热系数 kcal/m²·h·℃	小时总换热量 W(kcal/h)	金属热强 $1-\frac{W}{(G\Delta t)}$ (kcal/kg℃)	节能指标 $E=\frac{(T1\sim T2)}{i''}$	容积利用率 η
饱和蒸汽	国标7#	5.0	10.4	918	111.8	98	46.3	833	523160	3.577	0.021	75%
	RV-04-5	5.0	8.5	900	145.7	64.2	41.1	918	531270	4.358	0.147	88%
	英国 MX550	0.55			<147.2	<90	55		145340	5.56	0.087	100%
	HRV-01-0.5	0.46	4.0	567.6	149.7	78.34	38.8	1250.6	321910	8.1	0.11	100%
热水	国标7#	5.0	10.4	8800	75.1	64.8	21.9	202	90640	1.204		
	RV-04-5	5.0	13.0	8700	80.2	52.9	37.1	576	237510	3.51		
	英国 MX550	0.55										100%
	HRV-01-0.5	0.46	4.0	6816	83.5	63.7	34.2	809.5	134640	6.472		100%

注：1. 表中"MX550"为具有国际先进水平的英国"里克罗夫特"公司的高效半容积式换热器。

2. 表中数据：国标7#、RV-04-5、HRV-01-0.5 的 G、T1、T2、Δt、η 均为实测值，K、W、I 为其计算值。英国 MX550 为"样本"提供的参数。

3. i''——饱和蒸汽热熔（kcal/kg）。

由于"RV-04"及传统设备测试的样罐、总容积均为 5m³ 而"HRV"样罐只有 0.46m³，所以可比性能强的参数是 K 与 I。

汽—水换热时，"HRV"的"K"值与"I"值分别为"RV-04"的 1.36 倍和 1.86 倍，为传统罐的 1.50 倍和 2.26 倍。

水—水换热时，"HRV"的"K"值与"I"值分别为"RV-04"的 1.41 倍和 1.83 倍，为传统罐的 4 倍和 5.38 倍。

"HRV"虽然没有附加水泵，但其热力性能超过"密时省能"的同型产品。

（五）特点及适用条件：

1. "HRV"样罐通过几次改进和正规热力性能测定后表明：它的热力性能参数和各项性能指标均达到了我们预想开发一种"小型、高效、高质"半容积式换热器的要求，具有如下特点：

（1）传热系数高，换热量大。在保证最大小时热媒供给的条件下，贮热时间可以按汽—水换热时 10~15min，水—水换热时 15~20min 考虑。贮存容积只为容积式换热器的 1/3~1/6。既可保证瞬时的秒流量供水，又大大减少了贮罐容积。

（2）设备在使用过程中全部贮存热水，无滞水、冷水区。容积利用率达 100%。

（3）被加热水部分阻力损失≤0.2M，可以保持供水水压、水温的平稳、安全。

（4）汽—水换热时，冷凝水出水温度比被加热水出水温度高 15~20℃，低于 80℃，回收了冷凝水的大部分热量，节能。

（5）由于"该设备"小型、高效，用于工程中，可以大大减少设备数量，其占地面积只为容积式换热器的 1/3~1/6，节省了工程造价，同时为罐体选用不锈钢材质、保证水质、防止污染和延长设备使用寿命创造了条件。

（6）罐型小，重量轻，方便安装、维修。

2. 适用条件：

（1）热媒供给能保证最大小时用热量的要求。

（2）适用于机械循环（即带回水循环泵）的热水系统。

（3）应配置可靠的温度自动控制装置。

对"半即热式热水器"的分析与对"半容积式加热器"的分析应用

刘振印

建设部建筑设计院

1995 年 3 月

近年来随着我国建筑业的高速发展，生活用热水的加热设备不断地改进、创新，并且引进了国外一些新的先进产品，其主要代表有美国的"热高"牌半即热式热水器，英国"里克罗夫特公司"、"传热有限公司"的半容积式加热器。目前国内已有一些研究者和厂家仿制这两种产品。为了让广大专业设计人员和用户积极正确地选用这些新的设备，我根据掌握的国外这两种产品的资料及个人这几年来研究开发四代新型热交换器的点滴经验，对这两种产品谈一点粗浅的看法。

一、"热高"半即热式热水器

美国的"热高"牌半即热式热水器是在 1949 年就已在美国市场销售的一种历史悠久的产品，依资料介绍：与传统容积式水加热器相比它具有如下六条优点：1. 体积小，不占空间，易于搬运；2. 自动除垢，盘管不易积存水垢；3. 外壳温度低，辐射热损失极小；4. 无论负荷变化大小，定温供水；5. 具有凝结水过冷却能力，不需加疏水器，凝结水温度低于 50℃，用一般回水泵即可，价格低廉；6. 蒸汽耗量稳定，热能效率佳。

上述六条优点中第 1，3 两条是显而易见的，下面想从传热效果、温度控制、自动除垢、热煤供给等四个方面进行一点分析：

（一）传热效果

"热高"热水器在汽—水换热时换热性能好表现在两个方面。一是传热系数 K 值高，依其特性曲线查得 $K=2000\sim4000\text{kcal/h}\cdot\text{m}^2\cdot℃$，约为传统容积式换热器 K 值的 2.5～4 倍。二是换热充分，具有凝结水过冷却能力，凝结水温度可低于 50℃。

"热高" K 值较高，据分析有两点因素：

1. 换热管束采用了优质薄壁铜管组合的浮动螺旋盘管，铜管壁厚 δ 只有国内同型铜管的 1/5 左右，管壁导热系数 λ 值高，热媒在管内多次变向增加了紊动，且流程较长因而热媒向管内壁的放热系数 α_1 高，换热充分。

2. "热高"热水器依其贮热容积而论，基本上属快速换热器（例如列管式换热器）的范畴，容器罐体直径小，被加热水过水断面约相当于容积式换热器的 1/9～1/16，即相应流速亦提高 9～16 倍。根据 K 值的基本公式

$$K=\cfrac{1}{\cfrac{1}{\alpha_1}+\sum\cfrac{\delta}{\lambda}+\cfrac{1}{\alpha_2}}$$

可以看出，随着 α_1、λ、α_2 值的提高、δ 值的减少 K 值将较大幅度的提高。

"K"的提高意味着单位长度（或单位换热面积）在相似换热工况下换热量增大，加之蒸汽在管内流程较长，蒸汽凝结成凝结水后的显热亦将得以交换，凝结水出水温度即可下降。

但是凝结水的出水温度 T_2 不是一个常数，是一个随蒸汽流量 G，即蒸汽在换热管速内的流速

V_1、停留时间 t 而变化的参数。G 大，则 V_1 大、K 值高、t 小、凝结水出水温度 T_2 高，反之亦宜。这种关系可从我在 1990、1992 年进行 RV—03、RV—04 的测试数据分析中（见表 1）完全看得出来。

表 1

蒸汽流量 $G(kg/h)$	传热系数 $K(kcal/m^2 \cdot h \cdot ℃)$	凝结水温 $T_2(℃)$	蒸汽流量 $G(kg/h)$	传热系数 $K(kcal/m^2 \cdot h \cdot ℃)$	凝结水温 $T_2(℃)$
409.1	531	24.05	423	631	33.1
675	731	36.72	540	732.3	39.0
723.9	775	43.72	668	811.5	49.6
853.1	808.4	53.56	864	978.5	56.2

再者上述"热高"的 $K=2000 \sim 4800 kcal/m^2 \cdot h \cdot ℃$，亦是在凝结水出水温度 $T_2=212°F$（即 $100℃$）条件下的取值，详见下列"热高"特性曲线图及其温度说明。

因此，"热高"在汽—水换热时，要保证 $T_2 \leqslant 50℃$，其 K 值不可能达到 $2000 \sim 4000 kcal/m^2 \cdot h \cdot ℃$。

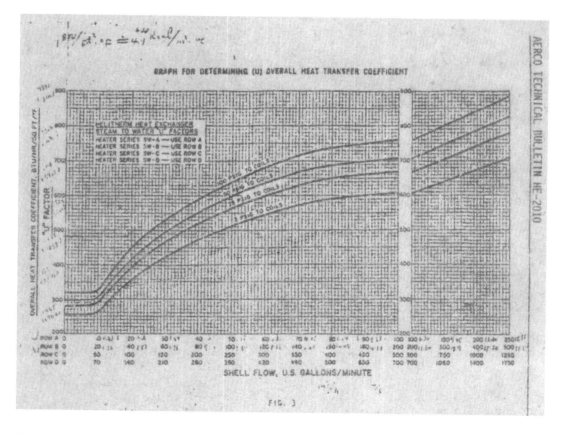

（二）温度控制

安全、灵敏、可靠的温控装置是采用快速热交换器而不加贮热容器供应热水的必要条件。这也是"热高"牌热水器的最大特点。它装有独特设计的需求积分预测器．通过冷水的进入量来自动调节蒸汽流量以保持出水温度波动在 $±2.2℃$ 之内，而它的蒸汽流量调节阀又不同于一般的自力式温控阀，它是以本身蒸汽作动力来控制阀膜的动作，作用力大、反应灵敏，而目前国内外所用的自力式温控阀均在不同程度上存在着反应不够灵敏，可靠性不稳定之缺点。

另外"热高"的安全装置有两套，一套是控制超压用的安全阀；一套是控制过温用的电磁阀。这样"热高"既能保持热水出水温度的稳定，同时即便在蒸汽流量调节阀出现故障时还有相应可靠的安全保证措施。

（三）自动除垢

如何控制结垢、方便清垢是正确设计、选用加热设备的一个重要方面。传统的快速热交换器其所以不推荐用作生活用热水的加热设备，主要原因之一是防垢，清垢问题不好解决。"热高"热水器称具有"自动除垢"之效果是这样介绍的："由于蒸汽送入盘管而生活用水流经筒体，因此盘管外形成的水垢在盘管随温度变化而伸缩时，污垢会自动除下。"

这段话的意思实际上是利用了管壁与水垢两者之热膨胀系数不相同的原理。这条原理应该是适用于所有管壳式加热器的。但是为什么其他管壳式加热器没有此效果？我认为关键是换热管之材质与壁厚。前已谈及，"热高"采用的是优质薄壁铜管。热膨胀系数大，壁薄可使突然进入管内的高温蒸汽即时热透管壁，管壁因而很快地产生胀力，而附着在壁上的薄垢因其热膨胀系数小，水垢可能在薄壁胀力作用下胀裂下来。有人认为自动除垢是盘管浮动的效果，我认为这是一种误解。国产的蒸汽蛇管式开水炉，其蛇管亦为浮动结构，一样地存在严重结垢的问题，因它采用的是一般国产钢管或铜管。

（四）热媒供给

半即热式热水器只有大约2分钟的贮热量，其热媒供给应按设计秒流量来考虑，这样用于制备热媒（蒸汽）的锅炉大约要比按最大小时流量设计时大一倍。当然用水较均匀者要好些。据搞锅炉的同志介绍：为了提高锅炉的热效率和延长其使用寿命，希望锅炉的负荷比较均匀，日本有的用户为让锅炉负荷均匀，其后加了一个大的调节平衡用的蒸汽罐。

因此，对于用水变化较大的用户，采用半即热式热水器后，对锅炉或热媒供给的要求相应要有所提高。

概括国内以往在"热高"产品上做的大量工作及上述分析，在研究设计或选用类同"热高"的产品时，我认为应考虑如下几点：

1. 遵循和符合"上海民用院"、"保定太行建筑设备厂"主编的"半即热式水加热器热水供应设计规程"和"半即热式水加热器的行业标准"。

2. 温控安全装置是半即热式热水器的关键组件，在研制设计这种产品时须先解决这个难题。有的生产厂或研究者采用加大罐体即贮热容积来缓解此难题，但这样一变就成了容积式换热器，其K值与其他热力性能指标均不可套用"半即热式"的数据，而且盘管无论从顶上进或底下进在工程实用中都很难抽出来检修清垢，不符"压力容器"及"建筑给水排水设计规范"的有关要求。

3. 浮动盘管应采用优质薄壁钢管，否则一是K值达不到"热高"的水平，自动除垢亦不能实现。当然防垢，清垢的难题可以辅助一些其他措施来缓解，但K值却有待探讨。据我们所见到的用国产一般黄铜管作为浮动盘管的初步测试数据看，其K值在相似换热工况下比新容积式换热器并无明显提高。测试数据比较见表2所示：

表2

名称	换热面积 $F(m^2)$	蒸汽流量 $G(kg/h)$	蒸汽压力 P MPa	热煤进口温度 $T(℃)$	热媒出口温度 $T(℃)$	被加热水出水温 $T(℃)$	被加热水出水温 $T(℃)$	传热系数 K kcal/$m^2·h·℃$
"半即热式"	6.75	348	0.34	146	29	16	42	606.8
PV-03	9.86	409	0.32	139	24.1	6.5	60.6	531
RV-04	8.5	424	0.35	147.5	33.1	17.4	65	631.6

4. 热媒为高、低温热水时，半即热式的热力性能参数在"热高"产品中尚未见到，同一组管束以蒸汽为热媒比以高，低温热水为热媒．其换热量要高 1.5～2.5 倍，K 值也相差较大，因此将半即热式热水器用于水—水换热时，其热力性能须经测试。

二、半容积式加热器

"半容积式水加热器"是英国"里克罗夫特公司"、"传热有限公司"等厂商的产品，其主要结构是将一个快速换热器嵌入一个贮热容器内，被加热水通过一个循环泵连接加热器与贮热容器，其构造如下示意图示。

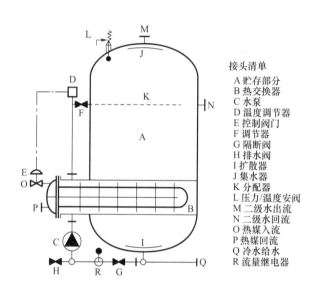

接头清单

A 贮存部分
B 热交换器
C 水泵
D 温度调节器
E 控制阀门
F 调节器
G 隔断阀
H 排水阀
I 扩散器
J 集水器
K 分配器
L 压力/温度安阀
M 二级水出流
N 二级水回流
O 热媒入流
P 热媒回流
Q 冷水给水
R 流量继电器

它与半即热式热水器的主要不同之处是贮热容积的大小。后者的贮热容积为前者的 5 倍左右，具有一定的调节、平衡功能。即半容积式加热器靠近容积式加热器，半即热式热水器靠近快速加热器。

英国产的这种"半容积式加热器"的主要特点是附设了一台内循环专用水泵。这台泵有三个作用：其一，提高被加热水流经换热器时的流速 V_2，借以提高被加热水的吸热系数 α_2，从而提高 K 值和换热能力；其二，克服被加热水流经换热器时的阻力损失。水泵的流量一般固定为大于最大小时设计流量，相应的扬程为 2～5m 水头，恰好用于克服因 V_2 的提高而增加的被加热水的阻力损失；其三，借助泵的不断运行构成被加热水的内循环，使贮热罐内消除冷水区，全部贮存热水。

除内循环泵外，这种设备还采用鳍片式换热管束结构，它既可减少热媒的通过断面，提高热媒流速，又可较大幅度的增大换热面积，促使被加热水紊动，从而达到提高 K 值和总换热量的目的。

总起来说这种换热设备具有如下优点：

1. 换热效果好，换热量大，在热媒保证按最大小时流量供给的条件下，贮热容积只需按 15 分钟左右考虑，工程实用中既可大大减少罐体个数或缩小罐体容积又不需增大热媒负荷。

2. 贮热容器容积利用率达 100%，完全消除了冷水区与温水区。

3. 除附加一台专用内循环泵外，不需附加高灵敏度高可靠性的特殊温控装置和双安全装置。

三、HRV 半容积式换热器的研制与应用

1993 年初我们在 RV—02、03、04 三代新型容积式换热器研制成功的基础上，针对其占地较大、仍存在冷水区等不足之处着手研究开发一种符合国情的小型、高效、高质的换热设备。经反复比较，我们认为半容积式换热器国产化比较切实可行。体型上它比同型容积式换热器约小 2/3，有

一定调节容量又无需高灵敏度、高安全度的组件，供水安全可靠，还不需加大热媒制备设备的负荷。

半容积式换热器国产化的主要问题是国内难以选到质量可靠，性能又符合各种用水要求的系列专用循环泵。根据英国里克罗夫特公司资料介绍：专用循环水泵的扬程一般控制为 $H=2\sim6m$，流量则根据不同型号的加热器而定。因为设置内循环泵是这种半容积式换热器的关键，如果配置不合适就会造成冷热水供水压力的不平衡，用水不安全。泵的质量不过关，经不起长期不间断运行的考验，即泵一旦停止运行热水系统就会中断供水。

为此，我们进行了一些探索研究工作，寻求能否取消这台专用内循环泵又能完成这台泵的功能的途径。主要采取了如下三项措施：

1. 设置一组改进型的快速换热器，使其既可较大幅度地提高 K 值和换热量，又要使被加热水阻力损失小，即仍能保持供水水温、水压稳定、安全之特点。

2. 快速换热部分与罐体完全分离，经交换后的热水强制进入罐底再往上升，这样可使系统用水时整罐水为同温热水。

3. 系统不用水或很少用水时，借助热水系统回水管上循环泵的工作保持罐内水温。一般热水系统的设计中，为保证管网随时取到热水，均在回水管上设有循环泵，因为回水管断面要比换热器断面小得多，热容量相应小得多，即回水管的温降比换热器快得多，所以利用回水管降温，开启回水泵即可将换热器下部的温水区全部带热。这样换热器在整个使用过程中，容积利用率均可达 100%。

1993 年 8 月根据上述措施我们设计出了一台容积为 $V=0.46m^3$ 的样罐图，同年 10 月北京万泉压力容器厂依照"样罐"图制造了一台试验用设备。取名为 HRV 半容积式换热器。11 月初我们对"样罐"进行了初测，发现有些热力性能参数不够理想，此后，我们与厂方将"样罐"拆开，进行分析，找到原因后我们对其进行了较大幅度的修改，并重新加工了一套换热元件，再一次进行了两整天"样罐"汽—水与水—水换热的测定，得到了理想的效果。在此基础上 11 月 14 日我们请国家一级热工测试单位——机电部工业锅炉产品质量监测中心华北地区测试站进行了正规的热力性能测定，所测参数与我们自测数据吻合。汽—水换热时，蒸汽参数为：$P_9=0.1MPa$，$T_1=117.6℃$，$T_2=64.8℃$；被加热水参数为：$t_1=15.5℃$，$t_2=50.07℃$；$K=1917kcal/m^2 \cdot h \cdot ℃$。水—水换热时，热媒参数为：$t_1=81.44℃$，$t_2=62℃$；被加热水参数为 $t_1=15.3℃$，$t_2=49.93℃$，$K=913.5kcal/m^2 \cdot h \cdot ℃$ 被加热水的阻力损失 $\Delta P\leqslant0.2m$。

"HRV"样罐通过改进和正规的热力性能测试表明：它在取消内循环泵后其热力性能参数与各项性能指标均达到了我们预想开发一种"小型高效、高质"半容积式换热器的要求具有如下特点：

1. 传热系数高，换热量大。在保证最大小时热媒供给的条件下，贮热时间可按汽—水换热时 $10\sim15min$ 水—水换热时 $15\sim20min$ 考虑。贮热容积只为传统容积式换热器的 $1/3\sim1/6$。既可保证瞬时的秒流量供水，又大大减少了贮罐容积。

2. 设备使用过程中全部贮存热水，无冷水、滞水区，容积利用率达 100%。

3. 被加热水部分阻力$\leqslant0.2m$，保持供水水压，水温的平衡、安全。

4. 汽水换热时，凝结水出水温度比被加热水出水温度高 $15\sim20℃$，低于 $80℃$，回收了凝结水的大部分热量，节能。

5. 由于该设备小型、高效，用于工程实践中，可大大减少设备数量，减少占地面积，节省了工程造价。同时为罐体选用不锈钢等好的材质、保证水质、防止污染和延长设备使用寿命创造了条件。

6. 罐型小，重量轻，方便安装、维修。

1994 年以来，"HRV"半容积式换热器已得到较好的推广使用，其中有的在北京一些高级别墅中已运行半年多，使用效果很好。

太阳能集中热水供应系统的合理设计探讨

刘振印

（中国建筑设计研究院，北京 100044）

【摘　要】 合理选择设计计算参数，太阳能集热系统，集热器产品及配套设备附件，系统规模，防过热防冻等措施，以及与建筑等专业的密切配合精心安装施工，是一个成功的太阳能集中热水供应系统的重要保证。对上述内容进行详细介绍，供设计参考。

【关键词】 太阳能集中热水供应系统　集热器　系统规模　防过热　防冻

近年来我国利用太阳能制备生活热水的集中热水供应系统迅速发展，为了使广大建筑给排水专业工程师比较正确合理设计该系统，笔者在《建筑给水排水设计规范》（GB 50015—2003，2009 年版，以下简称"规范"）、《全国民用建筑工程设计技术措施给水排水》（2009 年版，以下简称"措施"）及《建筑给水排水设计手册》（第 2 版以下简称"手册"）的热水部分编入了有关太阳能集中热水供应系统的主要设计参数、计算公式、参考系统型式、设计计算实例及注意事项等设计依据及技术参考内容。

利用太阳能制备生活热水在我国已有很长的历史，但较大型或大型的太阳能集中热水供应系统则是近几年才出现。由于太阳能具有与常规热源不同的特点，其集中热水供应系统也有别于常规。下面笔者就近年来参与"奥运村太阳能集中热水系统"工程的方案讨论、"广州亚运村太阳能 _ 热泵集中热水系统"等工程的设计过程，及审查有关集中太阳能热水系统的设计图纸的过程中遇到的一些技术问题，结合"规范""措施""手册"中热水部分的内容，探讨如何正确合理设计太阳能集中热水供应系统。

1　太阳能集中热水供应系统的特点及其与常规热源集中热水供应系统的差异

太阳能热源与常规热源相比，具有低密度、不稳定、不可控 3 个主要特点。"低密度"即太阳能单位时间内提供的热量很低，也就是加热水的时间长，不可能如常规热源一样冷水一次通过加热器便可达到使用温度。"不稳定"即太阳能一年四季变化，或有或无，因此作为全日供应热水的集中系统，必须备用完整的辅助热源。"不可控"即太阳能集热时很难控制，因此带来了系统不用热水或用热水量少时，太阳能集热的过热处理问题。

由于太阳能热源具有上述特点，因此其集中热水供应系统的设计，就不能套用常规热源集中热水供应系统的方法，概括起来，两者之间主要差异见表 1。

太阳能集中热水系统与常规热源集中热水系统的主要设计差异　　　　　　表 1

项目	常规热源	太阳能
热源强度（密度）	局密度	低密度
热源稳定性	稳定	不稳定
热源可控性	可控	不可控
热水用水量定额选取	最高日用水量	平均日用水量 Q_d
加热设备（集热器）负荷	设计小时耗热量 Q_h，设计秒流量 q	30%～80%平均日流量 Q_d
储热容积	15～90min 最高日用水量	全日产热水量
储热方式	容积式半容积式水加热器储热水箱（罐）	水箱为主
加热（集热）方式	一次加热	循环加热
加热设备	导流型容积式、半容积、半即热式水加热器	板换热器
热媒系统管器材耐温度要求	≥70℃	集热系统≥150℃
辅助热源	不需	必须
安全要求	设安全阀、膨胀罐（管）等一般安全设施	需设防高温、防冻等特殊安全设施

2 太阳能集中热水供应系统的设计要点

2.1 集热器总面积计算

计算公式（直接供水时）：

$$A_c = \frac{q_{rd}C\rho\gamma(t_\gamma - t_c)f}{J_\gamma\eta_{cd}(1-\eta_i)} \tag{1}$$

式中　A_c——直接供水时集热总面积，m^2；

$\quad\quad q_{rd}$——60℃日用热水量，L/d；

$\quad C$，$\rho\gamma$——热水比热容，kJ/(kg·℃)；密度，kg/L；

$\quad t_\gamma$、t_c——热水冷水温度，℃；

$\quad\quad f$——太阳能保证率；

$\quad\quad J_\gamma$——年平均太阳辐照量，kJ/(m^2·d)；

$\quad\quad \eta_{cd}$——集热器年平均集热效率；

$\quad\quad \eta_i$——集热系统热损失。

2.1.1 q_{rd}的选择

q_{rd}即60℃日用热水量包含用水人数或单位数和用水定额两个参数即为：

$$q_{rd} = nq_r \tag{2}$$

式中　n——用热水人数（或单位数）；

$\quad\quad q_r$——平均日用水定额，L/(人·d) 或 L/(单位·d)。

对于 n 值，在计算 A_c 时，宜根据工程特点、使用情况等与使用单位协商确定。

如住宅及住宅小区按目前设有集中热水供应系统的这类建筑的入住率分析，一般均不超过70%，因此 n 值宜按总人数的70%左右计算。宾馆、旅店等亦可按50%~70%取值，而像医院、学校、职工浴室等人数较固定的建筑，则 n 值可按用热水总人数计算。

对于 q_r 值，应取平均日用水定额但要在"规范"中引进该参数，难度太大，因此"规范"推荐可按表5.1.1中下限选值。国内外 q_r 的参考值为：德国的太阳能系统设计手册中，太阳能热水供应系统的60℃热水定额为公共建筑的集中系统18~28L/(人·d)，单户、双户的布局系统30~40L/(人·d)；我院太阳能研究所调查多个集中太阳能热水供应系统的平均用水定额约为50L/(人·d)(50~55℃)。

分析：德国手册中太阳能热水系统定额低，主要是考虑系统的经济性与合理性，因为太阳能系统均设有辅助热源，即太阳能供热不够的部分可由辅热解决，这样既利用了太阳能，又不至于因该系统过大、一次投资大，运行过热处理麻烦，反而耗能、不经济。

据此，在设计中建议 q_r 按"规范"最高日用水定额的下限，水温可按50~55℃计算。

2.1.2 太阳能保证率 f

$$f = \frac{日太阳能提供的热量}{日所需总供热量} \tag{3}$$

参考值为 $f = 0.3 \sim 0.8$。

f 值是关系整个集热系统设计是否合理的重要参数，而 $f = 0.3 \sim 0.8$，上、下限几乎相差3倍，即集热系统规模亦相差近3倍。因此，f 值的选择应根据太阳的辐照量、工程使用特点、规模、工程的性质等多因素因地制宜综合考虑确定。

我院王耀堂教授级高工曾就天津某开发区大型太阳能集中热水供应系统对 f 值做了深入的分析、研究及运算推理，得出了该工程在不同 f 值下1年中太阳能供热与用热的曲线，其中 $f = 0.8$ 曲线见图1。

从图1中可知，夏季是太阳能辐照量最大，即集热量最大的季节，但夏季一般冷水温度高（尤其是地表水），洗浴温度低，即耗热量偏小，因此夏季太阳能供热有大的富余，冬季则与之相反，太阳能供热不能满足耗热量要求，春、秋两季处于中间。

图 1 所示，$f=0.8$ 时，一年中绝大部分时间供热量＞耗热量，即表明 $f=0.8$ 过大。

该分析研究结果推荐：$f=0.5$ 时，一年中太阳能的利用率最为充分，即夏季太阳能富余量与冬季不够量，基本相等，春秋两季太阳能供热与用户耗热基本齐平；$f>0.5$，则会造成太阳能供热量＞耗热量，既造成一次投资的浪费，又加重了夏季处理集热系统过热的负担。

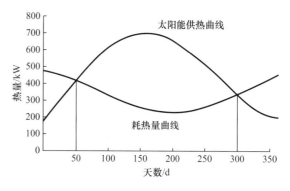

图 1　太阳能供热与用热曲线

2.1.3　集热器年均集热效率 η_{cd} 与集热系统热损失率 η_i

$\eta_{cd}(1-\eta_i)$ 的值是太阳能集热系统平均每天制备生活热水有效得热量的重要参数，是衡量集热器产品质量及整个集热系统设计合理与否的重要指标。

集热器的集热效率包括单组集热器的集热效率，串、并联组合后的集热器组的集热效率，其评价方法按《太阳能热水系统性能评定规定》（GB/T 200995—2006）中规定为：单位轮廓采光面积的集热器在日辐照量为 $17MJ/m^2$ 时，日有用得热量：直接供水系统 $\geqslant 7MJ/m^2$，间接供水系统 $\geqslant 6.3MJ/m^2$，即集热效率分别为 $\geqslant 41.2\%$ 和 $\geqslant 37\%$，"规范"提供的经验值为 $\eta_{cd}=45\%\sim 50\%$。实际应用中，η_{cd} 的变化范围很大，一般品牌产品单组集热器的 η_{cd} 均 $\geqslant 50\%$，有的国外产品可达 $\geqslant 80\%$，但集中供热系统的集热器组按总面积计算时的 η_{cd} 将因为集热连接管路很难做到全同程布置，通过平衡阀等的控制，也不能完全克服短路循环的弊病，加上连接配件的阻力大等因素，集热过程中，有相当部分集热器的部分集热量或全部集热量不能传递，大大降低了集热器组的 η_{cd}。因此，在选择太阳能设备厂家时，宜考察已由他们施工安装的太阳能集中热水系统工程的运转情况，并索取其系统集热效率测试数据。

减少集热系统热损失 η_i 的途径：一是做好管道及设备、水箱等的保温；二是避免集热系统过大，集热管道不宜过长。太阳能集中热水系统热力性能的好坏最终需要实测来证明。例如北京奥运村的太阳能集中热水系统，奥运期间经国家太阳能测试中心测试，其 $\eta_{cd}(1-\eta_i)$ 值为 $43\%\sim 53\%$，这是一个很理想的值。该系统集热效果好的主要原因是采用了国外先进的集热器专利产品，同时施工安装质量到位。

2.2　集热系统设计

2.2.1　集热系统的规模

上文已述及，太阳能集中热水供应系统的规模不宜过大，《小区集中生活热水供应设计规程》（CECS 222：2007）中提出：集热器阵列总出水口至储热水箱的距离不宜大于 300m。

对于大的小区，如要求采用太阳能集中热水供应系统，则宜以单幢，或邻近几幢为一小系统，这样做虽然增加了站室，但从节能这个大前提来衡量是合理的。

2.2.2　直接加热间接加热系统的选择

太阳能集中热水供应系统采用冷水直接通过集热器加热，还是采用集热器集热热媒水换热冷水的间接加热方式，应该说两者均有其优缺点，直接加热效率较高，间接加热有利于集热器防垢，延长其使用寿命。

一般太阳能集热器的集热管束，管径较小，尤其是真空管束集热器，集热管管径只有 8mm 左右，而集热器的集热水温有时可高达 150℃ 以上，因此即便是冷水的硬度较低，也会在管内形成水垢，影响吸热、集热效果，增大管内流水阻力，甚至堵塞管束。至于直接供热系统初始时集热效率较高的优点，比较直接加热和间接加热总集热面积的计算公式可知，后者为前者的 $1.01\sim 1.03$ 倍，即间接加热比直接加热计算总面积应只增加 $1\%\sim 3\%$；而且集热温度间接系统高于直接系统，即间接系统的集热水箱可小于直接系统。当然采用间接加热时，集热器需承压，且需增加换热设备及循环泵，但总体来说，太阳能集中热水系统还是以间接加热系统为宜。

2.2.3 换热储热设备的选择

间接加热时太阳能集中热水系统需要采用换热设备。以常规热源为热媒采用的换热器主要有导流型容积式、半容积式、半即热式及即热式配储热设备等，那么与太阳能集热器匹配的换热器究竟采用哪种换热器好？由于太阳能属于低密度型热源，如前所述，它不可能像常规热源那样一次将冷水通过换热器加热到所需的温度，而是需要循环加热，经多次换热才能将冷水加热到所需温度。在换热过程中，换热的动力——热媒与被加热水的温度差很小，一般只有 5~10℃，为常规热源换热器的 $1/3 \sim 1/6$，加上热媒为低温热水，水—水换热时，传热系数 K 也低，根据换热面积 $F = W/(K \Delta T_j)$ [其中 F 为换热面积，m^2；K 为传热系数，$kJ/(m^2 \cdot h \cdot ℃)$；ΔT_j 为热媒与被加热水的计算温度差，℃]，可知同一换热量换热器的换热面积需比常规换热器增大 4~10 倍。

因此，该系统如选用导流型容积式换热器、半容积式、半即热式等换热器，再匹配太阳能集热系统必须配备的大容积储热设备就明显不经济、不合理。对于这种系统，适宜的换热方式是常规系统很少采用的板式快速换热器配合储热设备联合工作制备热水，其原理见图2。

太阳能集中热水系统的储热设备与常规热源系统也有很大差别。

常规热源系统的储热容积可按"规范"5.4.10条表5.4.1设计计算。太阳能集中热水系统则不能按此表计算，而应按"规范"5.4.2A中公式5.4.2A-3计算。这也是太阳能热源的特点，即白天有日照时，将一天所需的冷水加热为热水，因此其储热容积基本上等于一天系统所需的热水量。

储热设备究竟是采用储热水罐，还是储热水箱？对于日用热水量较大的系统宜用后者，因为这种系统一天的储水量均在几十立方米甚至上百立方米，当用储热水罐时需要多个罐，占地大、投资大、现场安装、维修困难，而用储热水箱，则可现场施工、拼装，占地小，投资小。当然用储热水箱时有冷水压力不能利用，供热水系统需另设热水加压泵，不利于冷热水压力平衡，如图2所示，但在工程中可采取一些措施解决此问题。

对于日用热水量较小的系统，经比较也可采用。

储热水罐的形式，如图3所示。

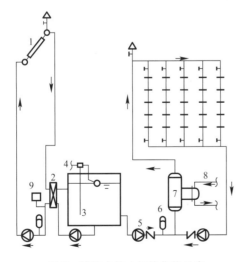

图2 储热水箱＋板换集热示意

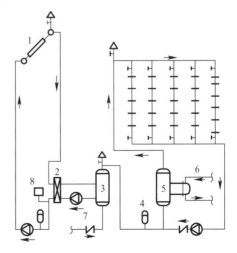

图3 储热水罐＋板换集热示意

1—集热器；2—板式换热器；3—集热储热水箱；4—冷水；5—供水泵；
6—膨胀罐；7—辅热水加热器；8—辅助热源；9—补水系统

1—集热器；2—板式换热器；3—储热水罐；4—膨胀罐；
5—辅热水加热器；6—辅助热源；7—冷水；8—补水装置

2.3　辅热及辅热设备

2.3.1　辅热设备的负荷计算

"规范"5.4.2A-4 条明确了太阳能热水系统应设辅助热源及其加热设施，并明确了辅助热源的供热量应按 5.3.3 条设计计算，即太阳能集中热水系统的辅助热源的负荷应按无太阳能时设计计算。

2.3.2　辅助热源及辅热设备的选择

"规范"5.4.2A-4 条中规定了辅助能源宜因地制宜选择城市热力管网、燃油、燃气、电、热泵等。在一般小型太阳能热水系统中大多以电为辅助能源。最简单的方法是将电热元件直接放入储热水箱（罐）中，但这种加热方式必须像商品容积式电热水器一样采取有效的防垢措施，否则因电加热元件通电后，周边温度很高，即便硬度较低的冷水中的碳酸钙也会很快形成水垢，将电热元件包住，使其不能散热导致烧坏。

对于较大型的太阳能热水系统宜采用电热锅炉设备辅助加热，这样安全耐用。

当以城市热网、自备燃油、燃气热水机组等的蒸汽或热水为辅助热源时，可按常规热源的方式选用水加热设备。但在选用设备的型号或台数时，应尽量结合太阳能不稳定的特点，选用 2 台或多台设备与之匹配，即无太阳能时，2 台或多台设备同时投入运行，有太阳能或半太阳能时，可 1 台运行，这样辅热设备效率高、节能，同时，当自备燃油（汽）热水机组或电热炉时，为节省一次投资，宜选用低负荷的机组，配较大储热容积的水加热器或太阳能集热储热设备。

当以蒸汽、热水为热媒，经设在储热水箱内的盘管间接加热水箱中的水时，盘管宜采取如图 4 中四行程或更多行程的形式，而不要用简单的二行程形式，如图 4 所示。其目的主要提高管内流速，增长流程，这样传热系数约可提高 80%，且能将热媒的热量得以充分利用。

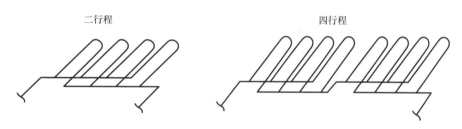

图 4　换热盘管布置示意

2.3.3　集热、辅热设备的布置

目前不少采用电热元件直接放入太阳能储热水器辅热的系统中，存在的问题是将电热元件置于热水器顶部，当无太阳能时，电热元件通电后只能加热上部很少量的冷水，而其下部的水如不经循环泵循环则永远加热不了，严重影响使用效果。解决的办法为：电热元件应位于储热水罐的适当位置，如图 5 所示，即如容积式电热水器一样，无太阳能时，依靠电热及其储热水容积亦能基本满足供热水的要求。

对于较大型的太阳能热水系统，当其集热、辅热均用水箱时，宜分设成 2 个水箱，如图 6 所示。

2 个水箱不宜并联使用，而宜串联布置，前水箱为太阳能集热水箱，作为预热用，后水箱为辅热水箱或称

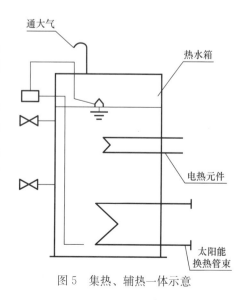

图 5　集热、辅热一体示意

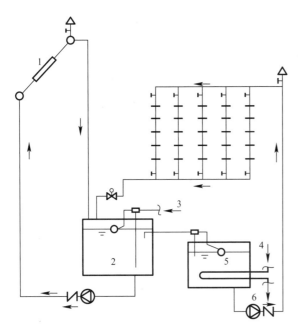

图6 双水箱集、供热示意

1—集热器；2—集热储热水箱；3—冷水；4—辅助热源；
5—供热水箱；6—供水加压泵

供热水箱。集热水箱容积按储热 1 天的集热量计算，后水箱按常规热源系统所需储热容积计算。

系统工作时，如太阳能能将冷水充分预热到所需温度，则可通过供热水箱直接供水，供热水箱还能起到储存太阳能过热量的作用。当有太阳能但不充足时，集热水箱亦能起到将冷水预热的作用，节省辅助能源。当无太阳能时，辅助热源只需将辅热水箱内的水加热，既保证供热，又不影响集热水箱的集热。

2.3.4 辅助热源的控制

辅助热源控制的原则应是保证太阳能热源的充分利用。如上所述，太阳能集热水箱与系统是辅热水箱（水罐）宜分开设置，这样分设的另一优点是便于控制或控制简单。但一些项目设计或厂家提供的产品有不少采用集热、辅热二者合一的做法。其优点自然是省地方、省一次投资，但其控制麻烦，控制不好则全成了辅助热源加热水，太阳能集热成了摆设，完全违背了节能的初衷，造成极大浪费，因此一些小型系统采用集热辅热一体式时，如自控难以满足要求，还不如手动控制。

还有的厂家提供的太阳能集热系统，采用低谷电辅热设，定每天深夜 12 点以后启动辅助热源，这种控制方式虽然利用了廉价的低谷电，但晚上已将集热水箱的水加热，而此后热水用水量很少，到第二天集热水箱中的水仍是高温热水，根本无法再集取太阳能中的辐射热了。

因此太阳能集中热水供应系统对 2 个热源的合理控制对于充分集取太阳能热源至关重要。

2.4 安全措施

太阳能集中热水供应系统的安全措施主要是防爆、防过热、防冻。

2.4.1 防爆防过热的安全措施

由于太阳能是不可控制的热源，当热水供应系统未投入使用，或系统使用过程中有时使用人数或耗热负荷远低于太阳能集热热量时，集热系统的介质将被加热到 100～200℃。笔者在夏季参观一些太阳能集中热水系统，集热器内介质最高温度达 191℃，还有的正在调试运行的系统，放气器一直冒着高温蒸汽，集热器组与组之间的铜连接件已经有几十个被烧坏漏水，因此太阳能集热系统防高温、防爆的安全措施是设计不可忽视的内容。目前一般的处理措施是：

（1）集热系统管路上设膨胀罐、安全阀、放气器。这是目前大多数工程的做法。为了减少集热系统中介质的损耗，应适当提高集热系统内的压力，借以提高汽化压力，使集热系统内的介质尽量不汽化。同时，应通过计算合理选择膨胀罐，使集热介质过热的膨胀量尽量不外泄溢。

（2）设空气散热器。这是北京奥运村大型太阳能集中热水供应系统所采取的防过热措施之一。即集热器内水温过热时，通过空气散热器将其过热量散出。这种做法是德国太阳能设计手册中所推荐的，优点是散热效果稳定可靠，但需要添加散热器、循环泵等设备，而且散热器、循环泵运行时需耗电，这与采用太阳能热源的本意相悖。因此，现在国内一般工程中应用不多。

（3）采取遮阳措施。集热系统的防爆除采取上述措施外，系统采用的管材、管件、阀件等应用耐高温的材质。前已述及，夏季太阳能辐射最强时，集热管内介质温度可高达 200℃，因此集热管绝对不能选用塑料管、复合管，就是铜管一般也只适宜不高于150℃的介质，因此集热系统一般宜采用不锈钢管及相应的管件。连接在集热管上的阀件、设备及其密封材料也均应采用耐高温的材质。

集热系统被加热水的防过热，即防止热水温度过高也是系统设计需要重视的问题，"规范"5.1.5条规定：在水质硬度较低的地方，水加热设备的出水最高温度为75℃，水质硬度较高又未进行处理的地方其最高温度为60℃。这样规定的理由，一是防止水加热设备及热水管道的严重结垢，影响系统的使用寿命及供水效果；二是防止水温过高烫伤人。据了解，有的家用太阳能热水器夏天供水温度达90℃以上，近于汽化，一不小心将烫伤使用者。因此，太阳能集中热水系统无论是直接供水或间接供水，均必须设置控制被加热水温度的有效措施，一般可采用温度传感器控制电磁阀或循环泵的启闭，控制被加热水温度不超过65℃。

2.4.2 防冻措施

有结冻可能及北方寒冷地区的太阳能集中热水系统，应考虑集热系统的防冻。目前国内常采用的措施有排空、排回、添加防冻剂、倒循环等。这些方法各有其优缺点，宜因地制宜地采用。

（1）排空法，指直接供水系统有可能冻结时，将集热系统内的水排空。因为排空下来的水难以再回系统，因此排空法一般适用于设有中水、雨水等非传统水源的工程，即排空的水可排入这些水源的清水池作为杂用水使用。

（2）排回法，指间接供水的系统有可能结冻时，将集热器及管路内的热媒水泄至热媒水箱。第二天集热时，再将热媒水泵入集热系统，这样热媒水可循环利用，但需设置一个能容纳集热系统水容积的专用热媒水箱，其位置应位于集热器的下方。此方法一般适用于较小的系统。

（3）添加防冻液。在太阳能集热系统中添加一定浓度的氧化钙、乙醇（酒精）、甲醇、丙二醇、氯化钠等防冻剂，降低介质冰点，使集热系统介质不冻结。这种方法最简单，方便操作运行，但防冻剂均有腐蚀性，尤其是介质高温时（≥115℃时）具有强烈的腐蚀性。而如前所述，集热系统在夏季≥115℃的概率是很多的，因此采用这种方法宜采用前述空气加热器等设备控制集热介质的过高温度，其带来的负面作用是降低了集热效率，且耗用电能。同时，防冻剂易挥发、氧化，系统还应适当提高介质压力，控制其高温汽化，尽量减少排气与排汽。再有，防冻剂一般价格较高，且需经常补充，每5年左右需定期更换。根据以上分析：添加防冻剂的措施一般宜用于冰冻期较长的寒冷地区的较大型系统。

（4）倒循环。利用集热循环泵倒循环，即集热系统在冰冻时通过温度传感器控制集热循环泵，将集热水箱中的热水返到集热器与管路，保持集热介质不冻。这种方法也较简单，较为常用。存在的缺点是耗电，据有的太阳能厂商介绍，其耗电量及费用较高。缓解这个问题的做法：一是加强和做好集热管道的保温；二是尽量减少集热系统的阻力损失，选择高效低能耗的循环泵；三是合理确定温度传感器的控制温度，尽量缩短循环泵运行时间。

3 小结

太阳能集中热水供应系统的设计涉及建筑、结构、电气等多个专业，涉及选用品牌厂商等诸多工作，上述内容仅就本专业系统设计计算中，根据太阳能有别于常规热源的特点发表一些观点和见解。实际工程中，还应与业主及太阳能设备生产商密切研讨，因地制宜以求设计出一个真正高效实用的太阳能集中热水供应系统。

收稿日期：2010-10-21

新型容积式换热器的选择与设计

刘振印

【提 要】 文中阐述了容积式换热器的特点及传统设备存在的问题；并以科研开发、工程实用、调试运行等的实践经验介绍了设计选用容积式换热器时值得注意的传热系数、换热面积等技术参数和设备材质等问题；还提出在设计选用中可以适当缩短贮热时间来充分发挥新型容积式换热器的效益。

一、容积式换热器的特点及传统设备存在的问题

（一）特点

1. 兼具换热、贮热功能

容积式换热器又叫贮存式换热器，顾名思义，它是一种有一定贮存容积的换热器，即具换热、贮热双重功能，这是它区别于快速换热器的最大特点。贮热部分相当于冷水供水系统的高位水箱，换热管束以上约占罐体总容积 60％ 的区域是同温热水，为不均匀用水的热水供水系统提供了一个贮存与调节容积，温度稳定，供水安全。

2. 被加热水通过罐体阻力损失很小

由于冷水通过容积式换热器时，过水断面很大，流速不到 0.01m/s，阻力损失很小，一般只有 0.1～0.2m，这对于保持用水点的冷热水供水压力平衡极为有利。通常设有热水供应的供水系统冷、热水均为同区高位水箱或同一水源供给，冷水通过配水管直接送至用水点，阻力小，而热水通过换热器再供至用水点，配水管路长沿程阻力大，如换热器阻力超过 1m 就会造成用水点尤其是最不利用水处冷热水供水压力的不平衡，致使使用者频繁调节、费水耗能，使用不舒服。容积式换热器被加热水阻力很小就可克服此弊病。

3. 可采用小而均匀的热媒供给负荷

容积式换热器有较大的贮热容积，其供热负荷可按最大小时耗热量来计算，而无贮热容积的快速换热器却需按瞬时耗热量来设计热媒负荷。这样使用容积式换热器时可将锅炉及管网负荷减半，大大节省了热媒供给系统的投资，同时热媒的供给相对均匀，有利于提高锅炉热效，延长其使用寿命。

（二）传统设备存在的主要问题

1. 传热效果差、一级换热难以满足使用要求

传统容积式换热器（下简称"传统设备"）热媒流速低、流程短，换热很不充分，而冷水入罐后无组织流动，吸热工况差，因此整个传热过程换热效果差，传热系数 K 值低。经此一级换热，如以蒸汽为热媒，出来的凝结水温度在 100℃ 以上；如以低温热水为热媒，被加热水在设计流量下达不到所需的供水温度。为此，以往一些工程设计不得不采用二级串联来满足使用要求。

2. 容积利用率低

传统设备以换热管束为界，其上为同温热水区约占罐体容积的 60％，其中即换热管束处为变温区约占 15％～20％，其下为冷水区约占 20％～25％，也就是说，传统设备的有效贮热容积为 75％～80％，容积利用率低。

3. 占地面积大，一次投资高

传统设备大多为卧式，罐体长，加上为抽出换热管束所需的空间，占地很大，尤其是当以 70℃ 左右低温热水为热媒时，需用两个罐串联当一个用，用罐量及占地面积成倍增加，一次投资高。

二、如何设计、选择新型容积式换热器

针对传统设备存在的问题，近年来，国内外出现了不少新型容积式换热器。我院自 1987 年至

1992年相继研究开发出了"RV-02"双管束立式容积式换热器、"RV-03"新型卧式容积式换热器、"RV-04"单管束立式容积式换热器三代系列产品，其换热效果比传统设备明显提高，较为圆满地解决了传统设备的主要问题。我们在研究、设计这些产品的过程中，遵循了如下两条原则：一在提高换热效果的基础上保持容积式换热器的特点，保证安全、平稳、舒适的供水。二经得起长时间使用之考验，方便维护、管理。下面就我们这几年了解到的国内外一些情况及科研开发、工程设计中选用、调试运行和收集用户反馈意见等工作的经验提出几点具体建议。

（一）必须掌握新产品准确可靠的技术资料

1. 技术参数

（1）传热系数 K

K 值是换热设备的关键参数，也是设计计算的主要依据。近年来国内外一些新产品提高 K 值的方法有：

A. 将换热部分做成快速换热器的结构型式，即将一快速换热器嵌入容器中，两者完全分开，被加热水侧增设一专用水泵，增大流速提高 K 值、补偿阻力损失。选用此种设备时关键是需有工作可靠、耐久的水泵，且它有耗电和不适用于硬水之不足。

B. 将容器部分大大缩小，使整个设备介于"容积式换热器"与"快速换热器"之间，称之为"半容积式换热器"。换热元件为一组螺旋形浮动管束，热媒流程长、两相介质流速高，K 值高，单体换热量大。选用时需有相应适用可靠的温控系统匹配，同时因其贮热容积小，热媒负荷宜按瞬时耗热量来计算。

C. 换热管束内加插入物改变介质流态增强传热。这种做法当管内热媒流速为 $0.7\sim1.5\text{m/s}$ 时 K 值提高约为 $8.8\%\sim43\%$，即必须保证热媒流速 $v\geqslant0.7\text{m/s}$ 才起作用，当采用小管径管束时还要考虑加插入物后会带来阻力增加、堵塞通道的问题。

D. 一些制备热水、开水的新设备采用导热性能良好的热管作换热元件，对提高 K 值有一定效果。据资料介绍，目前这些产品在使用中尚存在热媒出口温度高、换热不够充分等问题。

E. 我院研究的 RV 系列产品提高 K 值的方法主要是改变热媒流态、提高流速、延长流程，组织被加热水流经管束。与前述方法相比，K 值提高的幅度比其中有的产品要低一点，但它保持了容积式换热器的特点，供水安全、平稳。

对于 K 值的选择除了按上述内容进行适用性分析外，还须考虑 K 是一随热媒与被加热水流速、流态而变化的变量，不能为一定值。对于容积式换热器，因被加热水侧流速很低，所以 K 主要随热媒流速、流态而变。以往设计"传统设备"时 K 值是按"手册"中提供的经验数据来选择的，误差大。我们在研究 RV 系列产品时，通过测试单位对设备热工性能长时间多组工况之实测，用微机整理出系列产品的 K 值与热媒流速 v 之关系曲线（即 K-v 曲线），设计者查此曲线可得准确的 K 值。例如，RV-04 提供的 K 值选择范围是：当热媒为热水时，以控制热媒水头损失 $\Delta h=1\sim3\text{m}$（相应流速 $v=0.5\sim0.95\text{m/s}$）时的 $K=525\sim825\text{Cal/(h·m}^2\text{·℃)}$ 为推荐 K 值。当热媒为饱和蒸汽时，以控制凝结水出水温度为 $40\sim60℃$ 时的 $K=680\sim954\text{Cal/(h·m}^2\text{·℃)}$ 为推荐 K 值。

（2）传热面积 F

增大 F 是提高单罐换热量的另一主要途径。国内外一些同类产品采用了其他化工等行业高效换热器的做法：其一，是密集管束，将管束间距缩小到 $4\sim7\text{mm}$；其二，采用外螺纹管、管外壁加肋或鳍片式管束作为换热管，这两种方法均能成 $1\sim3$ 倍地增大 F，但这对于有一定硬度的被加热水不适用，用不了多久管外壁结垢层将堵塞其缝隙，换热效果大幅度下降，且很难清垢维修，因此，在选用新设备时对 F 必须有分析地选择，如一个 $\phi1600\text{mm}$ 直径的立式容积式换热器只有一组管束时，其 F 最多为 13m^2 左右（管束间净距为 $11\sim20\text{mm}$），有的产品 F 达 40m^2 以上，则说明它要么是采用了密集管束，要么就是采用了外螺纹管。

（3）热媒温降与被热水温升

这两项指标是衡量容积式换热器一级换热能否满足使用要求及节能的问题。这里一是"产品样本"中必须提供此数据，二是数据必须准确，即数据应是在设计出水量工况下由标准测试单位实测而得。

（4）阻力损失

热媒与被加热水的阻力损失涉及热媒供、回水系统与热水供水系统。如热媒为饱和蒸汽，经换热后凝结水回水压力的大小就关系到它可否背压回水，即能否不另设凝结水箱与凝结水泵。RV系列汽—水换热时，在控制好流量的条件下，进、出口压差约为（1～1.5）×10^5Pa。如热媒为城市热网水，由于一般热网水供、回水资用压差小，尤其是管网末梢，压差只有1m左右，因此，换热器的热媒阻力损失不能过大，RV系列热媒阻力损失为1～3m。

对于容积式换热器被加热水的阻力损失一般应在0.1～0.3m之内（"RV系列"被加热水阻力损失在此内），否则，它会引起用水点的冷热水供水压力不平衡。如为此而在热水供水系统上加设水泵，一则耗电，二则难以选到这种变流量、扬程很低、质量要求很高的水泵。

2. 材质

选用合适的换热器材质能保证热水水质，提高换热效果和延长罐体使用寿命。一般来说，在冷水硬度大的地方，采用碳钢制换热器，内壁不作特殊处理，只要热水输配水管采用铜管或优质镀锌钢管，出水不会出现"红水"的现象，而且换热器使用一段时间后，罐体内壁形成了一层薄薄的水垢膜能起保护内壁、防止锈蚀的作用。但当冷水水质较软时，则必须考虑罐体内壁的防腐和保证不出"红水"之措施。国内外常有的做法有：其一，碳钢罐体内壁衬铜、镀锌、衬树脂；其二，罐体采用不锈钢、铜或复合钢板制作。设计选用时，不管采用何法，应注意如下几点：

（1）可靠

如衬铜，要求加工工艺严密，国内虽有一些厂家衬过，但真正成功者很少。衬不好成了两张皮，不仅花钱很多，而且影响使用，局部地方更易腐蚀。罐体内壁镀锌、铜大多采用喷涂，其关键是涂前必须将内表面预处理做得很好，否则难以镀牢。

（2）适用

内表镀锌不适于软水，且当热水管网为铜管时，为避免铜与镀锌钢壳连接处的电解作用和严重的点蚀，亦不能用内表镀锌的做法。水中含有氯化物时不能用不锈钢罐体；如用树脂衬里，则应考虑树脂成分的卫生指标、耐热性能及粘固程度。

至于换热管束的材质，宜尽量选用铜管，这样K值约可提高15%，且阻力小，使用寿命长，清垢维修工作量亦可减轻。

除考虑上述技术参数及材质问题外，在设计公共浴室等间断使用的换热器时，如换热部分和罐体是分开的，即罐体只有贮热作用，则上一次使用完余下的一罐热水等下次使用时已冷却，再用时需放空该部分水，热水才能进去，否则应加循环泵。

还有配备良好的自动温度控制阀，对于安全供水、节能、减轻操作人员劳动强度亦是设计容积式换热器的重要一环，需足够重视。

（二）设计选用中如何发挥新型容积式换热器的优越性

设计者在确认某一新型容积式换热器性能数据可靠之后，则应在设计中体现其优越性，即在热媒供给条件优越的地方可适当缩短贮热时间。对于《建筑给水排水设计规范》中4.4.8条关于"集中热水供应系统中贮水器的贮热量：工业企业浴室不得少于30min的设计小时耗热量，其他建筑不得少于45min的设计小时耗热量"的规定，不少人认为它偏保守。从国内一些使用多年的旅馆来看，换热器数量偏多，利用率不高。例如我院近年来设计的"国际艺苑"皇冠饭店为一五星级合资旅馆，404间客房，采用了8台容积为5m^3的RV系列立式容积式换热器。当时我们的设计指导思想有两条：一是在热媒为北京市热网水，大部分时间供水温度为70～80℃的热媒条件较差的情况下，要体现新型换热器的优点；二是这种设备第一次在重要工程中采用（1988年）需留有余地。据此，设计中其贮热量按1h设计小时耗热量计算，合每床位贮热水50L。这比以往也用同样热媒的北京饭店、国际饭店等工程的每床位贮热水量将近减少一半。整个生活用热水换热间部分的一次投资要比采用标准卧式容积式换热器低52%。该饭店于1990年8月正式投入使用，一年半来，客房出租率多次达100%，在热媒供水温度为80℃的条件下，最多只用4个罐即可完全满足使用要求，其贮热时间为30min。此工程实例既证实了RV系列产品的优越性又说明其优越性还发挥得不够。因此，如果热媒条件优越，新产品提供的参数适用、可靠，我们认为贮热时间完全可以适当缩短。

《民用建筑给水排水设计技术措施》一书简介

刘振印

【提　要】 本文分基本规定、居住小区给水排水、建筑给水、建筑排水、建筑热水及饮水供应、中水、消防、特殊建筑给水排水、防空地下室给排水九个部分，节略介绍了《民用建筑给水排水设计技术措施》一书的内容。
【关键词】 建筑给排水　设计　技术措施

《民用建筑给水排水设计技术措施》是在1989年建设部建筑设计院编著出版的《统一技术措施——给水排水部分》（下简称"原措施"）的基础上修订而成的。本次修订对"原措施"进行了大的调整，修改了一些与新规范、新标准不相适应的内容，补充了近年来国内外发展的新技术、新设备、新的计算方法，反映了本专业的技术发展水平。本书为民用建筑的给水排水设计提供了具体的设计原则、计算方法、实用计算图表、估算参数，以及设计注意事项。全书共分九章六十六节，总计约30万字。采用条文形式，便于设计人员查阅，下面简单予以介绍。

第一章　基本规定

1.列出了与建筑给排水专业有关的工程建设国家标准、建设部标准和中国工程建设标准化协会标准共计47个。2.提出了建筑给排水工程设计的一些基本原则。3.指出了由设备厂商分包的污水处理、中水处理、特殊消防等项目设计人员应予配合的工作及注意事项。

第二章　居住小区给水排水

1.列出了居住小区适用的各种给水方式。2.给排水管道布置的原则以及管道在各种条件下敷设的要求；给排水总平面设计时管道排列顺序、间距等的图示与表格。3.管材及附、配件的选用与布置要求。4.小区给水干管水力计算的原则。5.各种供水系统相应的水泵流量的选择，水泵的附配件选择；水泵房设计中，设备及管道布置的原则以及对土建、采暖通风、电气自控等专业的要求。6.小区贮水池、水塔容积的计算；配管附属装配件的布置要求；贮水池材质要求及与土建围护结构之关系；水塔位置的选择。7.管道抗震设计的基本要求。8.小区生活热水热负荷的计算方法。9.小区的排水体制及雨、污水量的计算方法。10.排水管道的管材、接口及基础处理。11.运用建设部建筑设计院编制的YS程序进行雨水管道水力计算的使用说明。12.雨水口、检查井、跌水井的构造及布置要求。13.雨污水集水池、排水泵房的设计要点及对土建等其他专业的要求。14.污水排放要求。

第三章　建筑给水

1.用水定额部分编入了《建筑给水排水设计规范》1996年局部修订版本的修改内容；并增补了商场、科研楼等公共建筑的用水定额及相应参数；还编写了旅馆、医院等建筑的综合用水量指标和工业企业建筑的生活用水量指标。2. 生活饮用水水质要求及防水质污染的具体措施。3. 建筑物内管道布置与敷设的原则；管道布置间距、防冻、防露、防水、支架间距及管道井设计的具体要求。4. 给水管采用的各种新型管材；阀门的选择与布置，设置减压阀的具体规定。5. 水表的选型、布置、安装要点。6. 设计流量计算公式 $q=\sum q_0 n_0 b$ 中，补充了工业企业生活间、公共浴室、洗衣房、火车站、体育场（馆）等建筑物卫生器具的同时使用百分数。7. 管道水力计算部分规定了计算原则，提出了给水管的不同流速范围。列出了钢管、铸铁管、塑料给水管、铜管的水头损失计算公式及其相应的图表。8. 建筑物内贮水池、高位水箱设置的条件；规定了其有效容积计算方法；水池、水箱本体材质及其附、配件的要求；水池、水箱间对土建、电气、采暖通风专业的要求。9. 设计微机控制变频调速给水设备应符合的条件、适用范围；水泵及其配套设施的选择要求。在附录中还列出了变频调速给水设备的技术要求，以及它用于各种系统的图式。10. 气压给水设备的设计要点、容积与水力计算、应装设的附配件、自动控制要求及气压给水设备间对土建隔音等的要求。

第四章　建筑排水

1. 生活污、废水排放的基本原则。列举了工程设计中常碰到的各种污、废水合适的排水去处。2. 提供了各种公共建筑卫生间卫生器具设置数量的要求，并对地漏、存水弯、冲洗水箱、冲洗阀等的设置及构造要求作了具体规定。3. 管道布置与敷设的原则；硬聚氯乙烯管伸缩长度之计算及伸缩节设置的规定。4. 管道的连接要求，对底层排水支管的处理提出了四种方式；并对出户管出户时的标高、防护、防沉降、防水等提出了具体做法。5. 通气管的设置要求、管径配置；特殊单立管排水系统的设置条件。6. 硬聚氯乙烯下水管之敷设要求；下水管附件清扫口、检查口的布置与安装要求。7. 列出了硬聚氯乙烯排水横管水力计算以排水铸铁管为基准的估算方法；规定了厨房、医院污水排水器具、淋浴器、小便槽等的排水管径选用要求。8. 污水排放须设局部污水处理装置的条件；污水处理装置设在建筑物内时，对通风换气、降低噪声等的要求。9. 污水集水池、污水泵井的附件及其设置要求；污水泵的选择计算及控制要求；污水泵房对土建、通风采暖、动力供应等的具体要求。10. 隔油池、降温池、化粪池等处理装置或构筑物的设置条件、构造要求、计算参数；并列出了清掏周期为 1 年、半年时，不同类型建筑、不同人数、不同污水量标准条件下相应化粪池的有效容积表格。11. 医院污水的排放及处理要求；一、二级处理的流程图及各相应构筑物的设计计算参数。12. 雨水管、雨水斗的布置要求、单斗服务面积估算；雨水立管最大泄流量、雨水悬吊管、埋地管最大计算充满度表。

第五章　热水及饮水供应

1. 各类建筑物用水定额。2. 合适的热水供水温度。3. 水质软化处理的流程及软化要求；原水稳定处理常用的磁水器、电子除垢器、静电除垢器、碳铝式离子水处理器等物理处理装置和聚磷酸盐/聚硅酸盐等化学稳定剂的使用条件；选用水质软化与水质稳定装置时须注意的事项。4. 热源的选择顺序，采用废热作热源、蒸汽直接通入水中的加热方式时须采取的措施。

加热和贮热方面包括下列内容：（1）选用加热设备应考虑的因素及选择顺序；（2）燃气、燃油热水炉的选择因素；（3）间接加热设备容积式水加热器、半容积式水加热器、半即热式水加热器、快速水加热器的适用条件、设备要求、主要热力性能参数等。（4）水加热设备的加热面积、热媒与被加热水的计算温度差的计算方法及介质流动方式流速范围；并规定了水加热器内热媒与被加热水适宜的压力损失。（5）不同水加热设备的水加热量与热媒耗量的不同计算方法。其中容积式水加热器加热量的计算吸取了美国、日本有关手册的计算方式，建立了加热量与贮热容积、最大小时持续时间的关系式，使其趋于经济合理。（6）对《建筑给水排水设计规范》1996 年局部修订版中"水加热器的贮热量规定"补充了汽—水换热与水—水换热两种不同工况的不同贮热时间。提供了医院、住宅和旅馆等民用建筑的贮水容积估算指标。（7）加热设备间锅炉房的布置及其对通风照明、排水等的要求。（8）煤气热水器、电加热器和太阳能热水器等局部加热装置的设置要求、安全要求及简易计算。（9）提供了三种设计小时耗热量计算公式，使其合乎使用实际、经济合理。（10）热水供水系统中几种循环的适用条件，热水供水系统、循环系统的设计要点，并图示了几种热水供回水系统的参考形式。（11）结合说明图示了以容积式水加热器、半容积式水加热器、半即热式水加热器、快速式水加热器、太阳能热水器、燃油燃气热水炉、溴化锂直燃机组等作供热加热设备时的几种参考热水供水系统。（12）为方便方案或初步设计阶段的估算或初算，提出了循环水泵流量、扬程和热水回水管管径的估算值。（13）热水管道选用管材，系统中所需的温度控制阀、膨胀罐、膨胀管、伸缩节、安全阀、排气阀、泄水阀、温度计、压力表、疏水器、分水器、分汽缸等附配件的设置、安装要求，并提供了一些简易计算参考表格。（14）热水管道的敷设、保温等要求，保温厚度表。（15）生活用蒸汽的要求、估算指标、蒸汽管与凝结水管管径的选用表。（16）生活饮水定额、水质标准、管材、热源及开水间对其他专业的要求。

第六章　建筑中水

（略）

第七章　建筑消防

本章分基本规定，消火栓给水系统，自动喷水灭火系统，气体、泡沫灭火设备与灭火器设置五个部分。

（一）基本规定

1. 汇集了有关民用建筑消防规范中需要设置消火栓、消防卷盘，自动喷水灭火系统，水幕系统，雨淋统，水喷雾灭火系统，气体灭火系统，蒸汽，泡沫灭火系统等的条款。2. 不同建筑物的分类及其相应的火灾延续时间。3. 消防水源的要求；城镇、居住区高层建筑、工厂、仓库等的室内外消防用水量；同一时间内的火灾次数及一些附注。4. 表列了不同类型建筑消火栓的充实水柱；不同口径消火栓在不同出水量、不同充实水柱条件下所需的最低栓口水压值；方便消防水泵扬程的计算。5. 表列了 $DN65$ 口径消火栓减压孔板的孔径及减压后的压力值；自动喷水灭火系统（中危险级）不同管径所带不同喷头数时减压孔板的孔径、减压值。6. 消防电梯排水泵井的具体要求。

（二）消火栓给水系统

1. 消防水池超过 $500m^3$ 时，分成两格或两个独立使用的水池的图示；室内消防水池内贮有室外消防用水时，供室外消防用的取水口、取水井的要求；当不能设取水口、井时增设专用加压泵的要求。2. 室内消火栓及管网布置的具体要求，表列了水龙带长度为 20、25m 时不同密集水柱下的消火栓作用半径。3. 消火栓系统采用减压阀分区时宜注意的事项。4. 消火栓布置、消火栓箱装饰的要点。5. 需装设消防卷盘的建筑及场所、卷盘的组成及其布置安装与用水量计算。6. 消防水箱的贮水量、设置高度与增压措施。气压水罐与增压泵的选择计算。并表列了"带气压水罐的增压设施选用表"。7. 消防加压泵、稳压泵的选用计算、控制要求；消防水泵房之设置位置及对土建、通信等的要求。

（三）自动喷水灭火系统

编制了一些方便设计参考选用的图表和参数：1. 干式系统充气用空压机选择的参数。2. 适用于无吊顶旅馆客房、高级公寓卧室用的两种大水量侧墙型喷头设计参数表。3. 常用的喷头布置方式——正方形、菱形、长方形布置的间距表。4. 按喷头数量估算管径的参考表。5. 中危险级自动喷水灭火系统水力计算估算表。6. 报警阀的比阻值及水头损失表。7. 高层建筑中，当多组分区供水立管共用一个系统时（中危险级），各组立管管径的选用图表。8. 泄水管管径表。9. 系统减压和冲洗的具体要求。

（四）气体、泡沫灭火设备

气体消防部分包括了 1211、1301、CO_2 三个相应规范的主要内容。

泡沫灭火设备部分的主要内容有：（1）泡沫液类型的选择、贮存要求；（2）泡沫灭火系统对用水水质、水量、水温的要求；（3）民用建筑消防灭火系统中较常用的空气泡沫枪、泡沫喷淋系统的适用场所及性能参数表；（4）泡沫喷淋系统的组成及设计计算；（5）泡沫混合液管道的安装及泡沫泵站的设置要求；（6）提供了两个泡沫喷水灭火系统的示意图。

（五）灭火器设置

本措施摘录了《建筑灭火器配置设计规范》中与民用建筑设计有关的主要部分，并提供了一个民用建筑灭火器配置的估算表。

第八章　特殊建筑给排水

本章含游泳池、洗衣房、水景工程、健身消闲设施四个部分。

游泳池部分主要汇集了《游泳池给水排水设计规范》主要条款及条文说明的主要内容，在过滤、消毒、加热及附配件方面作了一些补充。

洗衣房部分主要内容有：（1）织品的洗涤方式及分类；（2）洗衣房的组成部分、布置位置、工艺流程等的一般规定；（3）各类建筑水洗织品的数量指标、水洗织品的单件重量；（4）旅馆附设洗衣房的设计参数；（5）洗衣设备的选择与计算；（6）洗衣房的给水、排水、热水、蒸汽的设计要求；（7）洗衣房对动力、采暖通风、电气及土建专业的要求；（8）附录了七个大、中型项目附设洗衣房的总面积及面积指标。

健身消闲设施汇集了：（1）一般健身消闲设施所含的内容；（2）各种浴池的水温和空气湿度参考数据；（3）不同使用人数的桑拿间尺寸、电炉功率、电压等设计参数及桑拿间、桑拿房的设计要求；（4）蒸汽浴中，蒸汽炉与蒸汽房的选择；给水、排水、蒸汽管之接管要求等；（5）水力按摩浴、浴盆与浴池的分类及其组成部分；表列了几种家用按摩浴盆与公用按摩浴盆的各组成部分及配套设备的设计参数、系统图示、参考尺寸、配套设施和对给水排水、热水、土建专业的要求；（6）嬉水乐园的基本组成、水上游乐部分的布置原则、水质处理标准、各部分水的循环周期、过滤、消毒、加热方式等；（7）冲浪池的基本布置及造浪设备；水滑道设施的材质要求，各种滑道的需水量计算及循环泵的选择；（8）健身游乐用游泳池的一般组成，各组成池内的水温、平均水深的参考数据；（9）列举了一个健身用游泳池的平面布置与水处理配管流程图和一个嬉水乐园的总平面布置。

第九章　防空地下室给水排水

（略）

（本书编写过程中，建筑给水排水设计规范组、上海华东建筑设计研究院、中国航空工业规划设计研究院的有关专家提供了宝贵的意见及有价值的资料，在此表示感谢。）

收稿日期：1997-8-1

建筑热水二十年

全国建筑给水排水学会成立 20 周年来，建筑热水技术有了很大的发展，其成果反映在 20 年来建筑给水排水专业的相关"规范"、"规程"、"国家标准设计"、"技术措施"及"设计手册"中，更在工程设计中得到广泛的推广应用。这些成果的实践为推动发展我国建筑热水的节能、节水、环保、卫生、经济、方便使用等方面工作作出了重要贡献，以下就其成果作以扼要介绍：

一、建筑热水技术的发展

1. 热水用水量定额趋向合理、齐全

热水用水量定额是设计基础参数，"1997"版《建筑给水排水设计规范》及以往的"规范"中存在着热水用水量定额偏高、部分建筑缺欠和分类太粗的弊病，"2003"版"规范"在调研和分析的基础上，对热水用水量定额进行了较大的调整和补充，其中住宅、旅馆等用热水大户的定额约下调了 40%，另外，根据近年来建筑功能的发展将原有定额分类细化，如宾馆客房，原有一个定额，现分成旅客、员工两个定额，还补充了培训中心、办公楼等建筑物的热水定额。

2. 水温的合理控制

热水供水温度涉及节能、安全、防腐、防垢及健康等多方面，虽然"2003"版《规范》热水供水温度的条款没有修改，但多次全国热水研讨会及与国外同行专家研讨中作为专题进行过研讨；同济大学也作过一些水温与结垢等方面关系的实测工作。热水供水温度＞60℃不仅会引起烫伤事故的安全问题，还会增大热损失、加重水加热设备、管道的结垢腐蚀，即耗能大、设备管道维修工作量大，寿命短，影响系统冷热水压力平衡，影响使用。热水供水温度≤50℃，则热水中军团菌等致人生命安全的病菌将明显增加，据日本资料介绍：1992 年 8 月～12 月对集中式热水供水设备、电热水器和快速热水器流出的热水进行了军团菌属菌检测，其结果如下表示：

试验水源	试样数	阳性试样数	阳性率（%）	菌数（CFU/500ml）	热水温度（℃）	余氯（mg/L）
集中式供热水	40	5	12.5	120～480	41～55	0.0～0.1
电热水器	20	2	10.0	50～20	50～53	0.0
快速烧水器	20	0	0	—	—	—

又据澳大利亚的相关资料介绍：军团菌最适宜的生存及繁殖温度为 30～43℃，当水温≥45℃能杀死军团菌，≥70℃时能立即杀死军团菌。

据此，结合我国国情，水加热设备的出水温度宜为 55～60℃。

3. 水质处理的发展：

热水的水质处理主要包括除垢、阻垢、防腐处理和防病菌的处理。

20 年来，热水的阻垢处理有较大发展，其中物理处理方法有磁、电子、电磁、离子式等不同的处理设备，化学药剂有难溶性聚磷酸盐法等，这些设备、药剂有引进的也有国产的，虽然其阻垢原理尚待进一步深入研究，应用效果也不很稳定，但在一些工程应用中发挥了一定作用。防腐方面主要是水加热设备和热水用管材的改进。水加热设备换热管束采用紫铜管，罐体采用不锈钢或钢板衬铜、不锈钢或用钢衬不锈钢复合板等，有利于保护水质延长设备管材的使用寿命。

热水防病菌处理在洗浴行业尤为重要，据日本资料介绍，温泉浴（spa）中因军团菌等致病菌感染者达 373 人，死亡 14 人。我国尚无此方面调研资料，但中国商业联合会沐浴专业委员会，正着手制订 spa 水质标准，并将对温泉水 spa 池的循环水的消毒作出具体规定。

4. 设计小时耗热量、贮热量等参数的合理确定

设计小时耗热量 Q_h、贮热量等热水系统设计中的关键参数的选择合理与否，对系统的安全、合理使用有很大的影响。"2003"版《规范》前，Q_h、贮热量等参数存在下列问题：

（1）原有设计小时耗热量 Q_h 的计算公式很笼统，没有区分小区、单体建筑、多功能建筑的不同，也没有区分全日集中供应热水与定时集中供应热水之间之差别。

（2）小时变化系数大部分过大，与冷水的小时变化系数不匹配，不齐全，只有住宅、旅馆、医院三种建筑的 K_h，没有其他建筑的相应 K_h。

（3）贮热量即贮热时间没有区分不同的热媒条件，且贮热时间偏大。

（4）不同类型的水加热器对热媒负荷计算的要求不明确，没有充分发挥贮热容积的作用。

这样在工程设计计算中就会出现 Q_h 偏大、有的工程甚至出现热水的设计小时用水量大于冷水，水加热设备过多过大；工程实际运行时，就会出现设备利用率低。下列南海酒店等工程的运行实例就很明显地反映了上述问题。

南海酒店等工程热水设计及应用实例

工程名称		南海酒店	国际艺苑	梅地亚	301 医院
床位数		828	800	旅馆 597 床公寓 90 人	1241
用热水	客人	150L/b·d	180L/b·d	200L/b·d	200L/b·d
量标准	职工	50L/人·d	50L/人·d	50L/人·d	
计算 Q_{hmax}	(4.3.2)	32t/h	30t/h	23.6t/h	20.1t/h
	(4.3.2)	44t/h	40t/h	33.7t/h	40.6t/h
实选罐	单罐容积（m³）	8t	5t	5t	8t
	总贮热容积（m³）	32t	40t	20t	40t
	总有效容积（m³）	25.6t	32t	16t	32t
折贮热时间（h）		0.8	1.07	0.68	1.6
人贮水容积（L）		38.6	50	29	32.2
实用容积（个数）		1 个~2 个	3 个~6 个	2 个~3 个	3 个，100%
实用率		≈50%	40%-75%	50%-75%	60%
客房或病房出租率		30%-60%	70%-100%	60%-90%	100%
热媒		汽	水	水	汽
按 $R=Q_1-M·S/d$ 计算的热媒耗热量（S=0.8）					
$M·S$（m³）		25.6	32	16	32
d（h）		4	4	4	4
$R_1=Q_1$（m³）		32	30	23.6	20.1
$R_2=R$（m³）		25.6	22	19.6	12.1
R_2/R_1		0.8	0.73	0.83	0.61

注：1. 设计小时流量持续时间 d，对于旅馆等建筑一般为 3-4h；
2. R_1 为设计小时耗热水量确定的热媒耗量；R_2 为按前公式（2）计算的热媒加热能力；
3. 实用容积一栏中：1）国际艺苑使用 6 个是根据热媒（城市热网）供水温度为 70℃~72℃，水温度要求 ≤45℃ 的工况下定的；2）梅地亚栏中，60%、90% 分别相应于 2 个、3 个换热器运行时的出租率。

针对上述问题，在广泛分析及吸取国外先进技术的基础上 2003 版《规范》及 2006 年新编《小区集中生活热水供应设计规程》中对 Q_h 等设计参数作了如下修编和完善：

（1）区分了居住小区、单体建筑 Q_h 的不同计算方法。

（2）区分了单体建筑中不同使用部门，不同使用功能时 Q_h 的相应计算方法。

（3）明确了全日集中供应热水和定时供应热水 Q_h 的计算公式。

（4）明确容积式、半容积式、半即热式水加热器的设计小时供热量计算方法，提出了容积式（含导流型容积式）水加热器的设计小时供热量公式。

（5）按不同的热媒条件、不同类型的水加热器修编了水加热器的贮热量。

（6）最近新编的《小区集中生活热水供应设计规程》中在总结有关研究成果并经工程实测的基础上修编了热水小时变化系数 K_h 值，并拟将列入 2007 版《建筑给水排水设计规范》中。经修编的 K_h 值表补充了别墅、幼儿园、公共浴室、餐饮业、办公楼等建筑的 K_h 值与给水的 K_h 值呼应，用

其计算出来的 Q_h 与实际使用较吻合。

5. 系统压力平衡及循环效果的保证措施逐步提高完善

集中热水供应系统设计的二个要素一是系统的冷热水供水压力平衡，二是保证循环效果。

近 20 年来，随着设置集中热供应系统的小区，单体建筑的急增，热水系统的上述两要素的重要性亦越来越显得突出，为解决工程实际运行中出现的问题，不少专家、企业家通过研究和工程实践提供了一些好的措施。现归纳如下：

在保证系统冷热水压力平衡方面：

（1）冷热水系统分区相同，尽量做到各区的冷水、热水同一压力源。

（2）接至水加热设备的冷水管采用专管供水。

（3）选用带有压力平衡功能的混合阀。

（4）选用被加热水侧阻力损失很小的水加热设备。

（5）当采用减压阀分区时，尽量将减压阀设在冷水供水管上。

（6）水加热设备宜位于系统的适中位置，尽量避免热水管线过长，阻力损失增大而造成用水点处冷、热水压力不平衡的问题。

在保证循环效果方面：

（1）单体建筑的循环管道宜采用同程布置；

（2）为平衡管路阻力，供、回水干管管径不宜多变；

（3）当不同分区共用水加热设备时，为保证干、立管循环效果，宜采用低区支管设减压阀的方式；

（4）小区总循环管道不强求采用同程布置，宜在各单体建筑设分循环小泵；即采取总循环泵加分循环泵联合工作保证循环效果的方式；

（5）单体建筑内立管相同布置的系统、小区内相同建筑的系统可采用导流三通保证循环效果的方式；

（6）水质较软且循环管道相同布置的低层建筑可采用水射器，供、回水干管合一保证循环效果的措施；

（7）用自控电伴热技术解决支管不循环和难以设循环管道的地方的保温问题。

6. 循环流量计算公式的调整

热水系统设机械循环时，循环水泵的流量是否应加附加流量的问题，在多次学术会议上争论探讨，亦有一些论文专门研讨，经分析研究，"2003"版《规范》确定计算循环流量时取消附加流量，这样可以避免循环泵过大既不利系统的冷热水压力平衡又耗能的后果。

7. 新能源的应用

（1）太阳能

太阳能热水器作为局部热水供应已有很长的历史，近 20 年来，随着人民生活水平的提高，能源供应的紧张，太阳能作为生活热水的能源有了很大的发展。

A. 集热器类型增加，集热性能提高

20 世纪 90 年代以前的太阳能集热器大多为普通平板型集热器，现在市面上的集热器有：

a. 普通平板型集热器　b、热管真空管集热器　c、U 型真空管集热器　d、内插热管集热器。

塑料材质集热器，由高密度耐候性高的吸热性聚丙烯塑料或橡胶管束与板材结合一体的太阳能集热器。

这些集热器均分别适用于不同环境条件，各具其优点。

B. 为方便与建筑的一体化，集热管束角度可调，这样集热器可根据建筑立面及整体的要求随意布置。

C. 为提高集热温度，采取提高集热系统内的压力，借以提高集热温度，如有的集热温度可达

150℃，大大提高了集热效果。

D. 应用技术逐步有序走向正轨

20年来我国太阳能热水器的应用虽有很大发展，我国已成为世界太阳能集热器生产的第一大国，但按人均占有量还是远低于德国、日本、以色列等发达国家。

由于大部分太阳能热水系统均由生产企业在现有建筑物直接承揽安装，未经建筑与给排水专业的整体设计，因此存在着与建筑立面不协调影响市容及使用效果欠佳的问题。

近几年来随着国家对能源政策的高度重视，相关的国家规范、标准、手册均已出版，太阳能热水系统正逐步走上按正规设计的轨道。为了弥补《建筑给水排水设计规范》中这部分内容的不足，《小区集中生活热水供应设计规程》中专写了"太阳能热水系统"一节，根据太阳能集热为低密度的特点，借鉴相关规范和技术资料提供了该系统的主要设计参数，如设计日用热水量、贮热容积、集热器面积、循环泵、换热器等设计中所需的参数。

E. 配置合理的辅热装置

根据不同使用条件、要求等配置必要的合理的辅热装置是太阳能热水系统设计的一个重要环节。浙江大学研制了一种在局部太阳能热水供应系统中利用低谷电辅热与太阳能集热器配套的装置取得了较好的效果。

（2）热泵

利用热泵技术制备生活热水近年有较大的发展。目前国内制备生活热水应用热泵技术的种类有：

A. 地下水为水源的热泵　主要在北方地区应用较多；

B. 空气源热泵　南方气候温暖地区有所应用；

C. 利用空调机组冷凝水或冷冻水为水源的热泵　在南方地区有所应用；

D. 利用游泳馆内湿热空气为热源的热泵　在南方地区有所应用；

E. 利用经处理的污水为热源的热泵，在国内已有工程应用。

因为热泵机组为专有机组，给排水专业人员对其不熟悉，因此大部分上述热泵制备生活热水的系统均由专业公司总揽设计安装。系统设计中存在一些明显的不符合本专业相关规范的地方，为此，在新编的《小区集中生活热水供应设计规程》专写了"热泵热水系统"一节，对如何选择热泵热水系统及一些主要参数作了规定，正在修编的《建筑给水排水设计手册》亦补充了水源热泵的系统图式及设计计算实例。为本专业人员自行设计该系统或审查热泵热水系统提供了参考性依据。

8. 安全设施的完善

（1）膨胀管的正确设置

以往膨胀管的设置存在两个误区：一是未考虑整个系统的膨胀量；二是膨胀管一般均引至生活饮用水箱的上空，膨胀水量溢入冷水箱，使冷水箱中的冷水产生热污染。

"2003"版中规定了膨胀管须引至非生活饮用水箱的上空，这样既防止了热水对冷水的热污染，也截流了膨胀水量。

（2）规定了闭式热水系统中膨胀罐的设置条件及有关设计参数。根据不少专家提出膨胀罐的容积偏大等意见，拟在"2007"版《规范》修编中将其设置条件适当放宽，将影响罐体容积的主要参数 P_2 值由1.05改为1.10。

9. 热水管道直埋技术已趋普及

室外热水管道以往都是采用管沟敷设，近10年来，随着小区集中热水供应系统的急增，管外用地的紧张室外热水管道直埋敷设已趋普及，其敷设有补偿和无补偿两种方式，都分别就保温、防水、防潮、防伸缩及延长使用寿命等方面做了系统的研究工作，为室外热水管直埋敷设技术奠定了基础。

二、热水设备、材料的发展

1. 水加热器

（1）集中热水供应系统的水加热器

水加热器是集中热水供应系统的主要设备。20 年以前国内采用的水加热器基本上全是 1949 年以后的传统容积式水加热器，它存在传热系数很低、换热不充分、耗能、体型大、冷温水区大等缺点。自 1988 年来，国内水加热器有了长足的发展和提高。传统的容积式水加热器已基本淘汰，现在工程中应用的是导流型容积式水加热器、半容积式水加热器和半即热式水加热器。

其中 RV 系列产品从 RV-02 双盘管、RV-03、04 单盘管、HRV-01、02 半容积、DFHRV 浮动盘管半容积发展到 DBHRV-01、02 系列大波节管半容积式水加热器代表了 20 年来从传统容积式水加热器到高效半容积式水加热器的发展过程，传热系数 K 值提高了近 5 倍，汽—水换热回收了占总热量 15%～20% 的凝结水湿热，彻底消除了冷温水区，且具缓垢脱垢功能。相似产品 SV 系列弹性管束半容积水加热器、TBF 型浮动盘管型半容积式水加热器、BFGL 型半容积水加热器等产品亦基本上具有上述特点。

半即式水加热器是引进国外的先进产品，它具有浮动盘管高效、加热除垢超温、超压双重安全控制及由预测分流管，感温加温度调节阀联合控制水温的特点。

从目前上述水加热器本身的技术性能来看，国内产品已达到国际先进，有的甚至达到领先水平。

（2）局部热水用热水器

20 年来随着人民生活水平的提高，在未设集中热水供应的建筑内热水器已基本普及。其品种大大增加，性能也普遍提高，燃气热水器有快速式、容积式、烟道式、强排式、平衡式等多种产品，而以往应用的直排式快速热水器因其使用不安全而已淘汰。

电热水器大多使用容积式，并自带一套完整的除垢、安全装置。各种类型太阳能热水器在目前能源严峻的形势下，正在全国大面积推广应用，热水器集热性能有所提高，配套的辅热设施逐步完善。

2. 热水机组

从 20 世纪 90 年代中开始，燃油燃气热水机组在国内有了较快的发展，其型式有壳管式、组环式、真空机组，还有的自带水加热器等，这些设备的特点是不承压使用安全，燃烧效率高，消烟除尘效果好，它既可作为供 80～90℃ 的热媒水供给水加热设备热媒，亦可在水质较软的地区直接供给生活热水。

3. 太阳能集热器

20 年来集热器作为太阳能热水系统的关键部件，一是产量提高很快，至 2005 年为止国内已有太阳能热水器生产厂家 10000 家，生产太阳能集热器 1500 万 m^2。二是类型增加（如前所述）。三是集热性能提高。四是有利于与建筑一体化安装。

4. 热泵机组

伴随着热泵技术在空调、生活热水系统中的应用，水源热泵机组、空气源热泵机组、地源热泵机组在近年来有了较快的发展。

其类型有：

（1）按空调制热、制冷系统的合、分来分有：组合式、独立式；

（2）按生活热水加热的方式分有：直接式、间接式；

（3）按是否循环加热的方式分有：循环加热式、一次加热式；

（4）按是否带辅助热源的方式分有：带辅助热源和不带辅助热源之分；

一般空气源热泵热泵机组带辅者多；水源热泵大多不带辅热。

5. 水质处理设备

（1）软化设备，以往没有供生活热水水质软化的专用设备，近年来已有了引进国外的和国产的自带调节混合器的全自动软水器，可根据原水硬度及处理后所需的水质硬度自动调节取得较稳定均衡的水质。

（2）物理处理设备有磁水器、电子水处理器、静电水处理器、碳铝式离子水处理器等多种产品，这些处理设备在工程中均有所应用，效果有好有坏，总体来说至今还没有找到一种能稳定除垢的物理处理设备。

（3）水处理用化学药剂

其代表性的药剂是聚磷酸盐/聚硅酸盐（如归丽晶），其应用方法简单，有一定适用效果。

6. 控温用阀件

（1）自动温度控制阀

自动温度控制阀是控制水加热器出水温度保证安全供水的关键阀件。

近 20 年来这种阀门通过引进、合资、自行研制等有了多种产品，性能亦有很大提高。

其形式有自助式（有的叫自含式）、电动式（又分电动阀、电磁阀）、汽动式，还有的引进产品有温度加流量或温度加压力双重控制的自控阀，这些高可靠性、高灵敏度阀件的应用，为水加热器的高效小型化提供了保证。

（2）混合阀

混合阀有两种，一种是公共浴室多个淋浴器成一组共用一个混合阀，冷、热水经混合阀混合成所需温度的热水经单管供至各淋浴器。

另一种是防烫即具有调节冷热水供水压差的混合水嘴，国内近年来一些高级宾馆等卫生间采用了这种国外的先进产品，大大提高了供水的安全性与舒适性。

7. 管材

热水与冷水、排水一样，20 年来管材有了很大的发展和提高。

根据国家有关部门关于"在城镇新建住宅中，禁止使用冷镀钢管用于室内给水管道，并根据当地实际情况逐步限制使用热镀锌钢管……"的规定，2003 版《规范》中热水管材推荐采用薄壁铜管、薄壁不锈钢管、塑料热水管和金属复合热水管等。

在工程实际应用中，干、立管采用质量优良的钢塑复合管、薄壁不锈钢管、薄壁铜管、CPVC 管，支管采用 PP-R 热水管、薄壁不锈钢管、PB 管等较为普遍。

总体来说，建筑给水排水学会成立 20 周年来，建筑热水技术及产品均有很大的发展和提高，建筑热水分会自 1992 年成立 15 周年来为促进建筑热水技术的发展与设计水平的提高作出了贡献，但建筑热水还有不少新课题需研究解决，设备的自控技术等与发达国家尚有不少差距，这是我们今后努力的方向。

从亚运会的 RV-02 到奥运会的 DBHRV-01/02

看近二十年国内生活热水换热器的发展

【摘　要】　介绍了 RV-02 立式双盘管容积式换热器，RV-03 卧式容积式换热器，RV-04 立式单管束容积式换热器，HRV-01/02 立、卧式半容积式换热器，DFHRV 浮动盘管型换热器及 DBHRV 立、卧式大波节管半容积式换热器等六个系列产品的研制、开发过程，并对其产品构造原理进行了详细介绍。

【关键词】　容积式换热器　研制　开发

容积式水加热器（容积式换热器）是集中生活热水系统的核心设备之一，它具有储热调节、供水温度稳定、安全、阻力小等优点。20 世纪 90 年代以前国内此种产品存在换热效果差、耗能、占地大等缺陷。我院从 1987 年开始至 2002 年在生产厂家的配合下先后研制开发出 RV-02 立式双盘管容积式换热器、RV-03 卧式容积式换热器、RV-04 立式单管束容积式换热器、HRV-01/02 立、卧式半容积式换热器、DFHRV 浮动盘管型换热器及 DBHRV 立、卧式大波节管半容积式换热器等六个系列的新产品。RV-02 作为第一代产品最先应用在"北京梅地亚中心"、"国际艺苑"、"北京贵宾楼饭店"等亚运会项目及五星级宾馆中，随后 RV-03、RV-04、HRV-01/02、DFHRV 作为二、三、四代产品在全国范围内广泛推广应用，2001 年底至 2002 年在上述四代产品的基础上研制成功的第五代产品 DBHRV-01/02 立、卧式大波节管半容积式换热器在国家大剧院、国家体育场、国家体育馆、五棵松体育馆、奥运村等国家重点工程和奥运会工程中应用或选用。

由于这六种五代新产品技术性能优良、节能、使用效果好，因此这些成果先后获得建设部科技进步二等奖、建设部科技进步三等奖、国家专利优秀奖、北京市金桥奖，RV-02、RV-04 分别列为当时国家优秀科技成果、建设部优秀科技成果重点推广项目，并推荐为 1994 年度优秀节能产品。RV-03、RV-04、HRV-01/02、DFHRV 四种产品已入选国家标准图。

1 第一代产品 RV-02 的诞生

1986 年笔者在工程设计中根据前几年设计广东南海酒店等工程中广泛接触国外一些先进产品、器材的经验，分析和比较了国内当时一些同类产品的现状，发现用于集中生活热水系统的主要产品容积式换热器存在较多问题：

（1）换热效果差。汽—水换热时，只能吸收潜热，不能吸收显热。即经换热后的凝结水温度＞100℃，明显耗能。水—水换热时，尤其是以 70～90℃的热媒水换热时，一级换热生活热水出水温度＜45℃满足不了使用要求，工程中须两级串联换热。这样设备、造价及占地面积均成倍增加。

（2）容积利用率低。当时的容积式换热器存在 25％～30％的冷水区，即储热效率只有 70％。

（3）换热器大都为卧式，不能充分利用设备间的空间，一台容积为 $10m^3$ 的传统设备所需占地（含检修用面积）为 $27m^2$。

当时北京的几个大饭店，因采用这种水加热器，设备机房近 $600m^2$。这样庞大的生活热水用机房面积在现在的工程设计中显然是难以想象的。

针对当时传统设备存在的问题，笔者在厂家配合下，先后花了一年半的时间，提出并多次研究、修改新型设备的方案，在此基础上，对传统设备及新设备进行了两次为期近 2 周的"样罐"热力性能对比测试，终于研制成功出了新产品，取名为 RV-02 立式双盘管容积式换热器。构造见图 1，其主要特点为：

（1）采用立式双盘管构造，增大换热面积，解决了将传统卧式设备改为立式后换热面积不够的问题，从而大大节省了单台设备的占地面积。

（2）将换热元件 U 型管重新组合分配，提高热媒流速，增长其流程，传热效果明显提高，传热系数 K 增大，节能效果显著，汽—水换热时，能回收凝结水的大部分显热；水—水换热时，在热媒温度为 70～80℃时，一级换热能换出 50℃以上的生活热水完全满足使用要求。

（3）罐内适当配置导流装置，使被加热水初始加热时形成自然循环，大大减少了罐内的冷水区，提高了储热效率。

RV-02 与传统设备的热力性能、一次性投资（含占地面积、用钢量）比较分别见表 1、表 2。

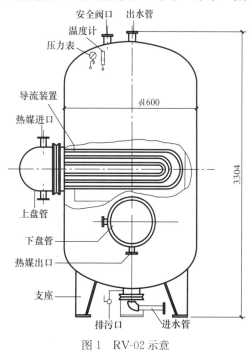

图 1 RV-02 示意

RV-02 与传统设备热力性能比较　　　　　　表1

项目		换热面积 F/m^2	热媒流量 $G/t/h$	热媒进口温度 $T_1/℃$	热媒出口温度 $T_2/℃$	被热水流量 $Q/m^3/h$	冷水进水温度 $t_1/℃$	热水出水温度 $t_2/℃$	换热系数 $K/W/(m^2·K)$	小时总换热量 $W/kJ/h$	罐体容积 V/m^3	单位容积换热量 $W/kJ/m^3$	备注
低温热水	传统设备	10.40	14.40	75.1	64.8	6.00	15.8	37.7	391.7	621016	4.9	126738	
	RV-02	21.30	14.40	74.63	53.16	6.20	15.6	63.19	697.4	1295089	5.0	259018	
蒸汽	传统设备	10.4	0.918	111.8	98.0	10.07	24.0	70.3	988.8	2094798	4.9	418960	带疏水器
	RV-02	11.47	0.90	127.90	47.8	10.20	16.5	69.0	1140	2263618	5.0	452724	不带疏水器

RV-02 与传统设备一次投资比较　　　　　　表2

项目			蒸汽为热媒		热网水为热煤	
			传统设备	RV-02	传统设备	RV-02
设计小时换热量/kJ/h			7285000		7285000	
单罐容积/m³			5		5	
个数			6	5	14	7
占地面积		单罐占地面积/m²	18.62	11.10	14.10	11.3
		总占地面积/m²	111.7	55.5	240	79.1
		节省占地面积/m²	56.2		160.9	
		$\frac{RV\text{-}02 占地面积}{传统设备占地面积}$	49.7%		33%	
钢材		单罐耗钢量/kg	1950	2300	1950	2500
		总耗钢量/kg	11700	11500	17300	17500
		节省钢量/kg	200		9800	
		$\frac{RV\text{-}02 用钢量}{传统设备用钢量}$	98%		64%	
一次投资	地价	单价/元/m²	1600	1600	1600	1600
		共计/万元	17.872	8.88	38.40	12.65
	罐价	单价/万元/个	1.70	2.30	1.70	2.40
		共计/万元	10.20	11.50	23.80	16.80
		总计/万元	28.072	20.38	62.20	29.45
		$\frac{RV\text{-}02 一次投资}{传统设备一次投资}$	72.6%		47.3%	

2　RV-03、RV-04 对 RV-02 的改进

　　RV-02 的研制成功及在亚运会项目及国内几十个工程中的良好应用效果，使它获得了"建设部科技进步二等奖"等多项奖。但在实用中还存在一些不足之处：一是双盘管结构相对立式单盘管结构耗钢量大，造价偏高，平面布置受限制；二是立式容器虽省地，但在空间高度较低的地方安装不上。因此在 1990 年至 1991 年笔者提出了单盘管的卧式、立式容积式换热器的方案，在厂家的积极配合下，经过"样罐"试制、改进及多次热工性能测试，分别于 1991 年初和 1992 年初研制成功该两种产品，定名为 RV-03 卧式容积式换热器与 RV-04 单管半立式容积式换热器。

RV-03、RV-04 对 RV-02 改进的要点如下：

（1）管程部分。RV-03、RV-04 比 RV-02 减少了一组管束，管热面积减少，尤其是 RV-04 的换热面积将近减半，如何在换热面积大大减少的情况下既保证单罐的换热量，又保持容积式换热器阻力小、供水安全稳定的优点，是这次改进的重点研究内容。经反复推敲，多次改进，我们确定的措施：一是将换热管束管径缩小一号，这样可增加管束数量和换热面积；二是将热媒在管束内的行程适当增长，使其充分换热，并进一步提高热媒的放热系数 α_1 值。

（2）壳程部分。单盘管的 RV-03、RV-04 罐体内相对 RV-02 简单。因此，盘管四周的导流装置也好布置，经几次改进，这两种产品均设置了比 RV-02 更为合理的导流装置。其作用一是罐内冷水初始升温时，组织水流上下对流，加快提温速度，促使罐体下部冷水上升，达到基本消除冷水区的目的。二是罐体正常运行时，组织水流逆向冲刷换热管束，局部提高被加热水流速，借以提高被加热水的吸热系数 α_2。

经上述措施研制成功的 RV-03 与 RV-04 通过热力性能测试，取得较满意的效果。其设备简图见图 2、图 3，热力性能及经济比较见表 3、表 4。

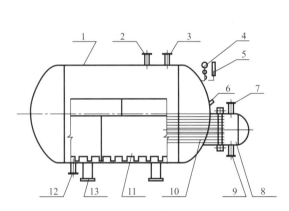

图 2　RV-03 构造原理

1—罐体；2—安全阀接管口；3—热水出水管管口；4—压力表；
5—温度计；6—温包管管口；7—热媒入口管口；8—管箱；
9—热媒出口管口；10—U 形换热管；11—导流装置；
12—冷水进水兼排污管口；13—支座

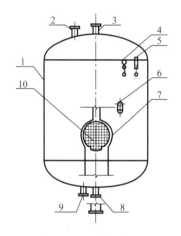

图 3　RV-04 构造原理

1—罐体；2—安全阀接管口；3—热水出水管管口；
4—压力表；5—温度计；6—温包管管口；7—导流装置；
8—冷水进水管口；9—排污口；10—U 形换热管

RV-04 与传统设备、RV-02 热力性能比较　　　　　　　　　　　　　　表 3

	参数	换热面积 F/m^2	热媒流量 $G/kg/h$	热媒进口温度 $T_1/℃$	热媒出口温度 $T_2/℃$	冷水进水温度 $t_1/℃$	热水出水温度 $t_2/℃$	传热系数 $K/kcal/$ $(m^2 \cdot ℃ \cdot h)$	小时总换热量 $G/kcal/h$	单罐耗钢量 G/kg	金属热强度 $I=\dfrac{W}{G\Delta T}$ $/kc/kg \cdot ℃$	节能指标 $E=\dfrac{T_1-T_2}{i''}$
饱和蒸汽	传统设备	10.4	465	111.8	98	24	70.3	450	251550	2530	1.72	0.021
	RV-02 "B 型"	11.47	465	140.37	44.6	16.5	62.2	515	282673	2685	1.98	0.146
	RV-04	8.5	461.5	146	49.6	17.4	61.1	639.9	285284	2090	2.34	0.147
低温热水	传统设备	10.4	8800	75.1	64.8	15.8	37.7	202	90640	2530	1.204	
	RV-02 "A 型"	22.5	8460	77.73	50.3	15.6	57.5	375.0	232050	2962	2.85	
	RV-04	13.0	8700	80.2	52.9	16.3	53.4	576.3	237510	2136	3.51	

注：表中传热系数 "K" 是在相似工况下的值，上述设备在设计工况下的 K 值均要比表中值高。

RV-04 与传统设备、RV-02 一次投资比较   表 4

项目			蒸汽			低温热水		
			传统设备	RV-02-5B	RV-04-5	传统设备	RV-02-5B	RV-04-5
设计小时换热量/kJ/h			728500			728500		
单罐容积/m³			5			5		
个数			6	5	5	14	7	7
占地面积	单罐占地面积/m²		18.62	11.1	10	14.1	11.3	10
	总占地面积/m²		111.7	55.5	50	240	79.1	70
	比值		1	0.497	0.448	1	0.33	0.292
钢材	单罐耗钢量/kg		1950	2300	1772	1950	2500	1842
	总耗钢量/kg		11700	11500	8860	27300	17500	12894
	比值		1	0.98	0.76	1	0.64	0.472
一次投资	地价	单价/元/m²	1600			1600		
		共计/万元	17.872	8.88	8.0	38.4	12.65	11.20
	罐价	单价/万元/个	1.7	2.2	1.7	1.7	2.40	1.75
		共计/万元	10.2	11.0	8.5	23.8	16.8	12.25
	总计/万元		28.072	19.88	16.5	62.2	29.45	23.45
	比值		1	0.708	0.588	1	0.473	0.377

3 HRV-01/02 系列半容积式水加热器

RV-02、RV-03、RV-04 系列产品的研制开发成功，在实际工程应用中充分显示了换热充分、节能、省地、节材的优点，因而得到国家同行专家的认可与大力支持，其产品作为国家、建设部科技成果、节能产品重点推广项目畅销国内。

然而从国外发达国家生活热水换热设备发展趋势来看，小型、高效、高质是其发展方向。其中英国"里克罗夫特公司"、"新型传热公司"等多家公司的半容积水加热器是其代表产品。如图 4 所示，它是一种带适当调节容积的内藏式快速水加热器和内循环水泵组成。

这种设备的主要优点一是换热部分为快速换热结构，被加热水经内循环泵加压提高了流速，使传热系数 K 值相应提高。二是换热部分与储热水罐体，相互独立，经换热部分换出的热水用管道送至储热水罐内，而罐内下部的冷水又可经内循环泵循环加热，这样，整罐水均为 100% 的热水。

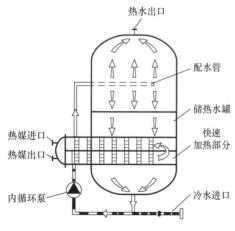

图 4 半容积式水加热器工作原理

RV 系列容积式水加热器虽比传统设备有很大改进，但与半容积式水加热器相比，K 值偏低，且还存在 15% 左右的冷温水区。

但在国外的这种半容积式水加热器，其关键部件是内循环泵，其一必须是能连续不间断的工作或在频繁启闭的工作条件下耐用；其二与不同型号加热器配套需有系列产品，且其扬程均应在 2～5m。正因为国内当时找不到这种合适的高质量的内循环泵，因而一些厂家花了近十年时间仍没有研制成功这种产品。

1993 年中，笔者反复推敲如何解决内循环泵而研制出一种新型半容积式水加热器的问题，提出了如下三项措施：

（1）设置一组改进型的快速换热器，使其既可大幅度提高传热系数 K 值和总换热量，又使其阻力损失小，即仍能保持供水水温、水压稳定、安全之特点。

（2）换热部分与储水罐体完全分离，经换热后的热水强制进入罐底再往上升，这样可使储热水罐内消除冷水温水区，达到 100％的容积利用率。

（3）借助热水系统回水干管上的循环泵代替设备自带内循环泵的作用。即设备初始加热升温时，循环泵开启，快速加热升温，不仅将罐体内的水全部加热，而且将整个系统的热水供、回水循环管道内的水加热。

正常工作时，由于回水管断面比罐体要小得多，热容量也少得多，回水管降温快，所以利用回水管降温自动开启循环泵即可达到内循环泵的作用，在整个使用过程中，保持罐内 100％的容积利用率。整个工作原理如图 5 所示。

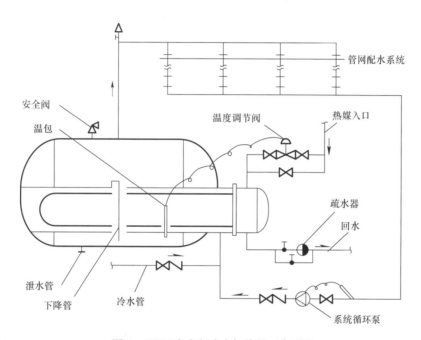

图 5　HRV 半容积式水加热器工作原理

这种定名为 HRV 的新型半容积式水加热器在厂家的积极配合下，经"样罐"试制及热力性能测试，完全达到预想的效果。其热力性能与传统设备、RV-04、英国 MX550 比较见表 5。

HRV 与传统设备、RV-04、英国 MX550 热力性能测试数据　　表 5

	参数	罐体总容积 V/m³	换热面积 F/m²	热媒流量 G/kg/h	热媒进口温度 T_1/℃	热媒出口温度 T_2/℃	被加热水升温 Δt/℃	传热系数 K/kcal/(m²·h·℃)	小时总换热量 W/kcal/h	金属热强度 $I=W/(G\Delta t)$/kcal/(kg·℃)	节能指标 $E=(T_1-T_2)/i''$	容积利用率 η/%
饱和蒸汽	传统设备	5.0	10.4	918	111.8	98	46.3	833	523160	3.577	0.021	75
	RV-04-5	5.0	8.5	900	145.7	64.2	41.1	918	531270	4.358	0.147	88
	英国 MX550	0.55			≤147.2		55		145340	5.56	0.087	100
	HRV-01-0.5	0.46	4.0	567.6	149.7	78.34	38.8	1250.6	321910	8.1	0.11	100
热水	传统设备	5.0	10.4	8800	75.1	64.8	21.9	202	90640	1.204		
	RV-04-5	5.0	13.0	8700	80.2	52.9	37.1	576	237510	3.51		
	英国 MX550	0.55										100
	HRV-01-0.5	0.46	4.0	6816	83.5	63.7	34.2	809.5	134640	6.472		100

1995 年 3 月，北京某饭店采用 2 台 HRV-02 容积为 3m³ 的半容积式水加热器更换原有 4 台容积为 5m³ 的传统卧式容积式换热器，运行效果很好，完全解决了原 4 台设备用水高峰时供不上热水的问题。并且每天节煤约 1t。

4 DFHRV 浮动盘管型半容积式加热器

20 世纪 90 年代初，美国 AERCO 公司制造的"热高"浮动盘管型半即热式水加热器打入了中国市场。这种设备构造特点是带有双重安全可靠的水温自动控制装置，浮动盘管可依自身伸缩起脱垢作用，快速加热供热，基本无储热调节容积。不足之处是被加热水阻力损失较大，影响用水处的冷热水压平衡，且要求热媒按用水的设计秒流量供给。

由于这种设备的关键部分是自动温控装置，国内一般厂家无法仿造，因此当时不少厂家以浮动盘管为元件出台了各种浮动盘管型容积式换热器。

1996 年笔者收集了当时一些国内生产的浮动盘管换热器的样本，参观了一些厂家的产品，经分析这些产品存在不少问题，一是构造原理上有错误：有的产品将浮动盘管卧置，汽—水换热时，盘管底部因积聚凝结水，将造成汽—水撞击，产生噪声，损坏盘管；有的立式容器将浮动盘管靠上部布置，盘管下部将全为冷温水区，容积利用率极低；还有的设备一组盘管多根，外圈盘管长度比内圈盘管长近 8 倍，热媒通过时，势必造成短路。二是普遍存在设备不能检修或很难检修的问题。大部分立式设备盘管整体从罐体下部的安装孔进入容器，到设备间就位后无法抽出盘管清垢检修；还有的盘管本身如串糖葫芦，只要一个盘管出问题，整组盘管报废。

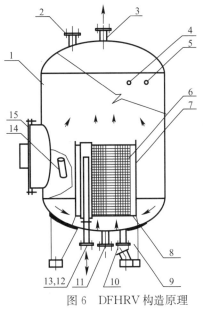

图 6 DFHRV 构造原理

1—罐体 2—安全阀接管口 3—热水出水管口
4—温度计接口 5—压力接线口 6—浮动盘管
7—导流筒 8—挡板 9—支座 10—泄水管口
11—冷水进水管口 12—热媒进口 13—热媒出口
14—温包管口 15—安装检修人孔

根据上述情况，笔者与厂家一起在分析当时浮动盘管换热器现状的基础上研究开发了一种新型的浮动盘管换热器，取名为 DFHRV 浮动盘管型半容积式换热器。其主要构造特点如下：

（1）浮动盘管分段组装，可由容器侧面的安装孔进出容器安装或清垢检修。

（2）采用多行程螺旋型盘管，热媒分布均匀，流程长，消除了短路现象。

（3）盘管外设置可拆导流筒，且换热盘管靠容器底部布置，既进一步提高换热效果，又可基本上消除罐下部冷水区，容积利用率达到 95％以上。

（4）被加热水水头损失约 0.5m，不影响系统冷热水压力之平衡。

（5）浮动盘管采用薄壁紫铜管，有助于利用管壁与结垢层的不同膨胀量脱落水垢，保持高效节能。

产品的"样罐"经热工测试单位测试，其热力性能参数均优于前述 RV、HRV 系列产品。此外它还具有比上述产品造价低、所需检修空间小、具有一定的自动脱垢功能的优点。DFHRV 产品构造如图 6 所示。

5 DBHRV-01/02 立、卧式大波节管换热器

2001 年下半年，笔者应河北一生产厂家的邀请将该厂引进的薄壁不锈钢波节管应用到 RV 系列产品中，研制成功了一代新换热器，取名为 DBHRV-01/02 立、卧式大波节管半容积式换热器。

5.1 波节管提高热效的原理

笔者从 1987 年至 2001 年，历时 14 年，先后研究开发成功的前四代 RV 系列产品，大都是从换热器本身的构造做文章。

换热器是由容器（壳程）和换热元件（管程）两部分组成，即前述四代 RV 系列设备对传统设备的一步步改进，主要着眼于通过壳程，管程之间的合理配置，及改变换热盘管的布置方式或将盘管形状由 U 型改成螺旋型等措施来提高换热器性能。对于如何通过改进管热元件这个提高换热效果的关键部件，虽提出过方案，也做过测试，但都没有取得实质性效果。这次厂家引进东北大学等单位研制出的波节管专利，引起笔者的重视。它的构造如图 7 所示。其原理为：

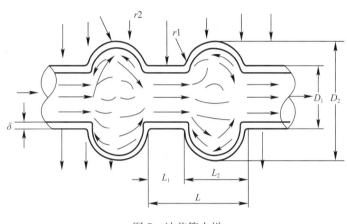

图 7 波节管大样

（1）通过有规律性的周期性断面变化，使管内流体总是处在规律性扰动状态，形成不了与轴线平行的股流，使管内流体的温度、密度、杂质含量沿径向是均匀的。

（2）弧形短（L_2）内由于前后具有"引射效应"与"节流效应"，使弧的全部内表面都受流体的冲刷。

（3）直线短（L_1）的几何尺寸，保证 $L_1/D_1 < 2$，在这种条件下边界层无法形成，其局部换热系数较直管内高出 3 倍以上。

将这种元件合理应用到换热器中，将会使其传热系数高、换热效果好、节能、不易结垢、方便维护管理。

5.2 应用波节管对 RV 系列产品的改进

2001 年 9 月至 2002 年 4 月，在厂家的积极参与配合下，以波节管为换热元件的 DBHRV 产品对原 HRV 进行了如下改进：

（1）将波节管材质由薄壁不锈钢改为薄壁紫铜以此约可提高 5% 的传热系数 K 值。

（2）用波节 U 型管代替光面 U 型管，并根据波节管的特点对管束排列作了较大调整。

（3）结合波节管的布置重新组织被加热水的流程，使其与换热管外壁更充分的接触，起到紊流换热的作用。

（4）使热媒与被加热水在换热器中形成完整的逆流换热。

（5）被加热水从换热部分顶部接管引至容器底部，从而保证设备内自下而上均为同温热水，真正做到了容积利用率为 100%。

DBHRV 按上述措施制造的"样罐"于 2001 年底至 2002 年初请热工测试单位进行了多个工况的热力性能测试，其测试结果经整理汇总见表 6，DBRV 与 RV 及 DBHRV 与 HRV 的主要性能参数对比见表 7。

DBHRV 热力性能测试数据汇总 表6

工况	热媒				被加热水				换热量 W/kW	换热面积 F/m	传热系数 K/W/(m²·K)
	流量 G/kg/h; Q_1/m³	初温 T_1/℃	终温 T_2/℃	阻力 ΔP_1/m	流量 Q_2/m³/h	初温 T_1/℃	终温 T_2/℃	阻力 ΔP_0/m			
汽—水换热	242.00	143.62	24.8	3	2.87	15.60	67.10	<1	176.55	4.10	1354.97
	454.00	147.92	25.6	6	5.41	15.60	66.10	<1	331.46	4.10	2365.93
	689.00	145.39	26.1	8	8.59	15.60	63.30	<1	502.03	4.10	3517.96
	925.00	147.09	28.9	14	11.86	15.60	61.50	<1	670.89	4.10	4212.04
水—水换热	3.45	94.73	49.76	2	23.16	15.60	63.20	<1	178.7	4.10	1327.24
	4.88	99.20	53.50	3	4.32	15.60	64.50	<1	256.2	4.10	1722.51
	6.55	90.92	52.37	6	5.51	15.60	58.90	<1	290.1	4.10	2060.39
	8.51	85.60	51.70	9	6.74	15.60	55.50	<1	311.7	4.10	2450.85

DBRV 与 RV，DBHRV 与 HRV 热力性能对比 表7

型号		热媒			被加热水			换热量 W/kW	换热面积 F/m²	传热系数 K/W/(m²·K)
		流量 G/kg/h; Q_1/m³/h	初温 T_1/℃	终温 T_2/℃	流量 Q_2/m³/h	初温 T_1/℃	终温 T_2/℃			
导流型容积式换热器	汽—水换热 RV-04	0.900	145.7	64.2	11.29	16.3	57.4	602.8	8.5	1067.4
	DBRV-04	0.812	140.84	37.03	7.08	15.9	79.38	577.8	7.3	2095.42
	水—水换热 RV-04	8.70	80.2	52.9	5.74	16.4	53.4	276.2	13.0	670.3
	DBRV-04	7.48	88.25	48.35	5.52	15.9	63.90	326.4	7.3	1650.61
半容积式换热器	汽—水换热 HRV	0.675	120.2	71.3	9.29	15.5	56.5	451.5	4.0	1889.9
	DBHRV	0.689	145.39	26.1	8.59	15.6	63.3	502.0	4.1	3517.56
	水—水换热 HRV	6.816	83.51	63.73	3.429	15.6	49.79	156.8	4.0	941.4
	DBHRV	6.545	90.92	52.37	5.507	15.6	58.90	290.09	4.1	2060.39

5.3 DBHRV 的推广应用

从表6和表7可以看出，DBHRV 在热力性能方面比前面四代产品又有了明显的提高，换热更充分，更节能，而且具有一定自动脱垢功能，减少了维护管理的工作量，延长了设备使用寿命。可以说是当前同类换热器中的最佳产品。它尤其适用于像城市热网这样要求热媒进水温度为70℃，出水温度≤40℃极为苛刻，采用其他同类产品无法用一级换热达到的工况。因此该产品一经问世，便首先在北京市城市热网供热的热力站推广应用。国家大剧院工程就是其中一例。这些设备，有的已经运行近三年，使用效果很好。

2005 年12月23日，2008 年奥运村太阳能热水器赞助商意大利 ELCO 公司的德国专家组，到北京一热力站考察 DBHRV 设备的运行情况，当他们实地察看了该产品的温度、压力记录及运行工况并翻阅了运行近一年来的各种记录数据，竖起大拇指，称赞其优异性能，当即指定在奥运村太阳能热水供应系统中采用这种换热设备。

此外，国家体育场、国家体育馆、五棵松篮球馆等奥运工程亦相继在设计中选用了该产品。

近20年来，随着我国城市建设的飞跃发展，建筑给排水专业的新技术新产品日新月异。作为生活热水的换热设备，除了上述我院研究开发的五代 RV 系列产品之外，国内还研发了如弹性管束、浮动盘管等不少换热效果好，技术先进的产品，并在国内得到广泛应用。应该说，就国内目前生活热水换热设备的技术水平而言，已达到国际同类设备的先进水平，与国外产品相比，国内设备的差距主要是配套附件——自动温度控制阀存在灵敏度较差，寿命短的缺陷，这也是今后国内换热器发展的主要攻坚点。

笔者作为一名从事建筑给排水专业设计科研四十多年的老兵，衷心希望本专业的中青年专家、同仁珍惜当前国内经济建设蓬勃发展的大好时机，为本专业科学技术的发展、为本专业地位的提高作出更大贡献。同时，借此机会对多年来给予我及 RV 系列产品大力支持、关心的同行专家、朋友表示诚挚的感谢。

2006 年发表于《亚洲给水排水》

广州亚运城太阳能热水集热系统关键设计参数分析与取值

王耀堂[1]　罗慧英[2]　刘振印[1]

(1 中国建筑设计研究院，北京 100044；2 广州市重点公共建设项目管理办公室，广州 510405)

【摘　要】 新的国家标准《太阳能资源等级——总辐射》(征求意见稿)对太阳能资源等级从量、质两个方面，包括总量等级、稳定性等级、辐射形式等级三个指标，进行分级评定。太阳能热水集热系统关键设计参数包括：太阳日照时间、用水量定额、热水温度、冷水温度、环境温度、入住率、热水负荷、太阳能保证率、集热器平均热效率、系统效率等，根据亚运城太阳能资源和工程实际特点，详细分析了各关键设计参数的影响因素，合理取值，实现太阳能集热系统的精细设计。

【关键词】 太阳能资源等级　集热器面积　集热器平均热效率　系统效率　热水用水比例数精细设计

1　目前国内太阳能热水系统使用情况简述

目前太阳能热水系统 95％为家用太阳能热水器，设备、系统简单，安装方便，造价适中，具有一定的技术成熟性，适宜村镇或城市 3 层以下低层住宅安装使用。随着国家、地方相关节能政策的颁布实施，城市居住类建筑强制要求安装太阳能热水系统，城市居住类建筑特点是楼层高、容积率大、人员集中，采用集中太阳能热水系统成为必然选择。

集中太阳能热水系统不同于家用太阳能热水器，多组集热器组成大面积集热系统时存在复杂的技术问题，太阳能集中热水系统需要解决集热器承压、过热、防冻，系统配水及阻力平衡等问题，系统运行方式及热效率问题，解决这些问题需要建设、设计、安装、生产企业、运行管理等单位多方通力合作。

受篇幅限制，本文仅针对亚运城集中太阳能热水集热系统相关设计参数展开论述。

2　工程概况

亚运城用地位于广州新城的东北部，结合亚运城的使用功能，分为运动员村、媒体村、技术官员村、总用地面积约 2.74km²，规划净用地面积约 198.6 万 m²。

亚运城赛时总建设量：计入容积率的建筑面积约 104 万 m²，总建筑面积约 140 万 m²（含地下室和架空层面积）。赛后总建筑面积约 300 万 m²，规划总人口约 5.6 万人。亚运村作为广州新城建设的启动区，定位为配套完善的中高档居住社区及区域服务中心，2010 年作为第 16 届亚运会亚运村使用，会后部分改造为亚残村供第 1 届亚残会使用。

太阳能和水源热泵利用工程作为亚运城重大技术专项进行单独设计、施工和运行管理，集中供应亚运城生活热水和部分单体建筑空调冷源。本项目采用平板型集热器，总面积约 4850m²，集中设在媒体中心屋面；金属-玻璃真空管集热器，总面积约 6200m²，分散设置在各住宅屋面。辅助热源采用水源热泵，共设 3 个一级能源站。

3　亚运城太阳能资源分析

亚运城位于广州番禺区，按文献，太阳能资源属资源一般区。本项目在设计前后均有不同阶层的人士提出类似疑问：广州太阳能资源一般，为什么要建设太阳能热水工程？笔者认为评价太阳能资源的好坏不应仅限于一个指标,广州日温差变化小、纬度较低,太阳直射较多,有利于太阳能光热利用。经广泛求证,新的国家标准《太阳能资源等级——总辐射》征求意见稿对此作出详细规定,太阳能资源等级从量、质两个方面,选择总量等级、稳定性等级、辐射形式等级三个指标,进行分级评定。按照新的国家标准,广州太阳能资源较好,适宜设置太阳能热水系统。

3.1 广州太阳能总量等级

按新的国家标准,太阳能总量等级分类见表1。

太阳能总量等级　　　　　　　　　　　　　　　　　　　　　　　　　　　　　　表1

名称	符号	分级阈值/kW·h/(m²·a)
极丰富	A	$R_s \geqslant 1750$
很丰富	B	$1400 \leqslant R_s < 1750$
丰富	C	$1050 \leqslant R_s < 1400$
一般	D	$R_s < 1050$

注:R_s表示太阳总辐射年曝辐量。

按《民用建筑太阳能热水系统工程技术手册》[3],广州水平面年总辐射量4211MJ/(m²·a),即1170kW·h/(m²·a),属C等级,为太阳能总量丰富地区。

3.2 广州太阳能稳定性等级

一年中各月总辐射量(月平均日曝辐量)的最小值与最大值的比值可表征总辐射年变化的稳定度,在实际大气中其数值在(0,1)区间变化,越接近1越稳定。采用稳定度作为分级指标,将太阳能资源分为四个等级,见表2。

太阳能稳定性等级　　　　　　　　　　　　　　　　　　　　　　　　　　　　　表2

名称	符号	分级阈值
稳定	A	$R_w \geqslant 0.45$
较稳定	B	$0.38 \leqslant R_w < 0.45$
一般	C	$0.28 \leqslant R_w < 0.38$
不稳定	D	$R_w < 0.28$

注:R_w表示稳定度。

广州一年中各月总辐射量的最小值(3月日平均值)与最大值(7月日平均值)的比值$R_w = 7.393/14.931 = 0.5$,因此,广州太阳能稳定性等级为A级(稳定)。

3.3 广州太阳能辐射形式等级

太阳能由散射、辐射两种形式组成,不同气候类型地区,直接辐射和散射辐射占总辐射的比例有明显差异,直射比可用来表征这一差异。采用直射比作为衡量指标,将全国太阳能资源分为四个等级,见表3。

太阳能辐射形式等级　　　　　　　　　　　　　　　　　　　　　　　　　　　　表3

名称	符号	分级阈值
直接辐射主导	A	$R_x \geqslant 0.6$
直接辐射较多	B	$0.5 \leqslant R_x < 0.6$
散射辐射较多	C	$0.35 \leqslant R_x < 0.5$
散射辐射主导	D	$R_x < 0.35$

注:R_x表示直射比。

广州位于北回归线以南,太阳在一年中有2次在广州天顶经过。因此,太阳一年有2次直射广州,太阳直接辐射比例较高,直接辐射为主导,应为A级,精确的数值需要大量精确的气象资料进一步求证。

综合上述,广州地区太阳总量等级C级(丰富),且太阳能稳定性等级、辐射形式等级均为A

级，总体而言广州地区太阳能资源质量较好，适宜安装太阳能热水系统。

4　集热器面积

4.1　计算公式

根据文献的规定，集热器总面积可按下式计算：

$$A_c = \frac{Q_w C_w (t_{end} - t_i) f}{J_T \eta_{cd} (1 - \eta_L)} \tag{1}$$

式中　A_c——直接式系统集热器总面积，m^2；

　　　Q_w——日均用水量，kg；

　　　C_w——水的定压比热容，$kJ/(kg \cdot ℃)$；

　　　J_T——年平均日太阳辐照量，kJ/m^2；

　　　f——太阳能保证率，取 30％～80％；

　　　η_{cd}——集热器全年平均集热效率，取 0.25～0.5；

　　　η_L——管路及储水箱热损失率，取 0.2～0.3；

　　　t_{end}——储水箱内水的设计温度，℃；

　　　t_i——水的初始温度，℃。

4.2　集热器面积的种类

太阳能集热器面积是太阳能工程最重要的基础参数，式（1）中的每个参数均对集热器总面积产生重大影响；计算的合理性、准确性直接关系到工程的经济技术合理性，其重要性不言而喻。集热器种类较多，产品形式各异，因此产生了不同的集热器面积内涵，不同集热器面积在工程中用途不同，对集热器全年平均集热效率、太阳能集热器总面积计算均有较大影响。常用集热器面积的种类划分见表4。

常用集热器面积种类划分　　　　　　　　　　　　　　　　　　　　　　表4

名称	定义与描述	主要用途	备注
总面积	外形尺寸的投影面积	工程量的计算、测试瞬时效率	根据公式计算
轮廓面积	平板型为外形尺寸的投影面积；真空管为扣除联集箱和尾座的投影面积	计算系统效率值、测定计算 q17 指标（见5.1节）	由产品构造形式确定，根据产品测量
采光面积	平板型为净面积；真空管为投影面积	测试瞬时效率	由产品构造形式确定（企业提供）
吸热体面积	真空管内吸热体接受阳光正投影的面积	测试瞬时效率	由产品构造形式确定（企业提供）

平板型集热器构造单一，集热器总面积、轮廓面积（采光面积）差异不大；真空管集热器不同品牌其集热器面积存在较大差异，各企业产品标准也不同，应注意区分，下文还会进一步分析。

4.3　集热器总面积的计算与确定

式（1）中涉及的参数很多，每个设计参数影响因素多，取值范围较大，造成计算结果差异较大。太阳能光热利用目的是为了节能、节水，因此节能相关设计必须进行精细、准确计算和经济技术比较，任何因为设计参数误差引起的工程偏差都与节能、节水的宗旨相悖。

我国地域辽阔，南北纬度跨域超过 50°，太阳能资源差异较大，文献的相关数据过于笼统，不能满足精细、准确的设计计算要求。目前太阳能集热器面积一般采取估算法，对家用或小型系统而言是可行的，但对大型太阳能系统采用估算法误差较大，可能造成重大投资损失，更谈不上节能、节水。本项目集中热水系统最高日生活热水用水量 3878m^3/d；最高日生活热水耗热量189424kW；太阳能集热器面积超过 12000m^2，是迄今为止国内单一建筑项目规模最大的太阳能生活热水系统。为了使该系统的集热器面积选用合理、经济，设计中工程组对上述涉及集热器面积计算的各项参数作了如下分析、比较。

4.3.1 冷热水温度与环境温度

4.3.1.1 冷水温度与环境温度

冷热水温度取值对大型太阳能工程集热器总面积影响较大，应认真对待。式（1）中，集热器平均集热效率、太阳辐照量等均为年平均值，因此水的初始温度（冷水温度）也应为年平均温度，而不是以当地最冷月平均水温资料确定。文献［4］中的这一规定目的是确定最大设计耗热量负荷，用于在最不利状况下确保热源、设备、管网等安全性；太阳能热利用一般均有辅助热源，太阳能没有必要按最不利工况设计；每日的最低气温一般为夜间，而太阳能系统工作均在日出时间，气温迅速回升，相应地表水温度也随之上升；水箱补满水在室内，接近室内温度。因此，太阳能系统计算冷水温度不应按最冷月平均水温资料确定。

亚运城自来水水源为地表水，供水温度与大气温度变化一致，可根据年平均气温的气象资料[5]取得，当地年平均气温值为22℃。

4.3.1.2 热水温度与热水日均用水量标准

式（1）中，由于（热水）日均用水量、储水箱内的水温并未协调一致，日均用水量的温度没有界定、储水箱内的水温在实际运行中千差万别，因此工程应用中容易引起误解，造成计算误差较大。一般而言，热水日均用水量按热水最高日用水定额的50%计算，此时水温按60℃计算。按此方法计算的热水日均用水量是一个固定值，作为用水量的估算可行，但作为耗热量的精细计算不够，因为一年四季器具终端用水温度和用水量均有差异，对广州地区而言，这种差异更明显。大型集中太阳能热水系统需要进行耗热量的精细计算。

因此，本项目采用热水用水比例数确定年日均用水量，综合考虑了不同季节水温、用水量的变化，更符合实际运行工况，推荐作为节能、节水精细设计计算的方法。

一般住宅用水中，热水用水比例为40%～45%[7]，但需注意，此时的热水包括沐浴、盥洗、厨房用热水，混合水温为37～40℃；且此时的水温，随不同地区、不同生活习惯存在差异。对广州地区而言，夏天对热水水温的要求较低，用水器具末端热水出水水温可能要低一些（一般为35～37℃），用水水量、水温的不同均会影响每日的热水耗热量，对大型太阳能集热系统而言，这种影响很显著。本项目采用热水用水比例数确定日均用水量，具体计算见表5。

采用热水用水比例数确定日均用水量计算结果　　　　　　表5

月份/℃	平均气温/℃	计算冷水水温/℃	计算热水水温/℃	终端用水温度/℃	最高日综合用水定额/L/(d·人)	日平均热水(37℃)用水定额/L/(d·人)	折合(55℃)日用水定额/L/(d·人)
1	13.6	13	55	38	300	90	54
2	14.5	14	55	38	300	90	53
3	17.9	17	55	38	300	90	50
4	22.1	22	55	38	300	90	44
5	25.5	25	55	37	300	90	36
6	27.6	27	55	37	300	108	39
7	28.6	28	55	36	300	108	32
8	28.4	28	55	36	300	108	32
9	27.1	27	55	37	300	108	39
10	24.2	24	55	37	300	90	38
11	19.6	19	55	38	300	90	48
12	15.3	15	55	38	300	90	52
年平均日	22	22	55	37		96	43

对表5数据的说明：本项目考虑到广州为经济发达地区，综合最高日用水量按300L/（d·人）计；6～9月日均用水量占最高日用水量的80%，此时热水用水量占日均用水量的45%；其他月份

日均用水量占最高日用水量的 75%，此时热水用水量占日均用水量的 40%。

采用热水用水比例数确定年日均用水量（55℃）为 43L/(d·人)，综合考虑各种因素，本项目年日均用水量取值为 45L/(d·人)。

表 5 计算结果表明，由于夏季基础水温的提高、末端用水温度的降低，夏季 7~8 月日均用水量（55℃）只有冬季的 60%。

根据文献［4］的数据，住宅有集中热水供应和沐浴设备，最高日用水量（60℃）为 60~100L/(d·人)，热水平均日用水量按最高日用水量的 50%~60% 取值，为 30~50L/(d·人)，与上述计算结果基本相符，也符合文献［6］的实态调查数据。

4.3.2　住宅入住率

计算集热器总面积需要计算热水总需热量，因此需要计算总使用人数，而住宅总使用人数较难准确确定。目前，一般太阳能热水用量按住宅户数与每户人数、用水量标准乘积计算，计算值偏大；用水量标准没有针对太阳能热水特点制定，一般设计套用现有规范数值，而该值是基于供水安全的设计参数，采用此数值计算太阳能集热器面积偏大；集热水箱、基础冷水水温也是动态变化的，一般设计计算按经验取固定值，计算值与实际需求差距较大。上述几方面因素造成太阳能集热器面积计算值超过实际需求 30%~50%。

住宅人数目前按每户 3~4 人确定是一种简单的估算方法，对太阳能精细计算误差较大。大型商业居住社区建设周期较长，一般为 3~5 年或更长，由于建设初期配套设施不完全、现代城市居民拥有多处住房、夜间娱乐、工作、出差等多种原因，大型商业居住社区实际入住率（指一日内同时在社区内的人数与设计人数的比值）较低，准确的数据应来自社会专业组织的统计资料，目前无法获得。本项目引入住宅入住率的概念，用以计算住宅的实际日用水量、耗热量，力求使计算结果接近实际状况。本项目太阳能相关计算按实际入住率为 70%，目的是降低热水总需求量，减少集热器总面积，使太阳能系统物尽其用，经济技术性能最佳化。

4.3.3　太阳能保证率

太阳能保证率本质是一个经济指标，理论上太阳能可以有较高的保证率，但不经济；由于生活热水需求量与太阳能资源呈负相关关系，夏天用热少，但太阳能较好。因此，盲目提高保证率，在夏季晴热天气产生的太阳能热量较多，却不能被有效利用，会造成集热器过热、升压、爆管等问题，影响集热器的寿命。

太阳能保证率应根据工程特点、投资状况、气候特点和太阳能资源综合考虑，绝不是越大越好。某大型生态示范城，规划文件要求太阳能热水系统太阳能保证率 80%，经详细计算，太阳能提供的热量与生活热水用热量关系见图 1。

图 1 表明，按太阳能保证率 80% 设置的太阳能系统产热量大于用热量的时间约 250d（占全年68%），全年太阳能系统产热量的 50% 无法有效利用。换言之，按太阳能保证率 80% 设置太阳能集热系统是不合理的，太阳能集热面积增加约 30%，造成不必要的投资浪费。

本项目太阳能保证率设计为 40%，一是符合规范规定的广州地区技术参数要求；二是满足国家节能示范项目申报书的要求；三是符合本项目使用和经济投资估算的要求。

本项目充分考虑广州地区的热水用水特点，并结合当地逐月太阳能辐照量、冷水水温等气象条件，进行了逐月平均日热水用水量、太阳能集热量、水源热泵加热量的平衡计算，结果见图 2。计算表明，太阳能按 40% 保证率、入住率较低（50%~60%）时，在不考虑管网热损失情况下，6~9 月基本不用水源热泵补热，可最大化地发挥太阳能集热器的制热能力。

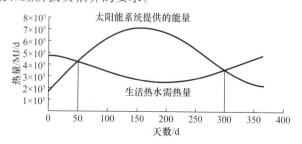

图 1　太阳能提供的热量与生活热水用热量关系

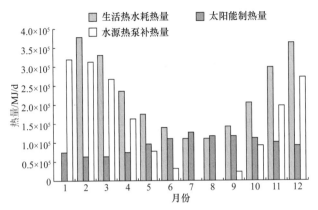

图2 亚运城日热水耗热量、太阳能制热量、水源热泵制热量平衡

4.3.4 集热器效率

4.3.4.1 集热器瞬时集热效率

瞬时集热效率曲线及其曲线方程主要反映集热器本身的短时（瞬时）集热性能。国家太阳能热水器质量监督检验中心（以下简称"检验中心"）检测一般提供基于总面积、采光面积的瞬时集热效率曲线及其曲线方程。

对平板型集热器而言，由于结构形式单一，集热器总面积、轮廓面积、采光面积相差不大，基于总面积、采光面积的瞬时集热效率差异较小。

对真空管集热器而言，由于真空管采光面积、集热器总面积存在较大差异，根据相关产品的实测数据，同一产品基于集热器采光面积的瞬时集热效率高达70%～80%，而基于集热器总面积的瞬时集热效率只有45%～50%。由于真空管集热器种类繁多，产品差异较大，因此集热器瞬时集热效率、年平均集热效率存在较大差异，应用时需注意区分。

4.3.4.2 集热器年平均集热效率

集热器平均集热效率是指某一时间段（日、月、年）的集热器平均集热效率；文献规定年或月集热器平均集热效率取值0.25～0.5，在其他条件均相同的前提下，最高限值是最低限值的2倍，取值的随意性较大。文献中集热器平均集热效率取值0.4～0.5，但没有区分平板型集热器、真空管集热器在不同地区的差异，因此不够完善。

集热器全年平均集热效率文献中要求按企业实际测试数值确定，据调查目前是不可能做到的，一方面国家没有这样的实验室；另一方面没有一家企业从经济上能够负担进行全年测试的费用，目前太阳能企业最基本的每年型式检验都做不到，更谈不上进行年平均集热效率的测试。年平均集热效率一般根据文献进行计算。

4.3.4.3 本项目集热器平均集热效率计算

（1）根据文献［3］进行归化温差计算，计算公式如下：

$$T_i = (t_i - t_a)/G \tag{2}$$

式中 T_i——归化温差；

t_i——集热器工质进口温度，℃；

t_a——环境或周围空气温度，℃；

G——总日射辐照度，W/m²。

本项目采用多水箱集热系统，

$$
\begin{aligned}
t_i &= \frac{t_L}{3} + \frac{2[f(t_{end} - t_L) + t_L]}{3} \\
&= 22/3 + 2[0.4(55 - 22) + 22]/3 \\
&= 30.8(℃)
\end{aligned}
\tag{3}
$$

式中 t_{end}——集热系统热水温度（储水箱终止温度），取 55℃；

　　　t_L——集热器进口温度（冷水温度），本项目按年平均气温取 22℃。

总日射辐照度 G 的计算。广州站累年各月平均日照时数以 7 月平均日照时数 201.9h 最大，次大的是 10 月的 181.8h；3 月的 62.4h 最小，次小的是 4 月的 65.1h；累年逐月的平均日照时数变化规律见图 3。日照时数不仅与太阳辐射有关，而且与一日中的云量多少有关，但总体而言，以下半年居多，这与上半年常出现连续阴雨及锋面降水以致长时间无日照不无关系。

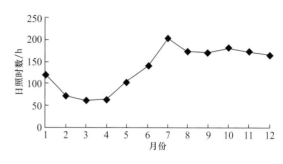

图 3　广州累年月平均日照时数分布

广州年日照时间为 1687.4h（设计手册资料），与广州的年平均日照时数 1627.9h（气象资料统计）基本吻合。总日射辐照度 G 的计算与每天平均日照时数关系重大，如何取值将直接影响计算结果。气象资料提供的数据是按照日历天数进行平均日照时数计算的；而太阳能集热只在晴天日照下工作，因此太阳能相关计算应按实际晴天天数平均日照时数计算，这一点没有引起业界注意，相关资料、手册也未能解释清楚，在此提出不同观点供同行参考。

广州地区年降雨日数较多，两种不同计算方式的结果相差较大，因此对南方多雨地区的太阳能平均日照时数计算应当扣除降雨日数。广州年日照天数（扣除降雨天数）为 253.5d。按照实际晴天天数年平均日照约 1687.4/253.5＝6.66（h）；按照日历天数年平均日照约 1687.4/365＝4.62（h）

总日射辐照度 G 的计算公式：

$$G = J_T / (S_Y \times 3.6) \tag{4}$$

式中　J_T——年平均日辐照量，kJ/m^2；

　　　S_Y——日照时间，h。

计算得 $G = 11660/(6.66 \times 3.6) = 486$（$W/m^2$），则：$T_i = (30.8 - 22)/486 = 0.018$，对应的平板型集热器年平均集热效率约 65%，与文献[3]中的相关例题基本一致。

如果采用日历天数年平均日照：$[S_Y] = 4.62h$，则 $[G] = 11660/(4.62 \times 3.6) = 701$（$W/m^2$），$[T_i] = (30.8 - 22)/701 = 0.0125$，对应的平板型集热器年平均集热效率超过 70%，显然不合理。

（2）广州地区逐月气温、日照、太阳能集热器归化温差、集热效率计算。为精确计算太阳能集热器归化温差、集热效率等相关设计参数，根据广州气象资料和相关设计资料，进行了逐月数据的计算，进而求得年平均值，以求取得精细计算的结果，尽量减少不同季节时空变换造成的影响。由于广州地区气温较高，归化温差偏小，年平均集热效率偏高是符合技术逻辑的；但广州地区频繁降雨，不同季节日照时间变化较大，即使采用实际晴天天数，年平均日照时间仍然存在较大误差，不能准确计算归化温差。因此本项目结合广州市气候资料按每月实际晴天天数计算月平均日归化温差和月平均日集热效率，相关计算见表 6。

计算表明：广州地区平板型集热器年平均集热效率 $\eta_{cd} = 0.654$，超过相关规范的规定值。就太阳能制备生活热水的集热性能而言，广州地区采用平板型集热器比采用真空管集热器具有明显的优势；虽然各月日照时间、太阳辐照量等气象数据不同，但月平均日归化温差和月平均日集热效率变化不大。

本项目平板型集热器年平均集热效率 $\eta_{cd} = 0.654$；真空管集热器年平均集热效率 $\eta_{cd} = 0.48$。

需要说明的是，不可因为上述的计算结果就判定平板型集热器优于真空管集热器，评判集热器优劣的指标、参数繁多，受篇幅限制不再展开讨论。就太阳能制备生活热水（50～60℃）的集热性能而言，广州地区采用平板型集热器具有优势。在相同气象条件下，当制备更高温度的热水时，平板型集热器的热效率下降明显，见表 7；不同地区平板型集热器的热效率差异性更大。

广州地区逐月气温、日照、太阳能集热器归化温差、集热效率计算结果　　表6

项目	资料来源或年份	1月	2月	3月	4月	5月	6月	7月	8月	9月	10月	11月	12月	平均值
平均最高气温/℃	1961～1990	18.3	18.4	21.6	25.5	29.4	31.3	32.7	32.6	31.4	28.6	24.4	20.5	26.23
平均气温/℃	1961～1990	13.3	14.3	17.7	21.9	25.6	27.3	28.5	28.3	27.1	24	19.4	15	21.87
平均最低气温/℃	1961～1990	9.8	11.3	14.9	19.1	22.7	24.5	25.3	25.2	23.8	20.5	15.7	11.1	18.66
降雨量/mm	1961～1990	43.2	64.8	85.3	181.9	283.6	257.7	227.6	220.6	172.4	79.3	42.1	23.5	140.17
降雨日数/d	1961～1990	4.7	7.3	10	11.6	14.4	15.4	12	12.8	9.8	5	3.6	2.9	9.13
日平均日照/h	1961～1990	4.3	2.7	2.4	2.6	4.1	5	7.1	6.4	6.2	6.2	5.9	5.4	4.86
晴天日照天数（扣除雨天）/d	计算值	25.3	20.7	21	18.4	15.6	14.6	19	18.2	20.2	26	26.4	28.1	21.13
月日照时间/h	设计手册资料	122.3	73.9	64.5	67.6	108.4	145.6	209.4	180.3	176.6	188.3	178.8	171.7	140.62
晴天日平均日照/h	计算值	4.83	3.57	3.07	3.67	6.95	9.97	11.02	9.91	8.74	7.24	6.77	6.11	6.82
温度 t_i/℃	计算值	24.42	25.15	27.65	30.73	33.44	34.69	35.57	35.42	34.54	32.27	28.89	25.67	30.7
日均辐照量/kJ/m²	设计手册资料	8857	7611	7393	8712	11160	12841	14931	13895	13794	13113	11796	10528	11219
日射辐照度 G/W/m²	计算值	508.95	592.2	668.62	658.7	446.13	357.67	376.33	389.61	438.28	502.95	483.8	478.61	491.82
归化温差 T_i	计算值	0.022	0.018	0.015	0.013	0.018	0.021	0.019	0.018	0.017	0.016	0.02	0.022	0.018
平板型集热器平均集热效率（基于总面积）	计算值	0.64	0.65	0.67	0.67	0.66	0.65	0.65	0.65	0.66	0.66	0.65	0.64	0.654
U型真空管集热器平均集热效率（基于总面积）	计算值	0.47	0.48	0.49	0.49	0.48	0.48	0.48	0.48	0.48	0.48	0.48	0.47	0.48

不同水箱温度平板型集热器的平均集热效率变化　　表7

项目	水箱温度55℃	水箱温度65℃	水箱温度75℃	水箱温度85℃	水温55～85℃集热效率下降率/%
平板型集热器平均集热效率（基于总面积）/%	65.4	63.4	61.4	59.5	9
U型真空管集热器平均集热效率（基于总面积）/%	48.0	47.1	46.1	45.2	5.8

5 系统性能评定指标

5.1 q17 指标

文献 [8] 规定了太阳能热性能的检验和评定方法，规定日太阳辐照量为 17MJ/m² 时，太阳能热水系统单位轮廓采光面积的日有用得热量指标——q17 指标，用于评定集中太阳能热水系统集热效率的高低。对于储水箱内水被加热后的设计温度不高于 60℃ 的系统，直接系统 q17 指标≥7MJ/m²，相当于系统热效率＝7/17＝41%。q17 指标计算基于集热器轮廓面积，不同集热器轮廓面积差异性较大，"检测中心"检验中的关键热能数据并未基于集热器轮廓面积，因此在使用中十分不方便，希望相关部门统一主要参数的基础标准和参照标的。

5.2 系统效率

集热系统效率＝太阳能集热系统有效得热量/太阳能轮廓面积累计的热量

需要说明的是，太阳能集热系统有效得热量扣除了集热系统的管道损失、泵耗等所有无效损耗。q17 指标中的得热量没有扣除太阳能循环泵的能耗，对大型太阳能集热系统，系统配水阻力直接影响循环泵的能耗，因此应扣除此部分能耗，才能更准确评价太阳能集热器、集热系统的优劣。

本项目规定屋面集热系统效率≥45％，理由如下：

文献［8］的 q17 指标规定相当于系统效率不小于 41％，国家标准是最基本的要求，如此重要的工程应采用优秀的产品和技术，因此规定系统效率≥45％。

本项目为住房和城乡建设部"可再生能源建筑应用示范推广项目"，在申报书中明确系统效率≥46％，设计要求系统效率≥45％基本满足申报书的要求。

根据已有类似规模实际工程实测，采用先进技术的集热器和良好的系统设计，系统效率有可能达到 45％；但采用一般的 U 型管集热器的系统不容易满足该要求。本项目实际安装是否满足系统效率的设计要求需检测部门的实测数据验证。

6 结论

（1）广州地区太阳能总量等级为 C 级（丰富），且太阳能稳定性、辐射形式等级均为 A 级，总体而言广州地区太阳能资源质量较好，适宜安装太阳能热水系统。

（2）就太阳能制备生活热水的集热性能而言，广州地区采用平板型集热器比采用真空管集热器具有明显的优势。

（3）我国地域辽阔，南北纬度跨域超过 50°；太阳能资源差异性较大，根据文献［1］的相关数据进行设计过于笼统，不能满足精细、准确的设计计算要求。目前太阳能集热器面积一般采取估算方法，对家用或小型系统而言是可行的，但对大型太阳能系统估算方法误差较大，可能造成重大投资损失，更谈不上节能、节水，相关设计参数应因地制宜进行详细分析比较。

（4）采用太阳能集热系统效率更能准确反映太阳能集热系统的优劣。

（5）节能、节水项目工程中设计至关重要，工程设计本身是工程节能、节水最核心的内容之一。

参 考 文 献

1 GB 50364—2005 民用建筑太阳能热水系统应用技术规范
2 太阳能资源等级——总辐射（征求意见稿），2009
3 郑瑞澄主编. 民用建筑太阳能热水系统工程技术手册. 北京：化学工业出版社，2006
4 GB 50015—2003 建筑给水排水设计规范（2009 年局部修订报批稿）
5 香港天文台公开资料. http://www.hko.gov.hk/publica/access.htm6 国家住宅与居住环境工程技术研究中心
   著. 住宅建筑太阳能热水系统整合设计. 北京：中国建筑工业出版社，2006
6 GB 50336—2002 建筑中水设计规范
7 GB/T 20095—2006 太阳热水系统性能评定规范

※通讯处：100044 北京车公庄大街 19 号
电话：（010）68302576
E-mail：wmkwmk@263.net.cn
收稿日期：2010-01-07

集贮热式无动力循环太阳能热水系统
——突破传统集热理念的全新系统

王耀堂[1]　刘振印[1]　王　睿[1]　常文哲[2]　武程伟[2]

（1 中国建筑设计研究总院，北京　100044；2 河北工程大学，邯郸　056038）

【摘　要】　现有的太阳能集中热水系统在使用中存在系统复杂、集热效率低、实际运行节能效果差、建设成本高；运行中集热器爆管、失效、冻裂、集热系统阀件损坏等事故频发；综合运行、管理费用高等问题。提出了集贮热式无动力循环太阳能热水系统——改变传统集热理念的一种全新系统，介绍了系统原理、特点、中试及工程应用，并与传统系统进行了对比，新型系统具有系统简化、合理适用；集热效率明显提高，无运行能耗；有利于建筑的一体化，降低建筑成本；妥善解决了传统系统运行中的难题等特点。

【关键词】　集贮热式无动力循环太阳能热水系统　传统太阳能系统　集热效率　运行能耗

0　引言

太阳能是一种取之不尽，用之不竭的绿色环保能源，采用太阳能制备生活热水，是利用太阳能最简便易行、最普及的一种方式。为此，近年来国内各主要省、市相继出台了关于太阳能应用于生活热水热源的政策，兴建或正在兴建的太阳能集中热水系统的工程成千上万，其中北京的奥运村、广州的亚运城太阳能集中热水系统的集热器面积分别达到 $5000m^2$ 和 $12000m^2$，对促进我国太阳能的利用起到积极推动促进作用。

然而近年来我们通过参与奥运村太阳能集中热水系统的方案设计；通过对亚运村太阳能-热泵集中热水系统的全过程设计、测试；以及根据众多工程调查了解，现有的太阳能集中热水系统（以下简称"传统系统"）使用中存在系统复杂、集热效率低、实际运行节能效果差、建设成本高；运行中集热器爆管、失效、冻裂、集热系统阀件损坏等事故频发；综合运行、管理费用高等问题。这些问题的存在已严重影响太阳能集中热水系统的发展和推广应用。

为了寻找一种较合理的解决上述问题的途径，我院从 2009 年开始，与太阳能企业合作研发了一种不设集中的集贮热水箱（罐）和集热循环系统的无动力太阳能热水系统，经一年多的反复研究、试验、测试与改进，工程使用效果良好；在此基础上，今年初研发了一种理想的太阳能热水系统—集贮热式无动力循环太阳能热水系统（以下简称"集贮热系统"），其核心是突破传统集热理念，在无动力循环系统的基础上用热传导为主的集贮热方式代替对流换热为主的集贮热方式较彻底地解决了现有太阳能集中热水系统存在的问题。该系统已申请发明专利（专利申请号201410206537.3）

1　传统系统存在的问题及其分析

1.1　集热系统复杂

图 1 是德国太阳能专家为北京奥运村大型太阳能集中热水系统方案设计图，也是德国太阳能公司推荐的一种典型的系统模式，奥运村的太阳能集中热水系统除将图中的贮热水罐改为贮热水箱外，其他均按其设计安装。

该系统的设计要点是，通过第一级集热循环系统换热集热，提高集热系统承压能力，借以提高集热水温，充分集取太阳能光热。第二级集换热是为了避免第一级集贮热水罐（箱）体积太大，其下部低温区易滋生军团菌等细菌。冷水经二级集贮热水罐通过板式换热器将其加热或预热，再进入常规热源的水加热器辅热，或直接供给系统用水。

从图 1 可看出，图中的辅热供热水加热器之前的 1～10 共计 10 种设备、设施均为太阳能集热系统的组件，比常规热源的热水系统复杂得多。当然在国内众多传统系统中绝大多数系统的太阳能集热部分没有图 1 那么复杂，但为集热用的换热器、集热水箱（罐），循环泵是不可缺少的组成部分，系统的复杂无疑要增加复杂的控制，并给工程建设、运行管理带来诸多麻烦。

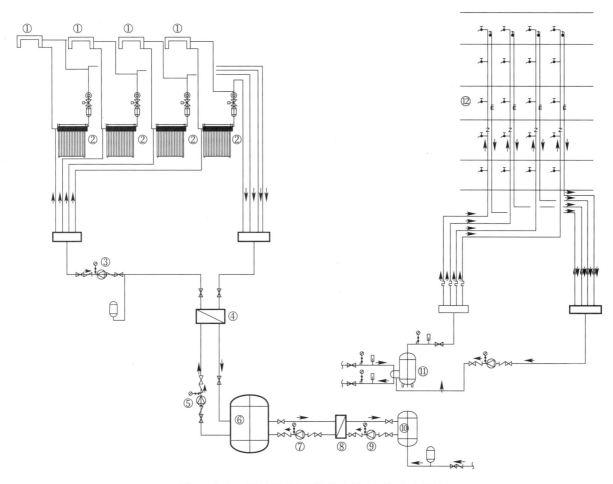

图 1 北京奥运村大型太阳能集中热水系统方案设计

1—空气散热器；2—太阳能集热器组；3—一级集热循环泵 A；4—一级集热板式换热器；5—一级集热循环泵 B；
6——级集贮热水罐（箱）；7—二级集热循环泵 C；8—二级集贮热板式换热器；9—二级集热循环泵 D；
10—二级集热水罐；11—辅热供热水加热器；12—热水用户

1.2 集热效率低

目前一般大型集热器面积均采用小组集热器串联成大组，大组并联成循环系统的布置方式，循环系统很复杂。可以设想，一般集中生活热水系统要保证其干、立管的循环，尚且需采取同程等许多措施，像这样大型串、并联结合的集热系统，要保证系统中每组集热器的热量均有效集取几乎是不可能的。其理由之一是串联的集热器，只有第一组集热器换热充分，因为对流换热的基本因素之一是介质流速和温差，即换热两端的介质温差大，则换热量大，换热效果好；反之亦然。相对太阳能集热器，集热管内介质是热媒水或被加热水，集热管外是空气或真空，当集热器串联成组时，前者进入集热管内的水温低，与管外高温介质温差大，其换热量大，管内水温升高快，升温后的水进入下一组集热器时，与管外高温介质温差变小，换热量亦减低，如此顺延，最后一组集热器换热效果将会很差。因此这组串联集热器组只有第一组换热充分。理由之二是集热系统循环集热效果差，并联的集热器组成的循环管道布置一般如图 2 所示。

217

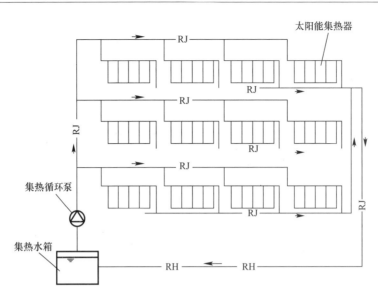

图 2　真空管集热器集热循环管路布置示意

从图 2 可看出，这种系统循环管路复杂、管道长、热损失大，另外，当采用 U 型金属-玻璃真空管或金属平板集热器时，集热管水流道直径一般为 φ6～8mm，集热水温有时高达 100～200℃，管内壁极易形成结垢层；或因为水中掺杂气体形成气堵，堵塞原本就很小的管道断面，循环水流动时，将有相当部分的集热管没有流量或流量很少，也就是这些集热管集取的热量没有或极少传出。再加上每组集热器的阻力不平衡，即便集热循环管采用同程布置，其循环效果仍然差。

因此，目前已有的大型较大型太阳能集中热水系统其系统集热效率一般在 25％～40％，集热效率很低。

1.3　能耗大

传统系统的能耗大，主要体现在集热系统，大部分供热系统也需增大能耗。

1.3.1　集热系统的能耗

集热系统的能耗包括运行动力能耗和集热循环系统散热损失引起的能耗。如图 1 所示，传统系统的动力能耗，包括集热循环泵集热运行时的能耗、防冻倒循环时的能耗和空气散热器的能耗。

据一些工程初步估算，在系统正常运行的工况下，集热时循环泵的运行能耗占太阳能有效供热量的 2％～10％（直接供水系统 2％～5％，间接换热供水系统 5％～10％），寒冷地区需做防冻倒循环时，循环泵能耗约增加 5％，即循环泵的总能耗占太阳能有效供热量的 2％～15％。然而对于闭式承压系统，运行中产生气堵难以避免，因此循环泵实际运行能耗将比上述比例大，如果集热系统再采用空气散热器作为防过热措施，则系统运行能耗更大。

另外，集热循环系统包括集热水箱（罐）与集热循环管路的散热损失占整个有效集热量的 15％～30％，当采用小区多栋楼共用太阳能集热系统时，由于集热循环管路长，其热损失占的比例更大。因此，实际运行的传统系统扣除上述能耗后，利用太阳能加热冷水的有效得热系统效率按轮廓采光集热面积计算为 15％～30％。

1.3.2　供热系统的能耗

传统系统中的供热系统，为节省一次投资及占地面积，大部分均采用供热水箱＋热水供水泵的方式供水，如图 3 所示，这样带来的问题一是需增设专用热水供水泵组（变频供水泵组）增加一次投资；二是为保证系统冷热水压力平衡而增大设置难度；三是不能充分利用冷水供水系统压力，从而增加能耗。

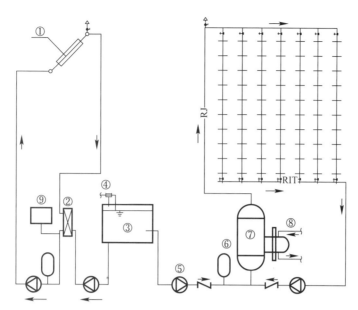

图 3　供热水箱＋热水供水泵太阳能热水系统

1—集热器；2—板式换热器；3—集热贮热水箱；4—冷水；5—供水泵；6—膨胀罐；

7—辅热水加热器；8—辅热热源；9—补水系统

1.4　运行中事故多

1.4.1　全玻璃真空管承压运行易爆管

全玻璃真空管构造见图 4，采用全玻璃真空管作为集热元器件，传统系统玻璃管承压运行，被加热水直接在内玻璃管形成的空腔内流动，容易因下列原因引起爆管事故。

（1）冷热冲击造成爆管。太阳能系统运行过程中，由于太阳暴晒，内胆温度接近 200℃，循环泵启动，冷水温度一般约 20℃，进入玻璃管，内胆内外温度差很大，容易造成爆管。

（2）压力不稳定造成爆管。传统集热系统需要循环泵，由于水泵选择不当，扬程过高，造成某些区域玻璃管承压过大，导致爆管；另外，水泵出口单向阀密封不严，水泵停泵时也会造成系统负压，导致爆管，特别是水箱低于集热器的情况更易爆管。系统参数设定不当，温度采集误差较大，频繁启停，系统运行不稳定也会产生爆管现象。

（3）玻璃管内壁因水温高容易结垢，当冷水进入内腔后造成玻璃管传热不均导致爆管。图 5 为某工程玻璃管因结垢损毁照片。

（4）玻璃管加工原因造成爆管。玻璃管加工过程中，玻璃管的材质、厚度均匀性、镀膜、尾部封装的加工质量也会影响玻璃管的机械性能，造成爆管现象。施工安装用力过猛、野蛮装卸等原因也会造成爆管现象。

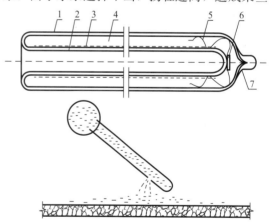

图 4　全玻璃真空管构造原理

1—外玻璃管；2—内玻璃管；3—选择性吸收涂层；4—真空；

5—弹簧支架；6—消气剂；7—保护帽

1.4.2　U 形金属-玻璃管集热器运行中易产生气堵、集热管集热失效

U 型金属玻璃管集热器构造见图 6。单组集热器内 U 型铜管为并联布置，U 型管直径 $\phi 6 \sim 8mm$，随着温度升高，水中的气体不断析出或发生气化，由于 U 型管进水口与出水口压差小，容易在 U 型管内出现气堵（见图）。多组水平串联时，U 型管的水流流程也是串联运行，总体阻力损失较大，需要较大的水泵扬程，即热循环泵耗较大；且气堵的 U 型管因过热出现氧化，容易

出现损坏，造成集热管集热失效。

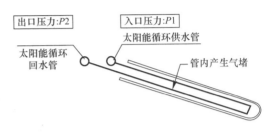

图 5　全玻璃真空管结垢、爆管工程案例　　　图 6　U 形管金属＿玻璃真空管集热器构造原理

1.4.3　热管真空管集热器运行中易产生真空破坏致集热失效

热管真空管集热器是由带平板镀膜肋片的热管蒸发段封接在真空玻璃管内，其冷凝端以紧密配合方式插入导热块内或插入联箱，并将所获太阳能传递给联箱的水，通过循环管路，将热量送入储热水箱。构造原理见图 7。

热管（直流管）等金属＿玻璃太阳能集热器一般采用单玻璃真空管，采用金属和玻璃热压封方法，将玻璃和金属封接在一起，达到真空气密的要求；由于金属和玻璃热膨胀系数差异性加大，玻璃和金属封接处容易出现裂缝，导致单玻璃真空管的真空破坏而失效。热管本身因材料精度问题也会造成真空度降低，集热效果变差。

1.4.4　防冻问题突出

寒冷/严寒地区的生活热水需要解决冬季系统防冻问题，当处理不好就会发生如图 8 所示的系统冻裂的工程事故。传统系统一般采用排空、倒循环、添加防冻液、电伴热等技术措施防止系统冰冻。由于传统系统的集热系统热容量小，集热循环管道长，上述防冻措施均存在成本高、运行能耗大、热损失大等工程问题。

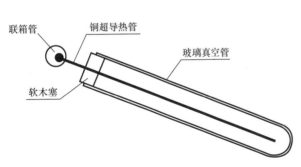

图 7　热管型金属＿玻璃真空管集热器构造原理　　　图 8　不合格集热器因冻坏造成的工程事故

1.4.5　防过热问题难以解决

在太阳能辐照量较好的夏季，当用水量持续偏小或不用水时，传统系统温度过高，系统压力增加。集热系统在高温状态下运行，将会导致一系列的系统问题，如高温造成传热介质的气化损失、变质，太阳能集热器上非金属材料的老化和破坏，从而降低太阳能集热器的使用寿命等。常见的防过热措施主要有遮阳、加装散热器等。

散热器主要是通过自动控制三通电动阀和风机、冷却器等来达到防过热目的，在达到设定温度时三通电动阀控制散热器开启进行强制散热，将集热系统的温度降下来，达到保护集热系统的目的。散热器技术成熟，散热效果好，能够确保系统的过热保护。欧洲大型集中太阳能系统均配置散热器防过热设备，显而易见需要增加投资和运行管理成本；国内太阳能是低成本的工程市场，一般没有采用散热器防过热设备。遮阳措施效果明显，但靠人工遮掩管理费事、费力，且遮阳设备难以贮存和管理，并需人工费用；电动遮阳造价昂贵，一般项目难以承受。因此，国内太阳能系统基本没有专门的防过热措施，这也是国内太阳能系统不能长期稳定健康运行的重要原因之一。

1.4.6　自动控制、阀门及附配件容易损坏

由于传统系统采用循环泵承压运行，系统管网内温度、压力常剧烈升高，温度最高可超过200℃。因此所有集热系统用到的关断阀、温控阀、安全阀、放气阀等均需要耐受超高温要求，而这正是国内太阳能市场的薄弱环节之一。国内缺乏专业制造太阳能配套阀件的企业，相关配套产品不能满足严酷室外冷热环境的要求，类似国外进口产品质量可靠，但价格较高。

另外，传统太阳能集热系统需要复杂的控制系统，以北京奥运项目为例，集中太阳能集热系统主要控制功能包括：水箱定时上水功能、自动或定时启动辅助加热功能、集热器温差强制循环功能、集热器定温出水功能、防冻循环功能、生活热水管路循环功能、电伴热带防冻功能、防过热散热器启停功能等。上述功能实现的核心控制元素为温度控制，温度采集的精确性对系统健康运行、提高效率至关重要；温度探测部分（一般为温包）设置部位、构造形式、测温精度对太阳能系统的效率具有显著影响；目前温度计的精度一般为±(1～3)℃，温差循环的设计温差为2～8℃，工程实测表明，在工程安装中温包的位置和安装质量对温度精度影响显著。综上原因，目前集中太阳能集热系统自动控制功能远不能满足正常运行的要求，故障频发，不得不依赖人工手动操作，造成维护管理成本较高，系统难以正常运行。

1.4.7　维护管理烦琐

传统系统日常运行中需要妥善的维护管理，除集热器的清扫与维护外，还包括复杂的集热循环系统、防爆管、防过热系统、防冻系统及其相应的自动控制器件的维护管理，工作烦琐、成本昂贵，稍有疏忽，将严重影响系统的运行效果。

2　无动力循环太阳能集中热水系统

2.1　课题的提出

2.1.1　传统系统的实测与存在问题原因分析

我院从2008年开始，连续为广州亚运城、中央财经大学等多个大型项目设计了太阳能集中热水系统，并对广州亚运城、中央财经大学等不同项目进行了工程系统运行实测；通过实测数据和广泛的调查分析，发现并总结了传统系统存在的前述工程问题。在此基础上，进行了深入的分析、对比、研究，找到了这些问题存在的主要根源是：传统系统采用集热与贮热分离的方式，通过机械循环集贮热，使集热系统复杂化、集热器承压高温运行所致。

2.1.2　课题立项

针对传统系统存在的问题并对其原因分析研究，结合我院承担的国家科技部课题"太阳能与热泵管网贮热技术集成与示范研究"，研制开发了集热、蓄热、换热为一体的无动力循环集中太阳能热水系统，这种系统可不需要集热循环系统，集热温度不超过100℃。

该项科研成果取得了国家发明专利一项，实用新型7项。专利技术进行有偿转让并形成一定的生产能力，在多个实际工程中得到应用。

2.1.3　试验基地的建立

我院为了配合国家科技部课题的研究，于2011年北京通州建立了太阳能试验基地，针对陶瓷平板集热器、无动力循环集中太阳能热水器等设计安装了不同形式的太阳能热水系统；并对系统进

行了研究和测试，取得了一系列实测数据，并顺利完成科研课题。

2.2 无动力循环太阳能热水系统研制与应用

2.2.1 系统原理及特点

无动力循环太阳能热水装置：将贮热箱体与集热元器件紧凑式连接，依靠自然循环集热，将太阳能集热、贮热、换热集成一体的无动力循环太阳能热水装置；系统原理见图9。

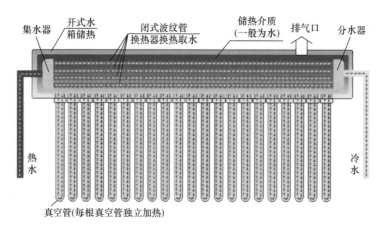

图9 无动力循环太阳能热水系统原理

无动力循环太阳能热水系统，利用无动力循环太阳能热水装置，将生活水作为被加热水被太阳能工质加热的太阳能热水系统。系统化、集成化实现冷热水、输配水系统的统一性、完整性。

集热依靠自然循环，将集取太阳能光热的热水贮存在集热器顶部开式箱体内作为热媒，管束内为被加热生活用水，闭式系统；集热器非承压运行。

无动力循环太阳能热水系统特点：

（1）最大化贮存全日集热量：集热元器件与贮水装置紧凑连接，每 m² 集热轮廓采光面积按65L贮存量配置。

（2）充分利用现有玻璃真空管和平板集热元器件的长处：利用水的温差实现自然循环，不需要集热循环泵，元器件成熟可靠；北方地区适宜采用真空管，南方地区适宜采用平板型集热器。

（3）利用波纹管束紊流振动强化传热，实现被加热水即时换热。

（4）生活热水为闭式系统，水质不受污染。

（5）不需要集中水箱和水箱间，大幅度减少对建筑、结构的影响，最大化实现建筑一体化的统一性、完整性。

（6）集热系统不超过100℃，不需要专门的过热保护措施。

2.2.2 无动力循环太阳能热水系统中试结果

2.2.2.1 无动力循环太阳能热水系统的测试

利用通州试验平台，2012年8月~2013年4月进行了2期的测试。

（1）一期测试。采用3组无动力循环太阳能集热器，并联布置。按开启1个淋浴喷头，2个淋浴喷头，2个淋浴喷头+1个热水龙头的三种工况，测试系统的最大供热能力、供热稳定性。2012年8月5日的测试结果见图10。

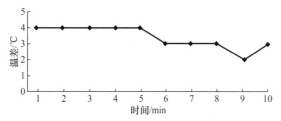

图10 出水温度与箱体内热媒水的温差

实测表明，在10min的供热水时段内，系统热水出水水温稳定。系统热水出水水温与贮热箱体内水温存在平稳的对应关系，即3~5℃温差。经集热箱内置的30m不锈钢波纹换热盘管换热后，热水供应基本满足设计工况的要求。

（2）二期测试。按 5 组集热器并联设计，集热面积 18m²，每 m² 产热水量按温升 30℃ 热水量为 60L 贮存容积；按 50% 保证率计算，可供 18～20 户住宅用户，相当于一梯 2 户住宅 9 层住宅的一个单元。试验平台照片见图 11。

试验在同时开启 3 个热水龙头供应生活热水时，贮热箱体中热媒水，以 0.35℃/min 的速度下降。在夏季正常日间下午 5 时，贮热水罐内热媒水水温达到 80℃，系统不依靠辅助热源加热

图 11　试验平台

的情况下，可提供 60min 的高温热水。冷水经过换热器的阻力损失稳定在 3m 左右。

2.2.2.2　无动力循环太阳能热水系统工程应用

某大学一期工程核心地块学生公寓，服务人数 3700 人，采用无动力循环太阳能系统制备生活热水。按每座宿舍设 1 套独立的太阳能热水系统，宿舍楼共设 3 套系统，食堂单设 1 套系统，根据屋面实际状况，集热面积约 1382m²，贮热总容积约 90m³，太阳能保证率理论计算为 50%，系统原理见图 12。

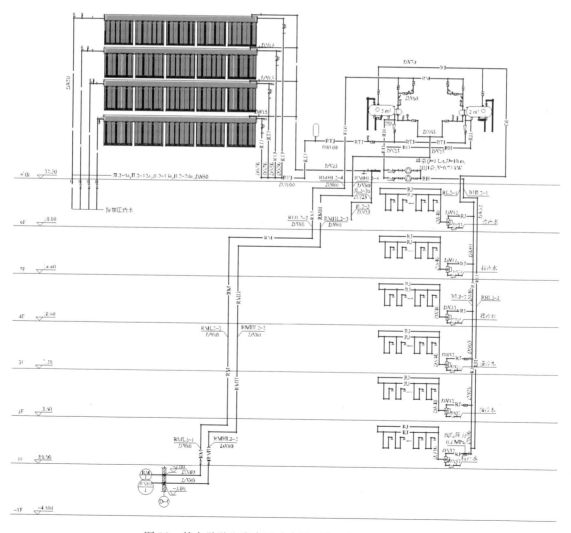

图 12　某大学学生宿舍无动力循环太阳能热水系统原理

2.3 集贮热式无动力循环太阳能热水系统——改变传统集热理念的一种全新系统

如上所述，无动力太阳能热水系统在简化系统，减少运行故障及方便管理等诸多方面起到了很好的作用，但被加热水直接经集热器内换热管换热，是一个即时过程，难以带走集热器已集取的大部分热量，且存在被加热水阻力较大，阻力变化及换热管内壁结垢影响换热和出流等问题。为此，我们通过多次模拟实测与研讨，终于找到了一条较彻底地解决现有太阳能集中热水系统存在问题的途径——采用集贮热系统改变传统集热理念，变换热为主的集热方式为热传导为主的集、贮热方式集取太阳能。

众所周知，太阳能是一种低密度、不稳定、不可控的能源，与以蒸汽、高温水为热媒的常规热源热水系统相比其集热过程是缓慢的，而传统系统大都是套用常规热源系统以对流换热为主的集热模式，通过循环泵、换热器或贮热水箱来集贮太阳能，然后再通过辅热换热器（箱）供给系统热水，这样一个承压、高温（≈200℃）、复杂的过程势必带来前述存在的一系列难以解决的问题。

集贮热系统的核心就是适应太阳能低密度等特点，将太阳能的集、贮热集于集热器一体，如图 13 所示：集热器主要由 U 型管玻璃集热真空管（以下简称集热管）、开式集热外箱（以下简称外箱）和闭式集热内箱（以下简称内箱）组成。其工作原理为：集热管集取太阳能光热经自然循环加热外箱内热媒水。

热媒水通过热传导加热内箱内的水，由于太阳能是低密度能源，集热管集热和通过自然循环加热外箱内的热媒水过程缓慢，内箱内的冷水则可通过筒壁的热传导，同时集取外箱热媒水传导的热量，内、外箱在此过程中几乎处于同一水温。当系统用水时，冷水顶进内箱，将箱内的热水供给用户。集中热水系统具有间隙用水的特点，当内箱内的热水被全部或部分顶出后，其水温随之下降，但外箱热媒水仍处于高温，通过热传导又将内箱水缓慢加热，这样周而复始，整个集热器集取的热量可以得到充分利用。另外由于集热器内箱断面较大，由同区给水管输入内箱的冷水顶出热水时，流速很低，阻力很小，而且筒内壁形成的结垢层对出水断面的影响也很小，完全可以保证用水点冷热水压力平稳。

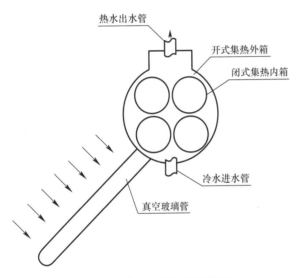

图 13　集贮热系统集热原理

2.4 集贮热系统的工况测试时间：2014 年 5 月 28～30 日；地点：浙江上虞

（1）杭特容器有限公司；测试系统：测试系统由 6 个集热器模块组成，分成并联的 3 组，每个集热器模块规格见表 1。

集热器模块规格　　　　　　　　　　　　　　　　　　　　　　　　　　表 1

项目	数量
集热管数量/只	36
集热面积/m²	5.1
贮热容积水容量/L	375
满水质量/kg	825
水箱直径/mm	500
集热装置外形尺寸/mm	2500×3000

（2）测试集热器组的布置见图14。

图14　测试集热器组的布置

（3）测试结果（见表2）。

（4）测试集热器集热效率见表3。

2014年5月28日集贮热系统主要测试数据汇总　　　　　　　　　　　表2

时间	压力			总辐射量/W/m³	流量/m³/h	二次侧温度（生活热水）		一次侧温度（太阳能热媒水）		
	进水/kPa	出水/kPa	压力差/kPa			进水/℃	出水/℃	一号水箱/℃	二号水箱/℃	三号水箱/℃
16：14	26	25	1	322	2.97	21.8	66.2	67.8	64.9	66.1
16：15	27	25	2	318	2.92	21.2	63.1	66	63.2	65.6
16：16	32	29	3	313	2.96	20.8	56.9	64.6	62	65.2
16：17	32	29	3	306	2.97	20.6	54.1	63.2	60.7	65.1
16：18	30	27	3	298	2.97	20.6	53.7	61.4	59.3	63.9
16：19	28	25	3	294	2.97	20.6	50	60.2	58.1	63.2
16：20	33	30	3	291	2.97	20.5	48.8	58.8	57.3	62.6
16：21	32	29	3	277	2.93	20.5	47.9	58	56.1	61.8
16：22	28	25	3	263	2.88	20.4	47.5	56.8	55.3	60.8
16：23	28	26	2	276	2.9	20.3	46.5	55.8	54.3	60.4
16：24	19	18	1	290	2.72	20.3	44.2	54.9	53.4	59.6
16：25	4	4	0	298	2.36	20.3	44.6	54.1	52.5	59
16：26	25	23	2	309	2.86	20.3	42.8	53.2	51.6	58.3
16：27	14	16	−2	311	2.86	20.2	42.4	52.6	50.8	57.5
16：28	18	16	2	309	2.73	20.1	43.2	51.9	50	57.2
16：29	9	7	2	309	2.66	20.1	41.5	51.3	49.5	56.3
16：30	7	6	1	290	2.72	20	41.6	50.6	48.5	55.5

注：① 3个水箱的初温平均为29℃；

② 3组集热器总贮存容积2.25m³；16min内提供40℃以上水量0.8m³；冷水经过集热器压力损失小于0.3m；

③ 二次侧出水温度初温66.2℃，外箱平均温度66.3℃，说明在集热时段内外箱水温一致；

④ 此后二次侧出水水温与外箱水温逐渐下降是因为冷水的顶入，即二次侧出水水温为冷热水混合水温；

⑤ 集热水箱测温点设在底部，因此水箱内水箱在集热时，尤其是在顶入冷水放水时的实际温度要高于表中测试温度；

⑥ 按本表测试数据计算，每平方米集热器（轮廓采光面积）可产温升30℃的热水80L。

测试集热器集热效率　　　　　　　　　　　表3

日均辐射量/W/m²	日照时间/h	水箱实际日得热量/W	集热器轮廓面积日辐射量/W	按轮廓采光面积日平均效率	按采光面积日平均效率
672	8	91586.25	164505.6	0.56	0.80

3 集贮热系统的基本模式及其与传统系统的对比

3.1 基本模式

（1）应用于住宅建筑的集中集热，分散（分户）辅热供热的集贮热系统的模式如图 15 所示。

（2）适用于宾馆、医院、公寓等公共建筑的集中集热、集中辅热供热的集贮热系统的模式如图 16 所示。

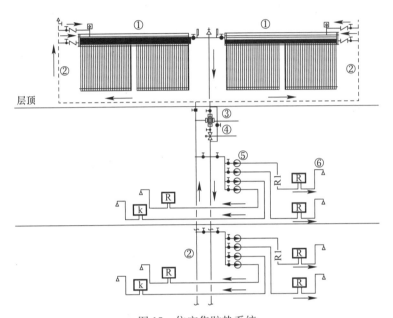

图 15 住宅集贮热系统

1—集热器；2—冷水管；3—混水阀；4—温控阀；5—水表；6—淋浴器

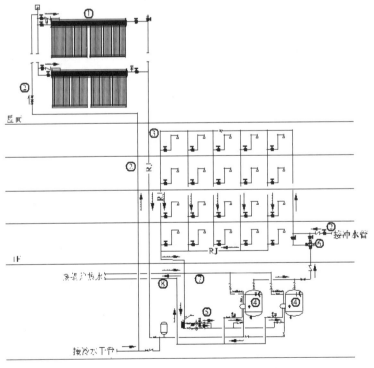

图 16 宾馆、医院、公寓集贮热系统

1—集热器；2—冷水管；3—热水管；4—交换器辅助热源；5—生活热水循环泵；

6—混水阀；7—辅助热媒供水管；8—辅助热媒回水管

3.2 与传统系统的对比

3.2.1 系统简化，合理适用

（1）住宅建筑采用太阳能热水系统是我国推广太阳能光热利用最广泛普及，节能效果最显著的领域。

图17为常用的一种传统的住宅集中集热、分散辅热供热的太阳能热水系统，与此相比，图5所示的系统具有下列明显优点：①集热系统无水箱、集热循环泵，供热系统无循环管和循环泵。系统大大简化。图15系统虽然取消了供热回水管及循环泵，但因用户终端有自备热水器，供热管中的先期冷水流经自备热水器被加热，打开淋浴器即可出热水，随着停留在供热管的冷水流尽后，太阳能热水即可供给使用，这样既可满足使用要求，又可充分利用太阳能，节水节能经济适用。②图15系统中冷水均由同区的给水系统供给，而流经集热器的水流阻力很小（小于1m），与图7相比，不仅充分利用了给水系统的压力，同时能确保冷热水系统压力平衡，系统合理、舒适。此外，在供热系统中设置了恒温混水阀，太阳能热水水温过高时，可通过此阀混合成50～55℃热水，稳定供水水温又可避免烫伤事故的发生，还能减少供水管道的热损失。

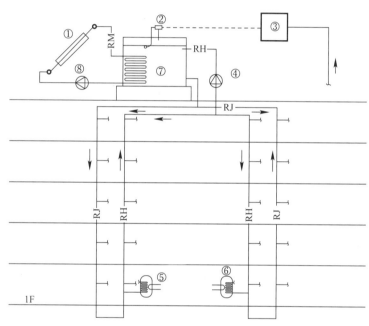

图17 传统的住宅集中集热、分散辅热供热的太阳能热水系统

1—集热器；2—冷水；3—硅丽晶；4—循环泵；5—电辅热；

6—分户换热器；7—集热水箱；8—集热循环泵

（2）公共建筑一般采用集中集热、集中供热的太阳能热水系统。

图16系统适用于公建项目，集贮热式无动力太阳能热水系统与图1所示的典型传统系统相比，系统的简化效果更明显，该系统没有图1的一、二级集热换热系统，没有相对应的集贮热水箱（罐）及多台集热换热器和循环泵，没有为防止集热系统高温爆管用的空气冷却器。这些在保证系统合理使用条件下的简化，将给设计、施工、管理及使用带来极大便利，能真正突显出利用太阳能的节能效果。

3.2.2 集热效率明显提高，且无运行能耗

集贮热系统的集热器为集热、贮热一体的装置，单个集热器一天集取的热量均分别贮存在集热器的内外水箱内，与传统集热器采用换热方式将集取到的热量传输到集中的贮热箱（罐）的方式相比，不仅省去了循环系统，省去了循环管路增加的热损失，而且每个集热器均能独立集贮热，不会因循环管路的短路、气堵等而影响其集热效率，即系统中的每个集热器都能充分集热，基本上做到

了系统的集热效率等同于单体集热器的集热效率。同时，每个集热器集取的热量除小部分散热损失外，均能将冷水预热或加热供给用水，不像传统系统的温差循环，低温热量得不到利用。另外，集贮热系统无集热循环系统，即无循环管路，集热器之间只有很短的连接管道，其热损失要比传统系统小很多。因此，其实际系统集热效率可达50%以上，为传统系统实际应用效率的2～3倍。

集贮热系统无运行能耗体现在集热系统和供热系统两个方面：一是集热系统省去了循环系统集热，因此省去了循环泵的能耗；二是相对于以水箱集贮热的传统系统（见图7），集贮热系统中的供水系统不仅系统简单，能充分利用给水系统水压，而且无需另加供水泵，节省了因增加供水泵而增加的系统能耗。

3.2.3 有利于建筑的一体化，降低建筑成本

集贮热系统省去了换热集热循环系统，也就省去了集热水箱（罐）及相应的循环泵，设备机房，简化了集热供热管路，同时也省去了复杂的且容易出故障的自动控制系统；因此它为解决设置集中太阳能系统与建筑一体化的难题提供了便利条件，尤其是屋面上不需设水箱间等有碍建筑立面的问题不再存在。

集贮热系统对传统系统的简化，也使得设计太阳能热水系统的给排水专业、建筑专业及其他相关专业的设计工作大大简化，为确保设计质量提供了保证。

集贮热系统的集热器单体，因其集贮热箱的增大和特殊换热构造，与传统的单体集热器相比，自然要增加成本，但系统省去上述传统系统的大水箱（罐）、水泵、机房及控制设施等，因此系统总体比较，建筑成本有所降低，详见本文第4节分析。

3.2.4 传统系统运行中的难题得到妥善解决

（1）集热系统为开式系统，解决了传统系统的爆管和集热管失效的难题。前文已述及传统系统中，由于集热系统温度最高可达约200℃，因此集热管易产生爆管及失效。集贮热系统的集热部分为开式构造，运行中集热的最高温度≤100℃，而且集中热管与外箱不承压，因此，它完全消除了因高温、承压而引发的集热管爆管和失效的事故。

（2）消除了循环泵、集热自动控制系统的运行故障。集贮热系统用热传导集贮热，取消了传统的循环换热集热系统，取消了循环泵，因此也消除了传统闭式系统因高温汽化系统排气不畅形成气堵引起循环泵工况恶劣，甚而产生空转，烧坏电机的故障。另外，相应的自动控制部分也被取消，因此，该系统也消除了集热自控部分的故障。

（3）缓解了防冻问题。集贮热系统的单个集贮热箱体，要比传统系统的单个集热器的水容量大得多，其介质热容量为传统系统单个集热器的50～100倍，因此相对耐冻的时间要比传统系统长得多。集贮热箱体工厂内一次保温成型，保温效果远好于传统水箱现场保温做法，基本上解决了箱体防冻问题，对于严寒地区，集热介质可添加防冻液防止集热管冰冻，室外冷热水管可按常规做防冻保温处理。

（4）运行管理费用低廉，适应用热负荷的变化。由于太阳能是一种低密度、不可控、不稳定的热源，因此传统系统在实际工程中存在因用热负荷极大差异带来的运行管理费用高昂的困境，这在住宅建筑中尤为明显。一般住宅建成后，住户的入住有一个很长的周期。有人入住就得使用热水，当采用常规热源时，由于热源可控，可以根据系统用热量的需求来调节供热量。但太阳能热水系统中太阳能不可控，无法调控，即使用热负荷很低，整个太阳能热水系统均需开启运行。除了集热循环泵运行耗能外，整个系统管网亦存在很大热损失引起的能耗。另外，因太阳能集取的热量过多，对于闭式集热系统还需采用空气冷却器等耗能的措施散热。

这些相应的运行能耗均分摊在刚入住的少数住户上，热水的价格将高达20～40元/m³，甚至更高，引起住户的强烈不满。因而有的住户放弃使用太阳能热水，改用自备热水器热水，这样的恶性循环其结果就是整个太阳能热水系统的瘫痪。

集贮热系统相当于一个冷水的预热系统。冷水经它无需任何附加能耗，该系统预热或预热辅热

后直接供热水，不会因此增加运行成本。即运行成本低廉且平稳，适应太阳能不可控等特点，使太阳能热水系统成为一个真正的节能系统，适用于系统各种不同的使用工况。

4 实例应用效果分析

4.1 工程实例及系统简介

北京某大学5层宿舍楼，采用太阳能集中热水供应系统，每层设集中淋浴房。辅热热源为自备锅炉热水。

单栋宿舍楼的太阳能集热的面积为410m²，系统总集热面积为1382m²，以下比较采用传统系统与集贮热系统的一次投资、维护费用、节能效果、回收年限等。总投资按一期工程太阳能投资总额计算，总集热面积1382m²，太阳能保证率50%。

4.2 系统对比及分析

4.2.1 单幢宿舍集热系统一次投资比较（见表4）

表4

项目	传统系统单价/元	集贮热系统单价/元	传统系统数量	集贮热系统数量	传统系统合计/元	集贮热系统合计/元
全玻璃太阳能热水器	1100	1750	1382m²	1382m²	1520200	2418500
集热循环管（不锈钢管）	150	150	1350m	360m	202500	54000
阀门	100	100	300批	45批	30000	4500
太阳能膨胀罐	2000	2000	3台	3台	6000	6000
集热循环泵	5000	5000	6台	0台	30000	0
保温	30	30	1350m	600m	40500	18000
热媒循环泵	5000	5000	2台	0	10000	0
镀锌铁板（保温保护壳）	78	78	450m²	300m²	35100	23400
电气及自动控制	60000	8000	3批	3批	180000	24000
电热带	100	100	1050m	600m	105000	60000
水箱间土建综合成本	3500	3500	210m²	54m²	735000	189000
水箱	2000	2000	90m³	0m³	180000	0
防过热措施	10000	1000	3套	12套	30000	12000
小计					3104300	2809400
安装费	8%包括搬运费、吊装费、施工费及管理费				248344	224752
税费	6%				186258	168564
其他	施工配合等未预见费用5%				155215	140470
总计					3694117	3343186
估算单价/元·m²					2673	2419

注：防过热措施包括空气冷却器或遮阳措施等。

年运行维护费用比较 表5

名称	传统系统数量	集贮热系统数量	传统系统合计/元·a	集贮热系统合计/元·a
管理人员	1人	0.5人	40000	20000
电伴热电费	450m	200m	2646	1176
集热循环泵	16kW	0	17472	0
热媒循环泵	8kW	0	2240	0
每年小计			62358	21176
10年累计			623580	211760

注：管理人员工资40000元/(a·人)；电价0.7元/(kW·h)。根据工程现状，为方便比较，不考虑传统系统防过热费用；如果考虑传统系统增加维护人员和其他维护成本，传统系统回收年限更长。

4.2.2 全系统年节能效果比较（见表6）

全年节能效果比较 表6

系统	集热器面积/m²	平均日有效系统效率/%	使用天数/d·a	年总有效集热量/kW·a
传统系统	1382	30	260	420404.4
集贮热无动力系统	1382	50	260	700674

注：按年平均太阳辐照面密度 650Wm/m²，有效日照时间 6h 计。

4.2.3 回收年限比较（见表7）

回 收 年 限 比 较 表7

系统	一次投资(A)/元	年运行维修费用(B)/元	年节省能源费(C)/元	回收年限[Y＝A/(C－B)]/a
传统系统	3699614	62358	315303.3	14.6
集贮热无动力系统	3348586	21176	525505.5	6.6

注：① 节约能源按发电费计，电价按 0.75 元/(kW·h)；
② 本工程为学校建筑，考虑到寒暑假放假，扣除 60d，并考虑北京阴雨天的天数，实际有效运营天数按 260d 计算，因此回收年限比一般工程要长一些；
③ 通过上述对比比较，在 10～15a 内，由于人工费用昂贵，传统系统如果需要更多的人工维护和更换设备及附配件，回收期限还会加长；
④ 随着能源价格大幅度提高，集贮热系统的经济效益将更为突出。

5 结语

本文在针对现有太阳能集中热水系统存在问题进行剖析的基础上，详细介绍了集贮热式无动力循环太阳能热水系统，该系统具有下列特点：

（1）遵循太阳能为低密度热源的光热规律，采用热传导为主的集热方式代替传统系统的以对流换热为主的集热方式，这是对利用太阳能制备生活热水集热理念的重大突破。

（2）系统大大简化为量大面广的太阳能生活热水系统的有效推广应用奠定了良好的基础。

（3）系统集热效率的明显提高且无运行动力能耗，突显出真正的节能效果，具有显著的经济意义和社会意义。

（4）消除了传统系统的主要运行故障，不给用户带来额外负担，适应系统用热负荷的变化，开阔了太阳能热水系统的实际应用范围。

发表于《给水排水》Vol. 40
No. 8　2014

介绍一台节煤消烟除尘的开水炉

中国建筑科学研究院设计所　李廷尧　刘振印

节约能源、消烟除尘、保护环境是我国当前的一项重要任务，各种炉灶的更新与改造更是首当其冲。近年来，不少单位在这方面做了大量工作。去年，我们设计了一台新型开水炉。在设计过程中，我们首先分析了旧有立式开水炉煤耗大、烟尘污染严重的原因，对兄弟单位新改进的开水炉作了一些调查研究，在此基础上根据热工原理对炉体结构作了大胆的改革。新炉于今年三月制成投入使用，经北京市劳动保护科学研究所测定：该炉完全符合北京市人民政府颁布的《北京市加强炉窑排放烟尘管理办法》中关于烟气排放的标准；与同容量旧式开水炉相比，节煤约 30％～50％。下面对该炉作一简单介绍：

（一）基本性能

新炉炉体分开水罐、热水罐两部分（见图1），其主要规格与参数见表1。

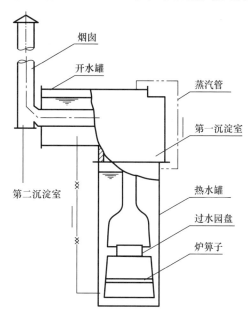

图1　新开水炉构造示意图

新型开水炉规格与技术参数　　　　　　　　　　　　　　　　　　　　　　表1

外型尺寸 直径×高 (mm)		受热面积 (m²)	总容积 (m³)	总净重 (kg)	技术参数							
					项目							
					通风型式	煤耗 (kg/h)	烧开水时产水量 (L/h)	烧热水时产水量 (L/h)	热效率 η	排烟温度 (℃)	烟气黑度（度）林格曼表	含尘量 (mg/Am³)
开水罐	热水罐	5.14	1.040	900	自然通风	19.7	730	1163	60	160	0～1	91.6
800 × 1920	700 × 1400				机械鼓风	31.0	1147	1920	65	270	0～1	506

注：1. 排烟温度、烟气黑度、含尘量均为北京市劳动保护科学研究所实测数据，"含尘量"包括加煤不包括捅火时的含尘量。
　　2. 该炉烧煤是二级混合烟煤，经北京市节煤办公室测定其发热值为5118kcal/kg。
　　3. 煤耗量、烧开水时产水量为我所自测。烧热水时产水量系按冷水进水温度为13℃，热水温度为65℃计算。

（二）特点

1. 消烟除尘效果显著。

为了解决开水炉消烟除尘这个老、大、难问题，我们在新炉设计中主要采取了两项措施：其一，在开水罐炉膛内适当部位加过水圆盘；其二，热水罐卧放。

当掺和少量水分的湿煤加进炉膛燃烧时，带有未充分燃烧煤粒的烟气，伴随着水蒸气被迫返向圆盘四周，通过炉箅四周的灼热火焰产生部分水煤气，同时，夹带剩余空气的火焰又将水煤气和烟气中的可燃成分以及部分炭粒进行第二次燃烧，既增加了辐射区的热值，又起到了消烟和去除部分尘粒的作用。气流继续上升，流到开水罐与卧式热水罐之间的第一道沉降室，夹带尘粒的烟气经扩散，改变流向，大部分尘粒降了下来。接着烟气流再通过卧式热水罐与烟囱之间的第二道沉降室，残余的粒尘就基本上都降了下来。在实测中，当炉膛火焰正常燃烧时，站在烟囱出口处亦看不见烟气。就是加煤时，烟囱口也只冒出淡淡青烟，其黑度约为林格曼表的一度，并且几秒钟后又恢复正常。

烟气含尘量如表 1 所示。自然通风时，每 $1Am^3$ 烟气中含尘量仅 91.6mg，大大低于国家《工业"三废"排放试行标准》中烟尘排放浓度不得超过 $200mg/m^3$ 的标准，比市场供应的新型开水炉约低 $100mg/Am^3$。机械鼓风时，一般经改进的开水炉其含尘量为 $1000\sim2000mg/Am^3$，而该炉只有 $506mg/Am^3$，亦完全符合北京市关于炉窑烟尘排放浓度不得超过 $600mg/Am^3$ 的规定。

2. 热效率高，节约燃料。

该炉热效率高、节煤主要有如下三方面的原因：

(1) 炉型结构合理，采用了效率高的传热方式，燃料燃烧充分，受热面积大。如上所述，由于开水罐内加了一过水圆盘，烟气中的可燃成分在炉膛内得以充分燃烧，大大提高了炉膛温度；同时，烟气碰撞圆盘后呈紊流状态，增加了炉膛内辐射区的传热面积，提高了热效率。灼热的烟气冲出开水罐后经扩散、搅动又造成一紊流传热区，气焰既烧开水罐顶又烧热水罐底和侧部。充分利用了烟气余热，增大了受热面积。经计算：该炉受热面积与同容量旧式开水炉相比约增加 50%。尤其是增加了一般开水炉所没有的紊流辐射传热区，这就使得热交换效果大大提高，排烟温度骤降。据实测，本炉热效率为 $60\%\sim65\%$，自然通风时，排烟温度为 160℃；机械鼓风时，排烟温度为 270℃，比一般新型开水炉的排烟温度约降低 200℃。

(2) 充分利用了开水罐的蒸汽余热。开水炉产生的水蒸气热量是相当可观的，人们往往弃之不要。新炉设计中，我们将开水罐产生的蒸汽通进热水罐中，蒸汽余热得以充分利用。

(3) 保温效果好。新炉外壁采用木条、稻草绳、麻刀灰保温，方法简单经济，收效明显。炉内水开后，保温层表皮温升约 $10\sim20℃$，用手摸时仅有温和之感。经初步计算，其保温效果约相当于珍珠岩。

由于新炉热效率高，又充分利用了蒸汽余热和采用了适宜的保温方式，大大节约了用煤。经约两个月的使用证明：该炉燃煤量比同容量的旧炉省 $30\%\sim50\%$。

3. 构造简单，造价较低，适于旧炉改造。

该炉开水罐部分的炉体结构与旧式横水管立炉几乎完全一样，只需将横水管改为一适当大小的过水圆盘，放在炉膛的合适位置上。卧式热水罐即为一般的穿心罐。制作简单，用钢少，不需特殊钢材，造价低，与同容量的其他较复杂的开水炉相比，用钢量与造价可节省三分之一。如按单位产水量的用钢量计算，在自然通风的条件下，新炉每产 100L 开水需用钢材 129kg；旧式火烧间断式开水炉每产 100L 开水需用钢材 $126\sim131kg$，两者基本相同。

尤其值得一提的是：旧式横水管立炉均可参照该炉进行技术改造。

4. 方便除垢除尘。

凡水质硬度较大的地方，如何方便清除水垢，对于开水热水锅炉的设计是一个重要课题。由于该炉没有类似工业锅炉的复杂炉体结构，并在适当部位留有足够的打垢口和除灰口，清除水垢和积尘均较方便。

5. 可自然通风、烧劣质煤、连续供水。

在设计中，考虑提高热效率和消烟除尘的同时，对如何减少烟气流的阻力也作了仔细的计算，使之在烟囱高度与一般开水炉相似的条件下，既能机械鼓风，也能自然通风。经两个月来的使用，该炉在烧矸石和灰分较多的 2 号混合烟煤的情况下，自然通风效果良好。据实测：当开水罐中水量为 495L，热水罐中水量为 365L 时，用 18kg 煤自然通风烧 $50\sim55min$，机械鼓风烧 36min，开水罐中水开，热水罐中水温由 12℃ 上升至 72℃，其效果与结构复杂的新型开水炉相似。由于热水罐中水温较高，可作为开水罐的补给水，一过即开，连续供水。因此，该炉开水罐容量虽不大，而每小时产开水量，机械鼓风时达 1147L，自然通风时为 730L，可供 1000 人饮用。烧热水时，在鼓风条件下，可连续供给 $6\sim7$ 个淋浴器的热水。

6. 改善了锅炉房的工作环境，减轻了司炉工人的劳动强度，安全可靠。

由于该炉作了保温层，又将开水罐冒出的蒸汽通入热水罐中，这就解决了因锅炉不保温、蒸汽泛滥而造成锅炉房又热、又闷、又脏的恶劣环境问题，改善了司炉人员的操作条件。同时，由于新炉热效率高，保温效果好，不仅省煤而且缩短了时间。据司炉工人说，以前烧未保温同容量的旧炉时，机械鼓风要烧 40min，自然通风很难烧开。而烧新炉只要当天下午封好火，次日晨鼓风 12min，自然通风 23min 就能烧开。

因为该炉上、下罐均为开口与大气相通，不承压，所以使用安全可靠。

新炉虽然具有上述特点，但还有不足之处，例如：原来设想的二次送风系统过于复杂；上、下罐体的衔接不如快装锅炉简易，安装较麻烦，有待进一步改进。

民用建筑生活热水小时变化系数 K_h 的推求

朱跃云　刘振印

（中国建筑设计研究院，北京 100044）

【摘　要】　热水小时变化系数是生活热水系统设计的重要参数，介绍了一种新的热水小时变化系数的推求方法，并给出了与给水系统相对应的各类建筑的热水小时变化系数。该方法以冷水的小时变化系数 K_{hl} 为基础，建立热量平衡方程和水量平衡方程进行推导，利用工程实测结果对推导结果进行了验证，合理地解决了原有热水小时变化系数与冷水用水量、冷水小时变化系数及水温等参数"脱节"的问题，避免了混合热水的设计小时用水量或热水的设计小时用水量大于冷水用水的最大小时用水量的情况，为设计人员正确设计热水系统提供了较为合理的参数。同时，也为《建筑给水排水设计规范》（GB 50015—2003）热水小时变化系数的修编提供了参考依据。

【关键词】　生活热水小时变化系数　热量平衡方程　水量平衡方程　工程验证

在集中生活热水系统的设计过程中，最大小时耗热量计算得合理与否，决定了整个热水系统的安全性和经济性。但在设计中按照《建筑给水排水设计规范》（GB 50015—2003，以下简称"03 版规范"）表 5.1.1-1 的 60℃ 热水的用水定额、表 5.3.1-1、表 5.3.1-2 和表 5.3.1-3 相应的小时变化系数来计算设计小时热水耗热量时，不少工程出现了混合热水的设计小时用水量超过了冷水的最大小时用水量，甚至出现了 60℃ 热水的设计小时用水量超过了冷水的最大小时用水量的情况，与常理相悖[1~5]。

集中供应生活热水系统的设计小时耗热量计算见式（1）：

$$Q_h = K_h \frac{mq_r C(t_r - t_1)\rho_r}{86400} \tag{1}$$

式中　Q_h——设计小时耗热量，W；

　　　m——用水计算单位数，人数或床位数；

　　　q_r——热水用水定额，L/（人·d）或 L/（床·d），应按"03 版规范"表 5.1.1-1 采用；

　　　C——水的比热，$C=4187J/(kg℃)$；

　　　t_r——热水温度，$t_r=60℃$；

　　　t_1——冷水温度，按"03 版规范"表 5.1.4 选用；

　　　ρ_r——热水密度，kg/L；

　　　K_h——小时变化系数，可按"03 版规范"表 5.3.1-1~表 5.3.1-3 采用。

式（1）中采用的计算系数除 K_h 外，q_r、C、t、ρ_r 均为设计选定的固定参数。因此，出现混合热水的设计小时用水量或热水的设计小时用水量超过了冷水的最大小时用水量的情况，主要是由于 K_h 的原因。本文通过"03 版规范"的冷水用水定额及相应的小时变化系数、热水用水定额对热水小时变化系数 K_h 进行推求，得出一系列的热水小时变化系数。并利用《小区集中生活热水供应设计规程》编制组对北京蓝堡小区和伯宁花园项目的工程实测结果，对本文推求出的热水小时变化系数进行验证。

1 实测资料整理

《小区集中生活热水供应设计规程》编制组于 2005 年底至 2006 年上旬对北京蓝堡小区、伯宁花园等项目的生活热水系统进行了工程实测，本文在此仅摘录 2005 年 12 月～2006 年 1 月的实测数据及计算整理结果。

1.1 伯宁花园项目

该项目是一个成熟的住宅区，入住率 100％，共 192 户，热水系统不分区。数据整理如表 1 所示。

伯宁花园生活热水资料统计　　　　　　　　　　　　　　表 1

序号	日期	定额/L（人·d）	用水时间/h	最大时用量/m³	日用量/m³	K_h
1	20051221	52.08	21	3	30	2.10
2	20051222	48.61	20	2	28	1.43
3	20051223	59.03	20	3.3	34	1.94
4	20051224	43.40	18	2.25	25	1.62
5	20051225	43.40	16	3	25	1.92
6	20051226	39.93	18	2	23	1.57
7	20051227	48.61	19	3.5	28	2.38
8	20051228	43.40	16	3	25	1.92
9	20051229	38.19	16	2	22	1.45
10	20051230	59.03	19	3.3	34	1.84
11	20051231	39.93	17	4	23	2.96
12	20060101	26.04	15	2	15	2.00
13	20060102	34.72	15	2	20	1.50
14	20060103	41.67	17	2.25	24	1.59
15	20060104	34.72	20	1	20	1.00
16	20060105	46.88	19	2.5	27	1.76
17	20060106	50.35	15	3.75	29	1.94
18	20060107	34.72	15	2.25	20	1.69
19	20060108	43.40	18	3.7	25	2.66
20	20060109	45.14	17	2	26	1.31
21	20060110	52.08	18	3	30	1.80
22	20060111	39.93	17	3.5	23	2.59
23	20060112	32.99	17	2	19	1.79
24	20060113	48.61	21	2.67	28	2.00
25	20060114	38.19	17	2	22	1.55
26	20060115	41.67	19	2	24	1.58
27	20060116	31.25	15	2	18	1.67
28	20060117	52.08	20	2.33	30	1.55
29	20060118	41.67	19	2.67	24	2.11
30	20060119	36.46	14	3	21	2.00
31	20060120	50.35	20	2.5	29	1.72

注：共 192 户，按照 3 人/户，即 576 人计算；K_h＝最大时用量/（日用量/用水时间）；平均 K_h＝1.84，最大 K_h＝2.96，最小 K_h＝1.00。

1.2　蓝堡小区

该项目是一个集商业、餐饮和住宅为一体的综合建筑群，热水系统分高、中、低三个区，高区和中区均为住宅，低区为商业和餐饮。结合工程实际，本文摘录高区和中区的资料进行整理分析如表2、表3所示。

蓝堡小区（高区）生活热水资料统计　　　　　　　　　表2

序号	日期	定额/L（人·d）	用水时间/h	最大时用量/m³	日用量/m³	K_h
1	20051226	26.69	24	0.72	6.54	2.64
2	20051227	28.45	24	0.61	6.97	2.10
3	20051228	26.04	22	0.64	6.38	2.21
4	20051229	31.14	24	0.96	7.63	3.02
5	20051230	33.80	24	1.01	8.28	2.93
6	20051231	28.61	24	0.77	7.01	2.64
7	20060101	32.04	24	0.68	7.85	2.08
8	20060102	30.45	24	0.6	7.46	1.93
9	20060103	27.63	24	0.91	6.77	3.23
10	20060104	32.04	24	0.94	7.85	2.87
11	20060105	29.88	24	1.17	7.32	3.84
12	20060106	30.98	24	0.75	7.59	2.37
13	20060107	34.94	24	0.72	8.56	2.02
14	20060108	30.86	24	0.74	7.56	2.35
15	20060109	30.78	24	1.35	7.54	4.30
16	20060110	26.53	22	0.99	6.5	3.35
17	20060111	30.00	24	1.09	7.35	3.56
18	20060112	30.37	24	0.84	7.44	2.71
19	20060113	24.98	24	0.95	6.12	3.73
20	20060114	36.20	24	1.07	8.87	2.90
21	20060115	32.98	23	0.91	8.08	2.59
22	20060116	28.12	24	1.16	6.89	4.04
23	20060117	28.20	24	0.87	6.91	3.02
24	20060118	28.12	24	0.8	6.89	2.79
25	20060119	26.73	24	1.03	6.55	3.77
26	20060120	31.55	24	1.59	7.73	4.94
27	20060121	42.86	24	0.87	10.5	1.99
28	20060122	33.43	24	1.29	8.19	3.78
29	20060123	31.96	24	1.01	7.83	3.10
30	20060124	28.69	24	0.81	7.03	2.77
31	20060125	27.76	24	0.91	6.8	3.21

注：共102户，按照3人/户，80%入住率，即245人计算；K_h＝最大时用量/（日用量/用水时间）；平均 K_h＝2.99，最大 K_h＝4.94，最小 K_h＝1.93。

蓝堡小区（中区）生活热水资料统计　　　　　　表3

序号	日期	定额/L（人·d）	用水时间/h	最大时用量/m³	日用量/m³	K_h
1	20061226	35.00	24	5.9	44.69	3.17
2	20061227	38.33	24	4.34	48.95	2.13
3	20061228	38.25	24	4.9	48.84	2.41
4	20061229	39.11	24	5.63	49.94	2.71
5	20061230	44.18	24	6.49	56.42	2.76
6	20061231	37.28	24	4.67	47.61	2.35
7	20060101	33.34	24	3.81	42.58	2.15
8	20060102	37.42	24	4.73	47.78	2.38
9	20060103	38.82	24	4.95	49.57	2.40
10	20060104	39.35	24	6.6	50.25	3.15
11	20060105	41.24	24	6.65	52.66	3.03
12	20060106	39.46	24	6.55	50.39	3.12
13	20060107	46.03	24	4.47	58.78	1.83
14	20060108	42.89	24	4.86	54.77	2.13
15	20060109	37.01	24	4.66	47.26	2.37
16	20060110	38.51	24	7.16	49.18	3.49
17	20060111	42.94	24	5.37	54.84	2.35
18	20060112	39.58	24	4.2	50.55	1.99
19	20060113	37.22	24	5.59	47.53	2.82
20	20060114	40.81	24	4.08	52.12	1.88
21	20060115	38.82	24	5.04	49.57	2.44
22	20060116	36.45	24	6.97	46.55	3.59
23	20060117	42.22	24	4.57	53.92	2.03
24	20060118	42.10	24	5.06	53.76	2.26
25	20060119	36.20	24	5.51	46.23	2.86
26	20060120	37.01	24	7.81	47.26	3.97
27	20060121	35.18	24	4.09	44.93	2.18
28	20060122	40.57	24	5.4	51.81	2.50
29	20060123	37.26	24	5.86	47.58	2.96
30	20060124	33.85	24	7.4	43.23	4.11
31	20060125	33.34	24	3.45	42.58	1.94

注：共532户，按照3人/户，80%入住率，即1277人计算；K_h＝最大时用量/（日用量/用水时间）；平均K_h＝2.63，最大K_h＝4.11，最小K_h＝1.83。

2 热水小时变化系数推求

2.1 参数设定

（1）热水系统供水温度，按照"03版规范"规定，取t_r＝60℃。

（2）混合热水用水温度，按照"03 版规范"规定，取 $t_s=37\sim40℃$。

（3）冷水系统的供水温度，按照"03 版规范"规定，取 $t_l=4\sim20℃$；但考虑到全国范围的适用性和工程设计中的可操作性，本文所选取的冷水温度按照 $t_l=5℃$、$10℃$、$15℃$、$20℃$ 四档进行计算。

（4）60℃热水在混合热水中的比值为 α，混合热水用量占总给水量的比值为 β。

2.2 热水小时变化系数推求

混合热水是由热水与冷水二者相混合而成的，这样，就有如下的热平衡方程：

$$t_s C = [(1-\alpha)t_l + \alpha t_r]C \tag{2}$$

根据上述参数设定值，将 $t_r=60℃$，$t_s=37\sim40℃$，$t_l=5℃$、$10℃$、$15℃$、$20℃$ 分别代入式（2），求得 α 如表 4 所示。

α 求解结果				表 4
冷水温度/℃	5	10	15	20
α	0.58~0.64	0.54~0.60	0.49~0.55	0.43~0.50

按照常理，同一工程中热水混合用水都是由冷水系统供给的，则热水用水量就应包含在冷水用水量中，混合热水用量应小于或等于冷水用水量，即：

$$q_{lh} \geqslant q_{sh} > q_{rh} \tag{3}$$

式中 q_{lh}——冷水最大小时用水量，L/h；

q_{sh}——混合热水最大小时用水量，L/h；

q_{rh}——热水最大小时用水量，L/h。

根据以上的参数设定，在高峰用水时段，设定冷水和热水用水均匀，而且在该时段内热水用水时间比冷水用水时间要短，则可以建立如下的水量平衡方程：

$$\frac{q_{ld}\alpha\beta}{T}\frac{K_{hl}}{\gamma} = \frac{q_{rd}K_h}{T} \tag{4}$$

式中 q_{ld}——冷水的日用水定额，L/(人·d) 或 L/(床·d)；

γ——最大用水小时内热水用水时间与冷水用水时间之比值；

K_{hl}——冷水系统的小时变化系数；

T——用水时间，h；

q_{rd}——热水的日用水定额，L/(人·d) 或 L/(床·d)。

式（4）中的系数 γ，当设定最大小时内冷、热水用水均匀时，其数值等于混合热水用量占总给水量的比值，即 $\gamma=\beta$。例如，当混合热水用水量是冷水用水量一半的时候，即 $\gamma=\beta=0.5$，则 $K_h=2K_{hl}$，这与常理是相符的。因此，将式（4）进行简化，有：

$$K_h = \frac{q_{ld}K_{hl}\alpha}{q_{rd}} \tag{5}$$

根据"03 版规范"相关规定，将相关数值代入式（5），如表 5 所示。但表 5 中的数值与实际工程还有一定的出入。例如住宅（局部系统）、旅馆和医院等，计算出来的热水小时不均匀系数下限值比冷水系统的小时变化系数还小。按照一般的工程经验，使用人数少或水量少时，小时变化系数应该较大；反之，使用人数多或水量大，即用水较均匀时，则小时变化系数应该较小。本着以上的原则，对计算出的热水小时变化系数进行相应的调整，得到"新" K_h 见表 6。

表 5 不同建筑类型的热水小时变化系数 K_h 计算

建筑物类型		热水定额 L/(人·d)	冷水定额 L/(人·d)	α	K_{hl}	t_1/℃	K_h
住宅	局部	40~80	85~150	0.58~0.64	3.0~2.5	5	4.08~2.72
				0.54~0.60		10	3.83~2.53
				0.49~0.55		15	3.50~2.30
				0.43~0.50		20	3.19~2.02
	集中	60~100	180~320	0.58~0.64	2.5~2.0	5	4.80~3.71
				0.54~0.60		10	4.50~3.46
				0.49~0.55		15	4.13~3.14
				0.43~0.50		20	3.75~2.75
别墅		70~110	200~350	0.58~0.64	2.3~1.8	5	4.21~3.32
				0.54~0.60		10	3.94~3.09
				0.49~0.55		15	3.61~2.81
				0.43~0.50		20	3.29~2.47
旅馆	旅客	120~160	250~400	0.58~0.64	2.5~2.0	5	3.33~2.90
				0.54~0.60		10	3.13~2.70
				0.49~0.55		15	2.86~2.45
				0.43~0.50		20	2.60~2.15
	员工	40~50	80~100	0.58~0.64	2.5~2.0	5	3.20~2.32
				0.54~0.60		10	3.00~2.16
				0.49~0.55		15	2.75~1.96
				0.43~0.50		20	2.50~1.72
医院	设公共盥洗室	60~100	100~200	0.58~0.64	2.5~2.0	5	2.67~2.32
				0.54~0.60		10	2.50~2.16
				0.49~0.55		15	2.29~1.96
				0.43~0.50		20	2.08~1.72
	设公共盥洗室、淋浴室	70~130	150~250	0.58~0.64	2.5~2.0	5	3.43~2.23
				0.54~0.60		10	3.21~2.08
				0.49~0.55		15	2.95~1.88
				0.43~0.50		20	2.68~1.65
	设单独卫生间	110~200	250~400	0.58~0.64	2.5~2.0	5	3.64~2.32
				0.54~0.60		10	3.41~2.16
				0.49~0.55		15	3.13~1.96
				0.43~0.50		20	2.84~1.72
	门诊楼、诊疗所	7~13	10~15	0.58~0.64	1.5~1.2	5	1.37~0.80
				0.54~0.60		10	1.28~0.75
				0.49~0.55		15	1.18~0.68
				0.43~0.50		20	1.07~0.60

建筑物类型		热水定额 L/(人·d)	冷水定额 L/(人·d)	α	K_{hl}	t_1/℃	K_h
医院	疗养院、休养所住房部	100~160	200~300	0.58~0.64	2.0~1.5	5	2.56~1.63
				0.54~0.60		10	2.40~1.52
				0.49~0.55		15	2.20~1.38
				0.43~0.50		20	2.00~1.21
	医务人员	70~130	150~250	0.58~0.64	2.0~1.5	5	2.74~1.67
				0.54~0.60		10	2.57~1.56
				0.49~0.55		15	2.36~1.41
				0.43~0.50		20	2.14~1.24
餐饮业	营业餐厅	15~20	40~60	0.58~0.64	1.5~1.2	5	2.56~2.09
				0.54~0.60		10	2.40~1.94
				0.49~0.55		15	2.20~1.76
				0.43~0.50		20	2.00~1.55
	快餐店、职工学生食堂	7~10	20~25	0.58~0.64	1.5~1.2	5	2.74~1.74
				0.54~0.60		10	2.57~1.62
				0.49~0.55		15	2.36~1.47
				0.43~0.50		20	2.14~1.29
	酒吧、卡拉OK房	3~8	5~15	0.58~0.64	1.5~1.2	5	1.60~1.30
				0.54~0.60		10	1.50~1.22
				0.49~0.55		15	1.38~1.10
				0.43~0.50		20	1.25~0.97
办公楼		5~10	30~50	0.58~0.64	1.5~1.2	5	5.76~3.48
				0.54~0.60		10	5.40~3.24
				0.49~0.55		15	4.95~2.94
				0.43~0.50		20	4.50~2.58
幼儿园		20~40	50~100	0.58~0.64	3.0~2.5	5	4.80~3.62
				0.54~0.60		10	4.50~3.38
				0.49~0.55		15	4.12~3.06
				0.43~0.50		20	3.75~2.69
公共浴室		60~100	150~200	0.58~0.64	2.0~1.5	5	3.2~1.74
				0.54~0.60		10	3.0~1.62
				0.49~0.55		15	2.75~1.47
				0.43~0.50		20	2.50~1.29

注：医院的"门诊楼、诊疗所"建筑类型，其 K_h 推求结果出现了小于 1 的情况，这是因为其冷水定额是"10~15L/(人·d)"，而热水定额是"7~13L/(人·d)"，其比例与本文前述的"α"值有较大出入，从而导致推求出的 K_h 出现了小于 1 的情况。

不同冷水温度下的热水小时变化系数 K_h 推荐值　　　　表 6

类别	住宅	别墅	旅馆	幼儿园	公共浴室	医院	餐饮业	办公楼
$t_1=5℃$	4.80～3.71	4.21～3.32	3.33～2.90	4.80～3.62	3.2～1.74	3.64～2.32	2.74～2.09	5.76～3.48
$t_1=10℃$	4.50～3.46	3.94～3.09	3.13～2.70	4.50～3.38	3.0～1.62	3.41～2.16	2.51～1.94	5.40～3.24
$t_1=15℃$	4.13～3.14	3.61～2.81	2.86～2.45	4.12～3.06	2.75～1.47	3.13～1.96	2.36～1.76	4.95～2.94
$t_1=20℃$	3.75～2.75	3.29～2.47	2.60～2.15	3.75～2.69	2.50～1.29	2.84～1.72	2.14～1.55	4.50～2.58

3　分析

3.1　热水小时变化系数 K_h 的影响因素

通过以上对 K_h 的推求，根据式（5）以及结合工程实际，将影响热水小时变化系数 K_h 的因素总结如下：

（1）水量。热水用量与 K_h 成反比，也就是说，在使用人数等计算参数不变的情况下，一天里热水用量越大，则 K_h 越小，用水越均匀。

（2）K_{hl}。K_{hl} 与 K_h 成正比，即同一建筑，如果冷水供水比较均匀，则热水也会较均匀，两者是一致的。

（3）水温。以上推求过程中，所涉及的水温有 t_r、t_s 和 t_1，其中 t_r、t_s 为固定值，只有冷水温度 t_1 变化，所以冷水温度对 K_h 的计算结果有较大的影响。

（4）使用人数或单位数。从工程实际来看，同一工程如果使用人数或单位数越多，则用水量较大且较均匀，即小时变化系数就会相对较小。使用人数或单位数与 K_h 成反比。

3.2　"新" K_h 对 "03 版规范" K_h 的改进

（1）在 "新" K_h 的推求过程中，综合考虑了 3.1 中（1）～（3）涉及的因素。

（2）与给水 K_{hl} 配套，互相关联。

（3）避免了混合热水的设计小时用水量或热水的设计小时用水量大于冷水用水的最大小时用水量的情况。

由式（5）得：

$$q_{ld}K_{hl}\alpha = q_{rd}K_h \tag{6}$$

$\because \alpha < 1.0$

$\therefore q_{ld}K_{hl} > q_{rd}K_h$

（4）存在未考虑使用人数或单位数多少变化的缺陷。但是，由于在计算中与 "03 版规范" 中冷水配套考虑，因此，该计算从理论上讲是正确的。

3.3　根据实测数据计算整理的 K_h 与 "新" K_h 的比较

由于工程实测资料位于北京地区，本文分析比较采用 $t_1=5℃$ 对比分析，见表 7 所示。

工程实测数据的 K_h 与 "新" K_h 的比较　　　　表 7

计算值 K_h	4.80～3.71
伯宁花园 K_h	2.96～1.0
蓝堡小区（高区）K_h	4.94～1.93
蓝堡小区（中区）K_h	4.11～1.83

如前所述，伯宁花园是一个成熟社区，在高入住率的前提条件下，用水比较均匀，因此，其 K_h 较小；而对于蓝堡小区（高区）来说，人数相对较少，而且有一部分还是出租房，各自的生活习惯也不一致，用水不均匀，从而出现 K_h 大的情况；蓝堡小区（中区）虽然入住率与高区一致，但相比高区而言，人数较多，用水较均匀，故所得的 K_h 与推求值较相符。

4 结语

本文介绍了一种热水系统设计中小时变化系数的计算方法，并给出了与给水系统相对应的各类建筑的热水小时变化系数。该数值较"03版规范"规定的数值有较大幅度的调整，虽然目前还局限于书面计算，缺乏大量工程的实际检验，但是该方法以冷水的小时变化系数 K_{hl} 为基础，建立热量平衡方程和水量平衡方程进行推导，合理地解决了原有热水小时变化系数与冷水用水量、冷水小时变化系数及水温等参数"脱节"的问题，为设计人员正确设计热水系统提供了较为合理的参数。同时，也为《建筑给水排水设计规范》（GB 50015—2003）热水小时变化系数的修编提供了参考依据。

参 考 文 献

1 黄秉政，徐珉. 对于生活热水最大小时耗热量计算的思考. 给水排水，2005，31（8）：108～110
2 杨立，陆少鸣，张春生. 民用建筑生活用水量与热水量的讨论. 给水排水，2005，31（2）：82～85
3 王云海. 建筑给排水中热水用水量计算方法的比较. 工业用水与废水，2003，34（3）：21～23
4 张新明，李树存，陈学瑜. 对旅馆热水供应设计小时耗热量计算的探讨. 河北建筑科技学院学报，2002，（2）：24～25
5 方正，郭圣华. 旅馆建筑热水量的合理确定. 武汉水利电力大学学报，1998，31（6）：89～91
6 刘振印，张燕平. 热水供应系统设计中值得注意的几个问题. 给水排水，1996，22（3）：30～35
7 王丽媛，李权，毛淑坤. 热水供应中时变化系数的函数表示法. 黑龙江水利科技，1998，（2）：34～35

发表于《给水排水》Vol. 33
No. 3 2007

5 主要荣誉及奖项

5.1 个人荣誉奖项

1）1992 年获国务院颁发的享受"政府津贴"专家证书

2）1992 年获建设部"突出贡献的中青年科学、技术、管理专家"证书

3）2001 年获中国建筑设计研究院颁发的功勋员工，"功勋奖"。

4）2006 年、2010 年分别获全国勘查设计注册工程师管委会颁发的"优秀专家"、"优秀命题专家"证书

5）2008 年获北京土木建筑学会建筑给水排水委员会颁发的"突出贡献专家"证书

6）2017 年获中国工程建设标准化协会建筑给水排水专业委员会，中国土木工程给水工业分会建筑给水排水委员会"杰出荣誉奖"

7）1986 年、1989 年 1990 年分别获院，建设部直属机关、中共中央国家机关工委"优秀共产党员"证书。

5.2 项目获奖

1）设计项目获奖（见表 1）

主要设计项目获奖一览表 表 1

项目	奖项	时间	备注
7513 工程	全国优秀国防工程一等奖	1978 年	水专业负责人
北京图书馆	全国勘查设计优秀设计金奖	1989 年	主楼水设计人
南海酒店	建设部优秀设计三等奖	1988 年	水专业负责人
招商局培训中心	建设部优秀设计二等奖	1988 年	水专业负责人
梅地亚中心	全国勘察设计优秀设计银奖	1988 年	水专业审核审定人（工种负责人袁乃荣）
301 解放军总医院主楼	全国勘察设计优秀设计银奖	1999 年	水专业审定人（工种负责人袁乃荣）
国家体育场（鸟巢）	全国勘察设计优秀设计金奖 中国建筑设计（建筑给水排水）金奖	2008 年 2009 年	水专业审定人（工种负责人郭汝艳 刘鹏）
首都博物馆	全国勘察设计优秀工程银奖	2008 年	水专业审定人（工种负责人郭汝艳）
奥林匹克公园瞭望塔	中国建筑设计奖（建筑给水排水）一等奖	2017 年	水专业审定人（工种负责人郭汝艳）
中国人寿大厦	国家优质工程银奖 北京市优秀一等奖	2003 年	水专业审定人（工种负责人赵世明）
广州亚运城太阳能与水源热泵工程	中国建筑设计奖（建筑给水排水）银奖	2000 年	水专业审定人（工种负责人王耀堂）
北京大学 100 周年纪念堂	建设部优秀勘察设计二等奖	2000 年	水专业审定人（工种负责人刘鹏）

续表

项目	奖项	时间	备注
林业局办公科技综合楼	北京市优秀工程设计三等奖	2002 年	水专业审定人（工种负责人张燕平）
航空医学科技开发综合楼	北京市优秀工程设计三等奖	2002 年	水专业审定人（工种负责人张燕平）
外国专家公寓	北京市优秀工程设计三等奖	2002 年	水专业审定人（工种负责人袁乃荣）

2）科研、规范、标准、手册获奖（见表 2）

科研、规范、标准、手册获奖一览表　　　　　表 2

项目	奖项	时间	备注
RV-02 立式容积式换热器	建设部科技进步二等奖	1990 年	第一完成人主持人
容积式换热器（RV-02）	中国优秀奖专利	1991 年	第一发明人
RV-02 系列立式容积式换热器	入选《国家科技成果重点推广计划》（1992 年增补项目）	1992 年	主持人
RV-04 系列单管束立式容积式换热器	建设部科技进步三等奖	1995 年	第一完成人主持人
RV-04 系列单管束立式容积式换热器	入选建设部 1995 年科技成果重点推广项目	1995 年	主持人
RV-04 系列单管束立式容积式换热器	列为国家经委资源节约综合利用司、国家计委交通能源司、国家科委工业科技司"优秀节能产品"	1994 年	主持人
HRV-$^{01}_{02}$ 半容积式水加热器	入选香港新闻出版社《中华优秀专利技术精选》	1997 年	主持人
RV 系列导流型容积式水加热器选用及安装国家标准图集	第六届优秀工程建设标准设计"银质奖"	2002 年	第一设计人
《建筑给水排水设计手册》（第二版）	华夏建筑科学技术一等	2010 年	第二主编热水主编
民用建筑节水设计标准 GB 50555—2010	华夏建筑科学技术奖二等	2011 年	第二主编
建筑机电工程抗震设计规范 GB 50981—2014	华夏建筑科学技术二等	2018	第二主编
建筑使用交付文件技件模式与应用	华夏建筑科学技术奖二等	2017 年	第 4 位（崔愷院士主编）

3）论文获奖（见表 3）

论文获奖一览表　　　　　表 3

论文标题	奖项	时间	备注
南海酒店的给排水设计	《给水排水》杂志第一届优秀论文"钱江奖"二等奖	1986 年	独著（无一等奖）
太阳能集中热水供应系统的合理设计探讨	《给水排水》"沃德杯"优秀论文二等奖	2011 年	独著
集中热水供应系统循环效果的保证措施—热水循环系统的测试与研究	《给水排水》"沃德杯"优秀论文特等奖	2015	第 1 作者
广州亚运城太阳能热水集热系统关键参数分析与取值	《给水排水》"沃德杯"优秀论文特等奖	2011 年	第 3 作者
集贮热式无动力循环太阳能热水系统——突破传统集热理念的全新系统	《给水排水》"沃德杯"优秀论文二等奖	2013 年	第 2 作者

5.3　部分获奖证书

国务院政府特殊津贴证书　　　　　　　　建设部有突出贡献专家证书

中共中央国家机关工委优秀党员证书　　　　建设部直属机关优秀党员证书

中国建筑设计研究院功勋员工功勋奖　　　　全国勘察设计注册工程师优秀专家

全国勘察设计注册工程师执业资格考试优秀命题专家

两委会杰出荣誉奖/奖杯

两委会杰出荣誉奖/荣誉证书

北京土木建筑学会建筑给排水委员会突出贡献荣誉证书

"广州亚运城太阳能利用和水源热泵工程"
中国建筑设计(建筑给水排水)银奖获奖证书

"南海酒店的给排水设计"论文
"钱江奖"二等奖证书

"集中热水供应系统循环效果的保证措施"论文
"沃德杯"特等奖证书

"RV 系列导流型容积式水加热器选用及安装"
标准设计"银质奖"证书

"RV-02"系列立式容积式换热器
建设部科技进步二等奖证书

"RV-04"系列单管束立式容积式换热器
建设部科技进步三等奖证书

6 部分工作照

1989 年长城留影

2001 年 60 岁生日三所水组全员合影

RV-02 现场测试组成员合影

测试 RV-02 样罐

RV-02 测试组成员

RV-02 测试组主要成员刘振印、赵度、王祥武

RV-03 测试组成员

RV-04 测试样罐及测试组主要成员刘振印、王耀堂等　　　　　RV-04 测试工作照刘振印、王耀堂等

RV-04 部级鉴定会会场

HRV 现场测试

BDHRV 现场测试

模拟热水循环系统现场测试组成员

模拟热水循环系统现场测试

全国建筑给水排水委员会热水分会成立大会主席台就座专家

全国建筑给水排水委员会热水分会成立大会我院代表合影

全国建筑给水排水委员会热水分会成立大会刘振印总工代表筹委会发言

1996 年赴日技术交流会上发言

1996年赴日交流中国专家与留日学生合影

赴美考察合影，从左至右：赵世明、傅文华、刘振印

赴美考察中国专家合影

赴欧技术交流与考察，与张杰院士合影

赴欧技术交流与考察，我院专家合影，从左至右：赵世明、赵锂、刘振印、郭汝艳

赴欧技术交流与考察

赴欧技术交流与考察全体成员

"集中热水供应系统循环效果的保证措施"论文获特等奖留影

"沃德杯"论文特等奖领奖照

7 答 谢 篇

《建水人生——刘振印先生成果集》一书面世了，衷心感谢崔愷院士为本书封面题字，衷心感谢赵锂副院长、王耀堂总工、张燕平高工及编委会同仁为编辑此书所做的工作。

日月如梭，光阴似箭，转眼之间，已介迈年。回首往事，历历在目。我在1964年大学毕业后一直从事建筑给水排水的设计、科研及管理工作，改革开放前主要做了一些人防工程、国防工程的设计，虽然锻炼了设计的基本功，但业务收获甚微。1978年后我国跨入了改革开放的新时代，也是我付出收获的年代。1983年初，我作为院首批派遣去深圳新建的华森公司工作，第一个项目是为华森创业立碑的"南海酒店"。南海酒店是一由香港汇丰银行，美丽华大酒店，国内中国银行、招商局投资的五星级酒店，也是首批从建筑方案到施工图设计全由国内设计人员设计的豪华酒店。我有幸承担了该酒店的方案设计、初步设计、施工图设计、配合施工、调试及验收的全过程工作，较深入接触和吸收了当时欧美的一些先进技术。通过此项目的全面工作，我基本掌握了现代化建筑的建筑给排水设计技术和先进设计手法，此后我撰写了"南海酒店的给排水设计"论文（1987年两委会成立大会的第一篇宣讲论文），对南海酒店的设计进行全面的总结和提升，为我回院后的工作打下了较坚实的基础。

1986年我回到院三所负责水专业工作，我所承接了国际艺苑皇冠假日饭店、梅地亚中心两个五星级酒店及多项其他工程，其中国际艺苑与梅地亚工程均涉及市政热网水制备热水设备的大问题，由于传统的两行程容积式水加热器换热效果差，占地大，按其设计需两个水加热器串联使用，设备间约需 300m²，这在北京寸土寸金的王府井长安街地段是业主与建筑方案不能允许的，恰及当时我参加了院里组织的压力容器设计学习班，萌发了研发新型换热设备的理念，1987年至1989年历时两年在企业及北京市热力公司的大力帮助和支持下经两次研究设计，两次热工测试终于研发成功了新一代容积式水加热器，并即时应用在国际艺苑、梅地亚及北京市和外地多个项目上，改变了国内容积式水加热器的落后面貌，此后多年我又相继和企业配合研发了多代新型水加热设备，为完善我国建筑热水核心设备作出了应有贡献。

1994年后我相继承担了"建筑给水排水设计规范"热水章节的主编及公用设备注册工程师的专家工作，承担了多本规范、行业标准、国家标准图、设计手册、技术措施的部分主编与参编工作，担任本专业学会、协会一定的职务为专业的发展、培育人才做了力所能及的工作。

回望过去，自我评价："数年一日，潜心建水，脚踏实地，略有成效"。

人生成长，事业成就离不开社会的赐予、环境的培育与人际的帮助。五十多年来我所取得的点滴成果在于我赶上了好时代，搭上了好平台，遇上了好人缘。

赶上了好时代

党的十一届三中全会以邓小平同志为首的党中央、领导全国人民拨乱反正走以经济建设为中心的富民强国之路，广大知识分子有了展宏图的用武之地，我有幸赶上了这个改革开放、努力拼搏、释放能量的好时代。

搭上了好平台

中国建筑设计院有限公司及其前身建设部设计院是我国最早成立的国家级设计院，建国初期，我院聚集了数位建筑界元老精英，在院领导支持下培养了一大批各个专业的技术骨干，设计了北京火车站、中国美术馆、国家图书馆、国际饭店等数项国家重点工程，为我院设计工作者搭建了一个宽广的平台。我参加工作的第一个单位是1964年新组建的建设部设计局直属专业设计室，该室各工种的组长及技术骨干大多是当时的北京工业建筑设计院（即后来的建设部设计院）选派过来的。1971年我分配到我院、建研院等小部分人员组成的新建研院，此后我一直在院工作。1983年初由当时程文生副院长带领26人的小分队赴深圳蛇口组建华森公司，并承担南海酒店的设计，我有幸作为小分队水专业唯一成员在华森工作了三年零五个月。有了华森的经历、有了全过程南海酒店的工程技术积累，才使我较牢固地掌握了建水专业的设计技术。回院后三所王金森所长（后为总院副院长）任命我为三所水专业主任工程师兼水室组长。恰及当时三所承接国际艺苑、梅地亚等多项高级民用工程设计项目，我在承担"国际艺苑"设计的同时，又参加了院组织的压力容器学习班，这为我研发新一代容积式水加热器创建了一个很好的平台。第一代新型容积式换热器研发成功后，院领导给了我很高的荣誉，我成为我院水专业第一位享受国务院津贴的专家，建设部有突出贡献的中青年科学技术管理专家，获得国家工委机关、建设部机关、院优秀党员称号，并任命我为院副总工程师。鼓励、鞭策我此后多年为提高我院建水设计水平促进发展我国建水技术做了有益的工作。还成功研发了五代水加热器新产品。

遇上了好人缘

人的一生，造就事业，除时代、环境的赐予也离不开亲情、友情的支持。我在近三十多年取得的一点成果亦与前辈、同辈、晚辈同事、朋友的指点、友情帮助密不可分。

傅文华先生是我的第一任组长，设计启蒙老师，我俩同室共事多年，相互帮助支持，亦师亦友，受益匪浅。我院的水专业李廷尧（已故）、张国柱（已故）、吴以仁、郭文、杨世兴、肖泉生、宋为茹、丁再励等老专家及暖通专业的李娥飞大师、熊育铭研高都指导、帮助过我的工作；RV系列产品研制设计过程中，三所水组袁乃荣、方雪松、陈宁、耿欣平、张燕平、王耀堂、左凤军、赵度、王祥武、靳晓红全体成员均多次参与现场测试及加工图设计工作。原一所李岢、二所宋国清同仁亦在测试现场协助工作。院内建水专业自总工至各位设计同仁均为推广应用RV系列产品做了大量工作。

RV系列产品研发及推广应用得到了建水两委会、建筑给水排水研究分会各位专家的大力支持。老前辈王继明先生、肖正辉先生亲临组织主持RV-02、RV-04的产品部级鉴定会，姜文源先生为RV-02、RV-03、RV-04提名为导流型容积式水加热器；陈怀德、方汝清、张淼、崔长起、刘文镔、黄汝宏、章崇伦、鲁宏深、汤浩、刘夫坪、左亚洲、王克强（已故）、陈钟潮、孙祖恩、杨一介等老专家及暖通专业的李义、刘茂堂、吴国让、丁永鑫等老朋友都为推荐应用RV系列产品及多方面给予我帮助；中国联合工程总公司郭伟华董事长、徐凤、王靖华、王峰、黄晓家、刘建华、杨政忠、肖燃、曾捷、郑克白、孙立宁、刘玖玲、涂正纯、栗心国、归谈纯、程宏伟、华明九、杨仙梅、刘德军、黄显奎、姚志强、孙星明等总工及建水界众多同仁亦支持和帮助过我的工作。

RV系列产品的研制成功还要归功于众多企业的鼎力配合。

RV系列产品研发过程中为了保证其性能参数及运行的可靠性，每代产品均经过多次试制样罐，一次至多次的热工性能测试，而每次热工测试均需找热源、水源、找测试现场、安装测试系统、配齐测试仪表。在自测成功的基础上再请热工测试单位实测，实测时由于蒸汽热源供汽压力波动，为测一组稳定的参数需花费半天的时间，每次专用于测试的时间均为4~7天。企业为此要花费大量的人力、物力、财力和精力。北京万泉压力容器厂、济南压力容器厂、河北深圳热力设备有限公司、北京石景山压力容器制造厂、浙江杭特容器有限公司均为研制RV系列产品做过现场测试，其中万泉厂做过六次热工测试工作。

集中热水循环系统的模型测试是在保定太行集团有限责任公司进行的，该企业为此改造厂房、搭建循环系统模型、为测试创造了良好的条件，我院高峰、王睿、李建业等年轻同志配合企业安装调试，并与我一道进行测试，为保证集中热水系统的循环效果提供了可靠的设计运行依据。

知遇感恩是为人之本，藉本书出版之际，我由衷感谢我们党开创的改革开放新时代，由衷感谢培养、支持我成就事业的中国建筑设计院有限公司，由衷感谢给予我工作友好帮助的院内外专家、同仁；由衷感谢所有帮助、支持过我工作的朋友。

几十年来家人对我的工作给予了鼎力支持，对我的生活给予了悉心照料，在此亦对他们表示感激。

刘振印

2018年3月

HANGTE

贺刘振印先生光荣建水人生：

厚德载物

——浙江杭特容器有限公司
董事长　顾小平

公司老总顾小平与中国建筑设计院总工刘振印在一起

浙江杭特容器有限公司坐落于福布斯最佳县级商业城市、杭州湾工业新城——绍兴上虞。公司董事长顾小平在1994年初从建设部设计院引进了刘总的RV、HRV换热器专利技术。24年来刘总心系杭特，每年抽出宝贵的时间来指导企业，专题分析热水系统技术，帮助杭特在建筑中央热水系统领域开发了大波节管及系统集成技术，在企业不断壮大中刘总与顾总也结下深厚的友情。

公司具有全方位压力容器产品设计、开发、制造、安装能力。公司于2004年以来取得压力容器设计、制造及压力管道安装资质，ISO9001质量管理体系认证，2012年获国家高新技术企业。换热器产品入选国家建筑标准水加热器设计图集16S122，是国家城镇建设换热器行业标准CJ/T-163-2015的起草单位，国内外五星级酒店用户500家以上。

创新是企业发展永恒的主旋律，杭特公司在给水排水领域与刘振印总工紧密合作相继开发完善了RV、HRV、DBRV、DBHRV系列容积式、半容积式热交换器，DFHRV系列浮动盘管热交换器，BQH、BQC波节管快速换热器，HTRJ板式、壳管式暖通、智能卫生热水换热机组，真空补水排气装置。应用和研发了新材料、新工艺，与中国建筑设计研究院有限公司王耀堂总工合作研发了无动力循环太阳能热水系统，燃气集成热水机组，节能余热回收装置，研发了以太阳能热水装置为主体综合多项节能技术的集成机组并申请获得了大波节管、浮动盘管等10项实用新型专利。开发、深化碳钢衬铜、衬SUS444独特工艺，引进二保焊、等离子数控割焊装备，产品制造质量显著提高。

杭特产品全国知名，出口新加坡、越南等东南亚国家。

杭特品牌进入英国希尔顿、洲际、美国万豪、凯悦、温德姆、德国凯宾斯基、法国雅高、香港半岛等国际酒店管理集团。

杭特品牌进入万科、恒大、富力、绿地、万达、宝龙、保利、华润、绿城、泰禾、融信、雅居乐、越秀、华发、佳兆业、建业、太平洋、恒大、朗诗、复地、新加坡凯德、建屋，香港恒隆、理文，台湾蓝天等100强地产公司。

三亚凤凰岛国际会议中心

海棠湾亚特兰蒂斯酒店

金茂三亚丽思卡尔顿酒店

上海外滩半岛酒店

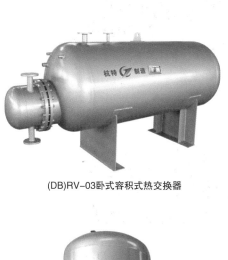

(DB)RV-03卧式容积式热交换器

(DB)HRV-02立式半容积式热交换器

(DB)RV-04立式容积式热交换器

(DB)HRV-01卧式半容积式热交换器

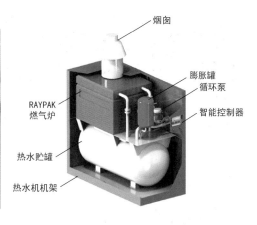

烟囱

膨胀罐
循环泵

RAYPAK
燃气炉

智能控制器

热水贮罐

热水机机架

半容积式换热器机组

集成机组

换热器机房

浮动盘管热交换器

索乐阳光恭贺刘振印先生《建水人生》发布

潜心建水结情缘，

几多辛苦化甘甜。

如今但祝朝朝乐，

自信人生五百年。

索乐阳光企业介绍

　　北京索乐阳光能源科技有限公司自1999年开始从事太阳能系统的设计、生产、安装及服务。索乐阳光公司一直专注于太阳能系统自身的安全性、高效性和稳定性的提高，不断对产品进行技术改进和创新，拥有多项太阳能专利；

　　多年来与中国院合作设计研发太阳能产品系统，积极引进中国建筑设计研究院无动力太阳能系统专利技术，在刘振印先生和王耀堂总工等专家的指导下取得了丰硕成果，探索、引领太阳能光热利用新技术，开创了无动力太阳能热水系统新时代。

无动力太阳能产品类型

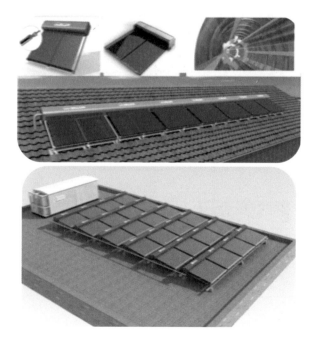

无动力太阳能相关产品研发

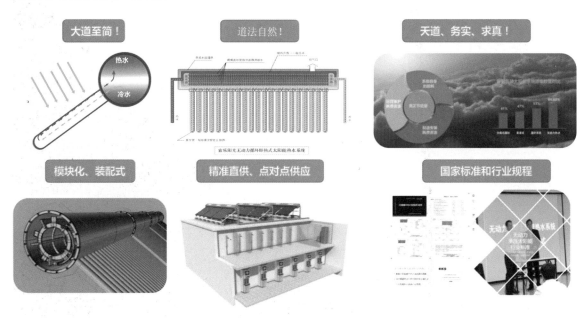

无动力太阳能工程案例

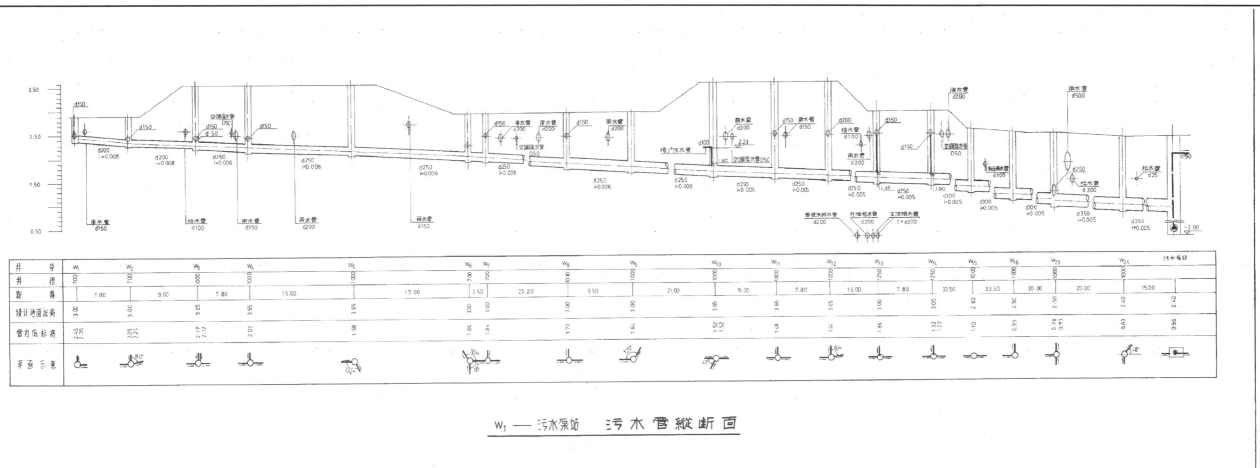

W₁ — 污水泵站 污水管縱斷面

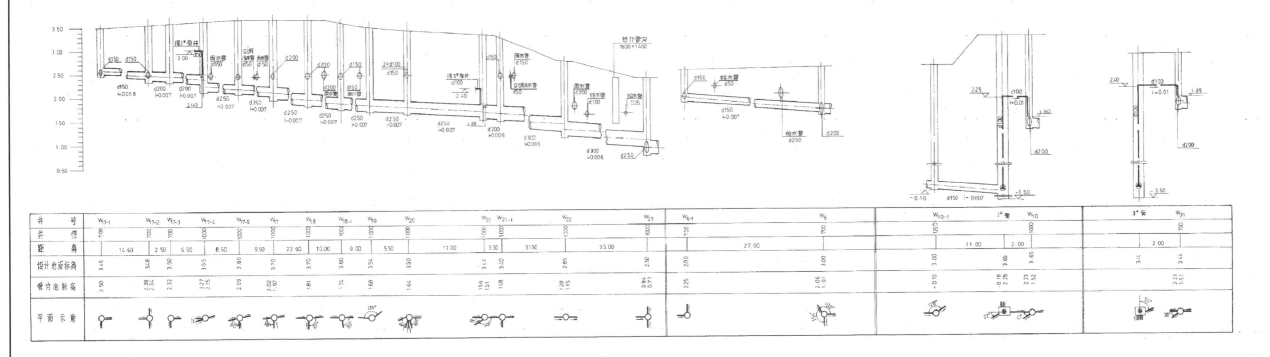

污水管纵断面

项目 南海酒店 PROJECT

图名 污水管纵断面 TITLE

图号 S-81 DRAWN NO

比例 SCALE

日期 1984.5 DATE

设计 DESIGN
校对 CHECK
专业负责人 CHIEF
设计总负责人 PROJECT CHIEF

WATSON ARCHITECTURAL &
ENGINEERING DESIGNING
CONSULTANTS

华森建筑与工程设计顾问公司

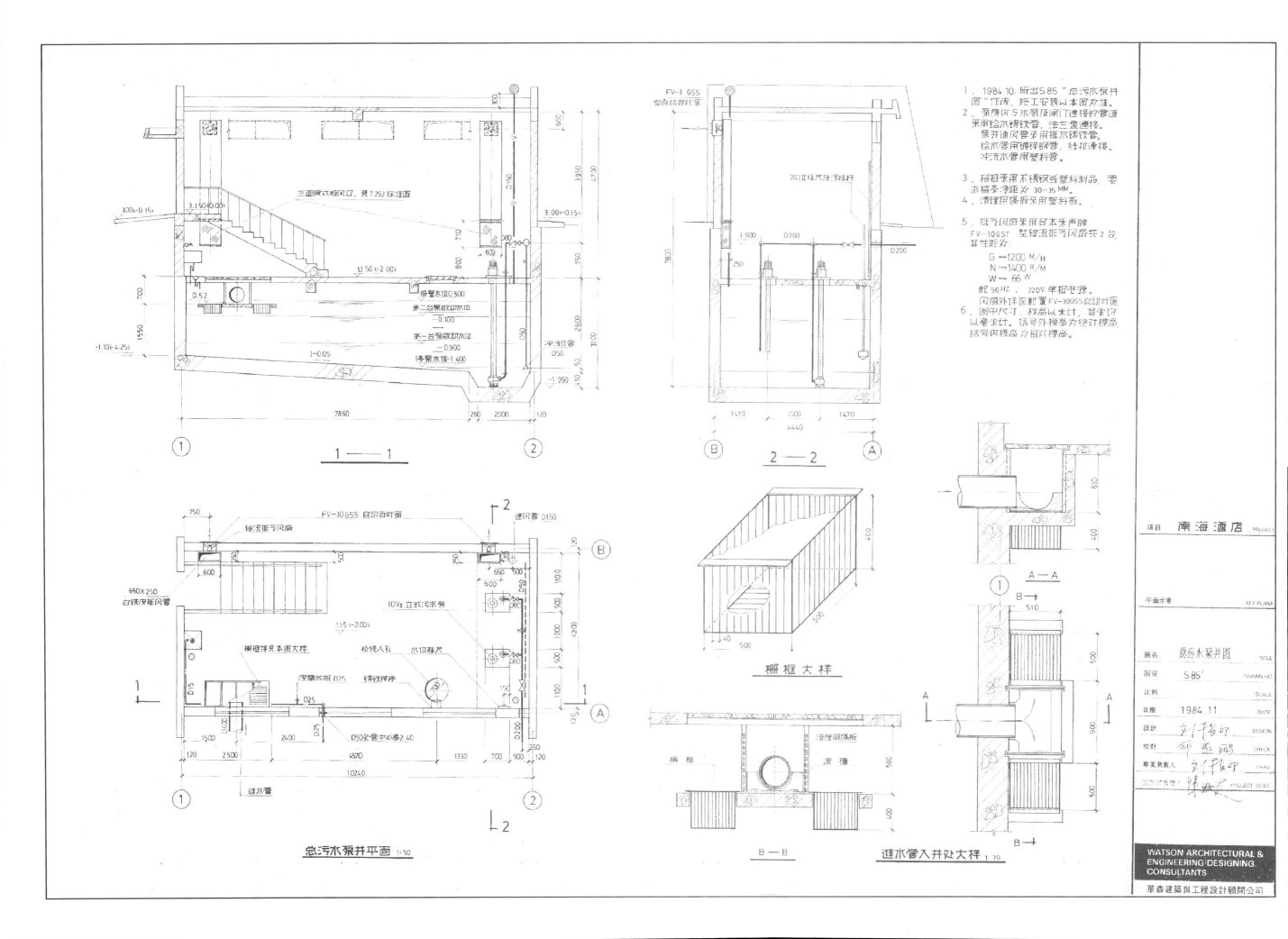

1 ─── 1

2 ─── 2

栅框大样

A ─── A

B ─── B

总污水泵井平面 1:50

B ─── B

进水管入井处大样 1:20

1. 1984.10. 所出S85 "总污水泵井
图"作废，施工安装以本图为佳。
2. 泵房内与水泵及闸门连接的管道
采用给水铸铁管，法兰盘连接。
泵井通风管采用排水铸铁管。
给水管用镀锌钢管，丝扣连接。
冲流水管用塑料管。
3. 栅框采用不锈钢或塑料制品，要
求栅条净距为 30~35 MM。
4. 清理用隔板采用塑料板。
5. 排气风扇采用日本东洋牌
FV-30GST 型轴流排气风扇共2台
其性能为：
  G =1200 M³/H
  N =1400 R/M
  W = 66 W
配 50HZ、 220V 单相电源。
风扇外洋面配置FV-30GSS自动叶窗
6. 图中尺寸，标高以米计，其余均
以毫米计。括号外标高为绝对标高，
括号内标高为相对标高。

项目 PROJECT　南海酒店

平面示意 KEY PLANE

图名 TITLE　滨海水泵井图

图号 DRAWN NO　S 85'

比例 SCALE

日期 DATE　1984.11

设计 DESIGN

校对 CHECK

专业负责人

PROJECT CHIEF

WATSON ARCHITECTURAL &
ENGINEERING DESIGNING
CONSULTANTS

华森建筑与工程设计顾问公司

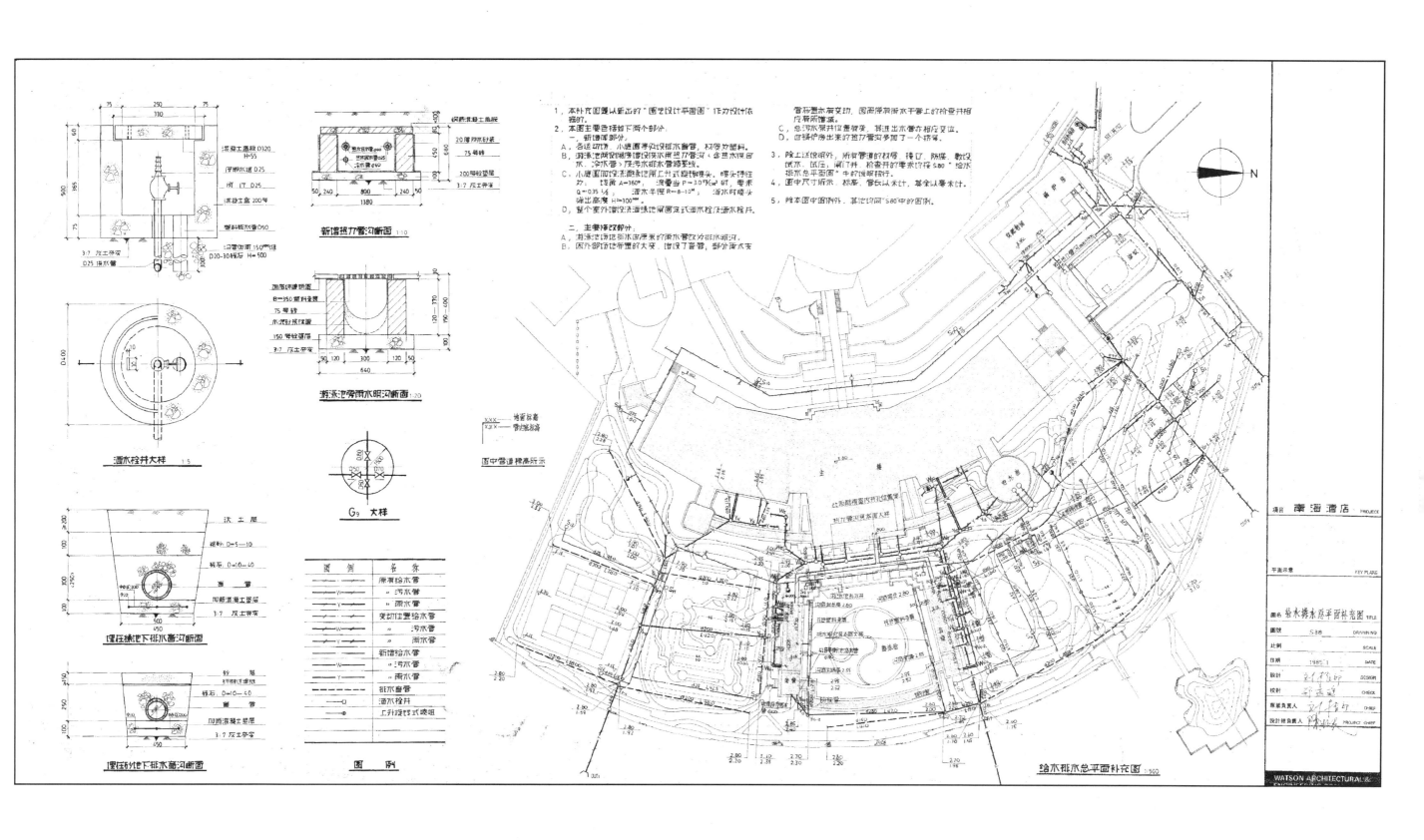

设 计 说 明

一 给水排水部分

(一) 系统

1. 给水：底层——3层直接利用市政给水管供水，
4—16层采用市政供水管供水至室外贮水池，再由加压泵将水池中水提升至高位水箱供水。为防止高位水箱供水至低层时压力过高产生水锤噪声，4—12层工生间供水支管上设一水锤消除器。
设在屋顶的冷却塔由高位水箱补水。

2. 排水：
   A、卫生间污、废水经室外污水管排入市政污水管网。
   B、屋面雨水采用内落水排水，经室外雨水管排入市政雨水管道。
   C、空调冷凝水、高位水箱、冷却塔集水池的溢、泄水排入雨水管道。

(二) 管材、接口及防腐防露

1. 管材及接口：
   A、给水管：埋地部分管径 $D_g \leq 50$ MM 者采用镀锌钢管，丝扣连接，管径 $D_g > 50$ MM 者采用给水铸铁管，石棉水泥捻口，非埋地给水管以采用镀锌钢管，丝扣连接，但与屋顶高位水箱、埤水池连接处采用法兰盘接。
   与洗手盆水咀连接的管道质量为高位水箱进水短管及管件全用镀铬铜制品。
   B、污、废水管，管径 $D_g \geq 50$ MM 者采用铸铁排水管，水泥浆捻口，厕所间污水立管底至出户管部分采用承口铸铁管，石棉水泥打口，管径 $D_g < 50$ MM 者及透气管采用镀锌钢管，焊接或丝扣连接。
   C、雨水管：吊装在桥架的管道采用焊接钢管，焊接接口；埋地部分管道采用承口铸铁管，石棉水泥打口。
   D、与冷却塔、贮水池、冷却塔淋水连接的管道、室外水泵吸水压力管道采用焊接钢管，法兰盘接。
   E、空调冷凝水排水管、贮水池溢水管采用给水铸铁管，水泥浆捻口。

2. 防腐、防露：
   A、埋地及包装在钢筋混凝土柱等的管道，管外壁刷热沥青两道，焊接钢管内壁刷沥青两道。
   B、敷设在吊顶内的焊接钢管及冷水管外壁刷樟丹一道，银粉两道，露明的镀锌钢管外壁刷防露沥青一道，银粉二道。
   C、卫生间吊顶内管道的绝热厚度为20 MM 的聚苯乙烯塑料瓦作防露绝温层，其外缠油纸保护。

(三) 管道及附件之敷设

1. 给水横管敷设不小于 $i=0.003$ 的坡度坡向放水点，以利放空排水。

2. 排水管敷设坡度如下表示：

管径 MM	50	100	150	200	300
污水管	0.035	0.02	0.015		
雨水管		0.02	0.02		
铸铁排水管	0.02	0.01		0.005	0.005

3. 穿越钢筋混凝土水池的管道采用刚性防水套管，穿越高位水箱、冷却塔淋水池的管道作止水环。

4. 穿越地下室墙的管道应予留孔洞，洞底至管顶应不小于150 MM 的空隙。

5. 穿越楼板的下水管应予留孔洞，土建施工中应密切配合。

6. 所有悬吊、柱、板、梁敷设的管道应作支、吊架。
   A、钢管支架最大间距如下表示：

管径 MM	15	20	25	32	40	50	70	80	100	150
间距 M	2.5	3.0	3.5	4.0	4.5	5.0	6.0	6.0	6.5	7.0

   B、铸铁管上的吊架或水箱支架应固定在承重结构上，固定件间...

距：横管不大于 2M，立管不大于 3M，立管卡箍应紧贴承口。

7. 污、雨水立管与出户管之连接应用两个45°弯头或45°斜三通，污水管道之连接应尽量采用45°三通、90°斜三通。

8. 屋顶冷却塔进出水管的弯曲处，转弯处作混凝土支墩。

9. 卫生间管径 $D_g=150$ MM 的污水出户管前，雨水出户管敷设前应对敷设处回填土质量夯实，夯层压实上作 100 MM 厚的混凝土垫层，并严格按设计要求坡度敷设。

(四) 管道附、配件

1. 给水管、冷却塔进出水管口的配件，管径 $D_g \leq 50$ MM 者采用截止阀，丝扣接头，但与高位水箱等接头处用法兰连接，$D_g \geq 70$ MM 者采用闸阀接口，丝扣连接或法兰盘接。
给水管上的阀门要求采用公称压力 $P \geq 10KG/CM^2$ 的阀门。

2. 洗手盆的下水存水弯采用带丝堵清扫口的镀铬铜器，其上的水龙头采用镀铬铜制品。

3. 屋面雨水排水采用铸铁制 79 型雨水斗，安装要内外刷两道热沥青防腐。

4. 洗手盆水龙头、卫生间低水箱、立式小便斗高水箱的浮球阀其承受的额定工作压力 $P \geq 6KG/CM^2$ 的产品。

(五) 管道试压

1. 高层给水做试验压力为 11 KG/CM²，要求 10 分钟内压力下降不大于 0.5 KG/CM²，然后降压至 6 KG/CM²，以无渗漏为合格。低层给水试验压力为 7 KG/CM²，10分钟内满足上述要求以上。

2. 污、废水与雨水管作灌水试验，污、废水管注水高度为一层楼高，雨水管注水高度达到立管最上部的雨水斗，注水15分钟后再放满延续5分钟，以疏水不下降为合格。

3. 冷却塔给水进水管试压为 7 KG/CM²，10 分钟后降压至 2 KG/CM²，试压要求同给水管。

4. 包装在钢筋混凝土柱等的雨水管、埋地管须经打压或灌水试验合格后方能包装和埋土。

5. 各装置完毕后应作通水试验，检查管道通水能力，排水是否畅通，有无漏堵。

(六) 图中尺寸所示

除标高以米计外，其余均以毫米计。

二 消防部分-水

(一) 系统

1. 供水水源：
   A、大楼全部消防用水均由市政供水管供给。
   B、室外设有一座容量为 200 M³ 的贮水池，其中 147 M³ 作为消防调节用水。
   C、屋顶设置的高位水箱，内备有10分钟的紧急消防用水。

2. 消防供水系统及其控制：
   A、大楼消防供水系统设有火栓与自动喷洒两个系统。底层商场除某、配电间、空调机房及卫生间内均设喷洒系统，附加设一个消火栓，其余各层只设消火栓。
   两系统同一供水水源——贮水池和高位水箱，同一消防泵，供水干管和由市政消防串间压供水的接合口，自动喷洒系统在桥香信号闸后与消火栓系统分开。
   B、消火栓系统按一处失火 6 股水柱同时动作考虑，每股水量为 5 L/S，共 30 L/S，持续时间约 2 小时，自动喷洒系统10 个喷头同时作用，持续时间 0.5～1 小时考虑。
   C、为保证消防供水时间，最低层消火栓的供水压力，10—底层消火栓采用减压阀减压直接供水，减压孔板放在底层至 3 层，$D=33$ MM，4—8层，$D=34$ MM，底层消防系统下设干管至自动喷洒系统检查信号闸门前的立管上装一块 $D=60$ MM 减压孔板。
   D、消防泵设两台，一台工作一台备用，当工作泵发生故障时，备用泵即自动投入工作。消防泵的启动，采用自动控制配以手动控制。
   消火栓系统的消防报警：天火时打碎设在消火栓旁的破碎玻璃盒口，低于破碎玻璃盒口上的微动触头报警、消防泵启动并...

将其失警信号反映至消防控制室。
自动喷洒系统的控制是：天火时，喷头玻璃球外破而喷水，管网压力骤降，当压力降低 1 KG/CM² 时，水压开关信号处的压力开关电动机动作启动消防泵，同时与桥香信号阀连通的水力警铃冷却工作报警。自动喷洒系统启动后即反馈信号至消防控制室，喷头喷水时，水流指示作，将失警信号反映至消防控制室，控制盘显示信号并报警。
消防泵启动后即反馈信号至消防控制室，按指灯显示，如指示灯不亮处值班员应立即启动消防泵。
有关电气控制部分详见电气施工图。

3. 变配电间、水泵房、空调机房、楼梯口等设 CO_2 手动灭火口。

(二) 消防器材、管材、接口、部附件及敷设、防腐

1. 消火栓：栓口直径 $D_g=70$ MM，单出口，每个消火栓配一条口径 $D_g=70$ MM，$L=25$ 长的有衬里水龙带，一枝 $Q=19$ MM 的水枪。每一消火栓箱内配置一个破碎玻璃盒口和一个警钮口。

2. 自动喷洒喷头采用公称直径 $D=15$ MM 的下喷玻璃球式喷头，温级（喷头有色标度）为 57℃。

3. 接合口采用 $D_g=100$ MM 的地下式接合口，并配套安装阀间。安全阀、单向阀。

4. 阀间、止回阀要求工作压力 $P \geq 10KG/CM²$，阀门须有明显的启闭标志。

5. 减压孔板材料选用不锈钢。

6. 埋地管道采用给水承扦铸铁管，青铅接口，非埋地采用焊接钢管，丝扣连接或焊接口，与水泵及阀间等连接处采用法兰盘接口。

7. 埋地管外壁刷热沥青两道，非埋地管外壁刷一道防锈漆，两道面漆。

8. 横管敷设坡度 $i=0.002$，坡向放水装置，以利放空余水。

9. 穿越地下室墙及钢筋混凝土水池池壁的管道应分别予留孔洞和柔性防水套管，要求同给排水部分。

10. 管道支架要求同给水管。

(三) 试压

系统试验压力为 14 KG/CM²，要求 10 分钟内压力下降不超过 0.5 KG/CM²，再降压至 8.5 KG/CM²，作外观检查以不漏为合格。

(四) 图中尺寸

除标高以米计外，其余均以毫米计。

(五) 室外管线设计要求详见 SZS-1 中说明。

三 主要设备表

序号	名称	型号	性能	材料	单位	数量	备注
1	生活加压泵	80D-12×6	$Q=216.396T/H$ $H=864.60$ M $N=13$ KW	铸铁	台	2	一台工作 一台备用
2	消防泵	5DA-8×4	$Q=72.126T/H$ $H=92.72$ M $N=40$ KW	铸铁	台	2	同上
3	玻璃表面玻璃板换热器	5TNB-150	$Q=150 T/H$ $\Delta T=4℃$	玻璃钢	台	4	
4	小型器料污水排水泵		$Q=1-5 M³/H$ $H=8-12$ M				水泵房排水用
5	环链手拉葫芦	612型	起重量 1 T 起吊高度 2.5 M				水泵房用

项目	联合大厦	PROJECT
设计号	W 83003—1	
平面示意		KEY PLAN
图名	设计说明	TITLE
图号	SS—1	DRAWN NO
比例		SCALE
日期	1983.12	DATE
设计		DESIGN
校对		CHECK
专业负责人		
设计总负责人		PROJECT CHIEF

WATSON ARCHITECTURAL &
ENGINEERING DESIGNING
CONSULTANTS

华森建筑与工程设计顾问公司

水施图纸目录

引用标准图及通用图纸目录

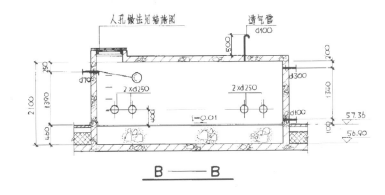

B—B

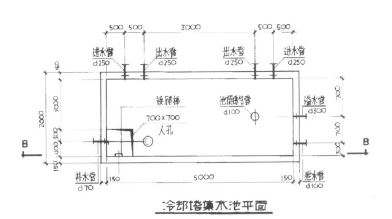

冷却塔集水池平面

图 例

图例	名称	图例	名称
	高层给水管		接合器
	低层 "		截止阀
F	消火栓给水管		浮球阀
S	自动喷洒给水管		地漏
	污水管		清扫口
V	透气管		存水弯
	冷却塔进水管		水龙头
	" 出水管		气嘴
	空调冷凝废水管		自动放气阀
	雨水管		自动冲洗阀
	溢、泄水管		减压孔板
	检查口		吸水喇叭口
	防震软接头		坐便器
	闸阀		立式小便斗
	止回阀		洗手盆
	安全阀		除污器
	消火栓	GL	低层给水立管
	破玻璃点	WL	污水立管
	警铃	YL	雨水立管
	水力报警阀	FL	消火栓立管
	搭警信号阀	VL	透气立管
	水流阀		压力表
	自动喷洒头	GHL	高层给水立管

补充图例

GN	低层给水引入管编号
GHN	高层给水引入管编号
FN	消防给水引入管编号
WN	污水出户管编号
YN	雨水出户管编号
Φ	水锤消除器

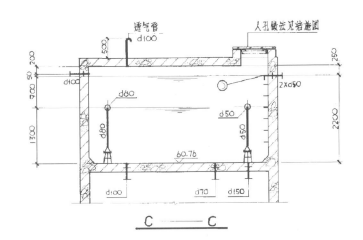

C—C

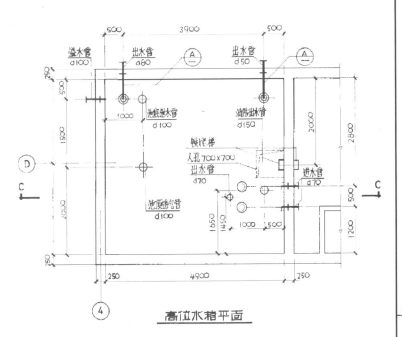

高位水箱平面

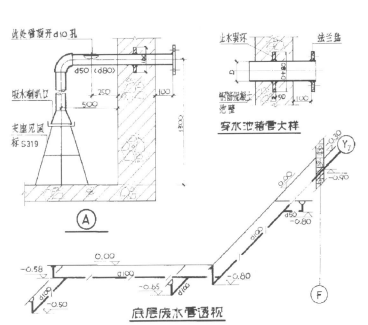

穿水池箱管大样

底层废水管透视

项目 联合大厦 PROJECT

设计号 W 83003—1

平面示意 KEY PLANS

图名 图纸目录、图例
高位水箱集水池翻管图等 TITLE

图号 SS—1-2 DRAWN NO.

比例 SCALE

日期 1983.12 DATE

设计 DESIGN

校对 CHECK

专业负责人 CHIEF

设计总负责人 PROJECT CHIEF

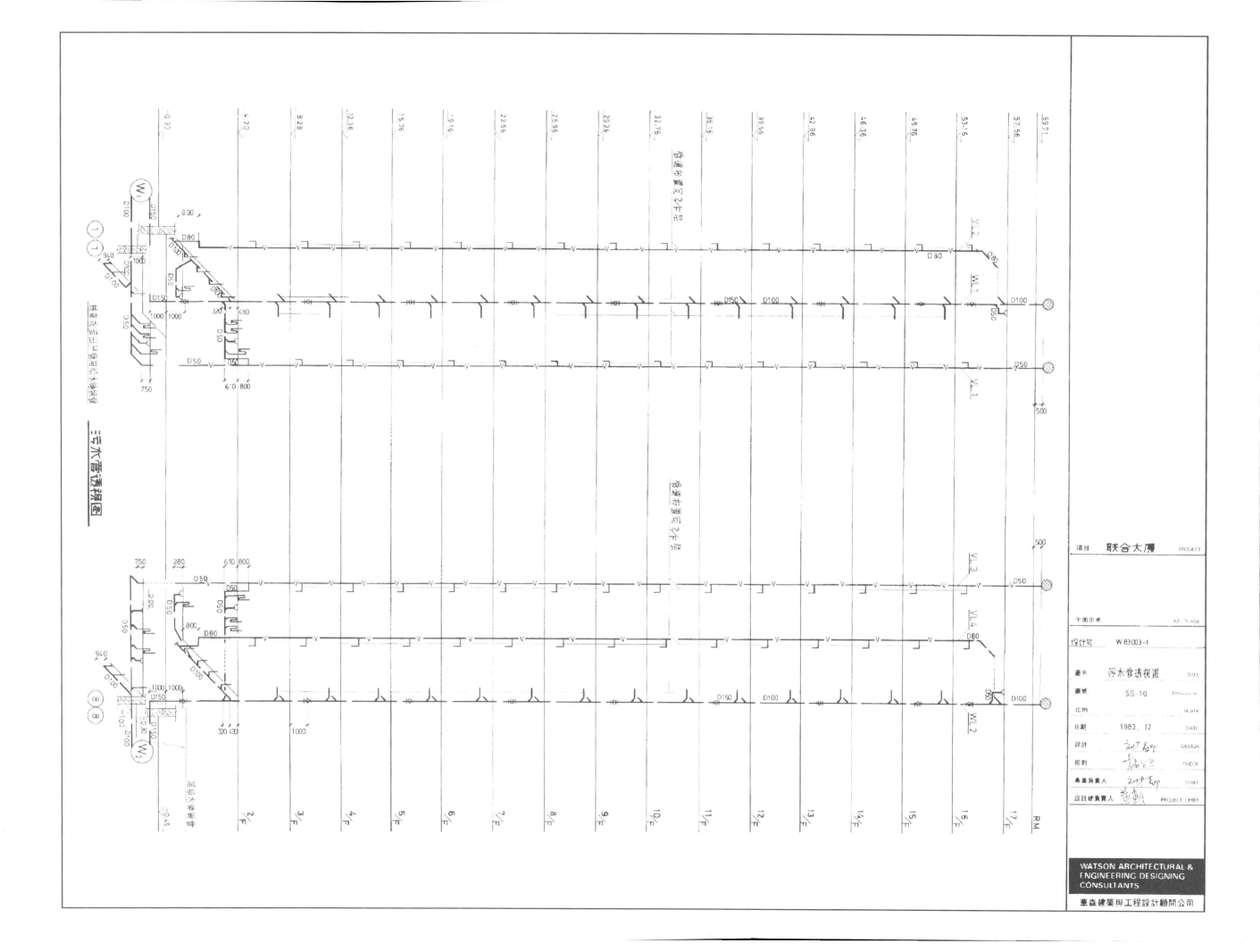

污水管透視圖

項目	联合大厦	PROJECT
平面示意		KEY PLANE
设计号	W 83003-1	
圖名	污水管透視圖	TITLE
圖號	SS-10	Dimension
比例		SCALE
日期	1983. 12	DATE
設計		DESIGN
校對		CHECK
專業負責人		CHIEF
設計總負責人		PROJECT CHIEF

WATSON ARCHITECTURAL &
ENGINEERING DESIGNING
CONSULTANTS

華森建築與工程設計顧問公司

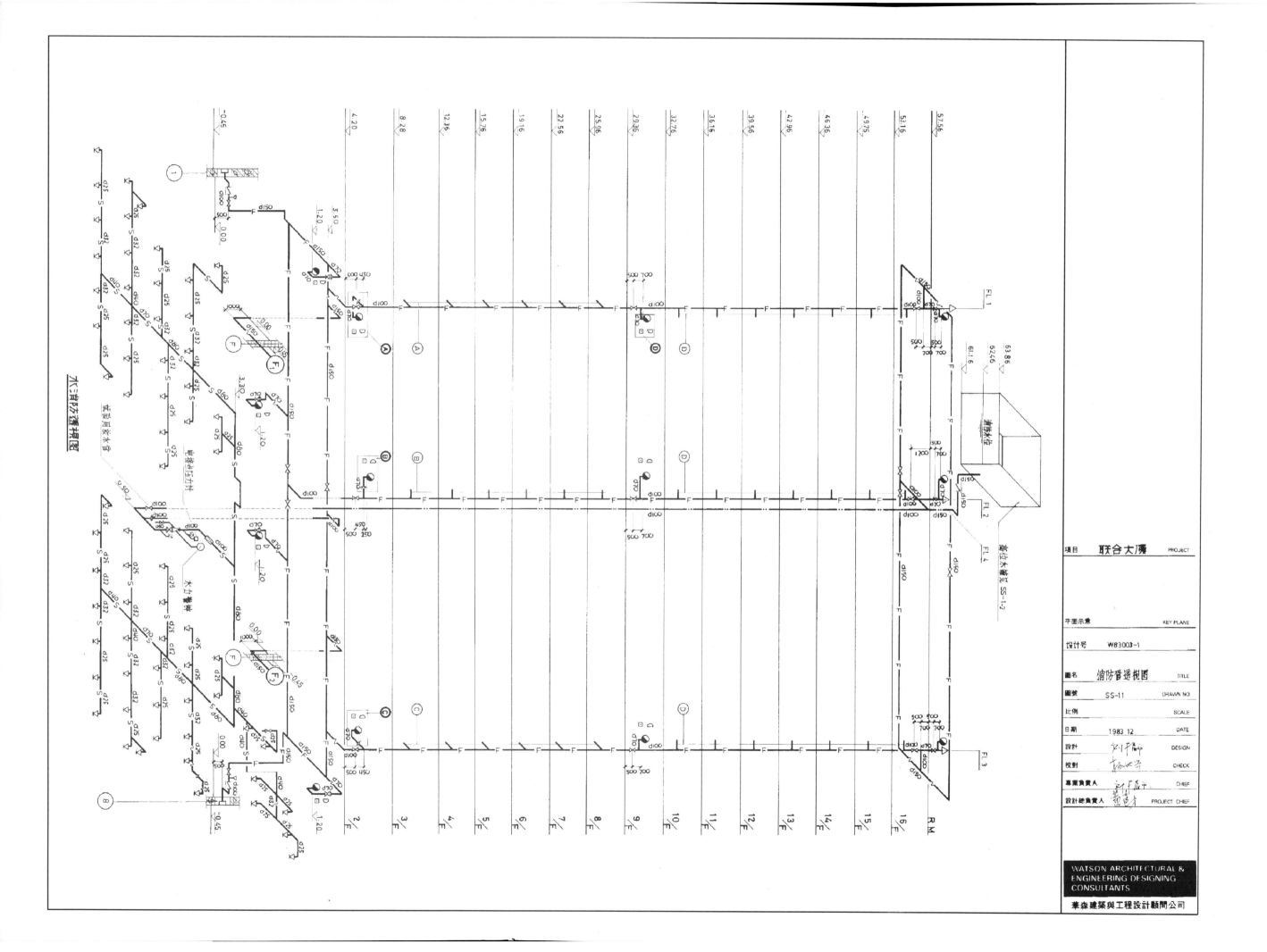

項目	联合大厦	PROJECT
平面示意		KEY PLANE
设计号	W83003-1	
图名	消防管透视图	TITLE
图号	SS-11	DRAWN NO
比例		SCALE
日期	1983.12	DATE
设计		DESIGN
校对		CHECK
专业负责人		CHIEF
设计总负责人		PROJECT CHIEF

WATSON ARCHITECTURAL &
ENGINEERING DESIGNING
CONSULTANTS

華森建築與工程設計顧問公司

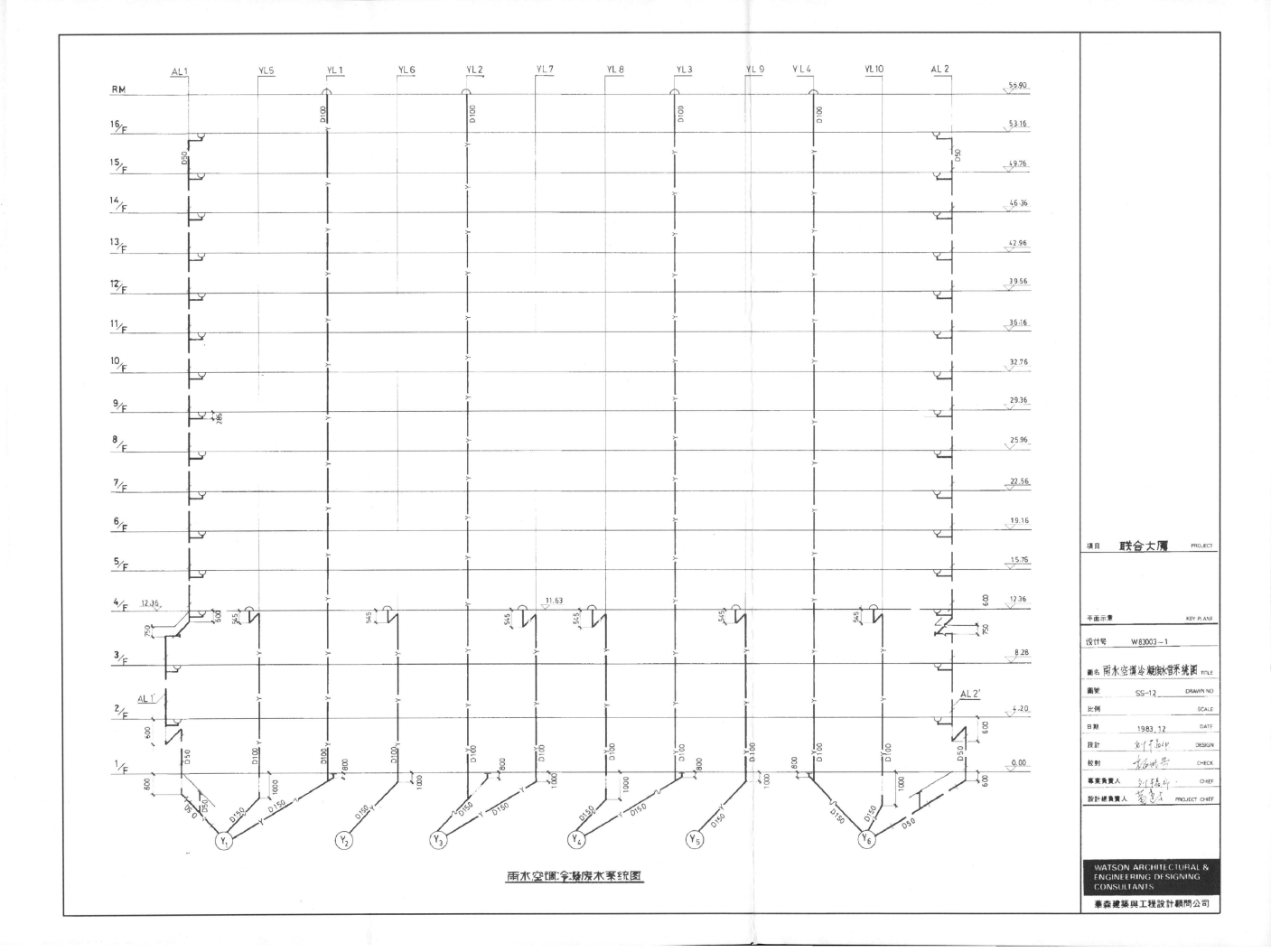

雨水空调冷凝废水系统图

项目 联合大厦 PROJECT

平面示意 KEY PLANE

设计号 W83003-1

图名 雨水空调冷凝废水管系统图 TITLE

图号 SS-12 DRAWN NO.

比例 SCALE

日期 1983.12 DATE

设计 DESIGN

校对 CHECK

专业负责人 CHIEF

设计总负责人 PROJECT CHIEF

WATSON ARCHITECTURAL &
ENGINEERING DESIGNING
CONSULTANTS

华森建筑与工程设计顾问公司

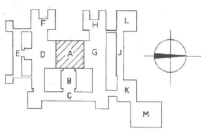

A段位置图

说 明

一、基本书库部分

(一) 系统

1、生活给水系统，本段高低层卫生间分区供水。第五层即标高为16.00米层及以上各层为高层供水区，由室外高压水泵将城市自来水送至顶层的高位水箱供水。第四层及其以下各层为低压供水区，由设在E段和G段的屋顶水箱供水。高位水箱选用标准图S120-3，7″"矩形钢板水箱"，并按水施SS-19大样配置。

2、消防供水系统，本段底层以上各层均采用普通水消防系统。屋顶高位水箱的消防供水与生活共用，它储存有10分钟的室内消防用水。为了降低底层供水压力，自第7层以下的消火栓处设置减压孔板，其做法详见水施SS-19。其中底层~2层为三层用d=34毫米孔板，3~7层共五层用d=36毫米孔板。每个消火栓处设有复查启闭的红灯，即泵的红灯亮，泵不启闭。不亮底层消防供水干管上设有两个消防联合器供城市消防车专用。

3、排水系统：
1°、生活污水，卫生间底层以上各层分流，即底层单设出户管排至室外污水道。
2°、雨水，高层屋面雨水管排至本段低层屋面和D段、G段屋面上；低层屋面雨水由雨水管排至室外散水上。
3°、消防排水，第十八层以上的消防水由屋面雨水口排出，第六至十七层的消防水由消防排水管排至低层屋面上，第五层至底层的消防水由消防排水管排至室外散水上。
4°、空调冷凝废水及其他废水，分别排至屋面或室外雨水沟内。

(二) 管材、接口及其防腐、防震、保温

1、生活给水管采用镀锌钢管，丝扣连接……

2、生活污水管，Dg=150mm出户管的穿墙管采用铸铁管，石棉水泥接口……

(三) 管道敷设与管道附件

二、地下珍藏书库部分

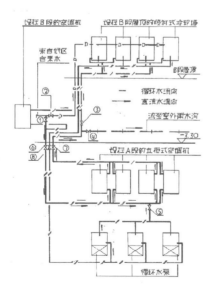

空调机循环冷却水系流程图

1、空调用冷却循环水系统
本段地下二层空调机房四台立柜式空调机组与B段电话机房一台立柜式空调机组合用一冷却循环水系统，该系统由设在B段顶的四台喷射式冷却塔，设在五段地下三层的三台循环水泵（二台工作，一台备用）以及五台空调机组成……

主要设备材料表

序号	名称	型号	规格	单位	数量	备注
1	循环水泵	3DA-8×5	流量G=252～320m³/h 扬程H=62.5～41.5米	台	3	循环Aw-1,2,3
2	潜水泵	65PWL-A	流量Q=20～50m³/h 扬程H=13.4～11.2米	"	2	" Aw-4,5
3	电磁阀	627.03	Dg=50mm P=16kg/cm²	个	4	
4	立式直通式除污器	SQX-100	Dg=100mm	"	2	

中华人民共和国 国家基本建设委员会　建筑科学研究院

工程名称	北京图书馆工程
项目	A.基本书库

首页

设计号 7901-01
图号 SS-1
日期 1982.1

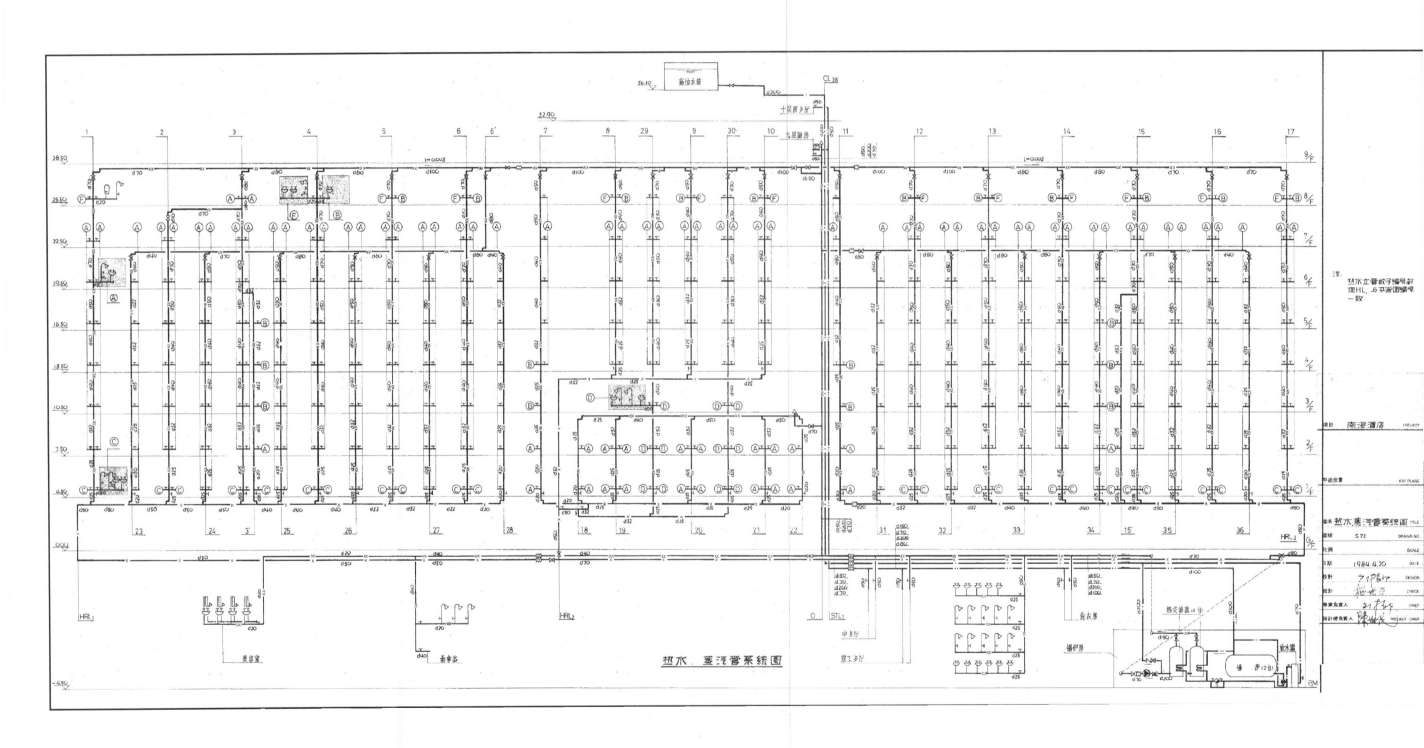

热水,蒸汽管系统图

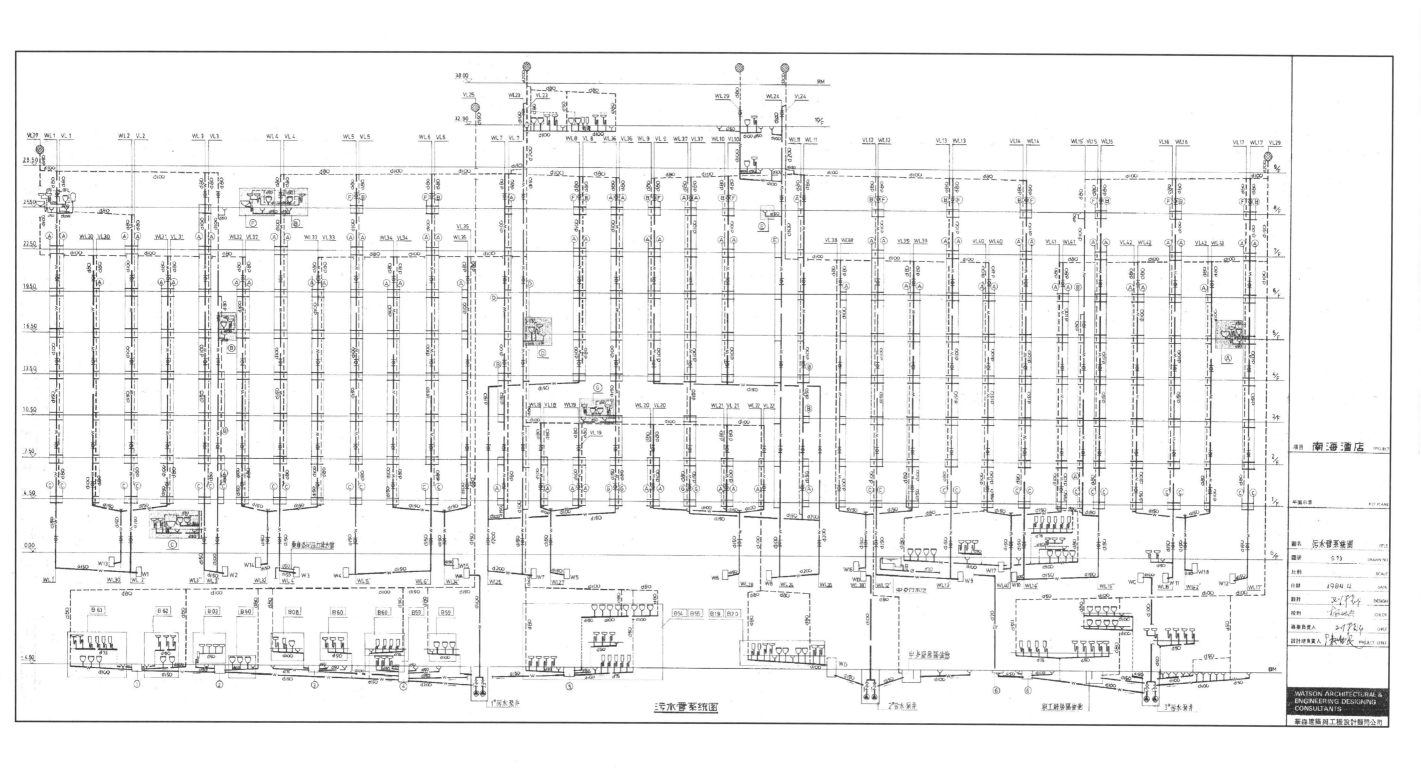

污水管系统图

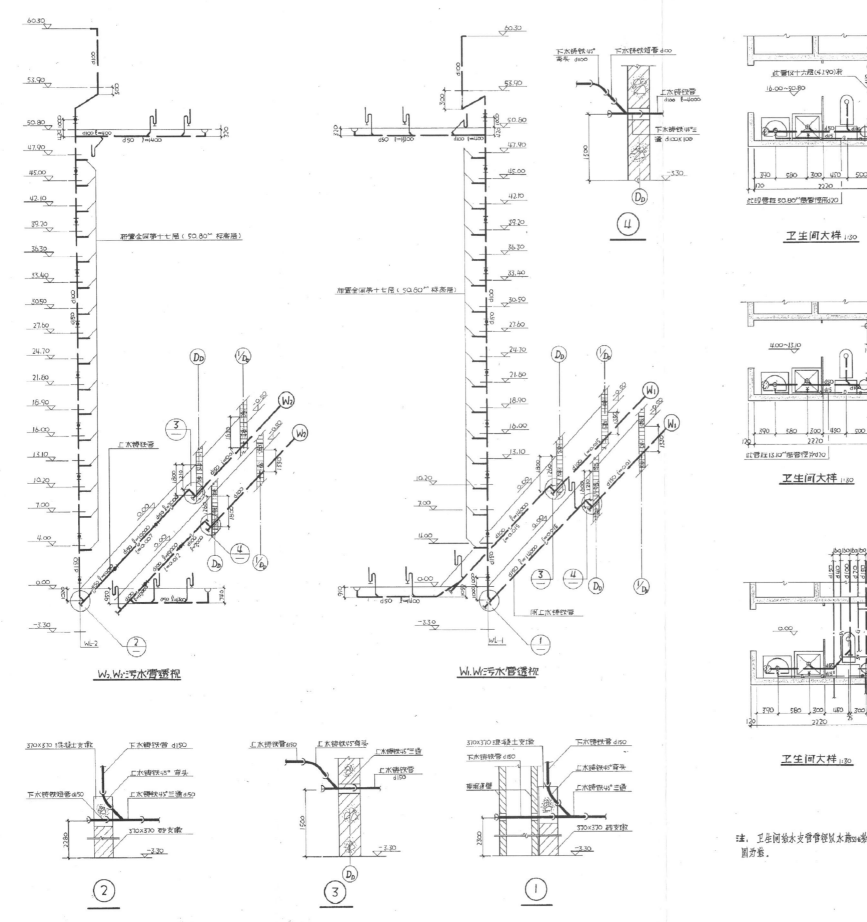
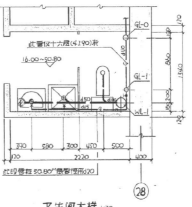
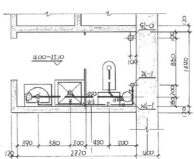
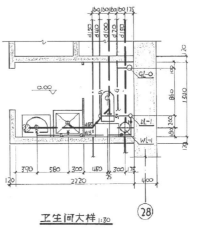
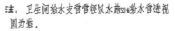
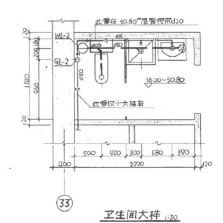
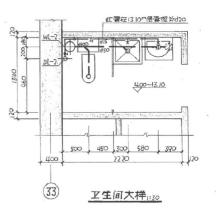
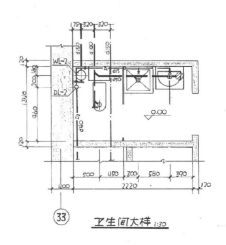

W₂、W₃污水管透视

W₁、W₁污水管透视

卫生间大样 1:30 ㉘

卫生间大样 1:30 ㉝

卫生间大样 1:30 ㉘

卫生间大样 1:30 ㉝

卫生间大样 1:30 ㉘

卫生间大样 1:30 ㉝

注：卫生间给水支管管径详见SS水施污水管透视
图为准。

中华人民共和国
国家基本建设委员会　建筑科学研究院

工程名称	北京图书馆工程		
项目	A、基本书库		
审定		卫生间大样	设计号 7901-01
审核		W、W污水管透视	图号 SS-17
校对			日期 1982.1.

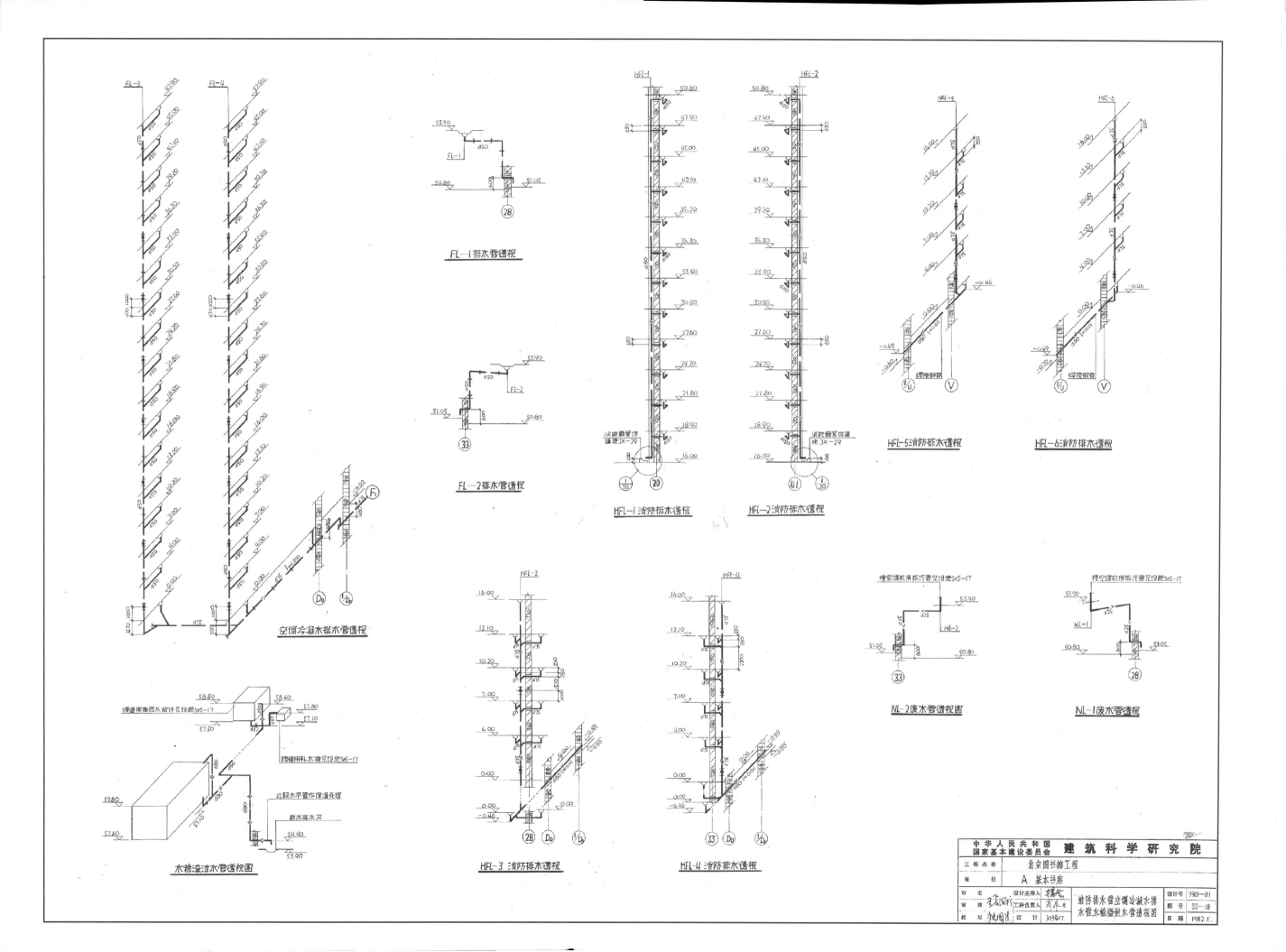

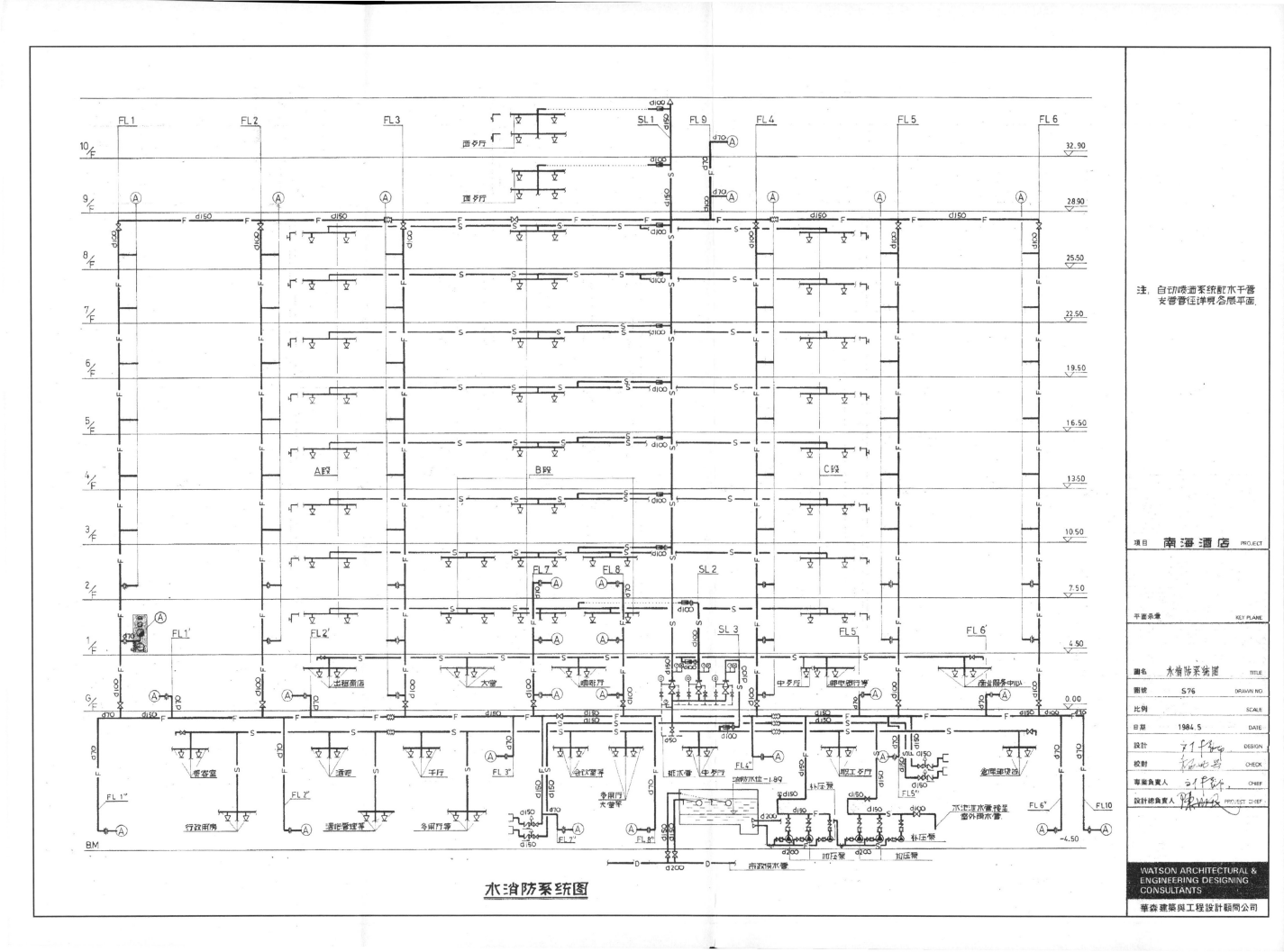

水消防系统图

项目 南海酒店 PROJECT

平面示意 KEY PLANE

图名 水消防系统图 TITLE
图号 S76 DRAWN NO.
比例 SCALE
日期 1984.5 DATE
设计 DESIGN
校对 CHECK
专业负责人 CHIEF
设计总负责人 陈洲洵 PROJECT CHIEF

WATSON ARCHITECTURAL &
ENGINEERING DESIGNING
CONSULTANTS

華森建築與工程設計顧問公司

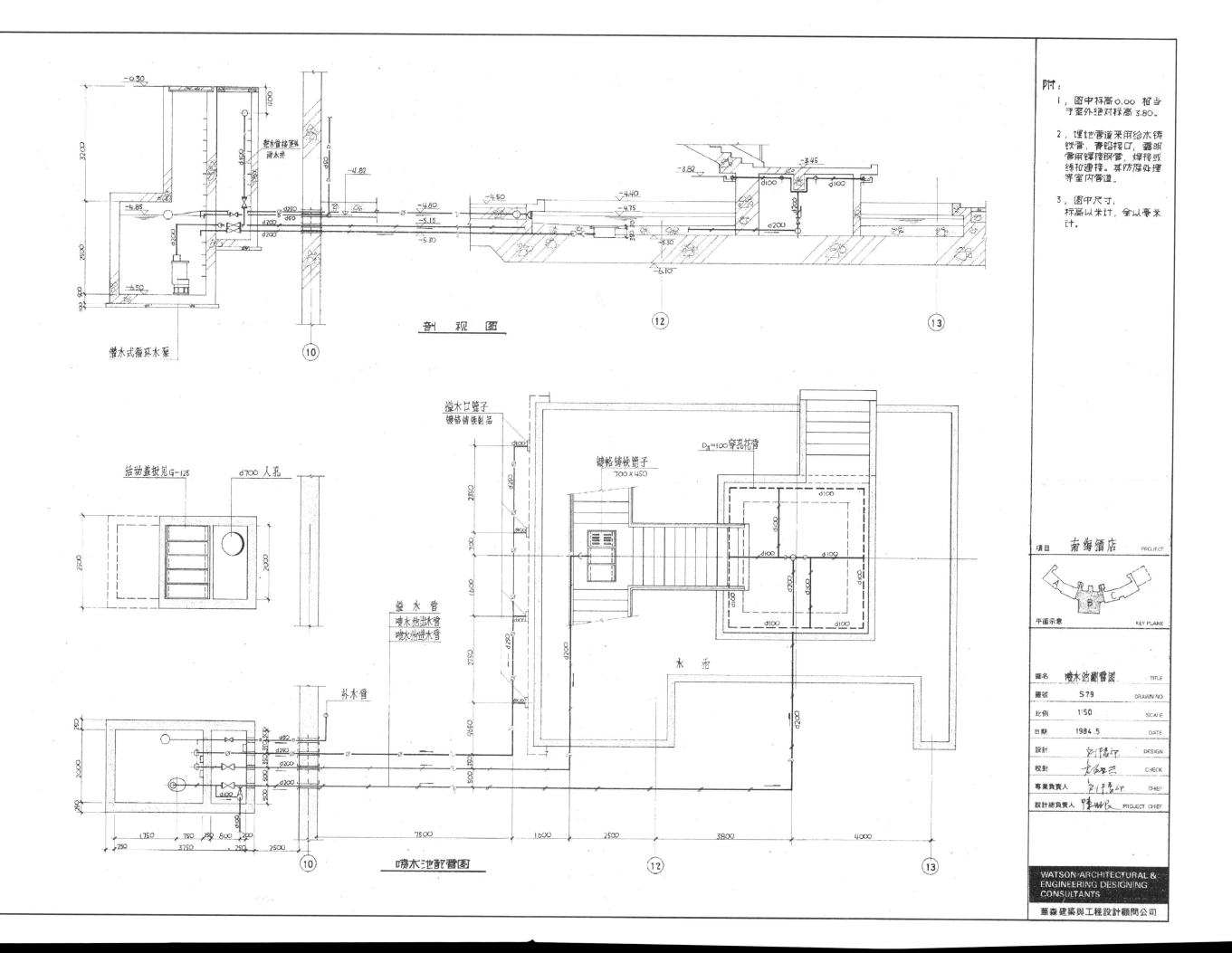

附：

1. 图中标高0.00 相当于室外绝对标高 3.80。

2. 埋地管道采用给水铸铁管，青铅接口，露明管用镀接钢管，焊接或丝扣连接。其防腐处理等室内管道。

3. 图中尺寸，标高以米计，余以毫米计。

剖 视 图

⑩

⑫

⑬

溢水式循环水泵

活动盖板见G-125

d700 人孔

溢水口篦子
镀铬铸铁制品

镀铬铸铁篦子
700×450

Dg=100穿孔花管

溢水管
喷水池泄水管
喷水池进水管

补水管

水 池

喷水池配管图

⑩

⑫

⑬

项目　南海酒店　PROJECT

平面示意　KEY PLANE

图名　喷水池配管图　TITLE

图号　S 79　DRAWN NO.

比例　1:50　SCALE

日期　1984.5　DATE

设计　　DESIGN

校对　　CHECK

专业负责人　　CHIEF

设计总负责人　　PROJECT CHIEF

WATSON ARCHITECTURAL &
ENGINEERING DESIGNING
CONSULTANTS

華森建築與工程設計顧問公司

给 水 排 水 设 计 说 明 ·2·

五. 管道及附件敷设

1. 坡度：
   A. 给水横管、热水横管均应有 0.003 的坡度坡向泄水装置，以利放气排水。
   B. 污水管、雨水管敷设坡度：

管径 MM	50	75	100	150	200
坡度	0.035	0.025	0.02	0.01	0.01

   通气横管可参照上表坡度敷设。
   客房卫生间污水横管应尽可能大于上表坡度敷设。

   C. 空调冷凝废水管敷设坡度均采用 I≥0.02
   D. 水泵吸水管上的大小头应采用偏心大小头，吸水管应有坡度坡向水池。

2. 穿越钢筋混凝土水池、高位水箱、喷水池、人工瀑布池 池壁及地下室侧壁的所有管道均应当做防水套管。

3. 穿越楼板和墙体等处的热水管，应予留套管，套管内径应比通过管之径大2号，套管应高出地面 20 MM。

4. 所有穿越梁、钢筋混凝土墙的管道，应配合土建施工予留孔洞或予埋套管。

5. 蒸汽管、热水管转弯及两端设固定支架，直线管段上每隔一定距离设固定支架及伸缩器，其安装位置如右图示。固定支架及伸缩器间距L应使管段受热伸缩量不大于伸缩器所允许的补偿量，管段因能承受的应力值，并不得使管道产生纵向弯曲。

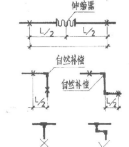
伸缩器
自然补偿
自然补偿

6. 热水干、立管之连接，不能用三通直接，应采用三通加套头的连接方式，如右图示。

7. 所有靠梁、柱、板敷设之管道均应做支架、吊架：
   A. 钢管支架最大间距如下表示。钢管支架间距应小于下表值：

D MM	15	20	25	32	40	50	70	80	100	150	200
最大间距 M	保温管	1.5	2	2	2.5	3	3	4	4	4.5	6	7
	不保温管	2.5	3	3.5	4	4.5	5	6	6	6.5	7	9.5

   B. 铸铁管上的吊钩或卡箍应固定在承重结构上，固定件间距，横管不大于2M，立管不大于3M，立管之连接应尽量卡在管道承口平。
   污水、雨水立管底部弯管应设牢固的吊架或支架，严防立管下沉。

8. 管道过伸缩缝处应做伸缩软管接头。

9. 污水、雨水立管与出户管之连接应尽量采用两个45°弯头或转弯半径不小于4倍管径的90°弯头连接。污水管横管与横管、横管与立管应用45°三通、四通或90°斜三通、四通连接。

10. 除取工自用卫生间、淋浴室的管道可明装外，其他客用卫生间及淋浴间的管道全部暗装。

11. 管道上的阀门应安装在便于操纵、维修，手轮易于接近的地方。

12. 污水管、雨水管、空调废水管等均应按设计图要求当做检查口、清扫口。

13. 洗衣房、厨房、桑拿浴等房间应按设计图要求予当给水、热水、蒸汽进水及排水口。

14. 地下室顶及八层吊顶内管道集中，应与空调、电气、消防等各工种密切配合，按设计图合理布置安装各数管道。

15. 热水供、回水横管上升段应加放气阀门，下降段应加泄水阀门。

六. 阀门

1. 冷水管上的阀门：管径 D≤50 MM 者，采用铜制截止阀，丝扣连接；管径 D>50 MM 者采用灰口铸铁制阀门，法兰盘连接。

2. 热水供、回水管上的阀门均采用截止阀，D≤70 MM 者用铜阀，D>70 者用铸铁阀，适用温度 T=100℃。

3. 与污水泵、雨水泵连接的阀门材质用灰口铸铁，法兰盘连接。

4. 蒸汽管上的阀门采用球阀或截止阀，法兰盘连接，阀体为灰口铸铁，适用温度 T=200℃。

5. 止回阀之体材料为铸铁，法兰盘连接。用于热水管上的止回阀，要求适用温度 T=100℃，阀体为铜制。

6. 浮球阀：阀体材料为铸铁，要求启动灵活，关闭缓慢。

7. 所有阀门材质均应符合 B.S 之要求。

七. 管道部、附件

1. 地漏箅子、露明清扫口盖采用铜制品或镀铬制品，地漏水封深度应大于 70 MM。

2. 地下室小污水坑水井盖板须做密封井盖，井盖材质为铸铁，需双层口，密封胶圈应用防腐弹性材料。

3. 浴缸存水弯采用铜制品，水封深度不小于 80 MM，要求底部带清扫口。

4. 坡道雨水沟上的雨水箅子采用铸铁制，其强度要求能承受 10 吨载重汽车的荷载。

5. 防水套管材质采用钢制或铸铁，如用钢管，安装前应用沥青漆涂两面防腐。
   水泵房穿水泵吸水管等穿墙处外壁防水套管应防水防腐。

6. 淋浴器：游泳池、桑拉浴等客用淋浴间的淋浴器及其调冷阀、连接短管，管件均用镀铬铜制品，取工用淋浴器采用铜制品。

7. 除客房卫生间及其他配套卫生器具外，供水龙头均采用铜制品。

8. 防震伸缩软管，材质为加筋内衬尼龙的耐热橡胶，法兰盘连接，工作压力：P=10 Kg/cm²。

9. 雨水斗：屋面、阳台雨水口除建筑详图注明外，均用 D=100MM 的铸铁雨水斗，要求雨水斗收水能力：当积水深 H=50MM 时，泄水量 Q=9 升/秒。

10. 除厨房以外，所有卫生器具的五金零配件，包括护口板、角阀、及其连接短管，配水龙头、排水栓、存水弯、浴缸冷热水混合龙头、软管淋浴器、溢、泄水短管、卫生器具固定支架等全由卫生器具配套供应。

八. 管道试压

1. 给水管、热水管试验压力为 10 Kg/cm²，蒸汽管试验压力为 10 Kg/cm²，要求 10 分钟内压力下降不得大于 0.5 Kg/cm²，这后冷、热水管压力下降到 5 Kg/cm²，蒸汽管压力下降至 5 Kg/cm²，以不漏为合格。

2. 污水管、雨水管、空调废水管作闭水试验：污、废水管注水高度为一层楼高，雨水管注水高度到每根立管最上部的雨水斗，注水 15 分钟后，再灌满续接 5 分钟，以液面不下降为合格。

3. 预埋在钢筋混凝土柱、墙、基础底板内的雨水、空调废水、污水管必须经闭水试验，合格后，方准土建浇注混凝土，埋地管亦须在闭水试验合格后方能填土。

4. 各数管道水压试验及闭水试验前均应作通水试验，检查管道通水能力，排水是否通畅，管道有无堵塞现象。

九. 图中尺寸所示：

图中尺寸除标高以米计外，其余尺寸以毫米计。注明者例外。

十. 主要设备表

序号	名称	型号	规格	单位	数量	材料	备注
1	生活用水加压泵	100/65/200 -AXOA	Q=100 M³/h H=50 M N=22 KW	台	2	泵壳：铸铁 叶轮：铜、轴：不锈钢	意大利生产
2	热水循环泵		Q=15 M³/h H=10 M	台	2	泵壳、叶轮、轴：铜	同上
3	1.2.3号污水潜水式污水泵	T.O.S -15BE 2	Q=25 M³/h H=10 M N=1.5 KW	台	6	泵壳、叶轮、轴：铸铁、不锈钢	产地：日本
4	雨水泵用潜水式污水泵	KTV-37L	Q=40 M³/h H=12 M N=3.7 KW	台		同上	同上
5	锅炉房端立式离心污水泵		Q=70 M³/h H=15 M	台	2		
6	中水小水池潜水式清水泵		Q=15 M³/h H=10 M	台	1		
7	电开水口		V=25 9.L N=7.5 KW	台	10		

注：上设备表中不包括锅炉房、厨房、洗衣房中与水专业有关设备，不包括游泳池、喷水池、瀑布池、桑拿浴中的设备。

项目 南潘酒店 PROJECT

平面示意 KEY PLANE

图名 给水排水资料说明·2· TITLE
图号 S42-2 DRAWN NO.
比例 SCALE
日期 1984.5 DATE
设计 DESIGN
检计 CHECK
专业负责人 CHIEF
设计总负责人 PROJECT CHIEF

WATSON ARCHITECTURAL & ENGINEERING DESIGNING CONSULTANTS

華森建築與工程設計顧問公司

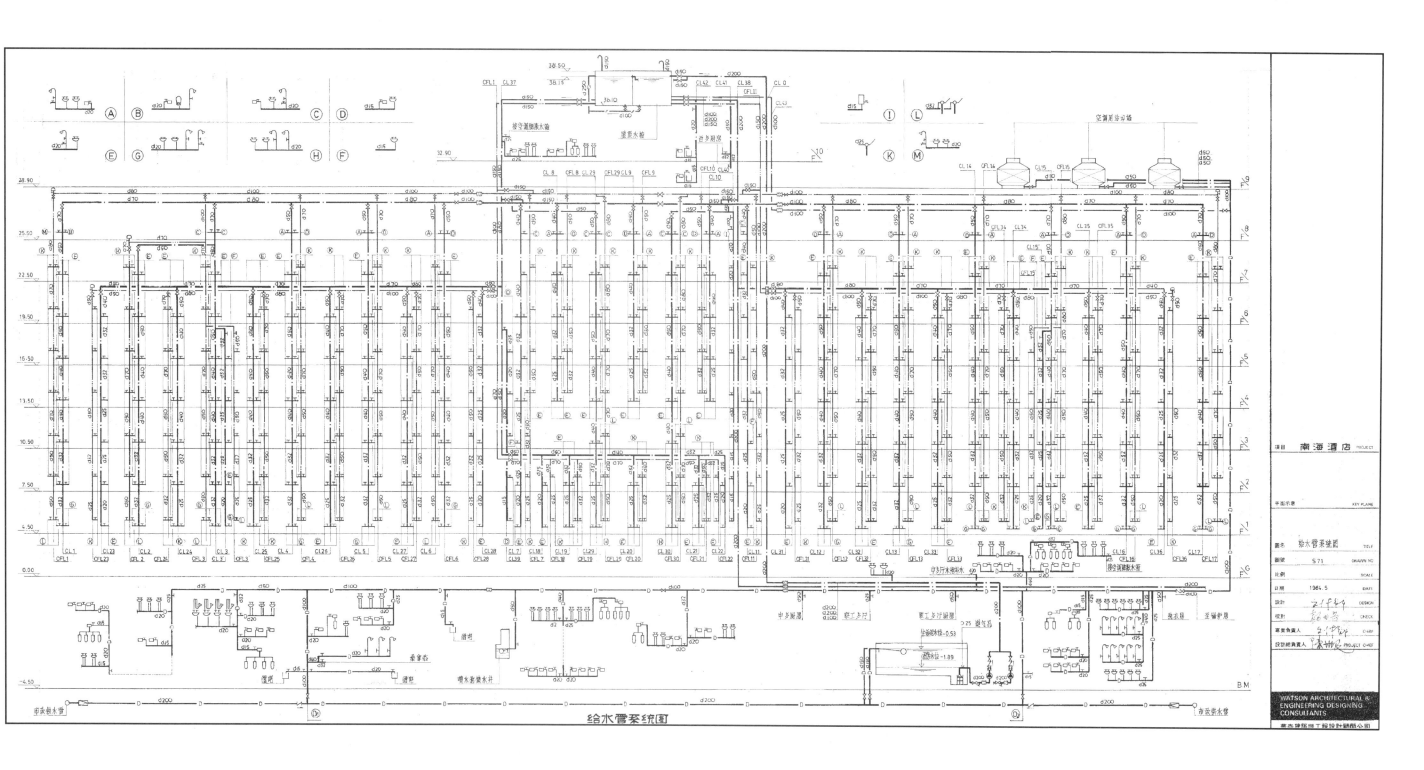

给水管系统图

WATSON ARCHITECTURAL &
ENGINEERING DESIGNING
CONSULTANTS

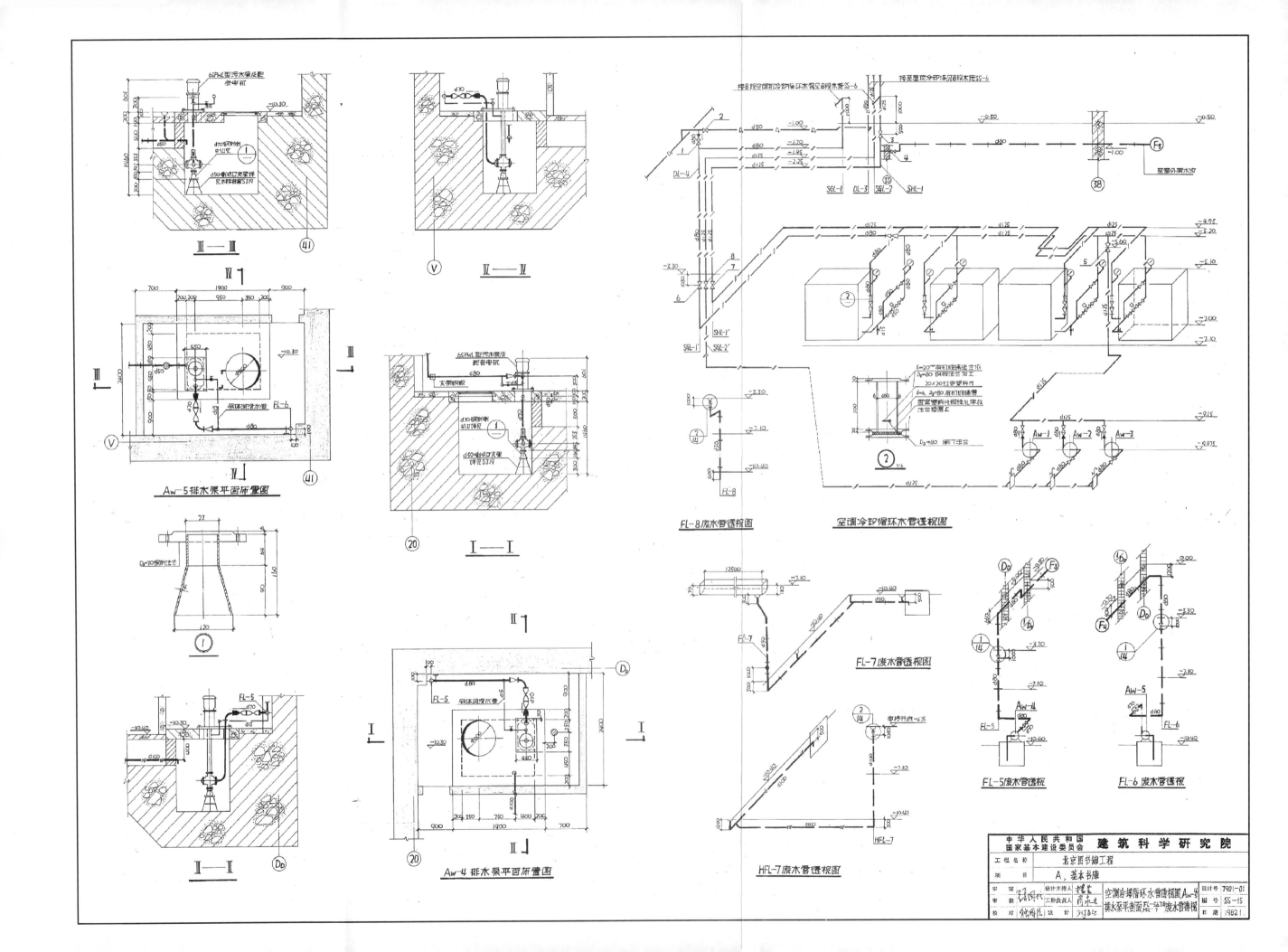

Ⅲ—Ⅲ

Ⅳ—Ⅳ

Aw-5排水泵平面布置图

Aw-4排水泵平面布置图

FL-8废水管透视图

空调冷却循环水管透视图

FL-7废水管透视图

HFL-7废水管透视图

FL-5废水管透视

FL-6废水管透视

Ⅰ—Ⅰ

Ⅱ—Ⅱ

中华人民共和国
国家基本建设委员会　建筑科学研究院

工程名称　北京图书馆工程

项　目　A. 基本书库

空调冷却循环水管透视图Aw-5
排水泵平面剖面图—台了废水管透视图

设计号　7901-01
图　号　SS-15
日　期　1982.1

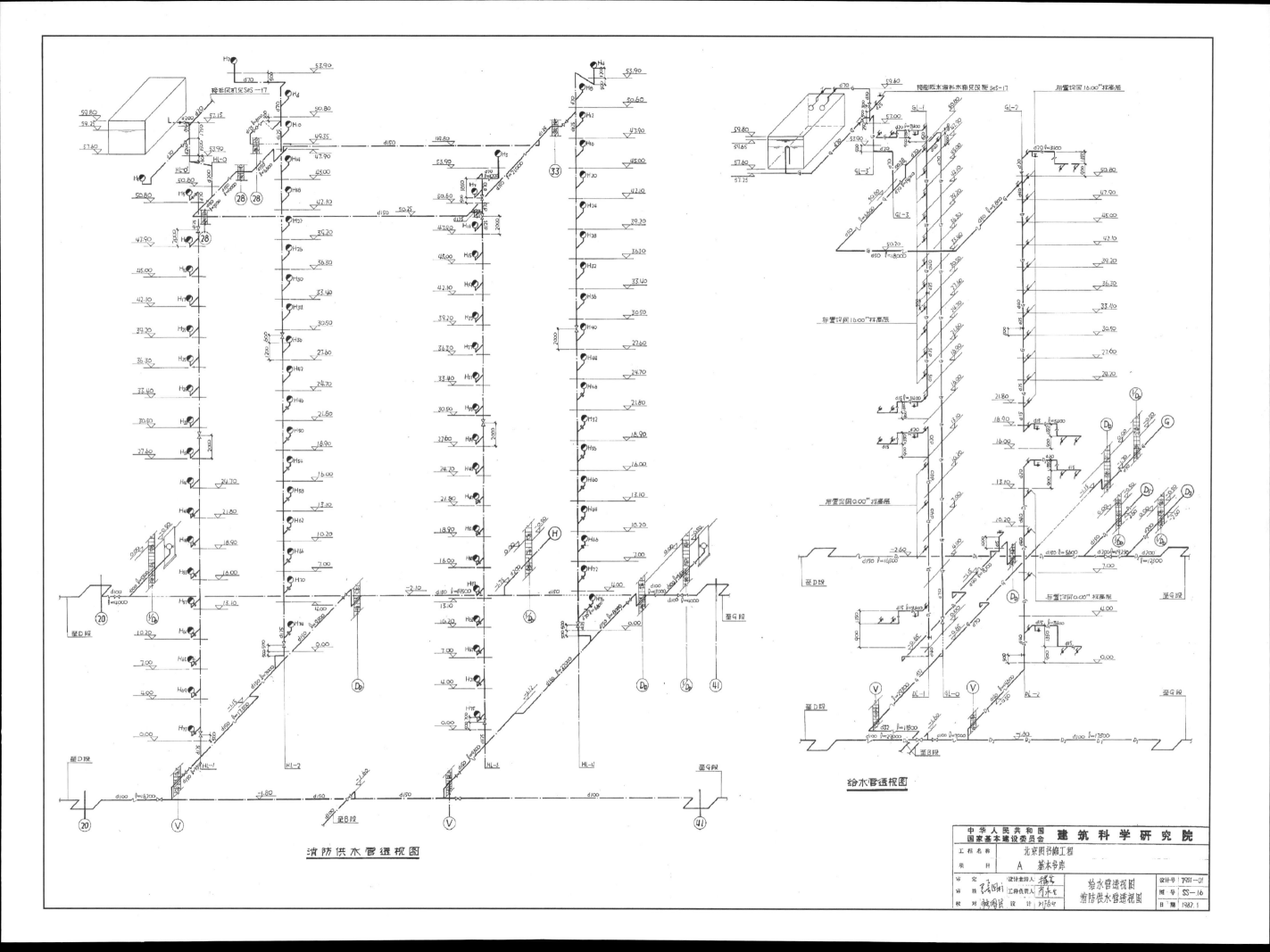

消防供水管透视图

给水管透视图

中华人民共和国
国家基本建设委员会　建筑科学研究院

| 工程名称 | 北京图书馆工程 |
| 项目 | A 基本书库 |

给水管透视图 消防供水管透视图	设计号 7901-01
	图号 SS-16
	日期 1982.1

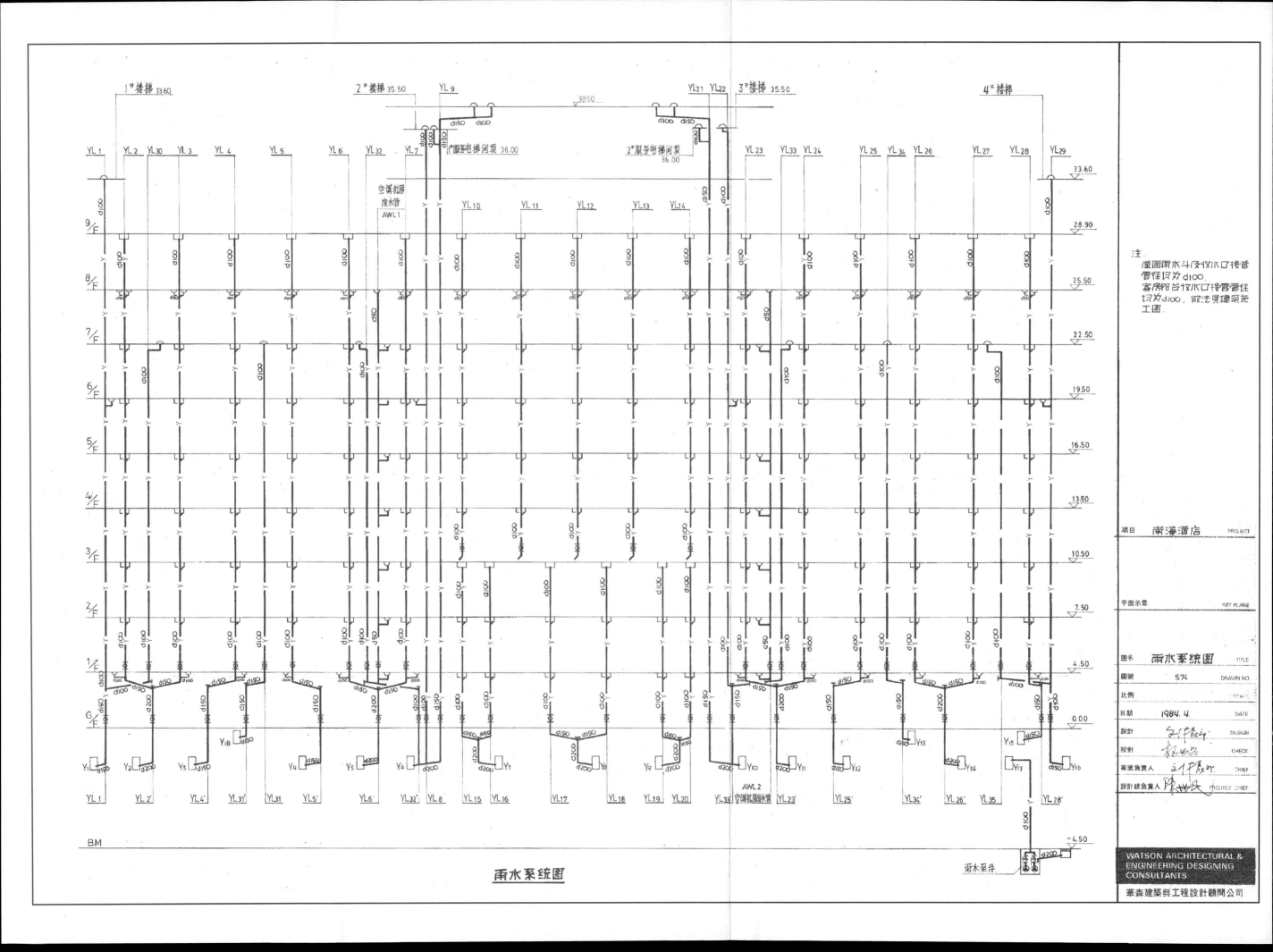

雨水系统图

雨水泵井

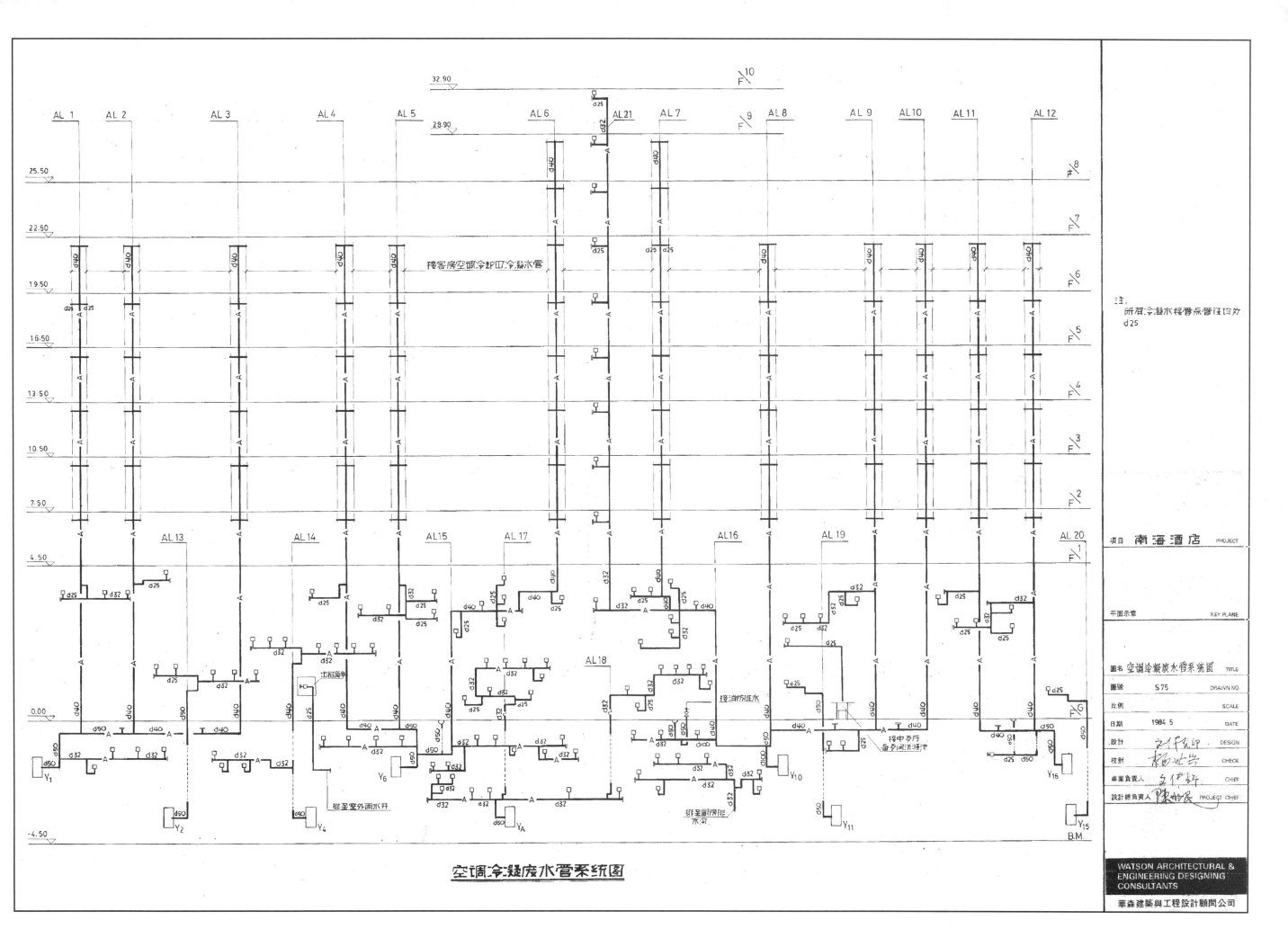

空调冷凝废水管系统图

项目 南海酒店 PROJECT

平面示意 KEY PLANE

图名 空调冷凝废水管系统图 TITLE
图号 S75 DRAWN NO.
比例 SCALE
日期 1984.5 DATE
设计 文伊坤 DESIGN
校对 杨此岁 CHECK
专业负责人 文伊轩 CHIEF
设计总负责人 陈嗜民 PROJECT CHIEF

WATSON ARCHITECTURAL &
ENGINEERING DESIGNING
CONSULTANTS

华森建筑与工程设计顾问公司

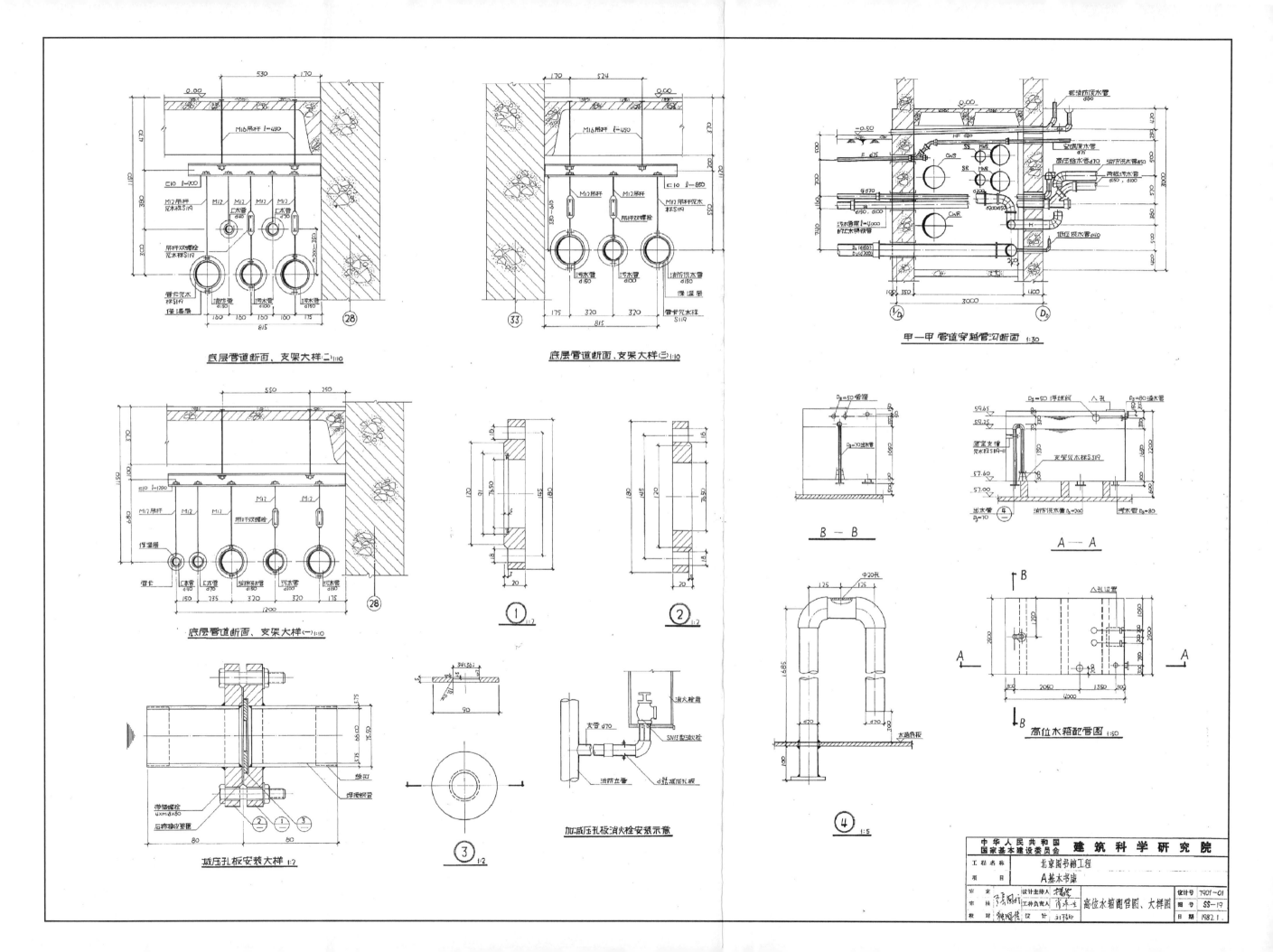

底层管道断面、支架大样(二) 1:10

底层管道断面、支架大样(三) 1:10

甲—甲 管道穿越墙沟断面 1:30

底层管道断面、支架大样(一) 1:10

① 1:2

② 1:2

B — B

A — A

③ 1:2

加减压孔板消火栓安装示意

④ 1:5

减压孔板安装大样 1:2

高位水箱配管图 1:50

中华人民共和国
国家基本建设委员会　建筑科学研究院

工程名称　北京图书馆工程
项目　　　A基本书库
设计主持人

高位水箱剖面管图、大样图

设计号　7901-01
图号　SS-19
日期　1982.1

给 水 排 水 设 计 说 明 ·1·

一. 工程概况

1. 南海酒店总建筑面积为 35600 M²，分 A.B.C 三段，地面以上共十一层，其中1—8层为客房，九、十层为西夕厅；地面层为门厅、商店、商业中心等用房。地下室一层，为干厅、会议室、行政用房、设备机械用房等。

2. 客房总床位数 828 位，设计出租率 0.8。

3. 酒店服务职工 800 人。

4. 酒店设有正门厅、商业服务中心、出租商店、会议室、中、西夕厅、牛厅、游泳池、靠山人工瀑布池及空调机房、干洗洗衣房、水泵房、锅炉房、变配电话等附属用房。

二. 给水排水系统设计说明

1. 给水系统

A. 用水量标准及总用水量：
用水量标准按平均每日每客用水量为 2.0 吨计，酒店日总用水量为 1324 吨。其中几项主要用水部位分配如下：

主要用水部位日用水量表

用水部位	用水量标准	使用人数	使用时数	日用水量 M³/d	备注
客房	500 升/床日	662	24	331	828X0.8出租率=662
职工	150 升/人日	800		120	
冷却塔补水	25 吨/时		24	600	接0.025补水计
厨房	50 升/人日	1500		75	按每人三夕计
游泳池等补水				74	
其他				124	
总计				1324	

消防用水另计

B. 供水水源：
a. 酒店全部用水均由市政供水管供给，蛇口自来水公司分由酒店西北侧及南侧各提供一条 D=200ᴹᴹ 的供水干管。
b. 市政供水管至酒店出水压力约 3.2～3.6 ᵏᵍ/ᶜᵐ² 不能满足高层供水的要求，为确保酒店供水，设一容量为 310 ᵐ³ 的贮水池，其中 165 ᵐ³ 作生活用水储存量，145 ᵐ³ 作消防用。

C. 供水系统：
a. 地下室、地面层及游泳池等均直接利用市政供水管供水。
b. 1—10层的用水由水泵提升贮水池中的水至屋顶高位水箱间接供给，提升泵为两台，一台工作，一台备用。水泵开停采用自动控制。
c. 客房部分卫生器具供水分两路，一路专供生便器冲流阀用水，另一路供其他卫生器具用水。
d. 屋顶冷却塔补水由市政供水管直接供给，当市政供水水压不足时，由高位水箱供给。

2. 污水、废水系统

A. 室内污、废水合流经室外污水管排入市政污水管网，空调废水、游泳池、人工瀑布池、喷水池、贮水池、高位水箱溢水、泄水、清洁废水排入雨水道。

B. 地下部分污废水分别集中排至三个污水井，经污水泵提升排至室外污水管。每一污水井设两台污水泵，一台工作，一台备用，自动控制开关，并设事故水位报警装置。

C. 与室外污水管连接的所有室内污废水管均设透气管。客房卫生间污水管设辅助透气管，每一卫生器具均有一透气支管与辅助透气立管相接。基于酒店系上、下错层结构，为防止污

管堵塞，设计中考虑如下几项措施：
a. 管道尽量取直定，减少转弯次数。
b. 适当放大横管管径，加大横管坡度。
c. 加强透气。
d. 合理布置支、干管之连接，为检修创造条件。
客房卫生间污水管安装时应遵照上述原则。

D. 厨房污水经隔油池或隔油器后排至污水管中，美容室险盆下水应加截流装置。

3. 雨水系统

A. 屋面、阳台雨水采用内落水排水，室内雨水经室外雨水管就近排入海中。

B. C段地下室入口处设雨水截水沟，截出的雨水流入雨水集水井用水泵提升排至室外雨水沟管中。集水井中设两台雨水泵，一台工作，一台备用。自动控制开关。

4. 热水系统

A. 热水用量标准及日用热水量：

主要用水部位日用热水量表

用水部位	用水标准	使用人数	日用热水量 吨/日	备注
客房	100 升/床日	662	66.2	
职工	50 升/人日	800	40.0	
其他			43.80	
总计			150.0	

B. 蒸汽用量标准及日用蒸汽量：

蒸汽耗用量表

用汽部位	用汽标准	使用人数	日用汽量 Kg	备注
客用夕厅	0.7 Kg/人夕	2500人次	1750	
职工夕厅	"	2000人次	1400	
其他			600	
总计			3750	

C. 酒店采用合一的热水供应系统，客房部分热水供应采用机械循环，厨房等公用房间热水不循环。为保证客房卫生间冷热水压力平衡，热水系统由高位水箱补水。

D. 热媒采用蒸汽，根据酒店之用热量加上冬季采暖所需之热量选用每小时蒸汽量为 4.2 吨的燃油蒸汽锅炉。

E. 根据酒店最大小时用热水量选择四台容积为 8000 升的热交换器。

F. 热水供水温度为 60°～70℃。

G. 公共卫生间不供热水。

5. 开水系统
酒店开水全部选用电开水器制备。

三 水泵房

1. 水泵做防振基础，与水泵连接的吸水、压水管上加防震软接头。

2. 通至高位水箱的水位自动控制水泵开关装置设两套，一格水箱各一套。

3. 每台水泵设一手动开关作备用。

4. 水泵间设地下贮水池，高位水箱水位信号装置及水泵运行显示装置。

四. 管道材料接口、管件及防腐、防露、保温

1. 冷水管，埋地部分管径 D≤50ᴹᴹ 者，采用镀锌钢管，丝扣连接，管径 D>50ᴹᴹ 者采用给水铸铁管，青铅捻口。非埋地部分均用镀锌钢管，丝扣连接，但与水泵、水池、高位水箱及管径 D≥70ᴹᴹ 的阀门连接处均用法兰盘连接。 与卫生器具水咀连接的短管及管件全用镀铬铜制品。

2. 污废水管、透气管：
A. 地下室埋地基础板内的管道用给水铸铁管，埋入楼层内的管道用下水铸铁管，接口均用青铅捻口。
B. 非埋地管道，管径 D≤50ᴹᴹ 者，采用镀锌钢管，丝扣连接，管径 D>50ᴹᴹ 者用下水铸铁管，青铅捻口。
C. 污水泵压水管用下水铸铁管，与水泵法兰盘连接，其余承杆连接，青铅捻口。
D. 贮水池、高位水箱、人工瀑布池、喷水池等水井的溢、泄水管埋地部分用给水铸铁管，青铅捻口，泄明部分采用镀锌钢管，焊接或丝扣连接。
E. 透气管采用下水铸铁管或镀锌钢管。

3. 雨水管：
A. 埋入详、柱内的管道采用镀锌钢管，焊接接口，或上水铸铁管，青铅捻口。
B. 与水泵连接的管道用上水铸铁管，法兰盘连接。
C. 其他管道均用上水铸铁管，青铅捻口。

4. 热水供、回水管全用钢管，采用银焊之接口。

5. 蒸汽管用无缝钢管，焊接接口，阀门处用法兰盘连接。

6. 空调冷凝废水管采用镀锌钢管，丝扣连接。

7. 管道配件：
A. 铸铁钢管，采用可锻铸铁配件。
B. 下水铸铁管配件中，三通和四通应尽量采用 TV 型，三通和弯头应存水弯应采用斜配合。
C. 其余管道均用与管道材质相同的配件。

8. 所有管道、管件的材质均应符合 B.S 中 B级的要求。

9. 防腐：
A. 埋地及埋入钢筋混凝土板、柱、详内的管道，管外壁均刷热沥青两道，焊接钢管内壁应再刷热沥青一道。
B. 敷设在吊顶、管井内及焊接钢管外壁刷两道防锈漆，明装的镀锌钢管、铸铁管外壁刷一道防锈漆，两道银粉或白漆。

10. 防露、保温：
A. 敷设在吊顶内的空调冷凝废水管作防露保温层，保温材料用软质自熄性聚苯乙烯塑料瓦，保温层厚度如右表示：

管径 ᴹᴹ	保温层厚度 ᴹᴹ
25、32	20
≥40、50	25

B. 蒸汽管、热水供、回水干管、立管做保温层，保温层厚度如下表示：

管径 ᴹᴹ	≤25	32	40	50	70	80	100	150
热水管 "	20	20	20	25	25	25	30	50
蒸汽管 "			35	40	40	45	45	50

保温层做法为：先将管道外壁除锈尽净后，清扫干净，刷两道防锈漆之后做保温瓦。保温瓦之间每隔5～7米做一条膨胀缝，间隙为 5ᴹᴹ，穿墙处做 20～30ᴹᴹ之间隙，膨胀缝间隙用玛蹄脂填充。保温层材料均防露层。

C. 所有管道的保温均应在试压合格后进行。

项目	南海酒店	PROJECT

| 平面示意 | | KEY PLANE |

图名	给水排水设计说明·1·	TITLE
图号	S.42—1	DRAWN NO.
比例		SCALE
日期	1984.5	DATE
设计		DESIGN
校对		CHECK
专案负责		CHIEF
设计总负责人		PROJECT CHIEF

WATSON ARCHITECTURAL &
ENGINEERING DESIGNING
CONSULTANTS

华森建筑与工程设计顾问公司

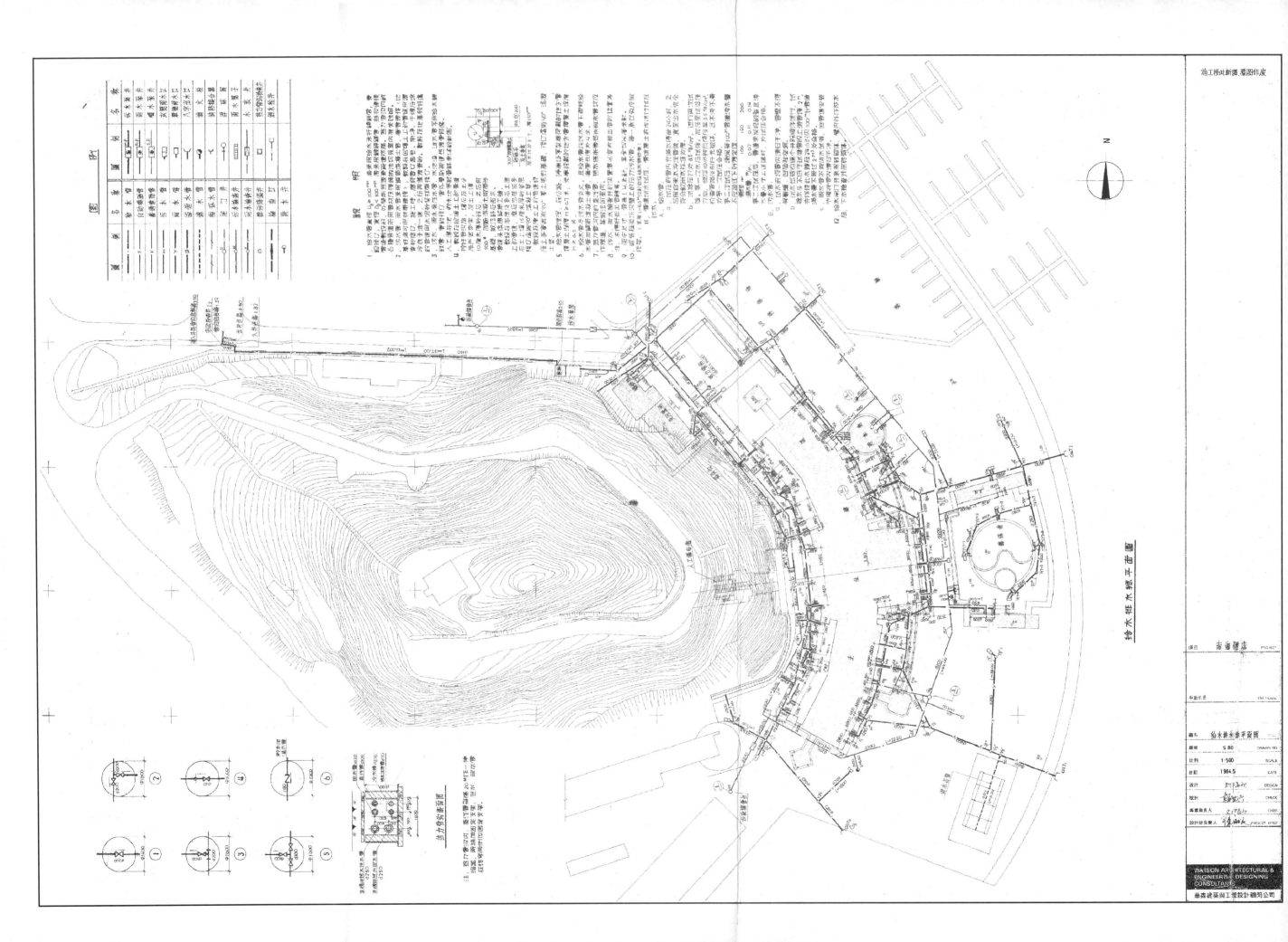

给水排水线平面图

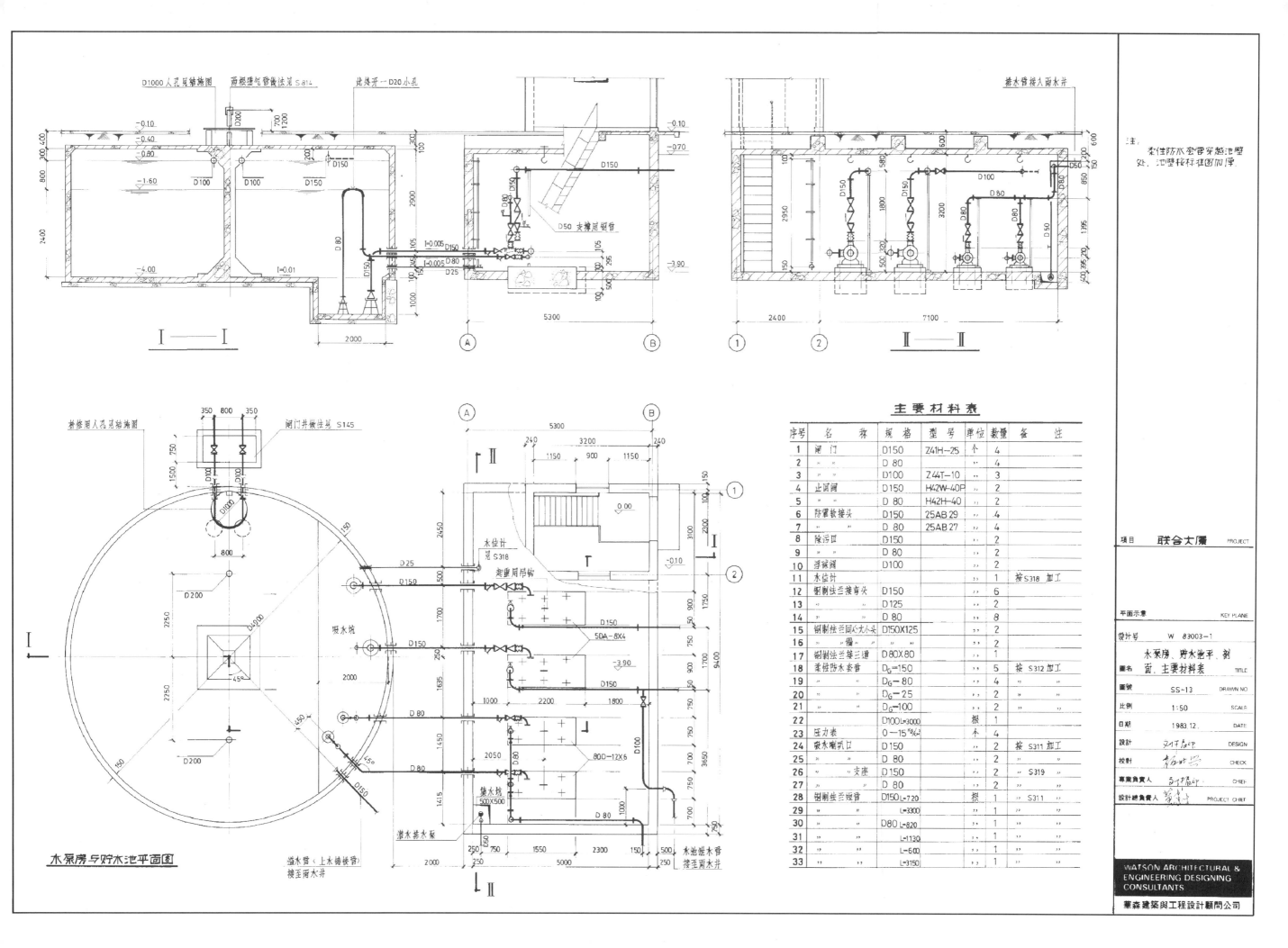

主要材料表

序号	名称	规格	型号	单位	数量	备注
1	闸门	D150	Z41H-25	个	4	
2	〃	D80	〃	〃	4	
3	〃	D100	Z44T-10	〃	3	
4	止回阀	D150	H42W-40P	〃	2	
5	〃	D80	H42H-40	〃	2	
6	防震软接头	D150	25AB29	〃	4	
7	〃	D80	25AB27	〃	4	
8	除污器	D150		〃	2	
9	〃	D80		〃	2	
10	浮球阀	D100		〃	2	
11	水位计			〃	1	按 S318 加工
12	钢制法兰接弯头	D150		〃	6	
13	〃	D125		〃	2	
14	〃	D80		〃	8	
15	钢制法兰接大小头	D150X125		〃	2	
16	〃			〃	2	
17	钢制法兰接三通	D80X80		〃	1	
18	柔性防水套管	D_G=150		〃	5	按 S312 加工
19	〃	〃=80		〃	4	〃
20	〃	D_G=25		〃	2	〃
21	〃	D_G=100		〃	2	〃
22		D100 L=3000		根	1	
23	压力表	0—15%		本	4	
24	喇叭口	D150		〃	2	按 S311 加工
25	〃	D80		〃	2	〃
26	〃 支座	D150		〃	2	〃 S319
27	〃	D80		〃	2	〃
28	钢制法兰短管	D150 L=720		根	1	S311
29	〃	L=3300		〃	1	
30	〃	D80 L=820		〃	1	
31	〃	L=1130		〃	1	
32	〃	L=600		〃	1	
33	〃	L=3150		〃	1	

水泵房与贮水池平面图

项目 联合大厦 PROJECT

平面示意 KEY PLANE

设计号 W 83003-1

图名 水泵房、贮水池平、剖面，主要材料表 TITLE

图号 SS-13 DRAWN NO.

比例 1:50 SCALE

日期 1983.12. DATE

设计 DESIGN

校对 CHECK

专业负责人 CHIEF

设计总负责人 PROJECT CHIEF

WATSON ARCHITECTURAL & ENGINEERING DESIGNING CONSULTANTS

华森建筑与工程设计顾问公司

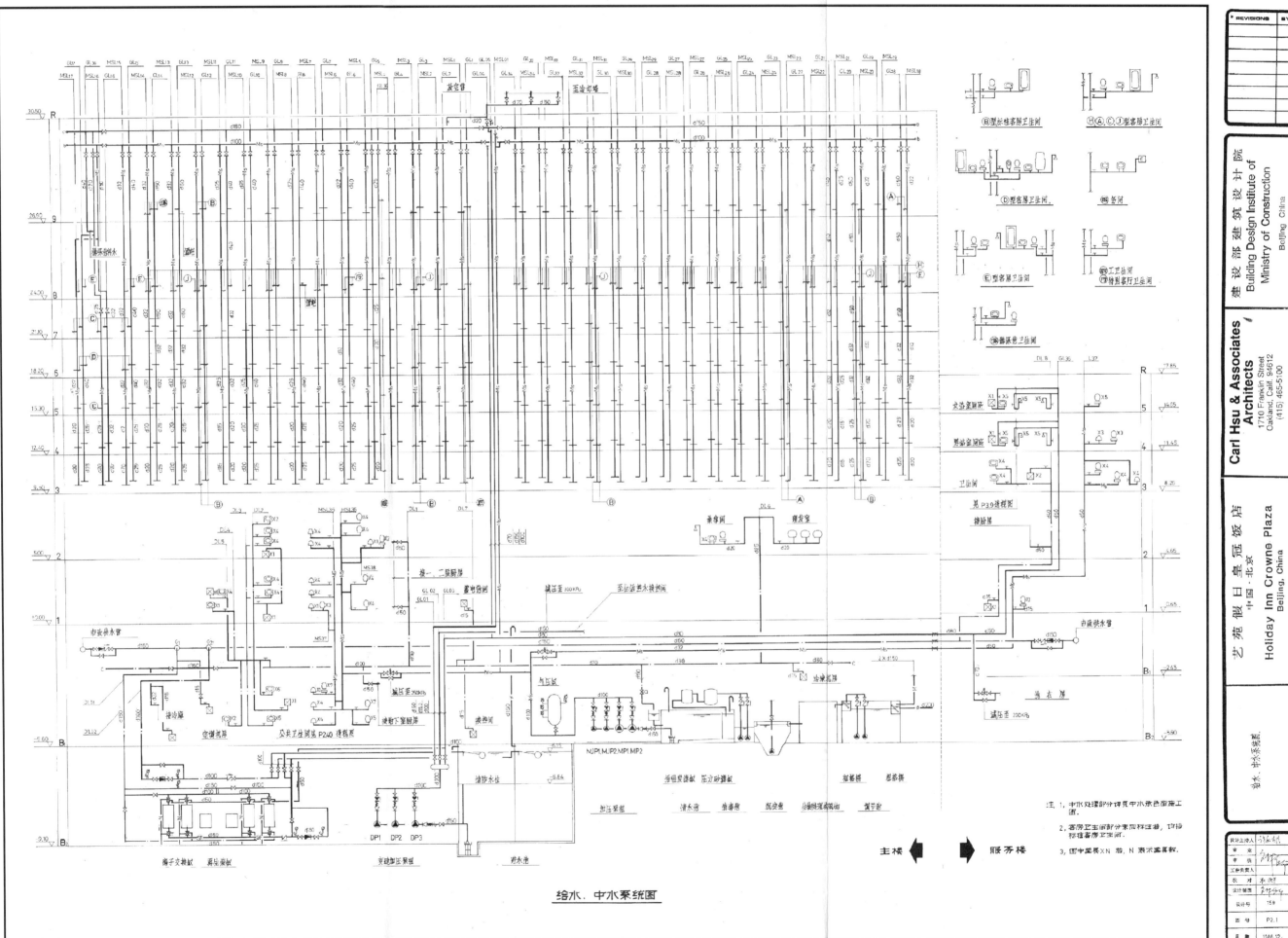

给水．中水系统图

主楼　服务楼

建设部建筑设计院
Building Design Institute of
Ministry of Construction
Beijing China

Carl Hsu & Associates
Architects
1710 Franklin Street
Oakland, Calif. 94612
(415) 465-5100

艺苑假日皇冠饭店
中国·北京
Holiday Inn Crowne Plaza
Beijing, China

给水、中水系统图

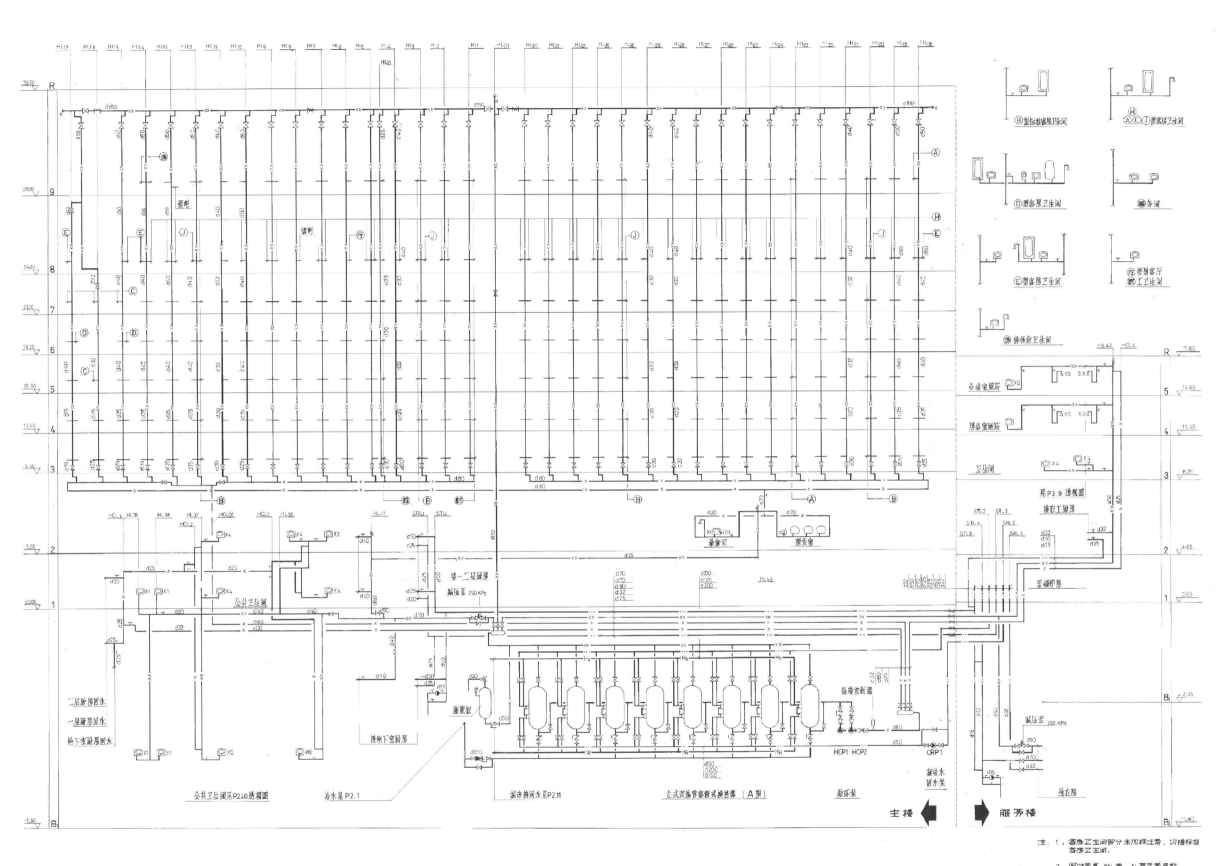

热水、蒸汽系统图

Carl Hsu & Associates Architects
1710 Franklin Street
Oakland, Calif. 94612
(415) 465-5100

建 设 部 建 筑 设 计 院
Building Design Institute of
Ministry of Construction
Beijing, China

艺苑假日皇冠饭店
中国·北京
Holiday Inn Crowne Plaza
Beijing, China

注: 1. 客房卫生间部分未加标注者, 可按标准
        客房卫生间.
     2. 图中器系 XN 者, N 表示器具数.

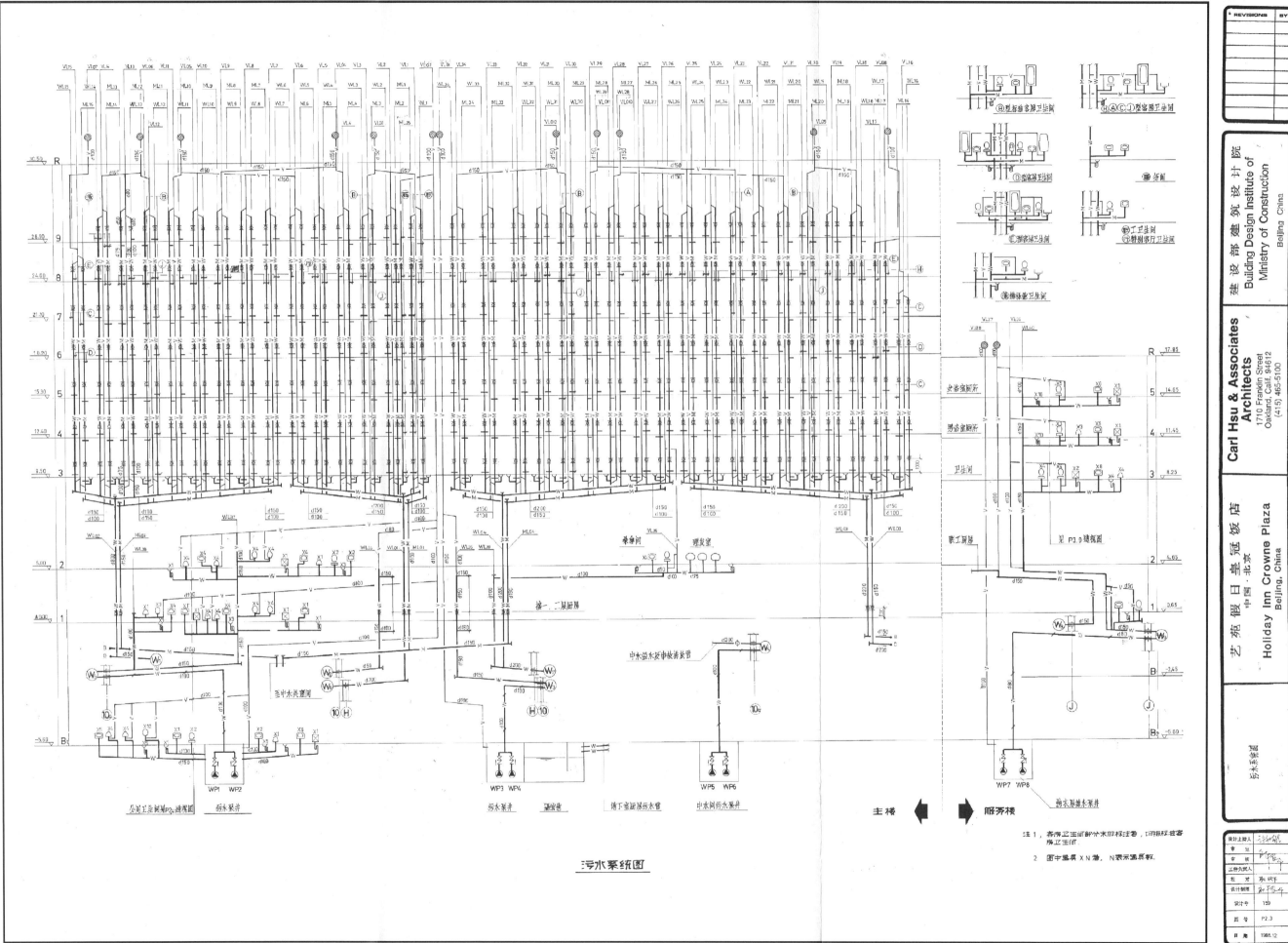

污水系统图

建设部建筑设计院
Building Design Institute of
Ministry of Construction
Beijing, China

Carl Hsu & Associates
Architects
1710 Franklin Street
Oakland, Calif. 94612
(415) 465-5100

艺苑假日皇冠饭店
中国·北京
Holiday Inn Crowne Plaza
Beijing, China

图号 P2.3
日期 1988.12

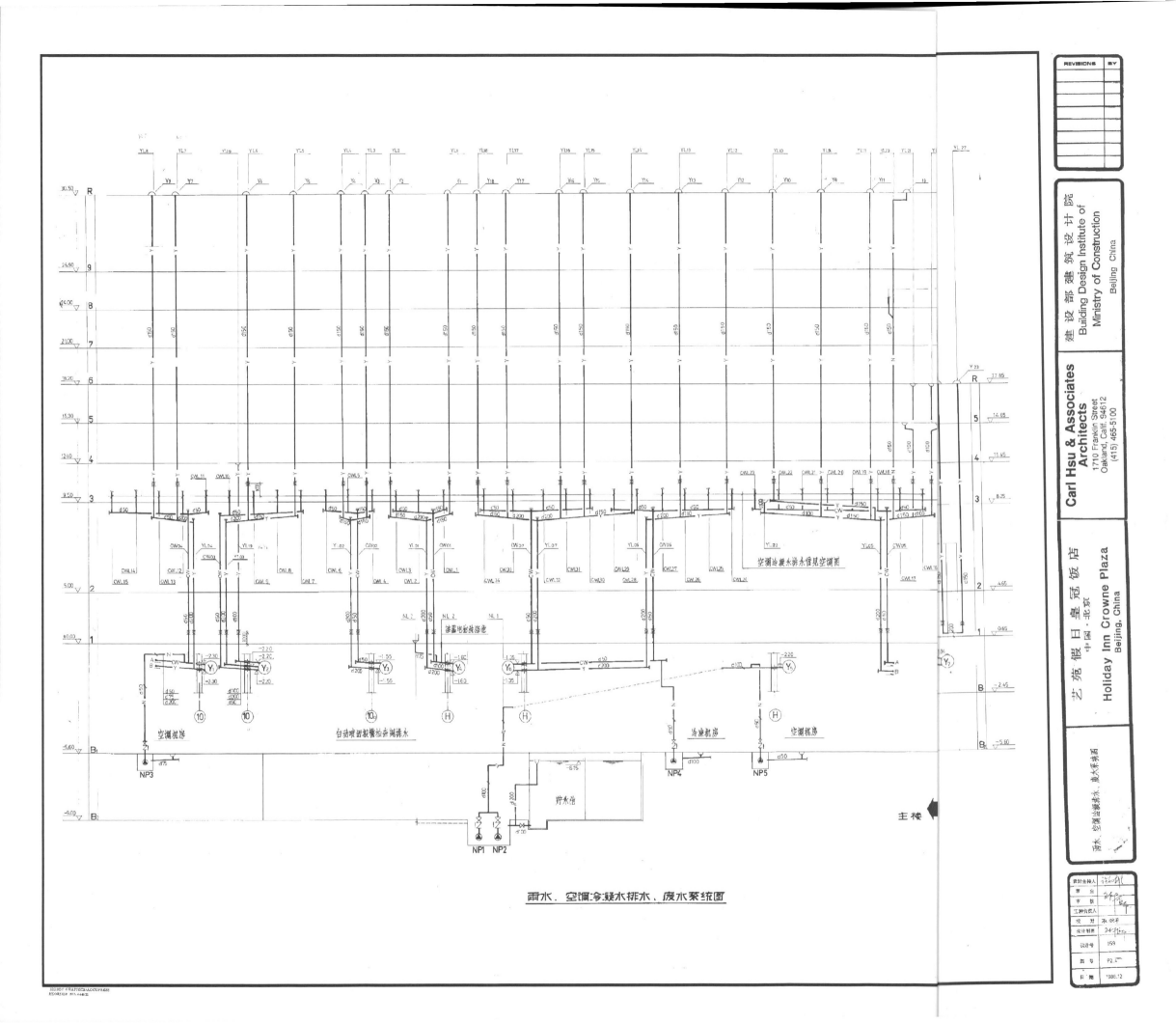

雨水、空调冷凝水排水、废水系统图

建设部建筑设计院
Building Design Institute of
Ministry of Construction
Beijing, China

Carl Hsu & Associates
Architects
1710 Franklin Street
Oakland, Calif. 94612
(415) 465-5100

艺苑假日皇冠饭店
中国·北京
Holiday Inn Crowne Plaza
Beijing, China

雨水、空调冷凝排水、废水系统图

设计号 159
图号 P2.5
日期 1988.12

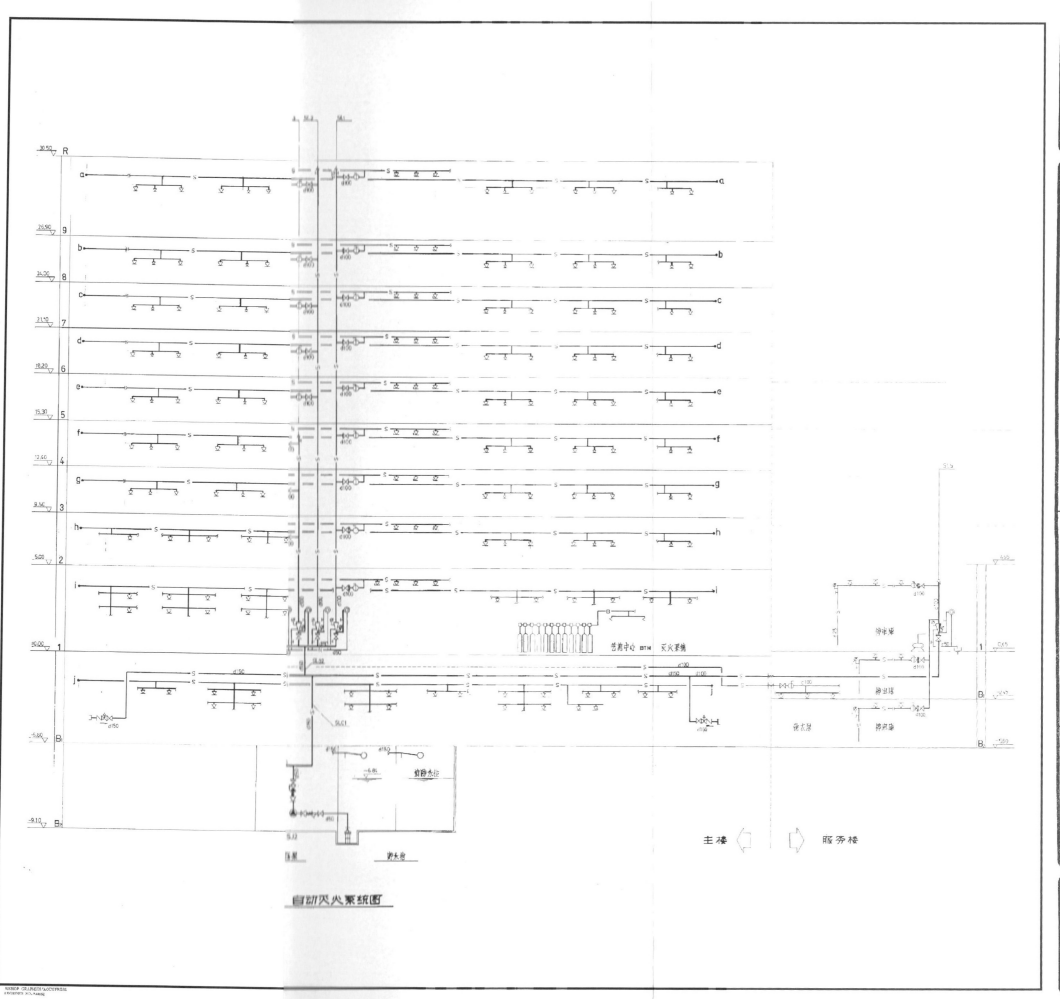

自动灭火系统图

主楼 ◁ ▷ 服务楼

建设部建筑设计院
Building Design Institute of
Ministry of Construction
Beijing, China

Carl Hsu & Associates
Architects
1710 Franklin Street
Oakland, Calif. 94612
(415) 463-5100

艺术楼日皇冠饭店
中国·北京
Holiday Inn Crowne Plaza
Beijing, China

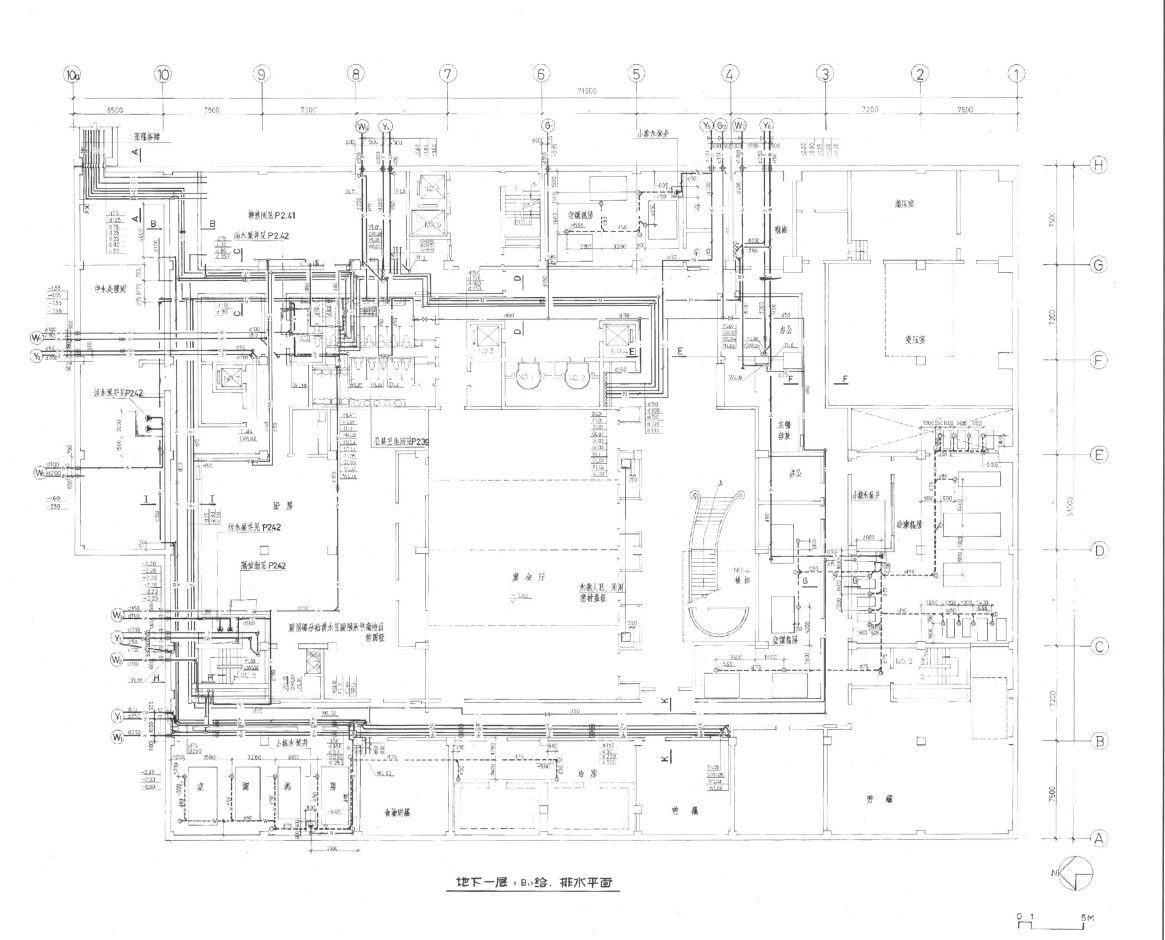

地下一层〈B₁〉给、排水平面

艺苑假日皇冠饭店
中国·北京
Holiday Inn Crowne Plaza
Beijing, China

建设部建筑设计院
Building Design Institute of
Ministry of Construction
Beijing, China

Carl Hsu & Associates
Architects
1710 Franklin Street
Oakland, Calif. 94612
(415) 465-5100

REVISIONS BY

0 1 5M

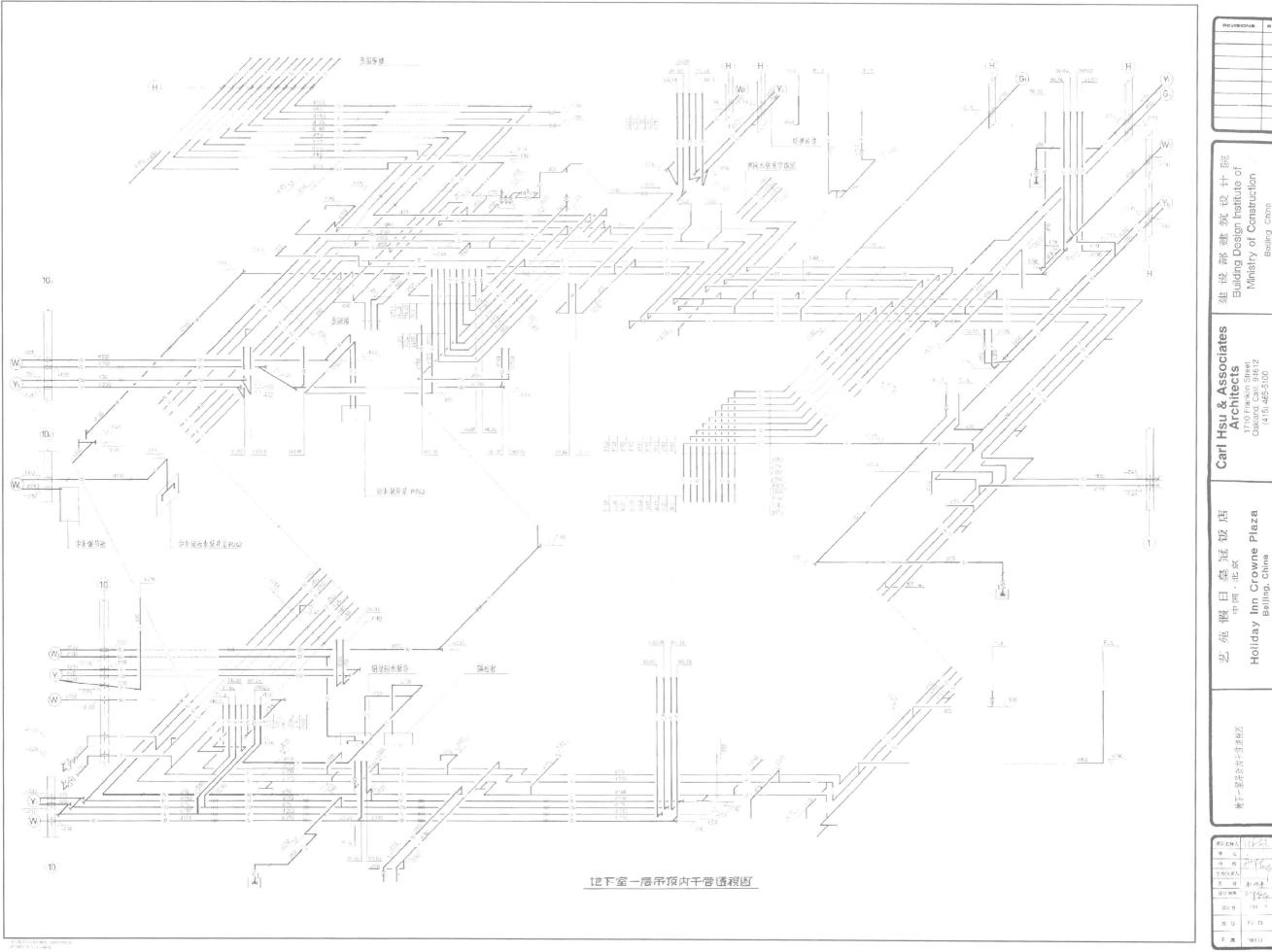

地下室一层吊顶内干管透视图

建设部建筑设计研究院
Building Design Institute of
Ministry of Construction
Beijing China

Carl Hsu & Associates
Architects
1710 Franklin Street
Oakland, Calif. 94612
(415) 465-5100

芝苑假日皇冠饭店
中国·北京
Holiday Inn Crowne Plaza
Beijing, China

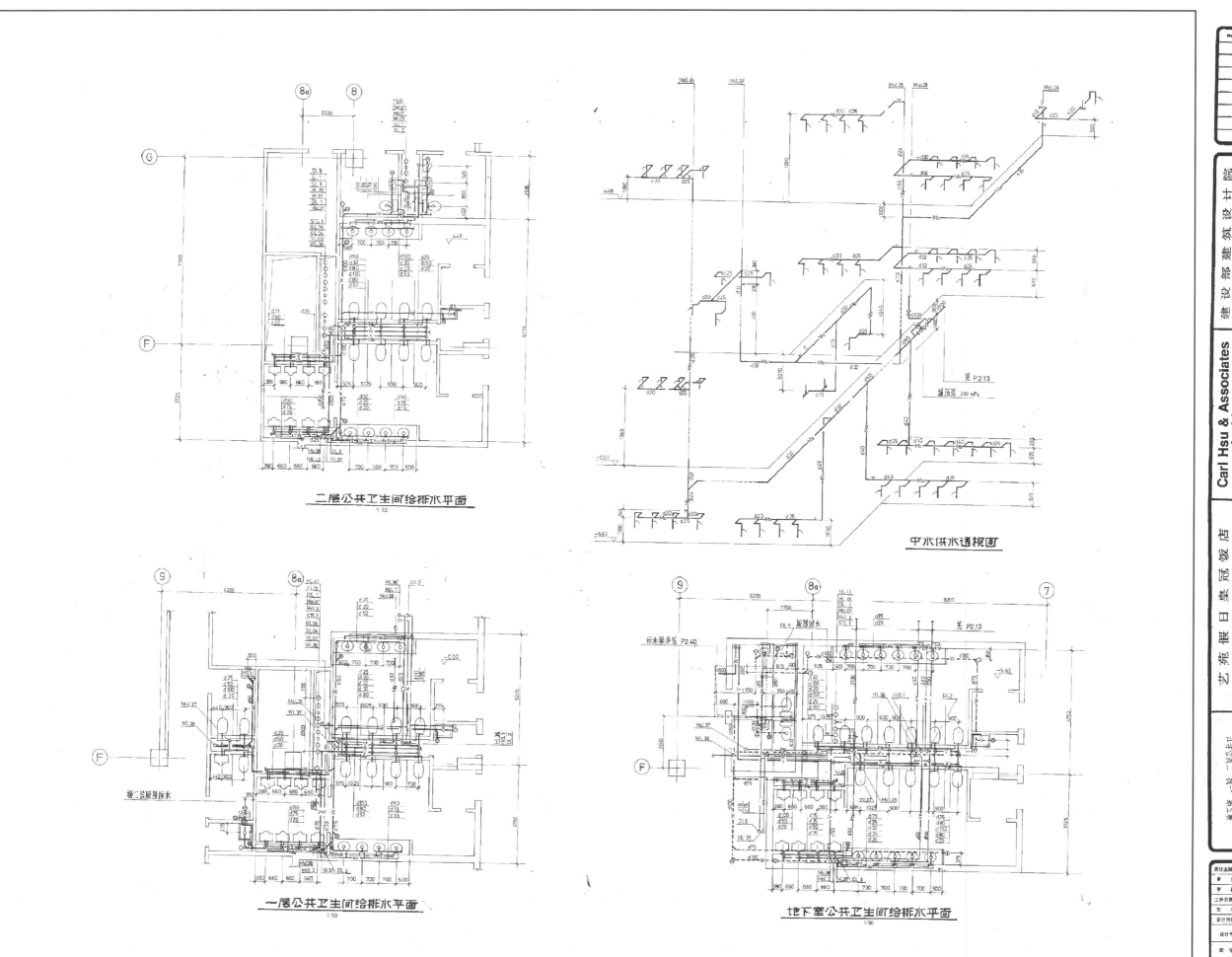

二层公共卫生间给排水平面
1:50

中水供水透视图

一层公共卫生间给排水平面
1:50

地下室公共卫生间给排水平面
1:50

建设部建筑设计院
Building Design Institute of
Ministry of Construction
Beijing China

Carl Hsu & Associates
Architects
1710 Franklin Street
Oakland, Calif. 94612
(415) 465-5100

艺苑假日皇冠饭店
中国·北京
Holiday Inn Crowne Plaza
Beijing, China

地下室、一层、二层公共卫
生间放大平面中水给排水建筑图

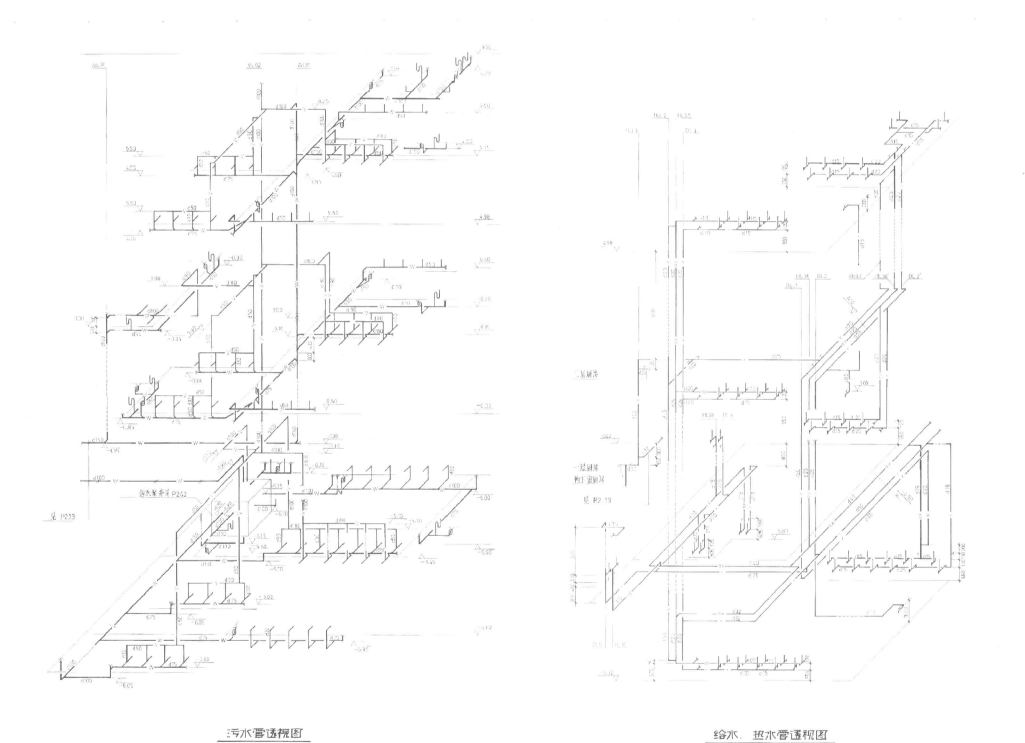

污水管透视图

给水、热水管透视图

建设部建筑设计院
Building Design Institute of
Ministry of Construction
Beijing, China

Carl Hsu & Associates
Architects
1710 Franklin Street
Oakland, Calif. 94612
(415) 465-5100

艺苑假日皇冠饭店
中国·北京
Holiday Inn Crowne Plaza
Beijing, China

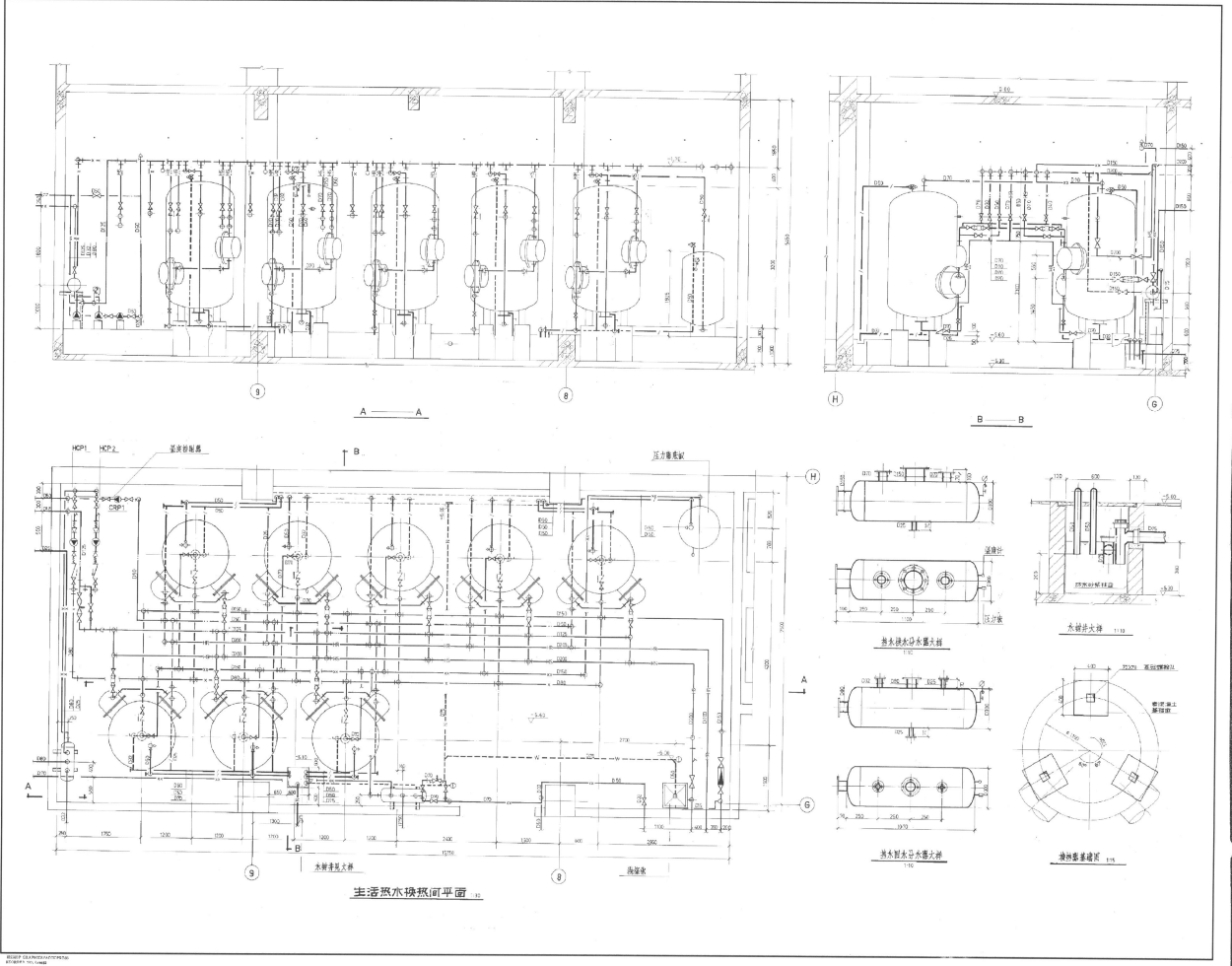

A —— A

B —— B

生活热水换热间平面

水箱接水分水器大样
1:10

换水回水分水器大样
1:10

水箱井大样
1:10

换热器基础图
1:15

建设部建筑设计院
Building Design Institute of
Ministry of Construction
Beijing, China

Carl Hsu & Associates
Architects
1710 Franklin Street
Oakland, Calif. 94612
(415) 465-5100

艺苑假日皇冠饭店
中国·北京
Holiday Inn Crowne Plaza
Beijing, China

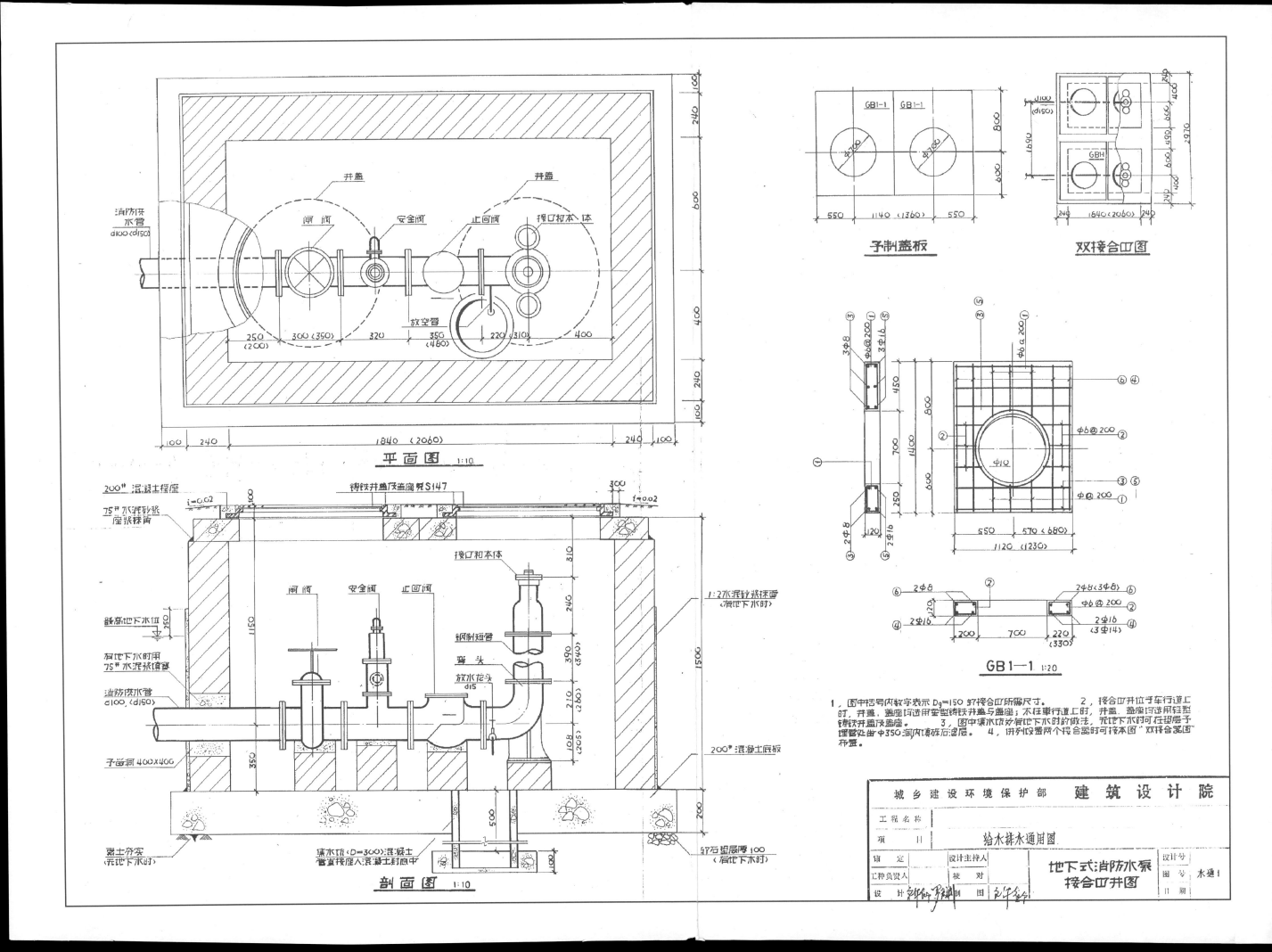

平面图 1:10

剖面图 1:10

予制盖板

双接合口图

GB1—1 1:20

城乡建设环境保护部　建筑设计院

给水排水通用图

地下式消防水泵
接合口井图